中国汽车工程学会

汽车工程图书出版专家委员会特别推荐

GASOLINE ENGINE MANAGEMENT SYSTEMS AND COMPONENTS

BOSCH 汽油机管理

系统与组件

U0268444

[德]康拉德·莱夫（Konrad Reif） 编

魏春源　张幽彤　译

北京理工大学出版社

BEIJING INSTITUTE OF TECHNOLOGY PRESS

版权专有　侵权必究

图书在版编目（CIP）数据

BOSCH 汽油机管理：系统与组件/（德）康拉德·莱夫（Konrad Reif）编；魏春源，张幽彤译. —北京：北京理工大学出版社，2018.6（2023.1重印）
书名原文：Gasoline Engine Management：Systems and Components
ISBN 978-7-5682-3966-0

Ⅰ. ①B…　Ⅱ. ①康… ②魏… ③张…　Ⅲ. ①汽油机-管理系统理论
Ⅳ. ①TK41

中国版本图书馆 CIP 数据核字（2017）第 084094 号

北京市版权局著作权合同登记号　图字：01-2016-0443
Translation from the English language edition：
Gasoline Engine Management：Systems and Components edited by
Konrad Reif
Copyright © 2015 Springer Fachmedien Wiesbaden
Springer is part of Springer Science+Business Media
All Rights Reserved

出版发行 / 北京理工大学出版社有限责任公司
社　　址 / 北京市海淀区中关村南大街 5 号
邮　　编 / 100081
电　　话 / (010)68914775(总编室)
(010)82562903(教材售后服务热线)
(010)68944723(其他图书服务热线)
网　　址 / http://www.bitpress.com.cn
经　　销 / 全国各地新华书店
印　　刷 / 北京虎彩文化传播有限公司
开　　本 / 710 毫米×1000 毫米　1/16
印　　张 / 18.75
字　　数 / 484 千字
版　　次 / 2018 年 6 月第 1 版　2023 年 1 月第 3 次印刷
定　　价 / 98.00 元

责任编辑 / 梁铜华
文案编辑 / 梁铜华
责任校对 / 周瑞红
责任印制 / 王美丽

图书出现印装质量问题，请拨打售后服务热线，本社负责调换

译　者　序

《BOSCH 汽油机管理——系统与组件》译自 2015 年 Konrad Reif 编的“*Gasoline Engine Management*”英文版，是《BOSCH 汽车专业知识丛书》之一。

作为汽车动力的点燃式发动机(汽油机)伴随着汽车走过了 130 年。从最初的使用寿命 100 km 到目前可靠行驶 10 万 mi[①]，从最初的“马车”行驶速度到目前赛车的行驶速度 1 227.99 km/h，燃料消耗单从汽油直接喷射就可节省 20%。不断的发展过程使它成为现代汽油机。

本书反映现代汽油机在节能、环保、排放、NVH、资源可再生(燃料、材料)利用方面取得的最新成果，并向环境更友好、自诊断、自学习、自适应和智能化、个性化方向发展。

本书深入介绍了组成汽油机的系统和组件，展现了现代汽油机的特征：

- 热力循环可变(如奥托循环+阿特金森循环)；
- 空燃混合气形成方式可调(缸内充量控制、均质空燃混合气、分层空燃混合气)；
- 燃油喷射可控(如一次喷射、多次喷射，喷油量可按脉谱图调节与控制)；
- 点火能量、点火定时可调(如点火定时脉谱图)；
- 由空燃混合气、燃油喷射、点火组成的燃烧呈现出多种模式，以适应发动机动力性、排放和燃料经济性要求；
- 机构可变(如配气相位、软件、硬件、ECU 模块化)；
- 多能源适应性，如汽油机燃用天然气运行、混合动力。

这些特征使传统“刚性”汽油机成为现代的“柔性”汽油机。这一切的基础

① 1 mi = 1.609 344 km。

都源于机械与电气(包括液压)的融合,传感器的发展,系统、部件的电子控制,ECU的开发,通信,在线诊断。而其实现则是以Motronic家族为典型代表的“汽油机管理”,是全面的数字化电子集成管理。

汽车简史、汽油喷射系统发展历程、点火系统发展历程、火花塞等章节清楚地展示了组成汽油机的系统部件从技术方面是如何一步一步走到现在的状况。在这些技术进步的背景中,从提供的不少珍贵历史照片和资料中,我们真正地看到了创新和知识产权保护(专利)对汽油机技术进步的推动力和保护力。

这是一本简明、扼要、有深度的汽车方面的专业丛书之一,可作为有关大专院校、高等职业学院教师和学生,工程技术人员,工厂管理人员的参考书。

由于内容广泛、涉及学科多,译者的水平有限,译文定有不够准确,甚至错误的地方,恳请读者批评指正。

魏春源　　张幽彤

2016年1月于北京

前　言

环境兼容的、经济的汽车需要不断开发、创新汽油机技术方案。如汽油机缸内直接喷射技术方案可节省燃油达20%，并相应地降低CO_2排放。本书中的气缸充量控制、燃油喷射、点火系统控制、催化转换器排放控制系统、故障诊断等内容描绘了现代汽油机的技术发展状况。本书还介绍了排放控制系统、发动机管理系统和排放控制法规。

现代汽车的综合性、复杂性和功能的不断扩展需要扎实的知识以了解各部件和系统。《BOSCH 汽车专业知识丛书》也为快速进入有关汽车电气和电子系统领域提供条件，它包括必要的基础知识、数据、系统清晰的说明和有针对性的应用。该丛书力图为开发和研究方面的汽车专业人员理解他们工作领域中的汽车技术和问题，也为他们对汽车技术的了解和应用提供理论指导。

作　　者

汽车简史
Dipl.-Ing.Karl-Heinz Dietsche,
Dietrich Kuhtgatz.

汽油机(点燃式发动机)基础
Dr.rer.nat.Dirk Hofmann,
Dipl.-Ing.Bernhard Mencher,
Dip.-Ing.erner Haming,
Dipl.-Ing.Werner Hess.

燃料
Dr.rer.mat.Jorg Ullmann,
Dipl.-Ing.(FH)Thorsten Allgeier.

气缸充量控制系统
Dr.rer.nat.Heinz Fuchs,
Dipl.-Ing.(FH)Bernhard Bauer
Dipl.-Phys.Torsten Sxhulz,
Dipl.-Ing.Michael Bauerle,
Dipl.-Ing.Kristina Milos.

汽油喷射系统发展历程
Dipl.-Ing.Karl-Heinz Dietsche.

燃料供给系统
Dipl.-Ing.Jens Wolber,
Ing.grad.Peter Schelhas,
Dipl.-Ing.Uwe Muller,
Dipl.-Ing.(FH)Andreas Baumann,
Dipl.-Betriebsw.Meike Keller.

进气管燃油喷射
Dipl.-Ing.Anja Melsheimer,
Dipl.-Ing.Rainer Ecker,
Dipl.-Ing.Ferdinand Reiter,
Dipl.-Ing.Markus Gesk.

汽油直接喷射
Dipl.-Ing.AndreasBinder,
Dipl.-Ing.Rainer Ecker,
Dipl.-Ing.Andreas Glaser,
Dr.-Ing.Klaus Muller.

汽油机燃用天然气运行
Dipl.-Ing.(FH)Tnorsten Allgeier,
Dipl.-Ing.(FH)Martin Haug,
Dipl.-Ing.Roger Frehoff,
Dipl.-Ing.Michael Weikert,
Dipl.-Ing.(FH)Kai Kroger,
Dr.rer.nat.Winfried Langer,
Dr.-Ing.habil.Jurgen Forster,
Dr.-Ing.Jens Thurso,
Jurgen Worsinger.

点火系统发展历程
Dipl.-Ing.Karl-Heinz Dietsche.

感应式点火系统
Dipl.-Ing.Walter Gollin.

点火线圈
Dipl.-Ing.(FH)Klaus Lerchenmuller,
Dipl.-Ing.(FH)Markus Weimert,
Dipl.-Ing.Tim Skowronek.

火花塞
Dipl.-Ing.Erich Breuser.

电子控制
Dipl.-Ing.Bernhard Mencher,
Dipl.-Ing.(FH)Thorsten Allgeier,
Dipl.-Ing.(FH)Klaus Joos,
Dipl.-Ing.(BA)Andreas Blumenstock,
Dipl.-Red.Ulrich Michelt.

传感器

Dr.-Ing.Wolfgang-Michael Muller,
Dr.-Ing.Uwe Konzelmann,
Dipl.-Ing.Roger Frehoff,
Dipl.-Ing.Martin Mast,
Dr.-Ing.Johann Riegel.

电控单元

Dipl.-Ing.Martin Kaiser.

排放

Dipl.-Ing.Christian Kohler,
Dipl.-Ing.(FH)Thorsten Allgeier.

装催化转换器的排放控制

Dr.-Ing.Jorg Frauhammer,
Dr.-rer.nat.Alexander Schenck zu Schweninsberg,
Dipl.-Ing.Klaus Winkler.

排放法规

Dipl.-Ing.Bernd Kesch,
Dipl.-Ing.Ramon Amirpour,
Dr.Michael Eggers.

排气测量技术

Dipl.-Phys.Martin-Andreas Druhe.

诊断

Dr.-Ing.Matthias Knirsch,
Dipl.-Ing.Bernd Kesch,
Dr.-Ing.Matthias Tappe,
Dr.-Ing.Gunter Driedger,
Dr.rer.nat.Walter Lehle.

电控单元开发

Dipl.-Ing.Martin Kaiser,
Dipl.-Phys.Lutz Reuschenbach,
Dipl.-Ing.(FH)Bert Scheible,
Dipl.-Ing.Eberhard Frech.

目　　录

附页:采用增压发动机的汽车发展史

汽油喷射系统发展历程

附页:燃油喷射系统发展历史

汽油喷射系统发展演变

燃油供给系统

进气管燃油喷射

汽油直接喷射

汽油机燃用天然气的运行

附页:天然气车辆的实际燃料经济性

点火系统发展历程

附页:BOSCH 公司磁电机点火系统的应用

感应点火系统

点火线圈

火花塞

电子控制

附页:用于赛车上的 Motronic 系统

传感器

附页:微型器件

排气测量技术

诊断

附页:全球服务

电控单元开发

汽车简史

在人类社会的发展中汽车起了重要作用。在每一个领域,人都努力寻找长途高速交通方法。是可靠的内燃机使得石油变成驱动动力,从而使得自动推进成为现实。[自动推进"automobile"是由希腊语 auto(自动)和拉丁语 mobils(mobile)组合而成的]

汽车发展史

很难想象,如果没有汽车,今天的生活会是什么样的。汽车的出现需要很多的先决条件。在汽车发展之前有一些里程碑必须提及,因为这对汽车的出现和发展至关重要:

- 3 500 年前

苏美尔人(Sumerians)发明了车轮。

- 1300 年

带转向和悬架弹簧的马车出现。

- 1770 年

N·J·居纽(Joseph Cugnot)开发了蒸汽驱动的三轮汽车。

戴姆勒(Daimler)1894 年的汽车。[照片引自戴姆勒·克莱斯勒(Daimler Chrysler)公司档案]
发动机驱动车辆的第一次旅程归功于 1770 年 N·J·居纽,他开发了木制蒸汽车,一箱水可以行驶 12 min。

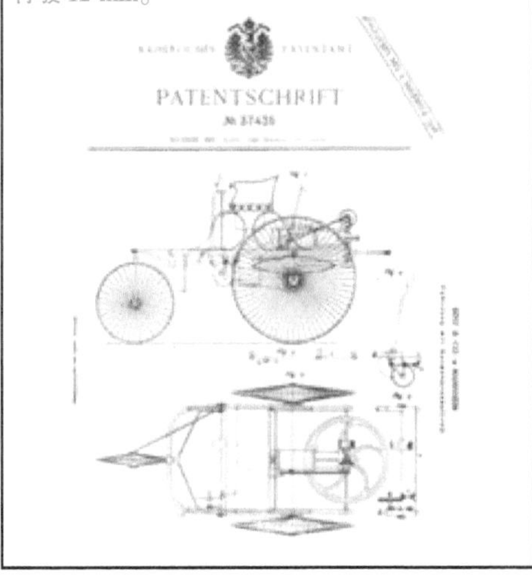

- 1801 年

艾蒂安·勒努瓦(Etienne Lenoir)用煤气和空气混合气取代往复式蒸汽机的蒸汽。

- 1870 年

尼克勒斯·奥古斯特·奥托(Nikolaus August Otto)开发了第一个四冲程内燃机。

1885 年,卡尔·本茨(Carl Benz)以第一辆汽车发明者的身份被载入史册。他的专利标志着内燃机汽车的快速发展。这时人们对汽车的意见不同,支持者认为汽车是时代的缩影,更多的人抗议汽车驾驶员的鲁莽和汽车带来的灰尘、噪声和交通危害。尽管如此,汽车发展的潮流无法阻挡。

1886 年 1 月 29 日授权给卡尔·本茨(Carl Benz)的专利汽车不是基于传统马车改造的,而是全新设计的独立结构。
(照片引自戴姆勒·克莱斯勒公司档案)

汽车发展初期,购置和使用汽车意味着面临一系列的挑战,因为真正的公路网还没有建成,也没有维修站,燃油只能在药店购买,零件则根据需求由当地铁匠铺生产。当时的情况使得贝莎·本茨(Bertha Benz)1888 年的长途汽车旅行成了一次惊人的壮举。她是第一个女汽车驾驶员。她通过从德国西南的曼海姆(Mannheim)到普福尔茨海姆(Pfozheim)这 100 km(约 60 mi)的非凡旅程证明了汽车的可靠性。

然而,在汽车发展初期,只有本茨等少数人相信汽车会在全世界推广。汽车在法国得到了发展。潘哈德·勒瓦索(Panhard Levasor)采用戴姆勒的发动机专利生产自己的汽车。潘哈德创新开发的汽车带有转向轮、倾斜转向柱、离合器踏板、充气轮胎和管式散热器等配置。

T 型车生产了 1 500 万辆,被亲切地称为“Tin Lizzie”,这一纪录于 1970 年被大众的甲壳虫(Beetle)汽车打破。
[照片引自福特(Ford)和大众公司的档案]

随后,汽车工业迅速发展,一系列公司纷纷出现,包括标致(Peugeot)、雪铁龙(Citren)、雷诺(Renault)、菲亚特(Fiat)、福特(Ford)、罗尔斯-罗伊斯(Roll-Royce)、奥斯丁(Austin)等。哥特列布·戴姆勒(Gottlieb Daimler)将其发动机销售到全世界,这对汽车工业的发展起到了巨大的推动作用。汽车从最初的马车式设计,很快发展到今天的式样。

然而,当时的每辆汽车都是手工制作的。根本性的改变来自亨利·福特(Henry Ford)于 1913 年引入的 T 型车生产线的生产模式。福特在美国为汽车工业带来了革命,从此汽车不再是奢侈品了。通过大批量生产,汽车价格大幅下降,汽车第一次走进普通百姓生活中。虽然雪铁龙和欧宝(Opel)率先将汽车生产线引入欧洲,但是直到 20 世纪 20 年代才被欧洲接受。

1899 年比利时人卡米尔·杰纳茨(Camille Jenatz)是第一个车速超过 100 km/h 的驾驶员。如今汽车速度纪录是1 227.9 km/h。

梅赛德斯-奔驰(Mercedes-Benz)500 K 敞篷车 C,1934 年。
(照片引自戴姆勒·克莱斯勒公司档案)

汽车生产商很快意识到,为了赢得市场,必须满足用户的需求。汽车比赛的获胜是汽车很好的广告宣传。随着日益增长的车速纪录,职业车手和他们驾驶的汽车品牌给观众留下了无法抹去的印象;同时汽车厂商也在扩大汽车生产线。随后的 10 年里,汽车厂商生产出各种各样的汽车,这些汽车的设计基于时代思潮,以及当时政治和经济因素。第二次世界大战前,人们追求车辆的宽敞和大气,因此流线型汽车无法令人接受。当时的厂商愿意生产高级汽车,如梅赛德斯-奔驰(Mercedes-Benz)500 K、罗尔斯-罗伊斯的幻影 3(Roll-Royce Ⅲ)、霍希(Horch)855,以及皇家布加迪(Bugatti Royale)。第二次世界大战对小型汽车的发展有重要影响。大众汽车的“甲壳虫”车型是由费迪南德·保时捷(Ferdinand Porsche)设计的,在德国沃尔夫斯堡(Wolfsburg)生产。第二次世界大战结束时，市场需求的主流是小型且价格便宜的汽车。汽车制造商为了满足这一需求，制造出如歌利亚（Goliath）GP700、Liody300，雪铁龙（Citroen）2CV，Trabent，Isetta 和菲亚特500C（意大利语：Topoline 小老鼠）。汽车厂商开始形成新的标准，越发注重技术和集成附件，性价比也是汽车开发的主要考量因素。

当代研究表明未来汽车的样子。（照片引自标致公司的档案）

目前的汽车更注重乘员安全、应对交通拥堵和具有较高的车速，因此安全气囊、ABS、TCS、ESP 和智能传感器变得必不可少。汽车的不断发展源于汽车工业的工程创新和不断提升的市场需求。然而，有一些领域仍然需要努力和应对挑战。如通过采用替代能源应对环境的压力（如采用燃料电池）。

只有一件事不可能改变，那就是一个多世纪激励汽车开发者的概念：汽车是一种理想的个人移动工具。

汽车技术先驱者

尼克勒斯·奥古斯特·奥托（Nikolaus August Otto，1832—1891），生于德国霍兹豪森（Holzhausen）。早年对科技兴趣浓厚，曾当过店员和推销员，但他对气体动力发动机着迷。

奥托从 1862 年开始全身心投入发动机设计。他设法改进法国人艾蒂安·勒努瓦的燃气机。由于他出色的工作，1867 年在巴黎世界博览会上赢得一枚金牌。他与戴姆勒·迈巴赫（Daimler Maybach）一起开发出四冲程内燃机，该发动机于 1861 年制造出来，也就是今天的奥托发动机。1884 年他发明的一种先进的磁电机点火系统使得发动机可以用汽油工作。这项发明为罗伯特·博世（Robert BOSCH）的一生工作奠定了基础。

1866 年尼克勒斯·奥古斯特·奥托（照片引自道依兹公司）获得他的发动机专利。

奥托的独特贡献是他设计开发了第一台四冲程内燃机并证明了它的巨大优越性。

哥特列布·戴姆勒（Gottlieb Daimler，1834—1900）来自绍恩多夫（Schorndorf，德国），他就读于斯图加特（Stuttgart）工程学院，学习机械工程。1865 年，他遇上了天才工程师威廉·迈巴赫（Wilheln Maybach）。从那时起两人建立起长期合作友谊。除了发明出第一辆摩托车外，戴姆勒开发了适用于道路汽车使用的汽油机。1889 年戴姆勒和迈巴赫在巴黎推出的第一辆“钢轮汽车”采用了两缸 V 形

哥特列布·戴姆勒。（照片引自戴姆勒·克莱斯勒公司档案）

发动机。一年后戴姆勒在国际上推出了高速戴姆勒发动机。如 1891 年采用该发动机的阿尔芒·标致(Armana Peugeot)汽车成功进入汽车在巴黎-博莱斯特长距离测试,证明了该设计的价值和戴姆勒发动机的可靠性。

戴姆勒的功绩是系统开发了汽油机并将它推广到全世界。

威廉·迈巴赫(Wilhelm Maybach,1846—1929)来自德国海尔布隆(Heibronn),在那里他完成了作为工匠的学徒生涯。不久后他成了一个设计工程师。他的雇主是奥托创立的生产气体发动机的道依兹(Deutz)公司。威廉·迈巴赫有生之年获得了"设计之王"的美称。

迈巴赫改进了汽油机并实现了产业化。他还开发了水冷却系统、化油器和双点火系统。1900 年,迈巴赫开发了一款基于合金的革命性赛车。该车是根据奥地利商人 Jellienk 的建议设计开发的。他将该车命名为他女儿的名字梅赛德斯并采购了 36 辆车。

威廉·迈巴赫。(照片引自曼公司的档案)

迈巴赫的功绩在于他作为一个汽车设计师指出了当代汽车工业的发展方向。他一生最大的传奇在于创造了两个举世闻名的豪华品牌:梅赛德斯与迈巴赫,它们分别在豪华车的不同领域演绎着各自的辉煌。他是戴姆勒-奔驰公司(梅赛德斯-奔驰公司前身)的三位主要创始人之一,也是世界首辆梅赛德斯-奔驰汽车的发明者之一。

卡尔·弗里德里希·本茨(Carl Friedrich Benz,1844—1929),生于德国卡尔斯鲁厄(Karlsruhe),在他的家乡卡尔斯鲁厄综合科技学校学习机械工程。1871 年,他建立了他的第一个公司,即在曼海姆的奔驰铁器铸造和机械工厂。

1886 年:作为第一辆采用内燃机汽车的发明者,卡尔·本茨被载入史册。(照片引自戴姆勒·克莱斯勒公司档案)

不同于戴姆勒和迈巴赫,卡尔·本茨也在努力用发动机制造汽车。当奥托四冲程发动机宣布专利失效时,卡尔·本茨开发了一个表面式化油器、电子点火、离合器、水冷系统、齿轮变速系统。1886 年他的汽车申请了专利并公布展示。直到 1900 年,共销售了 600 辆样车。1894—1901 年,他建立了本茨公司,生产 VELO 汽车,共生产 1 200 辆,它们是最早批量生产的汽车。1926 年,本茨和戴姆勒合并成立戴姆勒-奔驰公司。

卡尔·本茨以推出了第一辆汽车并建立了汽车工业化生产的基础条件而闻名于世。

亨利·福特(Henry Ford,1863—1947),来自美国密歇根州迪尔本(Dearbon Michigan)。虽然福特 1891 年在爱迪生(Edison)照明公司找到了稳定的工程师工作,但他个人的兴趣还是聚焦在汽油发动机上。1893 年,杜里埃兄弟(Duryea Brothers)建造了第一辆美国汽车。1896 年,福特计划推出他自己的汽车"四轮小型敞篷车",这是汽车大批量生产的基础。1908 年,福特推出传奇的 T 型车,从 1913 年开始在流水线上大批量生产。1921 年,福特汽车占美国工业生产的 55%,占据美国汽车市场。

亨利·福特。(照片引自福特公司的档案)

亨利·福特是美国汽车化的代名词,他的创意使得汽车在全世界得到普及。

鲁道夫·迪塞尔(Rudolf Diesel,1858—1913)生于法国巴黎,14岁立志成为一名工程师,以优异的成绩从慕尼黑技术工程学院毕业。

鲁道夫·迪塞尔。(照片引自曼公司的档案)

1892年,鲁道夫·迪塞尔发布了“柴油机”的专利,后来以他的名字命名。这种发动机适用于固定电站和海上动力。1908年,推出第一辆柴油机卡车,然而柴油机进入乘用车花费了几十年。1936年,柴油机首次用于奔驰260D车型上。目前柴油机已经达到了与汽油机完全同等的水平。

鲁道夫·迪塞尔以其发明为内燃机商业化做出巨大贡献。虽然柴油机当时出让生产许可权在全球已经十分活跃,但在他的有生之年,他的成就没有得到认可。

罗伯特·博世生平(Robert BOSCH,1861—1942)

1861年9月12日,罗伯特·博世出生在德国乌尔姆(Ulm)的富裕农民家庭。他作为精密装配师完成学徒后,在许多企业做过临时工。在这些企业里他展示了他的技术天赋,也历练了他的商业能力并积累了经验。作为慕尼黑技术大学电子工程专业的旁听生,他学习6个月后,便去了美国,在美国爱迪生照明公司工作;然后又去了英国的西门子(Siemens)公司工作。

罗伯特·博世。“我总有一种理念,人们会对我们的产品产生敬意或者发现产品的不足。因此,我必须持续努力使我的产品经得起细究并且在各方面都能表现优异。”

1886年,罗伯特·博世在德国斯图加特西部一间平房后面创办了自己的“精密机械和电气工程”车间。他雇用了机械师和学徒。初始的业务范围是装配、维修电话、电报机、照明管等。他致力于快速找到问题的解决方案,这也为他日后的发展奠定了基础。

在汽车工业,1897年,罗伯特·博世攻克了低压磁电式点火技术,该系统与以往不可靠的内燃机点火系统有很大不同。这个产品开启了罗伯特·博世事业的快速发展之门。

他总是能结合人们的需求开发出既有技术价值又有商业价值的产品;另外,他还是社会关怀方面的开拓者。

罗伯特·博世在以下方面进行了技术开拓并形成了成熟产品:

《斯图加特报·观察者》上的第一个汽车广告,1887 年。(照片引自 BOSCH 公司档案)

ROB. BOSCH
Rothebühlstr. 75 B.
Telephone, Haustelegraphen.
Fachmännische Prüfung und Anlegung von Blitzableitern. (37
Anlegung und Reparatur elektr. Apparate,
sowie aller Arbeiten der Feinmechanik.

- 低压磁电机点火装置
- 高速发动机的高压磁电机点火
- 火花塞
- 点火分电器
- 蓄电池(轿车和摩托车)
- 发电机(交流)
- 头灯照明系统
- 柴油喷油泵
- 汽车收音机(由"Ideal-Werke"工厂生产,命名为"Blaupunkt"蓝点,1938 年)
- 第一个自行车照明系统
- BOSCH 喇叭
- 蓄电池点火
- BOSCH 信号转向灯(初始被嘲笑为德国式的规矩——现在已经成为不可缺少的转向指示)

他还在社会活动方面取得了较高的成就。这些工作表明罗伯特·博世的确走在时代的前列。他的超前思维极大促进了汽车技术的发展。家庭轿车的兴起带来了维修设备的巨大需求。20 世纪 20 年代,BOSCH 公司开始汽车维修服务业务。1926 年,德国的汽车维修统一称为博世服务,并将该名字注册为博世商标。

罗伯特·博世在社会关怀方面有较大志向。1906 年他提出并引入 8 小时工作制,给工人足够的报酬。1910 年他捐款 100 万马克到技术教育。罗伯特·博世借着庆祝生产 50 万磁发电机的时机,推出星期六下午不工作的制度。罗伯特·博世推出的其他制度包括养老金、残疾人工作和休假制度等。1913 年,他推出 BOSCH 信条"职业和学徒方式的实践比理论更有效"并成立了学徒工作室,该室可容纳 104 名学徒人员。

伦敦 Store 大街的第一家博世办公室。
(照片引自 BOSCH 公司档案)
致力于"给每一辆汽车供货",这是 BOSCH 公司 1931 年员工杂志《博世点火器(BOSCH Zunder)》描述的。(照片引自 BOSCH 公司档案)

到 1914 年中期罗伯特·博世已是全球知名人士。但是 1908—1940 年汽车大发展的年代伴随着两次世界大战。1914 年前,斯图加特产品的 88%用于出口。BOSCH 公司在大军事财团的支持下继续发展。由于战争的残酷性,博世拒绝因此获利,并且他捐献了 1 300 万马克给社会福利。

第一次世界大战结束后,由于难以获得国外市场份额,BOSCH 在美国的工厂、销售办公室和公司标识都被充公和卖给美国公司。结果是标识 BOSCH 的产品不是真正 BOSCH 公司生产,而是美国生产。直到 20 世纪 20 年代末期,BOSCH 公司宣布它在美国的权利并重新建立美国公司。原来的创始人克服种种阻碍义无反顾地返回公司，参与国际市场，因为植根于 BOSCH 公司员工大脑中的是 BOSCH 公司作为国际大企业的观念。

通过两个事例可近观罗伯特·博世的社会参与。1936 年，他捐款建立了一个医院。在 1940 年医院的开业典礼上，他强调公共事业的个人信条“每一项工作都是重要的，即使是最低贱的工作；没有人自欺地认为他的工作比他的同事更重要”。

1942 年，罗伯特·博世去世，世界怀念他这一巨匠不仅在于他在技术、电子工程方面开拓性的功绩，还有他在社会活动领域的巨大贡献。直到今天，罗伯特·博世在社会进步方面，在秉承执着进取、不懈努力、企业家精神和注重教育方面树立了典范。他的行为可以概括为“知识、能力是重要的，但是成功仅来自他们的相互适应能力”。

1964 年，罗伯特·博世基金会成立。基金会的工作包括健康改善、社会福利、教育、艺术支持、人道主义和社会科学。直至今日基金会还在继续坚持创始人的理想。

汽油机(点燃式发动机)基础

汽油机或点燃式发动机采用奥托热力循环(Otto cycle①)和外燃点火。它燃烧空燃混合气并将燃料中的化学能转换为动能。

多年来,化油器承担进气管中空燃混合气的制备,并在活塞下行时将制备好的空燃混合气吸入气缸(燃烧室)。

可非常精确计量汽油的汽油喷射技术的突破,使汽油机排放满足排放法规限值。与化油器的雾化过程相似,采用进气管燃油喷射就能在进气管中形成空燃混合气。

开发的汽油直接喷射具有很多优点,特别是燃油经济性好、输出功率高。汽油直接喷射就是精确和及时地将燃油直接喷入汽油机气缸(燃烧室)中。

工作原理

空燃混合气在气缸中燃烧(图 1)使活塞 8 在气缸 9 中做往复运动。往复活塞式发动机或往复式发动机由此得名。

连杆 10 将活塞的往复运动转换成曲轴 11 的旋转运动,并由固定在曲轴端部的飞轮保持转动。曲轴的转速就是发动机转速(r/min)。

图 1:四冲程点燃式汽油机工作循环(图示为进、排气凸轮轴分开的进气管燃油喷射汽油机实例)

(a) 进气行程;(b) 压缩行程;(c) 做功(燃烧)行程;(d) 排气行程

1—排气凸轮;2—火花塞;3—进气凸轮;4—喷油嘴;5—进气门;6—排气门;7—燃烧室;8—活塞;9—气缸;10—连杆;11—曲轴

M—扭矩;α—曲轴转角;s—活塞行程;

V_h—气缸工作容积(活塞排量);V_c—压缩室容积

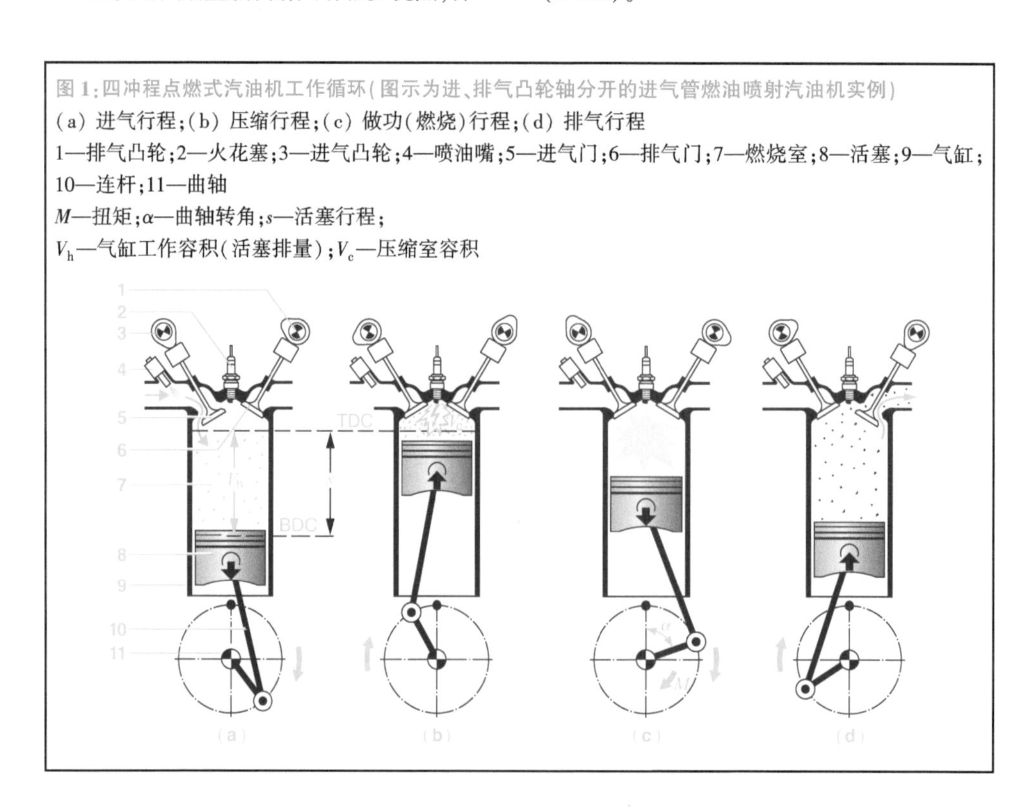

① 以 Nikolaus Otto (1832—1891)命名,在 1878 年巴黎国际博览会上他首先展示按四冲程原理工作的压缩式气体发动机。

四冲程发动机原理

目前,用作车用动力装置的内燃机主要是四冲程发动机。为控制排气和再充气工作循环,四冲程发动机原理使用进、排气门5、6。进、排气门开启和关闭进气通道和排气通道,在进气过程中供给新鲜的空燃混合气和在排气过程中排出燃烧完的废气。

第1行程:进气

活塞从上止点(TDC,Top Dead Center)向下运动,燃烧室7容积增大,新鲜空气(缸内汽油直接喷射)变成新鲜空燃混合气(进气管汽油喷射)经开启的进气门5吸入燃烧室。

活塞运动到下止点(BDC,Bottom Dead Center),气缸总容积(V_h+V_c)达到最大值。

第2行程:压缩

排气门关闭,活塞在气缸中向上运动,燃烧室容积减小并压缩空燃混合气。在进气管燃油喷射发动机上,空燃混合气在进气行程终了就已进入燃烧室,而在汽油直接喷射发动机上则在压缩行程即将终了时才喷射燃油。

在TDC燃烧室容积最小,即压缩室容积V_c最小。

第3行程:做功(或燃烧)

在活塞到达TDC前,火花塞2在点火定时点燃空燃混合气并燃烧。这种点火方式称为外部点火。在混合气已完全燃烧前活塞已过上止点。

进、排气门处于关闭状态。燃烧的热能使气缸中的燃气压力增加,并迫使活塞向下运动。

第4行程:排气

在活塞到达下止点(BDC)前排气门6开始开启,热的高压废气经排气门离开气缸(燃烧室)。活塞向上运动时迫使残余废气排出。

在曲轴转过两转后又开始进气行程,进行新一轮的工作循环。

气门定时

通过进气凸轮3和排气凸轮1上的凸轮开启和关闭进、排气门。在仅有一根凸轮轴的发动机上,通过杠杆机构将凸轮升程传递到进、排气门。

进、排气门的开启和关闭时间称为气门定时(图2),由于气门定时是相对于曲轴位置设定的,所以用“曲轴度”表示气门定时。利用进、排气道中的气流和气体纵向脉动效应可增加燃烧室充量(空燃混合气)和减少废气量。这就是在气门定时范围排气门开启和进气门关闭时间(以曲轴度计)重叠的原因。

图2:四冲程汽油机气门定时

I—进气门;IO—进气门开;IC—进气门关;E—排气门;EO—排气门开;EC—排气门关;TDC—上止点;TDCO—在上止点气门重叠;ITDC—在上止点点火;BDC—下止点;IT—点火定时

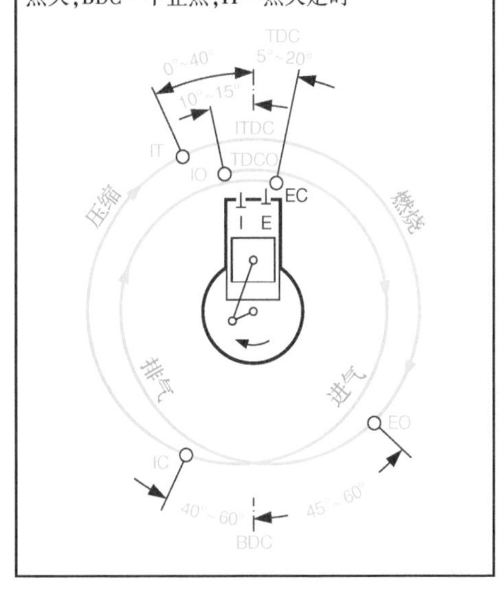

凸轮轴由曲轴通过齿带(或链条或齿轮对)驱动。四冲程发动机曲轴转两转完成一个工作循环。换言之,凸轮轴转速只是曲轴转速的1/2,即凸轮轴与曲轴间的传动比为1∶2。

压缩

气缸总容积V_n和压缩室(燃烧室)容积V_c之比称为压缩比ε,而气缸总容积为气缸工作容积(活塞排量)V_h和压缩室容积V_c之和,所以压缩比为:

$$\varepsilon = (V_h + V_c)/V_c$$

发动机压缩比表示进入气缸的充量被压缩的程度，是一个重要因数，影响以下性能：

- 发动机扭矩
- 发动机功率
- 燃油经济性
- 有害物质排放

汽油机压缩比 ε 随结构布置、选择的燃油喷射形式（进气管燃油喷射或汽油直接喷射）不同而在 7~13 变动。柴油机采用的高压缩比（ε=14~24）不适用于汽油机，因为汽油机受爆燃的限制。为抑制空燃混合气自燃和不受控的爆燃，必须避免特别高的压缩比造成燃烧室内工质的过高压缩压力和燃烧室壁面的过高温度，否则会发生敲缸燃烧（爆燃），并危及汽油机。

空燃比

在达到化学当量的空燃混合气时空燃混合气才能完全燃烧。1 kg 汽油与 14.7 kg 的空气组成的空燃混合气定义为化学当量的空燃混合气，即 14.7 : 1。过量空气系数 λ 为进入气缸的空气质量与理论上要求的空气质量之比。化学当量的过量空燃混合气系数 $\lambda=1$。

$\lambda<1$ 为较浓空燃混合气，$\lambda>1$ 为较稀空燃混合气。λ 大于某一个值或小于某一个值都无法点燃。过量空气系数对燃油消耗率（图 3）和原始有害物质排放有重大影响（图 4）。

图 3：在缸内均质空燃混合气分布时过量空气系数 λ 对发动机功率 P、燃油消耗率 b_e 的影响

a—浓空燃混合气（空气不足）；b—稀空燃混合气（空气过多）

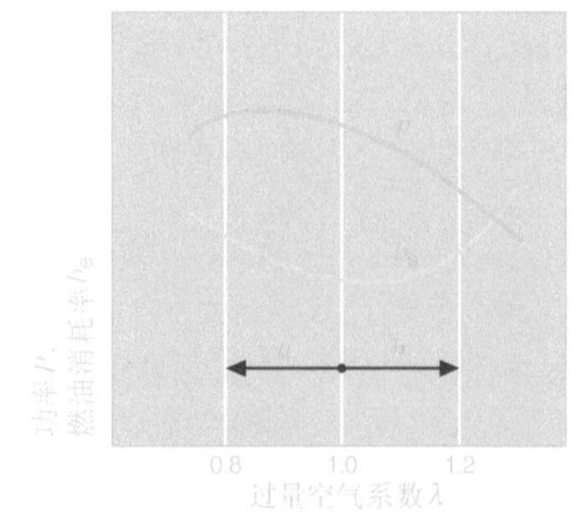

图 4：在缸内均质空燃混合气分布时过量空气系数 λ 对原始废气中有害物质组分的影响

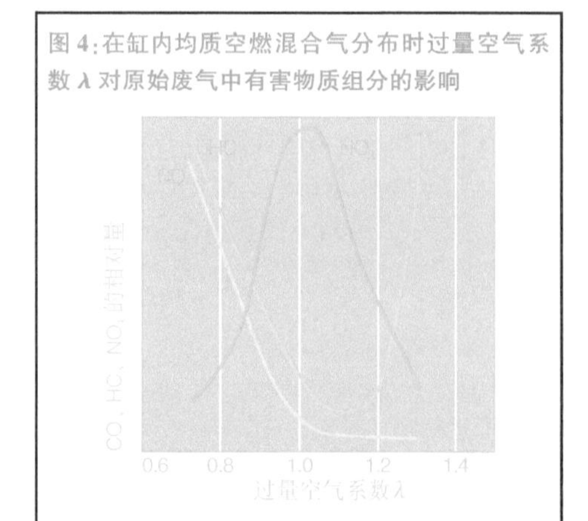

空燃混合气在燃烧室中的分布

均质空燃混合气分布

进气管燃油喷射的发动机进气系统将均质空燃混合气均匀地分布在燃烧室中。空燃混合气中的过量空气系数 λ 是不变的[图 5(a)]。稀空燃混合气燃烧方式的发动机是在

图 5：在燃烧室中的空燃混合气分布

(a) 均质空燃混合气分布；(b) 分层充量

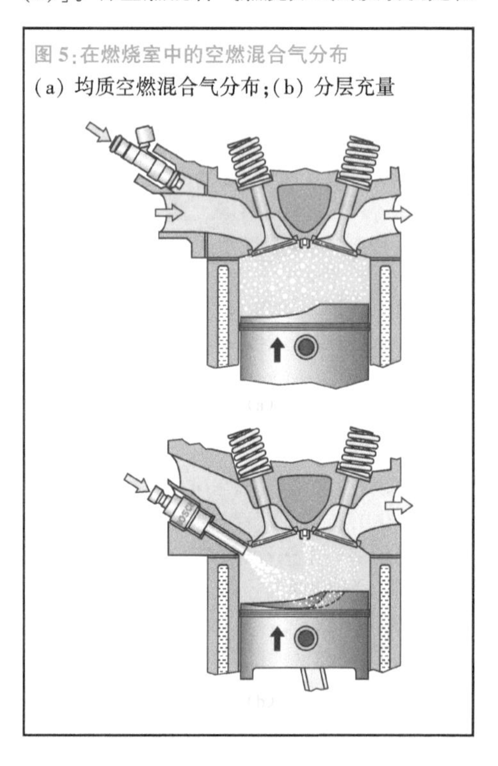

特定的工作条件、在过量空气下工作的,它也属于均质空燃混合气分布。

分层空燃混合气(分层充量)方案

在点火瞬时点燃火花塞端部周围的 $\lambda=1$ 的空燃混合气云。在点火瞬时燃烧室内不是没有燃油、没有可燃的空燃混合气,就是特别稀的不能燃烧的空燃混合气。分层空燃混合气(分层充量)方案的策略是可点燃的空燃混合气云只是燃烧室中充量的一部分[图5(b)]。该方案是燃烧室中各处的空燃混合气的平均过量空气系数 $\lambda=10$,即空燃混合气特别稀。具有分层空燃混合气(分层充量)燃烧工作方式的发动机具有很好的燃油经济性。

不采用燃油直接喷射时,有效地实施分层空燃混合气(分层充量)方案是不可能的,因为整个分层空燃混合气(分层充量)的进气策略恰好是点火前才将燃油直接喷入燃烧室,在火花塞周围形成可燃的空燃混合气云。

点火和火焰扩散

火花塞依靠极间空隙放点而点燃空燃混合气,并在过量空气系数 $\lambda=0.75\sim1.30$ 的空燃混合气中可靠燃烧和扩散。在紧靠火花塞电极范围可采用 $\lambda\leq1.7$ 的稀空燃混合气的合适的气流分布图样。

初始点火后跟着出现火焰前沿。火焰前沿的扩散速率在燃烧过程结束、燃烧压力再次下降前随燃烧压力而上升。平均扩散速率为15~25 m/s。

火焰前沿的扩散速率是空燃混合气输送和燃烧速率综合作用的结果。燃烧速率的决定因子是空燃混合气的过量空气系数 λ。燃烧速率的峰值出现在 $\lambda=0.8\sim0.9$ 的稍浓空燃混合气燃烧时。在 $\lambda=0.8\sim0.9$ 范围内可以达到与理想等容燃烧过程近似的状况(见发动机效率部分)。在发动机高速转动时,快速的燃烧速率可达到非常满意的全油门满负荷性能。

在 $\lambda=1.05\sim1.10$ 的空燃混合气燃烧时可达到高的燃烧温度,因而具有良好的热效率,但高的燃烧温度和较稀的空燃混合气导致受排放法规严格限制的 NO_x 的生成。

气缸充量

缸内燃烧过程要求合适的空燃混合气。发动机经进气管14(图1)、保证计量空气的节气门13吸入空气。喷油嘴喷入计量的燃油。通常还保留最后燃烧完的一部分废气作为残余废气9留在缸内,或排出的部分废气返回气缸,以增加缸内残余废气成分。

图1:汽油机中的气缸充量

1—空气和燃油蒸气(来自燃油蒸气排放控制系统);2—工作截面可变的再生阀;3—接至燃油蒸气回收系统;4—返回的废气管;5—工作截面可变的废气再循环阀(EGR阀);6—空气质量流量(大气压力 p_a);7—空气质量流量(进气管压力 p_m);8—新鲜空燃混合气(燃烧室压力 p_c);9—残余废气(燃烧室压力 p_c);10—排气(排气背压 p_e);11—进气门;12—排气门;13—节气门;14—进气管

α—节气门角度(开度)

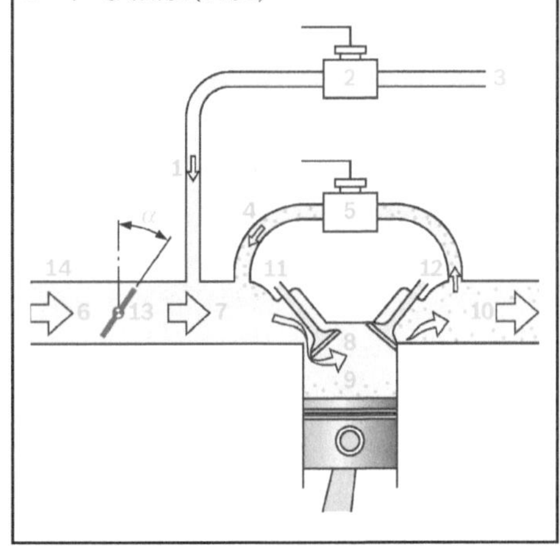

气缸充量的组分

进气门关闭后进入燃烧室的混合气称为气缸充量,它由新鲜的空燃混合气和残余废气组成。

为使气缸充量与气缸工作容积无关,引入“相对空气充量rac”的概念。它表示在气缸中的空气含量,被定义为当前进入气缸的空气量与在标准状态($p_0=1\ 013$ hPa, $T_0=273$ K)下在气缸工作容积内能容纳的空气量之比。相应的，还有一个相对燃油量（rfq），它与相对空气充量的定义是一样的。它们之间的比用 λ 表示，即 $\lambda = rac/rfq$ 或 $rfq = rac/\lambda$。

新鲜空燃混合气

进入气缸的新鲜空燃混合气包括吸入的新鲜空气和随空气带入的燃油。在进气管燃油喷射的发动机里，所有燃油已经与进气门上游气流的新鲜空气混合。对燃油直接喷射系统来说，燃油不随气流进入燃烧室，而是直接喷入燃烧室。

大部分的新鲜空气以空气质量流 6、7（图 1）的方式经节气门 13 进入气缸。另外的包含新鲜空气和燃油蒸气的新鲜空燃混合气经燃油蒸气回收系统 3 和再生阀 2 直接进入气缸。

对在 $\lambda \leq 1$ 的均质空燃混合气燃烧方式下工作的发动机，在进气门已关闭后，经节气门流向气缸的空气量是燃烧行程（做功行程）中对活塞做功，也就是发动机输出扭矩的决定性部分。这时，空气充量的多少反映发动机扭矩和发动机负荷的大小。此时，改变节气门开度只是间接地改变空气充量。首先必须增加进气管中的空气压力，使更多的空气质量经节气门流入气缸。其次，随燃烧过程进行必须喷入更多的、精确计量的燃油到各个气缸。喷入的燃油量取决于气缸中当前的空气量和在“气导”空燃混合气形成的方式，此时汽油机常在 $\lambda \leq 1$ 的均质空燃混合气燃烧方式下工作。

在稀空燃混合气燃烧方式工作时（分层空燃混合气），因为空气过多，发动机扭矩（发动机负荷）直接由喷射的燃油量决定。这样，对相同的发动机扭矩空气量是不同的。因此，汽油机在稀空燃混合气燃烧方式工作时采用燃油直接喷射。

提高发动机最大扭矩和最大输出功率的针对性措施几乎总是要最大可能地增加新鲜空燃混合气充量。这既可通过增大气缸工作容积，也可通过增压实现（见“增压”部分）。

残余废气

气缸充量的残余废气份额包含部分已参与燃烧过程的气缸充量。从原理上可分内部残余废气和外部残余废气。内部残余废气是在燃烧后留在气缸与活塞间的顶间隙中的废气，或在气门同时开启（气门重叠，见“换气”部分）时从排气口吸回到进气管的废气（内部废气再循环）。

外部残余废气是经废气再循环阀 5 和废气管 4 引入进气管中的废气（外部废气再循环）。

残余废气由惰性气体①和过多空气组成，即稀空燃混合气，燃烧时未参与燃烧的空气组分。在残余废气中的惰性气体量非常重要，它已不含有氧气，所以在随后的燃烧行程（做功行程）中不再参与燃烧，但它会延迟空燃混合气点火、减缓燃烧过程，使工作循环热效率稍低、缸内充量的峰值压力和峰值温度也较低。这样，特别是采用一定数量的残余废气可降低 NO_x。这就是在稀空燃混合气燃烧方式工作时由于存在过量空气而不能采用三效催化转换器降低 NO_x 排放而靠一定量的残余废气中的惰性气体实现低的 NO_x 排放的原因。

在均质空燃混合气燃烧方式工作的发动机，被残余废气（这时仅为惰性气体）置换的新鲜空燃混合气可用较大的节气门开度予以补偿。因为当进入气缸的新鲜混合气不变时，引入一部分残余废气就会增大进气管中充量压力，而增大节气门开度就可降低节流损失（见“充量更换”部分），从而降低燃油消耗。

充量更换

充量更换就是用新鲜的空燃混合气替代已燃烧的气缸充量（废气，也就是上面提到的残余废气）的过程，也称充量循环。在进、排气行程用开启和关闭进、排气门来控制充量更换。凸轮轴凸轮形状和位置决定进、排气门升程的变化规律和相对曲轴的位置，从而

---

① 燃烧室中具有惰性的充量组分，它们不参与燃烧。

影响充量更换。

进、排气门开启和关闭时间称为气门定时。气门从气门座升起的行程称为气门升程。进、排气门的特征变量为进气门开启角(°IO)、进气门关闭角(°IC)、排气门开启角(°EO)、排气门关闭角(°EC)和进、排气门的升程。一些发动机上的气门定时和气门升程是不变的,一些发动机的气门定时和气门升程是变化的(见“气缸充量控制系统”部分)。

排、进气门同时开启(排、进气门重叠)时一部分残余废气对随后的做功行程有重大影响。排、进气门重叠就是在排气门关闭前进气门就已开启,在这段同时开启的时间,如果进气管中充量压力低于排气管中废气压力,少量废气回流到进气管,在排气门关闭后这部分废气又进入气缸,从而增加了气缸中的残余废气量。

发动机增压时,在排、进气门重叠期间进气门前的充量压力较高,这时残余废气流入排气系统,空气也可能进入排气系统,从而达到清除残余废气的目的,这就是“扫气”。

如果成功地清除残余废气,清除的残余废气容积可用以增加新鲜充量。这种扫气效果常用于提高发动机低速范围(接近 2 000 r/min)的扭矩。发动机增压方式既可采用自然吸气发动机的进气动压增压方式,也可采用增压器的增压方式。

容积效率和空气消耗量

充量更换过程的完善程度可用容积效率、空气消耗量和滞留率等参量衡量。容积效率是实际留在气缸中的新鲜充量与理论上最大可能的气缸充量之比。容积效率与相对空气充量不同:一是充量不同,不是空气而是新鲜空燃混合气;二是测量条件不同,不是在标准条件下测量而是在实际条件下测量。

空气消耗量是在充量更换过程中的总空气质量,也就是理论上最大可能的空气质量。空气消耗量也包括在排、进气门重叠期间直接进入排气系统中的那部分空气质量。容积效率与空气消耗量之比的滞留率表明空气质量在充量更换过程结束时仍保留在气缸中的那部分空气质量。

自然吸气发动机的最大容积效率为 0.6~0.9,它与燃烧室形状、充量更换中气门开启断面和气门定时有关。

泵气损失

泵气损失是以泵气的形式消耗的功,或在充量更换中用新鲜充量置换废气产生的充量更换损失。这些损失消耗发动机产生的机械功,从而降低发动机的效率。在进气阶段,也就是活塞在缸内下行行程,在以节流方式调节功率的发动机上,进气管中充量压力低于外部大气压力使活塞向下运动,为此必须对活塞做功以克服活塞由于上、下部压差而有向上运动的倾向(吸气损失)。

在排气行程活塞向上运动时,在燃烧室中的燃烧气体出现动压。特别是发动机在高速、高负荷运转时必须对活塞做功以克服该动压(排气损失)。

如果汽油机采用汽油直接喷射、分层空燃混合气和节气门全开工作方式,或采用均质空燃混合气($\lambda \leq 1$)、高废气再循环率工作方式,则进气管中的充量压力就会增加,活塞上、下部的压差就会减小,从而可减少吸气损失,改善汽油机的效率。

增压

在 $\lambda \leq 1$ 的均质空燃混合气工作方式下,发动机获得的扭矩是与新鲜空燃混合气充量成正比的。这表明采用预先压缩进入气缸的空气(增压)就可提高发动机的最大扭矩。空气增压可提高充量更换过程中的容积效率,达到超过 100%的值。

动压增压

空气增压可简单地从进气管内的空气动压效应获得。空气增压程度与进气管结构和工作点有关(大部分与发动机转速和气缸充量有关)。在发动机运转时改变进气管几何形状(可变进气管几何形状)就可在发动机的宽广的工作范围实现动压增压,以增加最大的气缸充量。

机械增压

通过由发动机曲轴机械驱动的压气机可进一步提高发动机进气密度。压缩的空气经进气管进入发动机气缸。

废气涡轮增压

与机械增压不同,废气涡轮增压的压气机是由处于发动机排气流上的废气涡轮驱动的,而不是由发动机曲轴驱动的。这样就可回收废气中的一部分能量。

气缸空气充量检测

在 $\lambda=1$ 均质空燃混合气工作的汽油机,喷射的燃油取决于气缸空气充量。因为在改变节气门开度后,气缸空气充量只是逐渐变化,而喷射的燃油量可以一次一次改变。

为此,在发动机管理系统中,对每一燃烧过程必须检测当前可利用的气缸空气充量(充量检测)。有三种可以检测气缸空气充量的重要系统:

- 用热膜空气质量计(HFM,Hot-film Air-mass Meter)测量进入进气管中的空气质量流量
- 用节气门前的空气温度、节气门前后的空气压力和节气门开度(角度)计算空气质量流量(节气门模式,α/n 系统①)
- 用发动机转速(n)、进气门前进气管中的空气压力(p)、进气道中的空气温度和一些附加信息(凸轮轴/气门升程调整、进气管转换、涡流控制阀位置)(p/n 系统)来测量(发动机的复杂性,特别是采用的可变的气门机构,需要这样复杂的气缸空气充量检测模式。因为热膜空气质量计或节气门模式只提供发动机稳态工作时的气缸空气充量值。稳态工作就是进气管中的空气压力不变,而且进入进气管的空气质量流量和离开进气管进入发动机的空气质量流量完全相同)

在发动机负荷突然变化时(改变节气门开度),跟随的空气质量流量自动变化。与此同时流出(离开)的空气质量流量和进入气缸的空气质量流量不会马上变化,只有进气管中的空气压力已经增加或降低时才会变化。为此必须限制具有储气性能的进气管尺寸(容积),以迅速反映空气质量流量的快速变化(进气管模式)。

扭矩和功率

驱动链扭矩

发动机的驱动功率 P 为离合器的可用扭矩 M 和发动机转速 n 的乘积。离合器扭矩是发动机燃烧过程在曲轴上产生的燃烧扭矩减去摩擦扭矩(发动机运转时的摩擦损失)、充量更换损失转换的扭矩和驱动辅助系统所需的扭矩(图 1)。汽车的驱动扭矩是由离合器扭矩减去离合器和变速器接合损失的扭矩。

燃烧过程产生的扭矩(燃烧扭矩)是在做功行程中得到的。在进气管燃油喷射的发动机上燃烧扭矩由下列因素决定:

- 进气门关闭时可用于燃烧的空气质量
- 在相同瞬间可用的燃油质量
- 火花塞点燃空燃混合气燃烧时刻

汽油直接喷射发动机在某些工作点采用稀空燃混合气工作,因而在气缸中留有不产生燃烧扭矩的空气,这时只有燃油质量的多少影响燃烧扭矩。

扭矩的产生

物理量扭矩 M 为力 F 与杠杆比 S 的乘积:

$$M = F \cdot S$$

活塞通过连杆将它在气缸内的往复运动转换为曲轴的旋转运动。空燃混合气在燃烧室中燃烧产生的力驱动活塞下行并在曲轴曲拐(杠杆臂)上产生扭矩。

对扭矩有效的杠杆臂 l 是与力方向垂直的杠杆臂分量 l_1 和 l_2(图 2)。在活塞 TDC 力方向和杠杆臂平行,这时的有效杠杆臂为零。为点燃空燃混合气,点火提前角(点火定时)必须选择在曲轴转动使有效杠杆臂增长的阶

① α/n 系统是历史名称。原来不考虑在节气门后的空气压力,空气质量流存储在有关节气门开度和发动机转速的程序脉谱图中。这种简化的近似有时沿用至今。

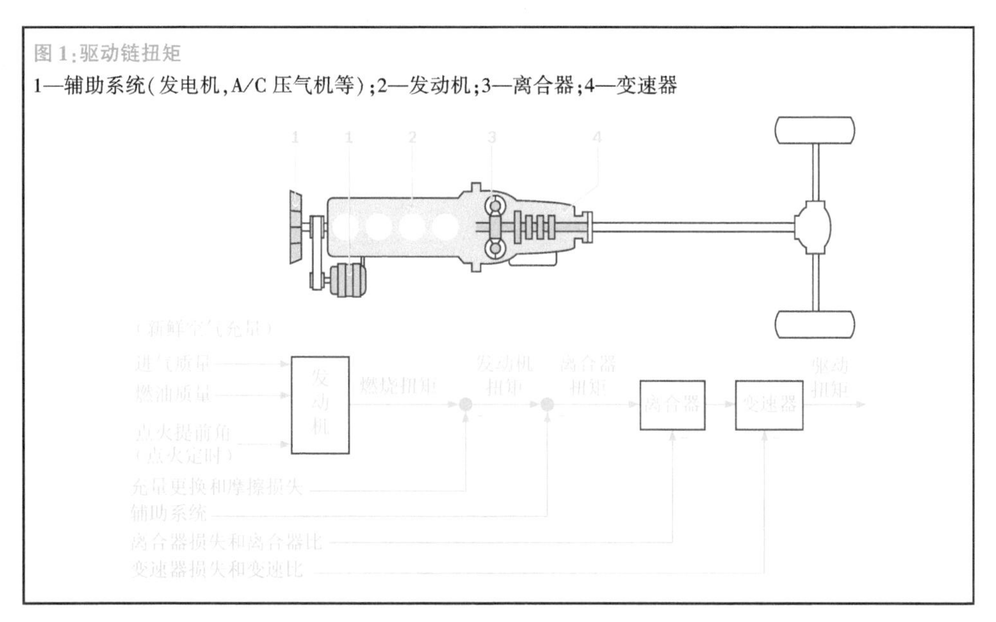

图 1:驱动链扭矩
1—辅助系统(发电机,A/C 压气机等);2—发动机;3—离合器;4—变速器

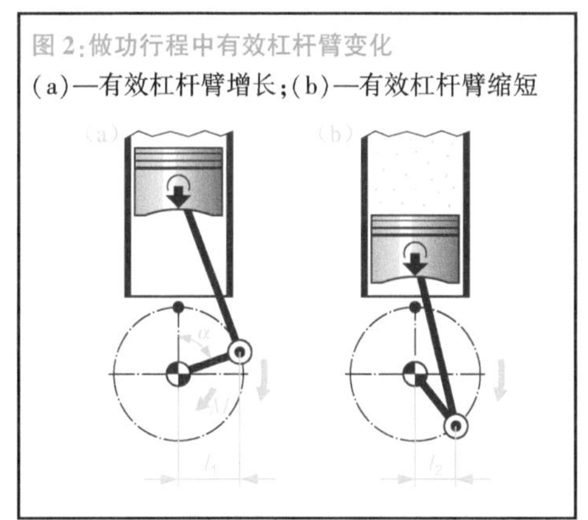

图 2:做功行程中有效杠杆臂变化
(a)—有效杠杆臂增长;(b)—有效杠杆臂缩短

段(0°~90°曲轴转角),这样就能产生可能的最大扭矩。发动机设计(如气缸工作容积、燃烧室几何形状、容积效率、气缸充量)决定可能获得的最大扭矩 M。

重要的是可以通过调整空燃混合气数量、质量和点火定时来适应驱动汽车所需的实时扭矩需要。图 3 是根据进气管燃油喷射汽油机绘制的典型扭矩和功率随转速的变化曲线。由图 3 可知,全负荷时扭矩随转速增大而增大并达到最大值,在较高转速扭矩又开始下降,这是因为在较高转速进气门的开启时间缩短(开启角度,即气门定时不变),气缸充量减少。

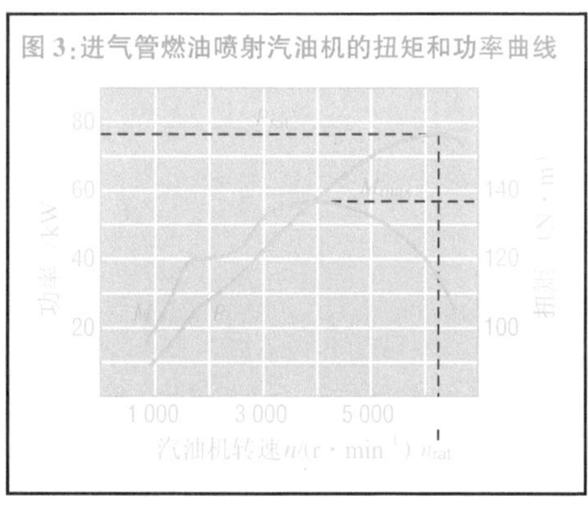

图 3:进气管燃油喷射汽油机的扭矩和功率曲线

发动机设计者力图在约 2 000 r/min 的低速范围获得最大扭矩。该转速范围与最佳燃油经济性的转速范围是一致的。采用废气涡轮增压发动机也能满足这些要求。

扭矩和功率的关系

发动机输出功率 P 随扭矩 M 和转速 n 增大而增大,其关系式为:

$$P = 2 \cdot \pi \cdot M \cdot n$$

在标定转速,发动机功率达到它的峰值,并用标定功率 P_{rat} 表示。在很高的转速下,由于扭矩急剧下降,功率也开始下降。

为改造汽油机的扭矩和功率曲线,需要采用具有不同传动比的变速器来满足汽车行驶时的各种动力性要求。

内燃机效率

热效率

内燃机不能将燃料中的所有可用的化学能(热能)转变为机械功,要损失一些能量。它表明内燃机效率低于100%(图1)。

图1:在 $\lambda=1$ 时点燃式发动机效率链

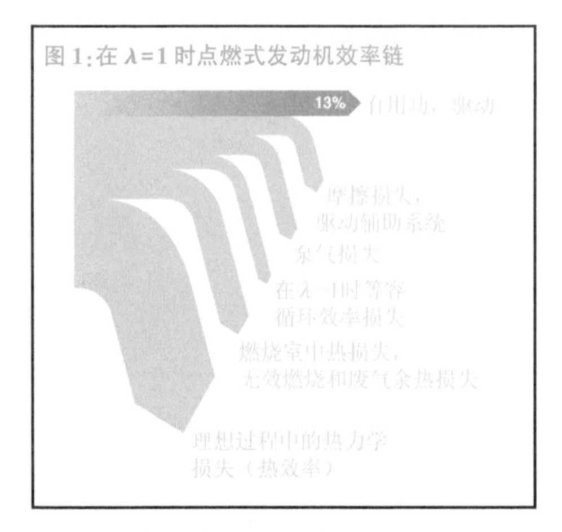

热效率是内燃机效率链中的一个重要链节。

压力—容积图(p-V图)

p-V图表示四冲程内燃机在整个工作循环中的气缸内空气压力和气缸容积的状态变化。

理想循环

图2(曲线A)表示按玻意耳—马里奥特(Boyle-Mariotte)和盖—吕萨克(Gay-Lussac)定律定义的理想过程的压缩和做功行程。活塞从BDC向TDC运动(从点1到点2),空燃混合气绝热压缩(Boyle-Mariotte)。随后空燃混合气燃烧,压力升高(从点2到点3)而气缸容积保持不变(Gay-Lussac)。

活塞从TDC(点3)向BDC(点4)运动,燃烧室(气缸)容积增大。在没有向外散热(Boyle-Mariotte)时燃烧完的气体压力下降。最后,在气缸容积不变时燃烧完的气体冷却(Gay-Lussac)再回到原始状态(点1)。

点1-2-3-4包围的面积是一个完整的工作循环所做的功。在点4,排气门开启,燃烧完的气体在压力下从气缸排出。如果燃烧完的气体还能完全膨胀到点5,则1-4-5为可用能。在废气涡轮增压内燃机上,超过标准大气压力(1 bar①)线的这部分可部分利用。

真实的p-V图

常规的内燃机不能保持理想循环的基本条件,实际的p-V图(图2,曲线B)不同于理想的p-V图。

图2:p-V图上各工作过程顺序

A—理想等容循环;B—实际p-V图

a—进气;b—压缩;c—做功(燃烧);d—排气

IT—点火定时;EO—排气门开;V_c—燃烧室容积;V_h—气缸工作容积

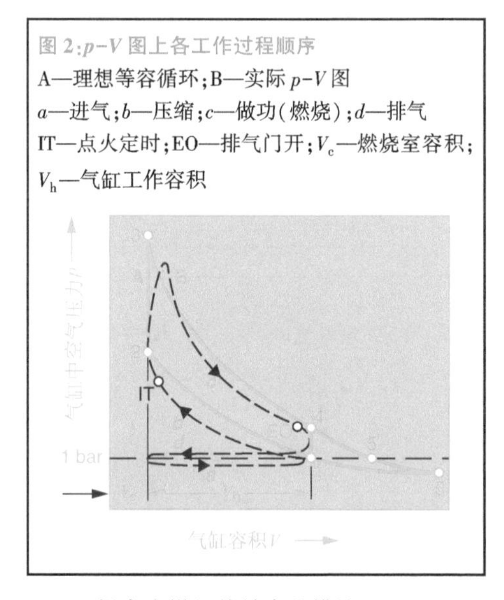

- 提高内燃机热效率的措施

热效率随空燃混合气压缩的增大而提高。空燃混合气压缩越大,压缩行程终了时的空燃混合气压力就越高,在p-V图上包围的面积也就越大,这个面积表征燃烧过程所做的功。当然在选择压缩比时要考虑燃料的抗爆性。

在进气管燃油喷射的内燃机上,将燃油喷射到靠近已关闭的进气门处的进气管中,并在此处短暂储存直至进气门开启吸入气缸。在形成空燃混合气期间细燃油滴蒸发。蒸发过程所需的热能来自空气和进气管壁。在燃油直接喷射的内燃机上,将燃油喷射到燃烧室中。细燃油滴蒸发所需的热能取自吸

① 1 bar = 10^5 Pa。

入气缸中的空气,并使空气冷却。这说明压缩的空燃混合气温度要比进气管燃油喷射时压缩的空燃混合气温度低,这样就能选择较高的压缩比。

热损失

在燃烧期间传到气缸壁(燃烧室壁)的热量以传热形式(其中部分以辐射形式)损失掉。在汽油直接喷射时,分层充量的空燃混合气云被不参与燃烧过程的气体罩包围,由于它的隔热效应阻止了热量传到气缸壁,所以可减少热损失。

其他的一些损失是已冷凝在气缸壁上的燃油的不完全燃烧。此外还有废气余热损失。

在 $\lambda=1$ 时等容循环效率损失

等容循环效率随过量空气系数 λ 增大而提高。由于稀空燃混合气的火焰扩散速度低,在 $\lambda>1.1$ 时燃烧越来越缓慢,在点燃式发动机效率曲线上有这种负面效应。综合分析,在 $\lambda=1.1\sim1.3$ 时效率最高。所以点燃式发动机在 $\lambda=1$ 的均质混合气工作要比有过量空气的空燃混合气工作的效率低。在为控制排放而采用三元催化转换器时,为使它有效工作而使用 $\lambda=1$ 的空燃混合气是绝对必需的。

泵气损失

在进气行程中,汽油机吸入新鲜气体。需吸入的气体量由节气门开度控制。进气管产生的真空阻止汽油机工作(节流损失)。自采用汽油直接喷射以来,在汽油机怠速和有部分负荷时节气门开得很大,扭矩由喷入缸内的燃油量决定,泵气损失(节流损失)很小。

在排气行程中也包含强制排出气缸中剩余废气所做的功。

摩擦损失

摩擦损失是汽油机所有运动件间的摩擦损失和驱动辅助系统的功率损失。例如,活塞环在气缸内壁的摩擦损失、轴承摩擦损失、驱动交流发电机的功率损失。

燃油消耗率

内燃机所需的燃油质量(g)与单位时间做功数(kW·h)之比称为燃油消耗率。它比用 L/h、L/100 km 或 mi/gal 表示燃油消耗率更精确。

过量空气系数的影响

均质空燃混合气分布

汽油机在均质空燃混合气工作时,燃油消耗率随过量空气系数 λ 增大到 1.0 时就逐渐下降(图 1),这是因为在 $\lambda<1$ 时的浓空燃混合气燃烧是在空气不足的不完全燃烧状态下进行的。

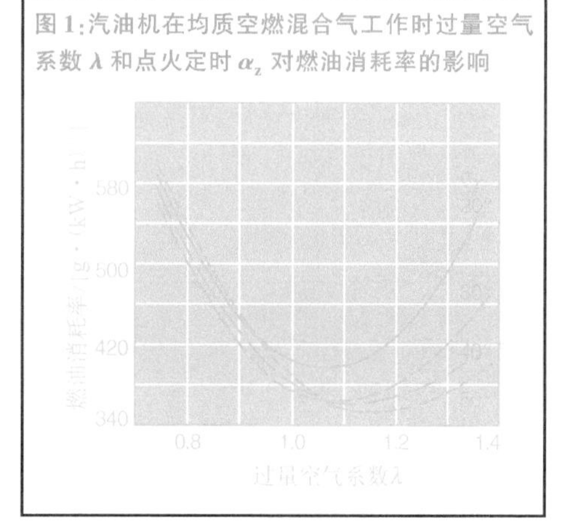

图 1:汽油机在均质空燃混合气工作时过量空气系数 λ 和点火定时 α_z 对燃油消耗率的影响

在 $\lambda>1$ 的较稀空燃混合气工作时必须增大节气门通过断面,以获得所需的汽油机扭矩。减小节流损失和提高热效率可进一步降低燃油消耗率。

在过量空气系数增大时,也就是空燃混合气较稀时,火焰前沿的扩散速度降低。这时必须进一步调节点火定时,即进一步提前点火定时,以补偿较稀空燃混合气点火延迟。

当过量空气系数继续增大时,汽油机接近出现不完全燃烧的稀空燃混合气极限(失火)使燃油消耗率急剧上升。与稀空燃混合气燃烧极限一致的过量空气系数随汽油机空燃混合气工作方式而不同。

分层充量方案

分层充量模式的燃油直接喷射汽油机可在更大过量空气系数的空燃混合气状态下工作。在这里仅指发生在整个燃烧室中的过量空气系数状况，在紧邻火花塞顶部的分层空间过量空气系数 $\lambda=1$。

燃烧室中充有空气和惰性气体(废气再循环)的残余气体。在分层充量模式中节气门开度大，可增大流通断面，减少泵气损失。泵气损失少和热力学效率高有助于较大地降低燃油消耗。

点火定时的影响

均质空燃混合气分布

热力学循环中的最佳燃烧过程都有一个确定的点火定时(图 1)，偏离该点火定时将对燃油消耗率产生不利影响。

分层充量方案

分层充量模式的燃油直喷汽油机点火定时的变化范围受到限制，因为火花塞要尽快点燃到达火花塞的空燃混合气云。理想的点火定时主要取决于燃油喷射定时。

可达到的理想燃油消耗率

为能给三元催化转换器创造最佳工作环境，汽油机在均质空燃混合气模式工作时空燃比必须是过量空气系数 $\lambda=1$ 的化学当量比。但在为控制燃油消耗率采用过量空气系数 $\lambda>1$ 的稀混合气模式工作时不能实现三元催化转换器的最佳工作环境。这只能改变点火定时，在最好的燃油经济性和最低的原始排放物之间取得折中。为此，只要加热催化转换器就能有效地处理废气中的有害物质，降低排放水平；只要汽油机暖机到正常工作温度，燃油经济性就会得到改善。

燃油消耗率脉谱图

在汽油机测功试验台上就能测定燃油消耗率，并表示在汽油机有效平均制动压力—转速图上。检测数据被输入到燃油消耗率脉谱图中(图 2)。将相同燃油消耗率的各个点连成一条曲线，不同燃油消耗率的曲线组成曲线族。图示的各燃油消耗率曲线由于与贝壳花纹相似，所以也称为燃油消耗率贝壳线。

图 2：均质空燃混合气汽油机燃油消耗率脉谱图

发动机数据：四缸汽油机，工作容积 $V_h=2.3$ L

功率：$P=100$ kW/5 400 r · min^{-1}

最大扭矩：$M=220$ N · m/(3 700~4 500) r · min^{-1}

有效平均制动压力：$p_{me}=12$ bar(100%)

方程式：$M=V_h \cdot p_{me}/0.125\,66$

$P=M \cdot n/9\,549$

式中因子：$M/(\mathrm{N \cdot m})$；V_h/L；p_{me}/bar；$n/(\mathrm{r \cdot min^{-1}})$；$P/\mathrm{kW}$

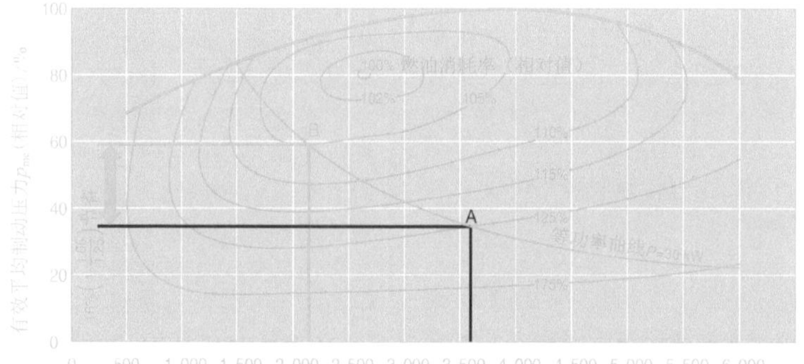

如图2所示,在汽油机转速约2 600 r/min时最低燃油消耗率与高平均有效制动压力一致。

由于有效平均制动压力也可作为扭矩的尺度,所以也可将代表输出功率P的曲线画在同一图上。每条输出功率曲线(图中只画出一条)呈双曲线状。虽然汽油机在不同转速和不同扭矩时在图上表示的功率是一样的(如点A和点B),但在这些点上的燃油消耗率是不同的。在点B,汽油机转速比点A较低,扭矩则比点A大。汽油机可通过变速器选择较高变速比的挡位从工作点B移至工作点A,在汽车性能不变时可降低燃油消耗率(节省15%,见图2)。

爆燃

提高汽油机热力学效率和动力装置性能幅度的一些措施会受到自发的提前点火和爆燃的制约。这种不希望发生的现象经常伴有可听到的"乒乓"爆燃声(敲缸声),在火焰前沿到达前部分空燃混合气自发点火时就会出现爆燃。爆燃引起缸内燃气过热、压力过高,并敲击活塞、轴承、气缸盖、气缸垫而使它们忍受巨大的机械负荷和热负荷。持续的爆燃使气缸垫漏气、活塞顶烧穿和汽油机拉缸。

爆燃源

活塞刚好到达TDC时,即当压缩行程终了时,火花塞点燃空燃混合气。由于燃烧室内全部的空燃混合气燃烧完要几毫秒时间(精确的燃烧延续时间随汽油机转速而变),所以实际的燃烧峰值出现在TDC后。

火焰前沿从火花塞向外扩展,在压缩行程燃烧室内部分空燃混合气燃烧,其他的未燃烧的空燃混合气受热、受压,在火焰前沿到达前达到足以瞬时自发着火的温度(图1)而诱发突然爆炸和不受控的燃烧。

在出现这种爆炸形式的燃烧时,即爆燃,其火焰前沿的传播速度要比由火花塞点燃空燃混合气的正常燃烧的传播速度(近似20 m/s)快10~100倍。不受控的燃烧产生压力脉冲,并从燃烧核心以环状形式突破,冲击气缸壁而发出爆燃特有的金属乒乓声(敲缸声)。

图1:爆燃源

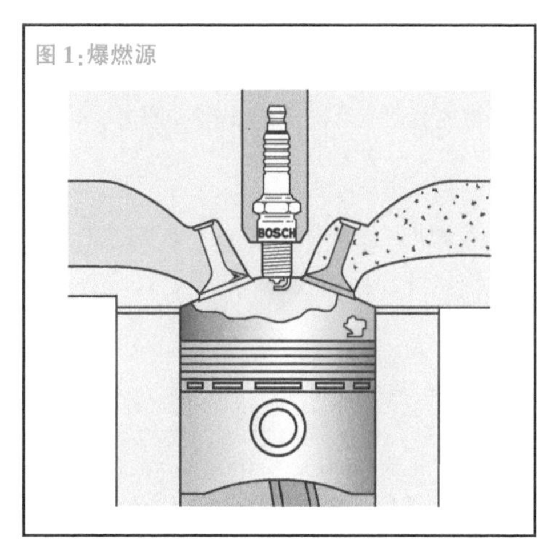

在燃烧室中的一些灼热点也会点燃空燃混合气而出现其他的火焰前沿。这些灼热点的潜在爆燃源之一是使用热值太低的火花塞,导致过分受热而升温成为灼热点,在正常点火定时前火花塞就点燃空燃混合气而发生发动机爆燃。

汽油机爆燃可在整个转速范围内发生,但在特别高的转速时,由于被运转噪声淹没而很难让人听到乒乓爆燃声(敲缸声)。

影响爆燃倾向的一些因素

过分的点火提前

过分的点火提前使燃烧室内的空燃混合气较早燃烧而产生过高的温度和急剧上升的压力。

高的气缸充量密度

为了增大扭矩,必须提高气缸充量密度(汽油机负荷因素),使在压缩行程中的气缸充量温度更高。

燃油品质

低辛烷值汽油抗爆燃性差。重要的是汽油品质要符合汽油机生产厂家的用油技术标准。

过高的压缩比

过高的压缩比的一个可能原因是气缸垫

比规定的薄,从而导致压缩行程中较高的气缸充量压力和温度。燃烧室壁面的沉积物、残留物也会使实际的压缩比稍许增大。

冷却

汽油机散热系统效率低,使气缸充量温度增高。

燃烧室几何形状

不利的燃烧室几何形状会加剧汽油机爆燃倾向。不合理的进气管结构使充量的湍流和涡流运动不足也是加剧爆燃倾向的另一因素。

燃油直接喷射的汽油机爆燃

汽油机在缸内燃油直接喷射均质空燃混合气工作时发生的爆燃状况与在进气管燃油直接喷射均质空燃混合气工作时发生的爆燃状况一样。它们的主要区别是在缸内燃油直接喷射时,由于燃油蒸发而产生的冷却效应使缸内空气温度低于进气管燃油喷射时的缸内空气温度。

在汽油机以分层充量模式工作时,只在瞬间靠近火花塞顶部区域才有可点燃的空燃混合气。在充有空气或惰性气体的燃烧室的其他区域则不会发生自发点火和爆燃的危险。在燃烧室边缘有特别稀的空燃混合气时更不会爆炸。点燃这种特稀的空燃混合气所需的点火能量要比点燃化学当量的空燃混合气所需的点火能量大得多,这就是汽油机在分层充量模式下工作能有效消除爆燃的原因。

避免汽油机爆燃

为有效避免空燃混合气过早点火和爆炸燃烧,对没有配备能检测爆燃的爆燃传感器的点火系统采用离爆燃边界有 5°~8°曲轴转角安全距离的点火定时。

能检测爆燃的点火系统采用一个或多个爆燃传感器以监控在汽油机中传播的声波。汽油机管理的电子控制单元(ECU)分析这些传感器传输的电信号,并查明各个气缸的爆燃状况。随后,ECU 对查明的气缸爆燃做出推迟点火定时的响应以避免该气缸连续爆燃,接着又逐渐减小推迟的点火定时值并回到原来的点火定时。这种渐进的过程一直持续到不是回到汽油机点火脉谱图的原始基准点,就是爆燃传感器再次检测到爆燃为止。汽油机管理分别为每个气缸调节点火定时。

爆燃控制不是绝对控制不发生爆燃,温和的、有限的爆燃不但不会伤及汽油机,反而有助于分解由机油和燃油添加剂形成的燃烧室内部,进、排气门等处的沉积物,将它们燃烧掉并随废气排出,或沉积物与废气一起排出。

爆燃控制的优点

由于可靠的爆燃识别,具有爆燃控制的汽油机可采用更高的压缩比协同控制点火定时,也可在点火定时与爆燃临界点之间不再设定点火定时的安全边界(以曲轴转角计)。点火定时可选择在有利于热力学效率的"最佳状况"而不是"最坏状况"。

爆燃控制可达到:

- 降低燃油消耗
- 提高汽油机扭矩和功率
- 允许汽油机使用一定辛烷值范围内的不同燃油,如优质的汽油(Premium)和普通的无铅汽油(Regular)

燃　　料

最重要的能源来自石油或原油提取的燃料。原油是经历几百万年分解生物有机体留下的。它由不同的碳氢化合物(HC)组成。高品质燃料为车辆无故障工作和低废气排放做出重要贡献。燃料的组分和性能由法规控制。

点燃式发动机(汽油机)用燃料

汽油组分

汽油主要由石蜡、芳香族化合物组成。可用含氧的有机组分和添加剂改良它们的基本性能。

纯链结构的石蜡(标准石蜡或 ISO 石蜡,图 1)具有很好的点火性能,但抗爆燃性差。

在德国出售的燃料:Normal(标准)、Super(特级)和 Super plus(特级+)。在美国出售的燃料:Regular(普通)和 Premium(优质),它们与德国的 Normal、Super 相对应。由于 Super 或 Premium 的较高芳香成分和添加的含氧有机组分,它们的抗爆燃性较高,所以可用于高压缩比汽油机上。

汽油炼制

原油不能直接用在汽油机上,必须炼制。首先在精炼厂精炼原油。主要有下列工序:

- 按沸腾特性在蒸馏塔中分离碳氢化合物(HC)的各种混合物而得各种分馏物,也就是分子大小不同的种族
- 从蒸馏物中衍生的各种较大的碳氢化合物分子经裂解分离成各种较小的碳氢化合物分子
- 用重整法改变碳氢化合物分子结构,也就是将石蜡[链烷(属)烃]转变为较高辛烷值的各种芳香族化合物
- 在精炼工序中除去碳氢化合物中不需要的(有害的)组分,也就是脱去含硫组分(脱硫)

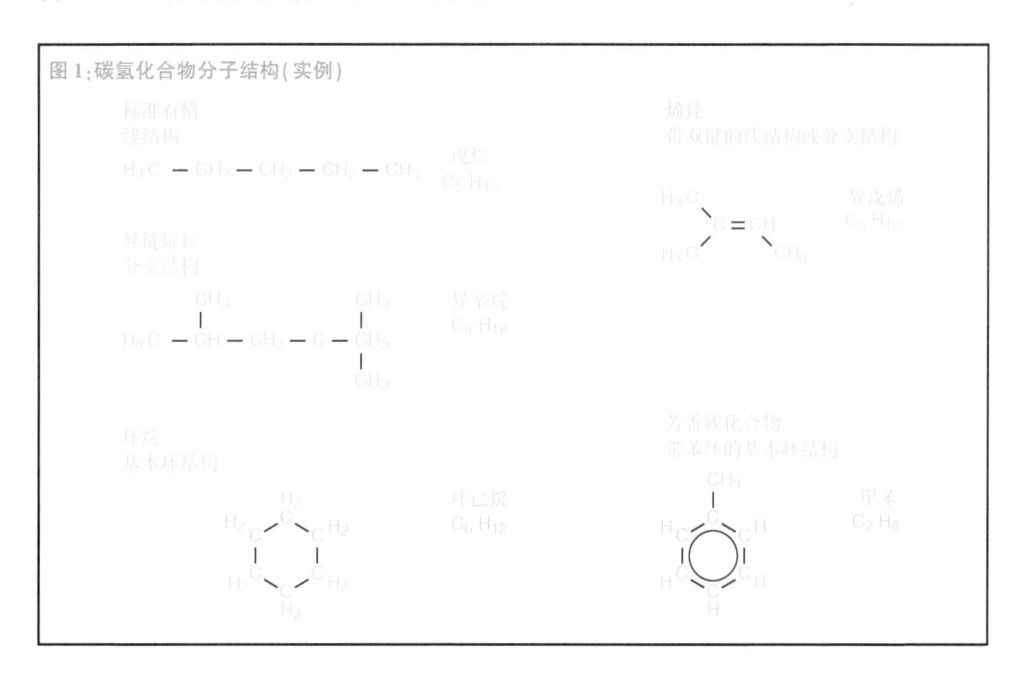

图 1:碳氢化合物分子结构(实例)

燃料标准

欧洲燃料标准 EN 228(表 1)规定了对用于点燃式发动机(汽油机)的无铅汽油的一些要求。在附录中还进一步规定各国燃料的特性值。当前,含铅汽油已在欧洲禁止使用。

在美国采用 ASTM D4814(美国材料试验学会)制定的点燃式发动机燃料。

特征参量

净热值和总热值

燃料的热能通常用净热值 H_n(以前称低热值)表示。它是燃料在完全燃烧时释放出来的可用热能。总热值 H_g(以前称高热值)是表示燃料燃烧时释放的总的化学反应热。它包括可用热和与产生水蒸气相关的热(潜热)。在汽车上,这部分热量无法利用。汽油的比热容为 40.1~41.8 MJ/(kg·K)。

对于含氧燃料或有氧组分的燃料,如酒精、醚和脂肪酸甲基脂,因为它们中的结合氧不参与燃烧,所以其热值比纯碳氢化合物要低,要消耗更多的燃料才能达到一般燃料达到的功率。

空燃混合气热值

可燃的空燃混合气的热值决定发动机的输出功率。在当量空燃比时所有的液化气和液体燃料的热值为 3 500~3 700 kJ/m³。

表 1:汽油的主要性能(欧洲燃料标准 EN 228,2004 年 3 月)

要求		单位	特征参数
抗爆品质	高级,min	RON/MON	95/85
	普通,min①	RON/MON	91/82.5
	超高级①Super Plus	RON/MON	98/88
密度		kg/m^3	720~775
硫,max		mg/kg	50
苯,max		%(体积)	1
铅,max		mg/L	5
挥发性	蒸气压力,夏季,min/max	kPa	45/60
	蒸气压力,冬季,min/max	kPa	60/90①
	蒸发量,在 70 ℃,夏季,min/max	%(体积)	20/48
	蒸发量,在 70 ℃,冬季,min/max	%(体积)	22/50
	蒸发量,在 100 ℃,min/max	%(体积)	46/71
	蒸发量,在 150 ℃,min/max	%(体积)	75/—
	终沸点(干点),max	℃	210
	VLI 过渡期③,max②		1 150①

① 德国国家数据;② VLI=气阻指数;③ 春季和秋季

密度

欧洲燃料标准 EN 228 限制燃料密度范围为 720~775 kg/m^3。由于高级汽油一般含有较高比例的芳香烃化合物,故其密度比普通汽油大,而且热值也稍高。

抗爆性(辛烷值)

辛烷值表示汽油的抗爆性(抗提前点火性)。辛烷值越高,抗爆性越好。抗爆性最好的异辛烷的辛烷值为 100,最易爆燃的正庚烷值为 0。

燃料的辛烷值是在标准的试验发动机上确定的。改变异辛烷和正庚烷混合液的比例,当某一比例的混合液与被测汽油达到相等的爆燃程度时,混合液中的异辛烷的体积百分数就是被测汽油的辛烷值。

RON、MON

用研究法测定的辛烷值称为研究法辛烷值(RON,Research Octane Number),它可作为加速爆燃的基本指数。

马达法辛烷值(MON,Motor Octane Number)是用马达法测定得出的。MON 基本上表示在高速时产生爆燃的趋向。RON 表示在中、低速时产生爆燃的倾向。

马达法与研究法的区别在于马达法用的空燃混合气要预热、发动机转速较高和点火定时可变,因而对试验燃料提出更高的热要求。MON 的数值低于 RON 的数值。

提高抗爆性

普通的(未处理的)直馏汽油抗爆性低。必须加入各种精炼成分(催化重整,异构化)使燃料具有适于现代发动机的高辛烷值。在整个沸腾范围内都要保持尽可能高的辛烷值。环烃(芳香烃)和支链(异构石蜡)可提供比直链分子[(正)石蜡]更好的抗爆性。

含氧组分的添加剂醇(甲醇、乙醇)和醚[如甲基叔丁醚(MTBE)、乙基三丁基醚(ETBE 3%~5%)]对辛烷值有良好的效果。另外,在欧洲允许最多添加 5%的乙醇(E5),在美国允许最多添加 10%的乙醇(E10),在巴西允许添加 22%~26%的乙醇(E22~E26)。

添加乙醇会增加燃料的挥发性,损伤喷油系统的金属并引起弹性塑料胀起和腐蚀。

含金属的辛烷值增强剂(如甲基环戊二烯基锰三羰基 MMT)在燃烧时产生灰分,所以只在个别情况下才被使用(如在加拿大)。

挥发性

汽油必须符合对挥发性的严格要求,以保证满意的运行。燃料必须含有足够比例的高挥发性组分,以保证良好的冷起动性能,但挥发性也不能太高以致损害汽车行驶和热发动机的起动(气阻)。此外,保护环境要求蒸发损失低。挥发性由不同的方法确定。

EN 228 规定按蒸气压力的不同水平,沸腾点曲线和气阻指数(VLI,Vapor Lock Index)分为 10 个挥发性等级。根据气候条件的不同,各国可从标准的附录中引用。冬天和夏天规定使用不同的值。

沸腾曲线

为判定燃料的工作性能,要注意沸腾曲线上的各个区段。为此,EN 228 规定了燃料在 70 ℃、100 ℃和 150 ℃ 3 个温度时的燃料蒸发量极限值。至 70 ℃蒸发的燃料必须达到最低的量,以保证良好的发动机冷起动性(对早期的化油器式发动机十分重要)。但这部分数量不应过多,否则在发动机处于热状态时会引成气阻。在 100 ℃时的燃料蒸发量,除影响发动机的暖机性能外,还会影响发动机热机状态的加速性。到 150 ℃时的燃料蒸发量(体积)不应太少,以免稀释发动机机油。特别是在发动机处于冷态时,燃料中的难挥发的组分使蒸发量减少,并能从燃烧室经缸壁进入发动机润滑油中。

蒸气压力

根据 PrEN 13016-1,在 37.8 ℃(100 ℉)下测量出的燃料蒸气压力是燃料能否泵入和泵出汽车油箱的重要安全指标。所有规范都有对蒸气压力的上、下限限定。如德国规定其夏季最大值为 60 kPa,冬季为 90 kPa。

设计喷油装置要知道较高温度(80 ℃ ~ 100 ℃)时燃料蒸气压力的知识。因为,特别是醇的混合液在高温时蒸气压力会增加。汽车行驶时,发动机温度对喷油装置的影响(加热),使喷油系统内的蒸气压力增加而出现气阻。

气相/液相比(DFV)

气相/液相比是表示燃料形成蒸气泡趋向的指数。它是单位体积,在规定的温度和背(反)压下所产生的节气体积。

若背压下降(如在山路上运行)和/或温度增高,则 DFV 增加,因而出现问题的可能性也会增加。例如,在 ASTMD 4814 标准中对每个挥发性等级都规定了一个温度,在该温度下 DFV 不应超过 20。

气阻指数(VLI)

气阻指数由 10 倍的蒸气压力(单位为 kPa)及 7 倍的到 70 ℃时的燃料蒸发量的计算总和得到(公式中的两部分均为绝对数据,后者是乘以系数 7 前从沸点曲线得出的)。VLI 要比仅用蒸气压力和沸腾曲线值更能反映燃料对热机起动和汽车的热行驶性能。

含硫量

为减少 SO_2 排放和保护废气后处理的催化转换器,从 2009 年起,欧洲将汽油的含硫量限制在 10 mg/kg。达到该限值的燃料称为无硫燃料。在德国已采用此限值,因为从 2003 年起已提高对含硫燃料的处罚力度。

欧洲将逐步采用无硫燃料。2005 年年初只允许低硫燃料[$\omega(S) < 50$ mg/kg]进入市场。

在美国,自 2005 年起,终端用户可以买到的商用汽油的最高含硫量为 300 mg/kg。汽油销售总量的平均含硫量为 30 mg/kg,进口汽油的含硫量不允许超过此限值。从 2006 年起汽油销售总量的较高平均含硫量仍为 30 mg/kg,但最高含硫量降到 80 mg/kg。联邦的一些州,如加利福尼亚州,已规定更低的含硫量。

添加剂

为改进燃油品质,需要掺入添加剂,以防汽车的行驶性能变坏和废气成分增加。掺入添加剂时大多使用不同作用组分的小包装,必须十分仔细地调整添加剂浓度,并进行检测,不应产生副作用。给燃料掺入添加剂大都在精炼厂的各个装罐站进行,在充罐油罐车时按牌号规格进行。此后使用者给汽车油箱补充掺入添加剂,将得不到汽车生产厂家对产品质量的一切保证。

清洁剂

保持进气/油系统的清洁(喷油嘴、进气门)是保证优化好的可燃混合气控制和制备一直处于新的状态的重要前提,也是汽车无故障行驶和降低有害气体的基础。为此,燃料中应加入有效的清洁剂。

防腐蚀剂

燃料中的水分会腐蚀燃料系统,掺入能在金属表面形成一层保护膜的防腐剂可有效地阻止腐蚀。

抗老化添加剂

加入燃料中的抗老化添加剂可提高燃料储存的稳定性,并阻止与大气中氧气产生氧化作用。金属钝化剂可阻止金属与燃料氧化的催化作用。

重整汽油

重整汽油是通过改变常规汽油组分达到比常规汽油更低的蒸发排放和有害物的排放。1990 年在美国的《清洁大气法》(Clean Air Act)中制定了对重整汽油的要求,规定了如较低的蒸气压力、较低的芳香烃化合物和苯含量、较低的终沸点(干点)等,也规定了使用添加剂,避免进气系统污物和沉积物。

代用燃料

除了使用汽油、柴油外,还可利用其他技

术手段从各种能量载体中生产代用燃料。图1是化石燃料和再生燃料准备和生产的主要过程——从获得初级能源到进入汽车油箱的燃料的过程——称为“从井到箱”(Well to Tank)的路径。根据二氧化碳(CO_2)排放和能量总平衡选择各种燃料,不仅要考虑燃料制备的总的能耗,还要考虑驱动汽车的效率,因为它决定了燃料的消耗。

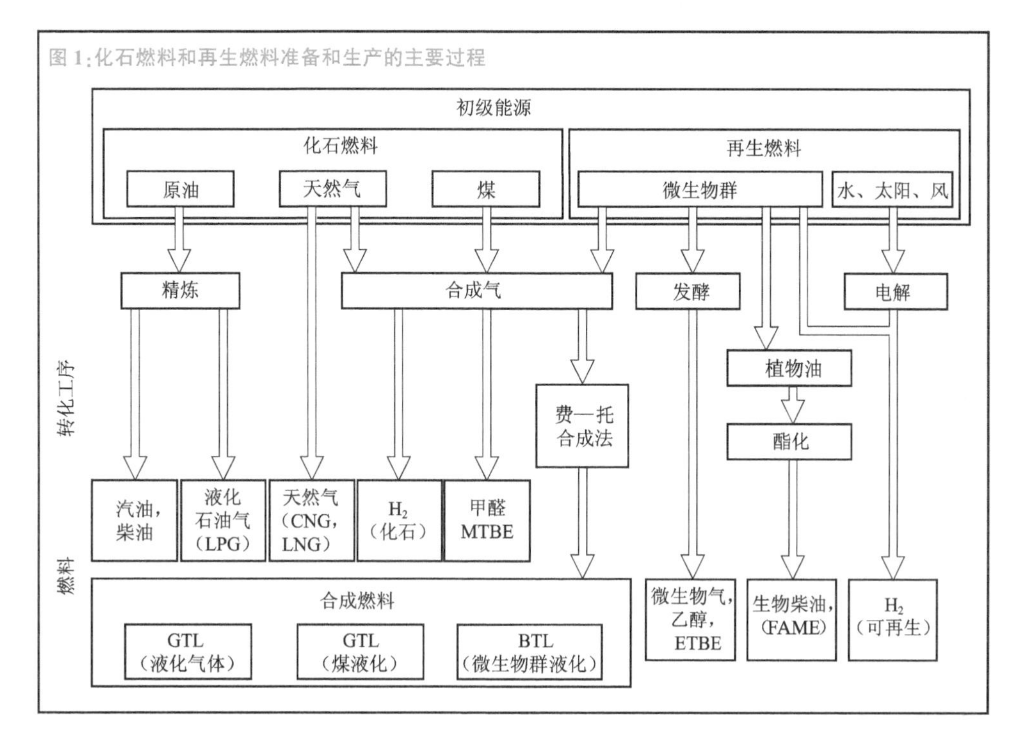

图1:化石燃料和再生燃料准备和生产的主要过程

人们将燃料分为化石燃料和再生燃料,前者主要从石油或天然气中提炼,后者主要由可再次使用的能量载体,如微生物群体、风力或太阳能电池产生。

液化气、天然气、由天然气提炼的合成燃料(合成液化燃料)以及由天然气制造的氢气都属于化石的代用燃料。

甲醇、乙醇以及从微生物群中提炼的燃料为再生燃料。以微生物群为基础的其他再生燃料是太阳燃料(合成液体燃料)和生物柴油。如果使用由可再生能源(风能、太阳能)产生的电能,通过电解可制备氢气,那么可再生的氢气也能以微生物群为基础来加以提炼。

除氢气以外,所有再生和化石燃料都含碳、氢物质,并在燃烧时释放CO_2。由微生物群为基础制成的燃料,在植物生长期间吸收的CO_2与它在燃烧时产生的CO_2保持平衡,这样可减少燃烧时计入的CO_2排放。

点燃式发动机代用燃料

作为点燃式发动机代用燃料的天然气和液化石油气是初级燃料。目前,用氢气工作的点燃式发动机仅限于试验车辆上。酒精作为汽油的代用燃料主要在欧洲和美国使用,在巴西也使用纯乙醇燃料。

合成燃料专门用在柴油机上,为保证汽油机能使用上面提到的代用燃料,需要与燃料喷射系统、燃料箱和点燃式发动机等汽车需要的相关部件适应。

目前,越来越多的汽车生产厂家正在出售可立即投入生产线的天然气汽车。

可在汽油和天然气之间转换的双燃料汽车已首次投入使用。

天然气(CNG,LNG)

天然气中的主要成分是甲烷(CH_4)占总量的 80%~99%,其他成分是惰性气体,如 NO_2、N_2和低环(链)的碳氢化合物。

天然气可以是气态天然气,也可以是压缩的天然气(CNG),它在 20MPa 压力下储存;或是液化天然气(LNG,Liquid Natural Gas),在-162 ℃下储存在耐低温的罐中。在相同天然气量时,LPG 的储存容积只是 CNG 储存容积的 1/3。但为制冷,储存 LNG 需要高的能源消耗。因此,在德国目前约有 670 个天然气加气站几乎全都提供 CNG。

天然气汽车的特点是低 CO_2排放,因为它由低碳的碳氢化合物组成。天然气的碳与氢之比为 1∶4,而汽油的碳与氢之比为 1∶2.3,所以天然气燃烧时 CO_2气较少,而水蒸气较多。用天然气改装的点燃式发动机在没有进一步优化的情况下 CO_2的排放量要比汽油机的 CO_2排放量少 25%。

由于天然气的辛烷值(ROZ)可高达 130(汽油的辛烷值为 91~100),具有特别高的抗爆燃性能,所以天然气特别理想地适用于增压发动机,并可进一步提高压缩比。用在短冲程发动机时仍可改善发动机效率,并进一步减少 CO_2排放。

液化气(LPG,煤气)

液化气也称为煤气,是丙烷和丁烷的混合气,在汽车上用得不多。LPG 是在开采原油和提炼过程中的衍生物,并可在低压下液化。

在汽车上使用时,欧洲燃料标准 EN 590 已对 LPG 的要求作了规定。LPG 的 MOZ 不低于 89。

LPG 发动机的 CO_2 排放要比汽油机的 CO_2排放低 10%。

醇燃料

纯乙醇(M100)或纯甲醇(E100)燃料能适应点燃式发动机工作。但在大多数情况下,醇类是作为提高汽油辛烷值的一种组分(如巴西 E24 和 E10、E85,美国 M85)。用乙醇生产的醚[甲基三丁基醚(MTBE)和乙基三丁基醚(ETBE)]是辛烷值的重要改进剂。

乙醇是重要的代用燃料,在巴西(利用甘蔗杆发酵)和美国(利用谷物发酵)首先使用。

甲醇从富含碳的原料,如煤、天然气、重油等中提取。

与以矿物油为基的汽油相比,酒精具有其他一些需要特别注意的物理性能,如热值、蒸气压力、材料强度、腐蚀性等。

不需要驾驶员干预的、在任何空燃比下可燃烧的汽油和酒精燃料发动机可用在"柔性燃料"(多燃料)汽车上。

氢气

氢气既可作为燃料电池产生动力,也可直接在内燃机上使用。只有在从水电解或从微生物群提取氢气时才能凸显出少生成 CO_2 的优点。当前大工业提取氢气主要采用蒸汽重整的方法,但这样会释放出 CO_2。

氢气的发送和储存也是当前的难点。由于氢气的密度小,有两个变通的储存方案:

在 35 MPa 或 70 MPa 压力下储存。在 35 MPa 压力储存时单位量的储存罐体积要比汽油箱的体积大 10 倍。

在温度为-253 ℃时进行液体储存(冷冻储存)。

用燃料电池驱动电动机

燃料电池将与大气中的氧气发生冷燃烧的氢气转换为电流,并供给电动机以驱动汽车。燃料电池的副产品为水。

驱动汽车的燃料电池目前主要采用聚合物电介质的燃料电池(PEM 燃料电池),燃料电池在相当低的温度范围(60 ℃~100 ℃)内发生冷反应。用氢气工作的 PEM 燃料电池的系统效率,包括电动机效率为 30%~40%[采用新的欧洲汽车行驶循环(NEFZ)标准],明显超过了内燃机(汽油机)效率的典型值 18%~24%。

在点燃式发动机上使用氢气

氢气特别容易点燃。由于它的可点燃

性,在很稀的空气与氢气的混合比范围(4～5)：1内,发动机不需要节流就能工作,这与汽油相比,扩大了点火边界,但也增加了回火的危险。

氢燃料内燃机热效率通常要高于汽油机的热效率,但比燃料电池驱动电机的效率低。

在氢气燃烧时产生水蒸气(H_2O),而没有CO_2。

气缸充量控制系统

在过量空气系数 λ 一定的均质空燃混合气中工作的汽油机输出扭矩和功率是由进入气缸的空气质量和喷射的燃油量决定的。空气质量必须精确计量,以使空燃比或过量空气系数 λ 精准。

节气门电子控制(ETC)

燃油燃烧所需的氧气取自吸入发动机的空气。按外部空燃混合气工作的汽油机(进气管燃油喷射)以及按均质空燃混合气工作的燃油直接喷射汽油机的输出扭矩直接取决于吸入发动机的空气质量。为此,为控制一定的气缸空气充量,必须对发动机进气节流。

任务和工作原理

驾驶员操纵加速踏板(油门踏板)到不同位置可得到他所需要的汽油机扭矩。在节气门电子控制(ETC,Electronic Throttle Control)中,加速踏板模块中的行程传感器1(图1)检测加速踏板位置。对汽油机扭矩的要求是由它承担的任务决定的,如接通空调设备时需增加扭矩,或换挡时减少扭矩。

Motronic ECU(2)(进气管燃油喷射系统的为 ME-Motronic,燃油直接喷射系统的为 DI-Motronic)从设定的汽油机扭矩中计算所需的空气质量,并给电控节气门 5 发送触发信号,从而调节进入汽油机的空气质量。利用能反映当前节气门位置的节气门角度传感器 3 就能精确调节所需的节气门位置。

汽车巡航速度控制功能也可容易地与 ETC 组合,这时电控单元 ECU 按存储在 ECU 中的汽车巡航速度控制预选速度数据调节汽油机扭矩,而不再需要驾驶员操纵加速踏板。

图 1:ETC 系统

1—加速踏板行程传感器;2—Motronic ECU;3—节气门角度传感器;4—节气门驱动;5—节气门

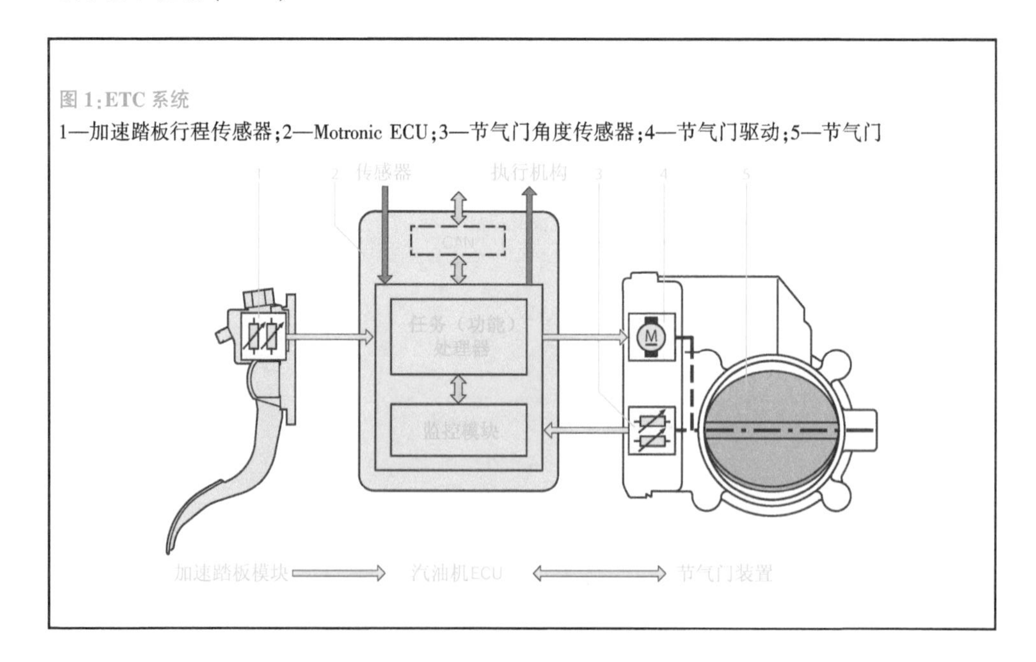

节气门装置

节气门装置(图2)由气动节气门体1和安装在体内的可转动的节气门2等组成。直流电动机3经减速器体5驱动节气门轴。轴上连接两个节气门角度传感器(ETC监控方案)。在DV-E型节气门装置中采用电位器角度传感器,在DV-E8型节气门装置中也可选用相近类型的传感器。所有电气连接通过插头接到汽车线束上。

图2:DV-E8型节气门装置,模块结构
1—节气门体;2—节气门;3—直流电动机;4—插头模块;5—减速器体;6—组合的节气门角度传感器;7—模块盖

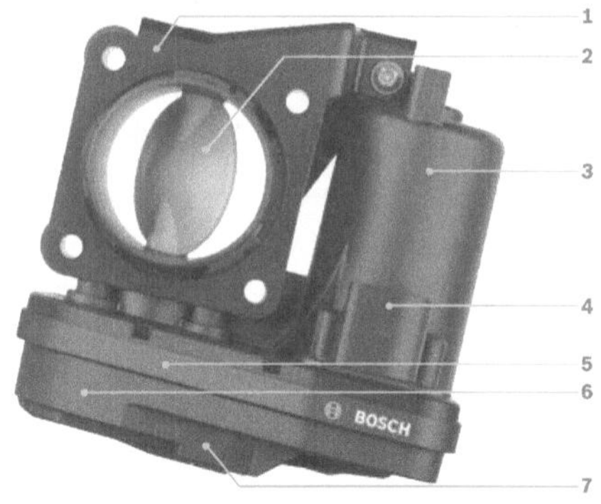

按模块原理节气门是组合式的,能容易地满足各种要求,如适应汽油机气缸工作容积要求。

使用塑料体的DV-E8型节气门装置要比使用铝体的DV-E5型节气门装置有如下优点:

- 节省质量
- 优化节气门几何形状
- 耐腐蚀
- 磨损少
- 对温度变化不敏感
- 不易结冰(省去加热器)

加速踏板传感器

在配备ETC的Motronic系统中,加速踏板传感器检测加速踏板行程或角度位置。除使用无线触式的传感器原理外,还使用接触式电位器。加速踏板传感器与加速踏板一起组合在加速踏板模块中。这种组合方式不需要在汽车上再调整。

电位计式加速踏板行程传感器

发动机ECU收到来自电位器滑动触头的电压测量(信号)值。ECU利用存储的传感器特性曲线将电压信号换算成相应的加速踏板行程或角度位置(图3)。

图3:加速踏板行程传感器特性曲线
1—电位器(基准电压电位器);2—电位器(半电压电位器)

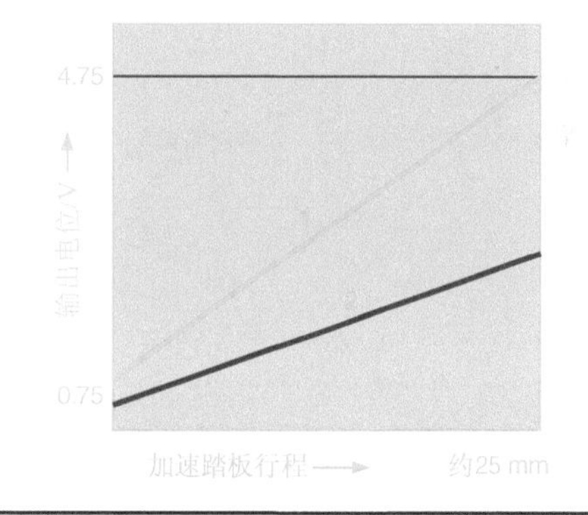

为诊断和防止出现故障,传感器做成双传感器,即冗余设计,加速踏板传感器是监控系统的组成部分。传感器的一种结构型式是工作时按两个电位器中的第二个电位器工作,该电位器在所有工作点总是提供第一个电位器的1/2电压。为识别故障,可提供两个独立的信号(图3);传感器的另一种结构型式是用怠速开关代替第二个电位,怠速开关将加速踏板的怠速位置信号传输给ECU。怠速开关的状态和电位器电压必须可信。

配备自动变速器的汽车还有一个能产生降挡电信号的开关。降挡电信号的信息可从电位器电压的变化速度得到。另一种可能的方式是通过传感器特性曲线上设定的电压值触发降挡功能。驾驶员这时通过机械降挡盒中力的突变得到反馈信号。这是最常用的一种方案。

霍尔(Hall)转角式加速踏板传感器

Hall 传感器可以无接触地测量加速踏板的运动(位移或角度)。在 ARS 1 (Angle of Ration Sensor)型 Hall 角度传感器上,半环形的永磁转盘 1(图 4)的磁通密度经极靴 2、两个导磁体 3 和软磁轴 6 返回到永磁转盘 1(图 4)。按转角位置 φ,磁通密度或多或少穿过两个导磁体。Hall 传感器就放在导磁体的磁路中,这样,在 90°的测量范围内得到线性的特性线。

图 4:ARS 1 型 Hall 角度传感器

1—永磁转盘;2—极靴;3—导磁体;4—空气隙;5—Hall 传感器;6—软磁轴

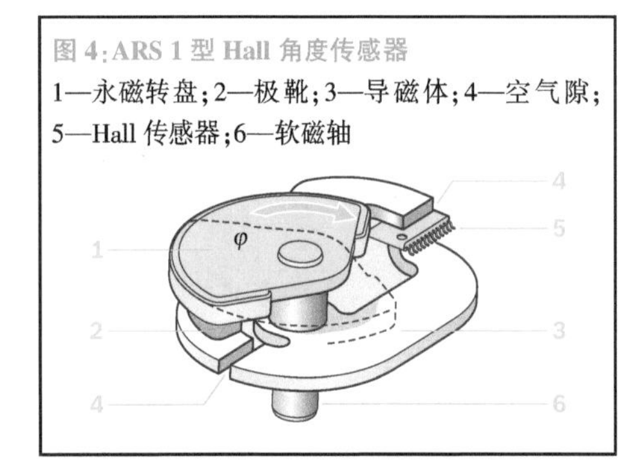

ARS 2 型 Hall 角度传感器是没有软铁导磁体的简单布置的 Hall 传感器(图 5)。磁铁围绕 Hall 传感器做圆弧运动。因为传感器产生的正弦波形特性线只在较短的线段内才有好的线性,所以常将 Hall 传感器放在圆心稍偏外一点。这样传感器的特性线就不是正弦波状,但在 180°范围内会有一个长的、好的线性段。

图 5:ARS 2 型 Hall 角度传感器原理

(a) 原理;(b) 特性线

1—位于圆弧圆心的 Hall 集成电路;2—偏离圆弧圆心的 Hall 集成电路;3—磁铁

该传感器的缺点是不易屏蔽外部磁场,不能严格保持磁回路的几何公差、永久磁铁的磁通密度随温度而变化以及磁铁老化。

在 FPM 2.3 型 Hall 角度传感器中,为产生输出信号,传感器不感受磁场强度,而是感受磁场方向。在水平和在 x 与 y 方向径向布置的四个测量元件如图 6 所示。利用反正切(arctan)函数和原始数据余弦(cos)信号与正弦(sin)信号,可在信号处理电路(ASIC)中得到输出信号。为得到均匀磁场,将传感器放在两个磁铁之间(图 7)。这样,传感器对部件的公差变化不敏感,也不受温度变化的影响。

像配备电位器式传感器的加速踏板模块那样,这种无接触的 Hall 角度传感器的测量系统有两个传感器,以得到两个(冗余)电压信号。

图 6:FPM 2.3 型 Hall 角度传感器测量原理

(a) 结构;(b) 工作原理;(c) 测量信号

1—带 Hall 元件的集成电路;2—磁铁(此处未表示对面的另一个磁铁);3—导磁体;4—Hall 元件(检测磁通密度 $\boldsymbol{B}$ 的 x 分量);5—Hall 元件(检测磁通密度 $\boldsymbol{B}$ 的 y 分量);B_x—均匀磁场(x 分量);B_y—均匀磁场(y 分量)

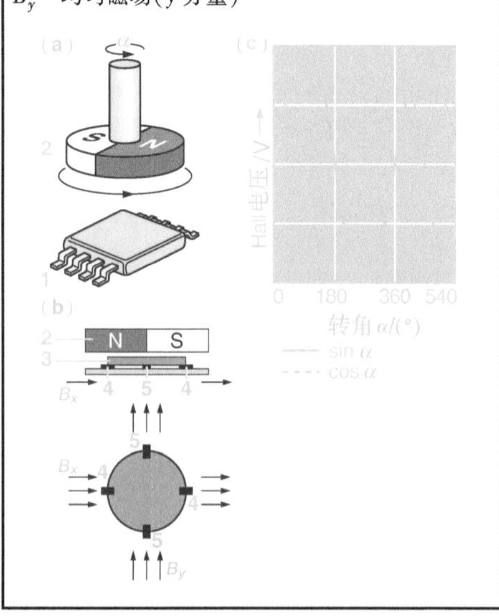

图 7:FPM 2.3 加速踏板模块的分解表示
1—踏板;2—盖;3—隔离套;4—带壳体和插头的传感器部件;5—支撑体;6—带两个磁铁和磁滞元件的轴;7—限位(可选择);8—双弹簧;9—挡块阻尼器;10—压件;11—底盖

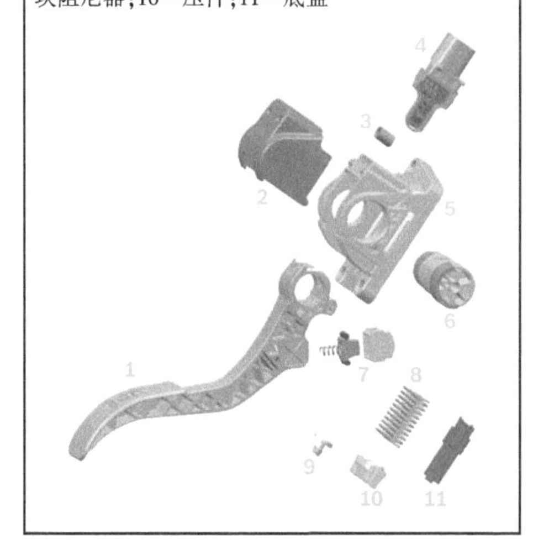

ETC 监控方案

ETC 系统归入与安全有重大关系的系统等级。因此,汽油机管理系统包括诊断该系统的各个部件。反映驾驶员命令(加速踏板位置的功率要求或汽油机状态节气门位置)的输入信息由两个传感器(冗余)传输到 ECU。在加速踏板模块中的两个传感器和节气门装置中的两个传感器各自彼此独立地发送信号,以保证若一个传感器信号发生故障,另一个传感器还可发送有效信号。两个传感器检测的不同特性曲线表明它们之间的信号短路。

可变气门定时

除控制由汽油机经节气门吸入新鲜气体流量外,还可利用可变气门定时调节气缸充量。改变气门定时和气门升程可影响新鲜气体和残余废气比值,并影响空燃混合气形成。

周期性的开启和关闭进、排气门使间隙性吸入的新鲜气体进入燃烧室并使燃烧后的气体间隙性地从燃烧室排出。在这个过程中激发流入、流出燃烧室的气体振动(压力波)。振动频率和幅度很大程度上取决于进气管和排气支管的几何形状、汽油机转速、节气门位置。不变的气门定时和气门升程只适应于汽油机一定工况范围的充量更换过程,不能适应在整个工况(转速和负荷)范围的充量更换过程,所以配气机构不变的汽油机常常在反映充量更换过程优劣的性能上取得折中。可变气门定时扩大了汽油机在不同工况工作的适应性,其优点如下:

- 较高的标定功率
- 在汽油机整个转速范围有良好的扭矩曲线
- 减少有害排放物
- 降低燃油消耗
- 改善汽油机低速运转的平稳性

凸轮轴相位调节

对于当前生产的汽油机,其凸轮轴由曲轴经齿带或定时链条或齿轮驱动,所以调节凸轮轴相对曲轴位置变得越来越迫切。在很多应用情况下只是进气凸轮轴可以相对曲轴位置转动,而其发展趋势是排气凸轮轴也可以调节。与调节相关的执行器是广泛使用的可连续调节的液压执行器。

转动进气凸轮轴可确定"进气门开启"时间(角度)。固定凸轮型面,使升程曲线不上升,"进气门关闭"时间(角度)跟着"进气门开启"时间(角度)的变化而变化。图 1 是在凸轮轴向"延迟"或"提前"方向转动时进气门升程曲线相对活塞 TDC 向左或向右移动。

进气凸轮轴定时延迟

在低速时进气凸轮轴定时延迟

在低速时进气凸轮轴定时延迟使进气门延迟开启,排、进气门同时开启的重叠时间(角)减小,从而减少燃烧完的气体(废气)经进气门流回进气管。随后进入的新鲜气体中的残余废气气量减少,使在汽油机低速时(小于 2 000 r/min)燃烧过程中的燃烧更稳定,汽油机运转更平稳。这样可降低汽油机怠速转速,节省燃油消耗。

在高速时进气凸轮轴定时延迟

也可在高速(大于 5 000 r/min)时进气凸轮轴定时延迟。由于在活塞 BDC 后相应的进气门延迟关闭,所以在活塞不断向上运动的压缩行程中进气门前后的气体压力相等(没有压力差)前新鲜气体有更多时间流入气缸。这种升压效应能有效地增加气缸充量。

进气凸轮轴定时提前

在中速时进气凸轮轴定时提前

在中速范围由于充量气体的动力学特性而没有升压效应。在活塞BDC后进气门很快关闭以避免在压缩行程中活塞向上运动时迫使进入的新鲜气体流回进气管,从而达到尽可能好的气缸充量和与此相关的良好的扭矩特性曲线。

进气凸轮轴定时提前也意味着排、进气门同时开启的重叠时间(角度)增加。在活塞TDC前进气门打开,使在排气行程活塞向上运动时燃烧完的残余气体(废气)经开启的进气门进入进气管,随后又被吸入气缸。这种引射作用可增加缸内残余气体份额(内部废气再循环),从而降低燃烧室内工质峰值温度,减少NO_x形成。高的惰性气体份额可进一步加大节气门开度(减小节流),减少节流损失和与之相关的燃油消耗。

调节排气凸轮轴

在排气凸轮轴可调的机构上,借助于选择排气门关闭时刻可调节缸内残余气体份额。这种可调的机构可独立的、大范围调节最佳的缸内新鲜空气(进气门关闭)和残余气体的量的比。

图1:转动进气凸轮轴

1—向"延迟"方向转动;2—正常位置;3—向"提前"方向转动

1—排、进气门同时开启(气门重叠)

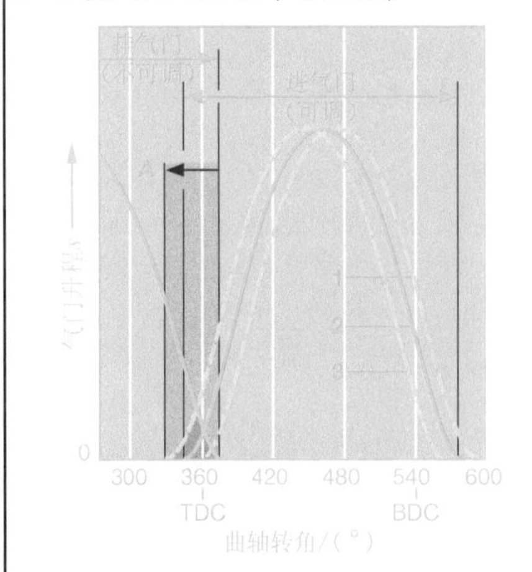

凸轮轴凸轮控制

凸轮轴凸轮控制(图2)包含不同凸轮型线之间的转换。这样,不单是气门定时,气门升程(气门升程曲线转换)也是可以改变的。通常是第一凸轮确定汽油机低、中速范围工作的最佳气门定时和气门升程,而在高速、大负荷工作时转换到较大气门升程和较长开启持续时间和第二凸轮。

图2:凸轮轴凸轮控制

1—标准凸轮;2—附加凸轮

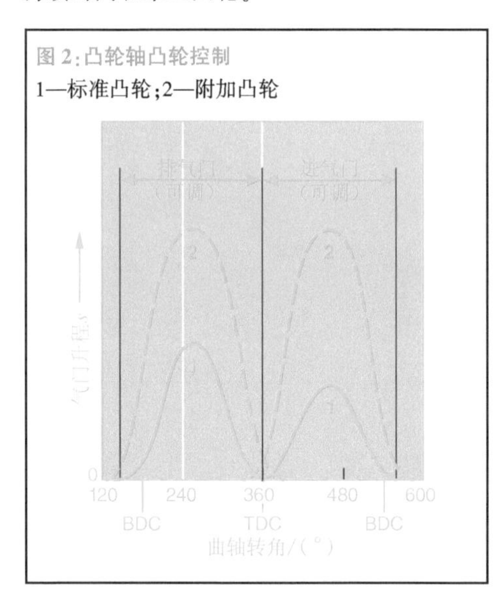

在不同凸轮之间的转换可采用导筒或接入原先处于自由摆动的附加凸轮来实现。

在低、中速范围转换

在低、中速范围与小的气门升程有关的较窄的气门通过面积导致较高的进气速度和较好的充量气体涡流运动(汽油机直接喷射时)或空燃混合气涡流运动(在进气管燃油喷射时),从而保证即便在部分负荷时仍可形成良好的空燃混合气。

在高速范围转换

要求全负荷的大扭矩需要最大的气缸充量。依靠大的气门升程和扩大气门开启断面可让新鲜气体较少阻拦地流入气缸内,并降低泵气损伤。

凸轮轴控制的完全可变的气门调节

用凸轮轴控制的气门定时和升程可连续改变的气门调节称为完全可变的气门机构。

凸轮的空间型线和可轴向移动的凸轮轴(图3)或可变的杠杆臂几何形状可调节气门升程和气门开启持续时间,外加配气相位调节器可确定相位相对曲轴位置,完全可变的气门调节通过进气门特定的开启和关闭就不需要在进气管上安装节气门了。与简单地改变气门定时相比凸轮轴控制的完全可变的气门调节可进一步降低燃油消耗。

图3:无级调节气门定时和升程实例

(a) 最大升程;(b) 最小升程

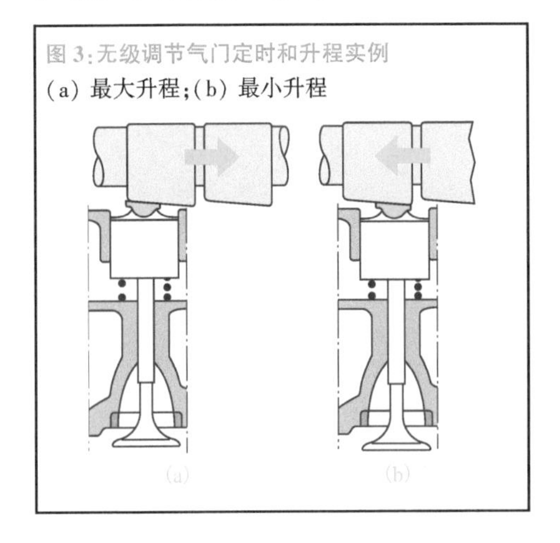

不用凸轮轴控制的完全可变的气门调节

不用凸轮轴控制的气门调节提供了气门调节的最大灵活性和降低燃油消耗的最大潜力。气门由电磁或电液执行器控制,并由附加的ECU触发。不用凸轮轴控制的完全可变的气门机构可实现最好的气缸充量、与它相关的最大扭矩和改善空燃混合气制备。利用组合(或混合)气门和关缸(关闭气缸)技术还可进一步节省燃油,但在近期内这样的系统有技术风险且成本高。

动压增压

简言之,汽油机可达到的扭矩与气缸充量中新鲜气体成正比,这意味着在空气进入气缸前采用压缩空气可在一定程度上增加扭矩。

气体充量更换过程不但受气门定时的影响,也受进、排气管的影响。由于进气行程中活塞对气体的激励,在进气门开启时激起一个反射压力波。该反射压力波传到进气管开口处的静止大气,并从静止的大气再反射到进气门处与进气门处的气体压力波叠加,从而提高气缸新鲜气体充量,达到尽可能大的扭矩。

增压效果与利用吸入空气的动压响应有关,而动压响应(效果)与进气管几何形状、汽油机转速有关。因为空燃混合气到各气缸能均匀分配,所以化油器进气管和单点燃油喷射进气管必须短且到各缸的管长尽可能相等。在多点燃油喷射时可将燃油喷入进气管,或喷到进气门处(进气管燃油喷射)或直接喷入燃烧室(汽油直接喷射)。进气管主要是输送空气,这就为进气管设计者从进气角度设计出多种不同进气效果的可能性,因为实际上没有燃油沉积在进气管上。这是多点燃油喷射没有燃油分配不均匀问题的原因。

利用进气管进气压力波增压

多点燃油喷射系统的进气管是由传播压力波的进气脉动管和进气管室组成的。

在进气管进气压力波增压(图1)时每个气缸都有一个一定长度的、独立的进气脉动管2与进气管室3相连,气体压力波在各个进气脉动管中互不干涉地传播。

图1:进气管进气压力波增压原理

1—气缸;2—进气脉动管;3—进气管室;4—节气门

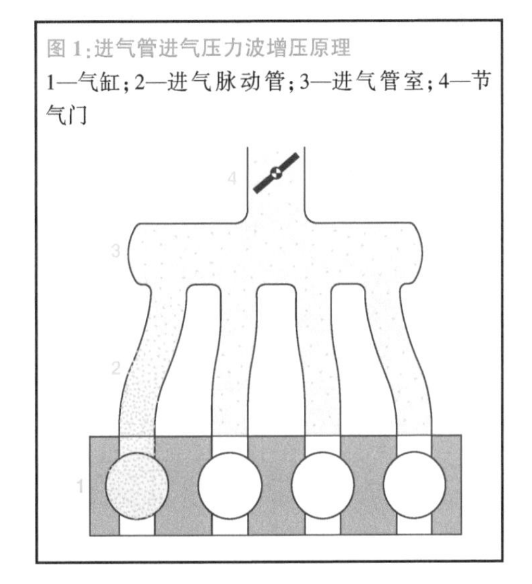

进气管进气压力波增压效果与进气管几何形状、汽油机转速有关。为此,各个进气脉

动管的长度、直径要与气门定时匹配，使在所要求的转速范围内气体在进气脉动管端反射回来的压力波经进气门正好到达气缸 1，从而改善气缸充量。长的、细的进气脉动管在低速时有良好的增压效果；短的、粗的进气脉动管在高速时有良好的汽油机扭矩特性曲线。

利用进气管气体谐振增压

在一定的汽油机转速时，活塞周期性的运动引起进气管中的气体谐振，使气体压力增加而产生附加的增压效果。

在进气管气体谐振增压系统（图 2）中，进气谐振管 4 与点火间隔相同的成组气缸 A 的谐振腔 3 相连，再通过几个短进气管 2 分别与气缸 1 相连。进气谐振管的另一端与进气管室 5 相连或与大气相通，从而形成亥姆霍尔兹（Heimholtz）谐振器。两组气缸 A 和 B 各有谐振进气管，且两组气缸彼此按点火顺序错开，以避免两组气缸间气体流动过程的干扰。

图 2：进气管气体谐振增压

1—气缸；2—短进气管；3—谐振腔；4—进气谐振管；5—进气管室；6—节气门

A—气缸组 A；B—气缸组 B

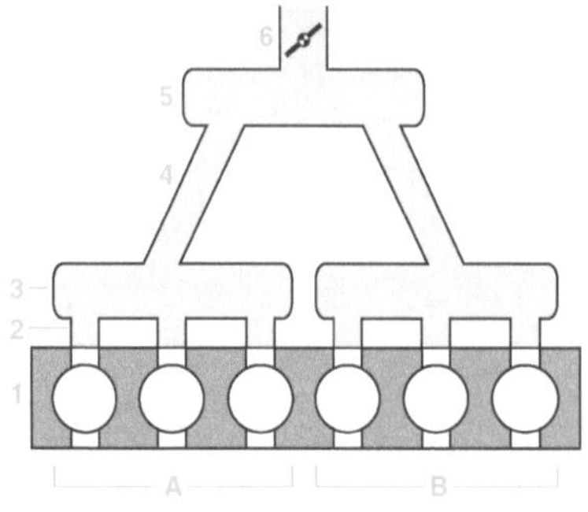

进气谐振管长度和谐振腔尺寸取决于汽油机能使气体产生最大的谐振增压的转速范围。由于大容积谐振腔有时需要储蓄效应，当汽油机负荷突然变化时会出现动态响应滞后现象。

可变进气管系统

动压增压效果取决于汽油机工作点。上面的两个动压增压系统可增加能达到的最大气缸充量（容积效率），但它们主要在汽油机低速范围（图 3）。

图 3：动压增压提高最大气缸空气充量（容积效率）

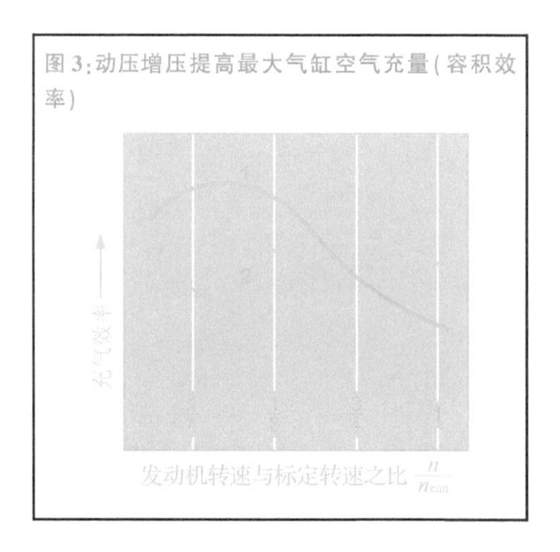

实际上理想的汽油机扭矩特性曲线可采用可变进气管系统实现。该系统中的容积效率随汽油机转速或相对转速，即工作点而变。而可变进气管系统可用下列方式实现：

- 调节进气脉动管长度
- 在不同的进气脉动管长度或直径之间转换
- 在气缸上有多个进气脉动管时有选择地断开其中的一个进气脉动管
- 转接到不同的进气室

为转换这些可变进气管系统的工作状态常采用电动机或气电执行机构。

进气脉动管系统

图 4 所示的进气脉动管系统可在两个不同的进气脉动管之间转换。在低速范围，转换阀 1 关闭，进气经长的进气脉动管 3 流入气缸。在高速范围，转换阀开启，进气经短的、粗直径的进气脉动管 4 流入气缸，从而改善汽油机在高速时的气缸充量。

图 4:进气脉动管系统

(a) 转换阀关闭时的进气脉动管;(b) 转换阀开启时的进气脉动管

1—转换阀;2—进气管室;3—转换阀关闭:长的、细直径进气脉动管;4—转换阀开启:短的、粗直径进气脉动管

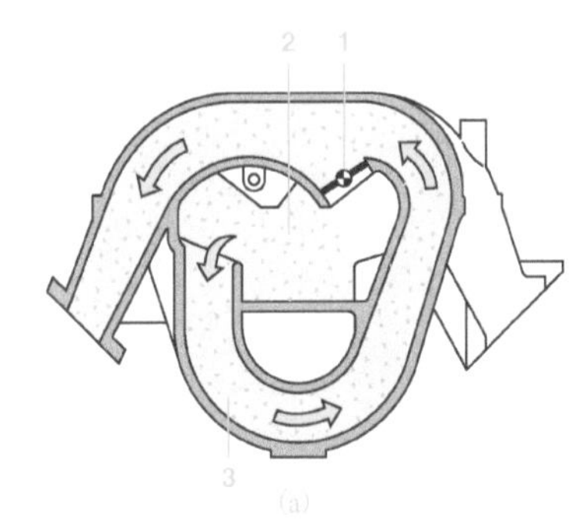

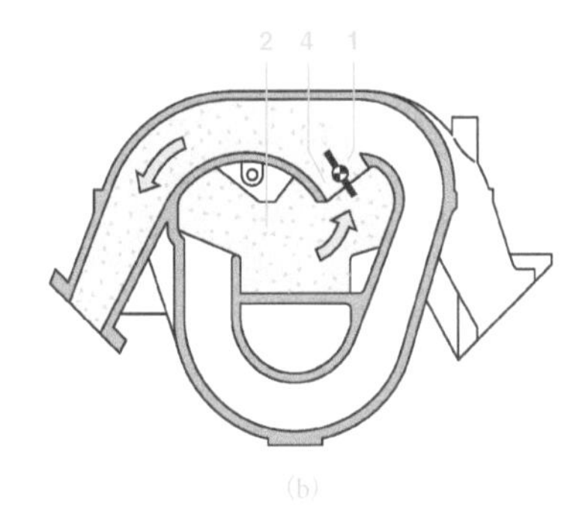

在低、中速范围,该系统成为进气管气体谐振系统。长的进气谐振管 4 表明低的谐振频率。

进气谐振管系统

转换阀开启接通第二个进气谐振管,进气谐振管几何形状变化影响进气系统谐振频率。在低速范围的气缸充量由于第二个进气谐振管的较大有效容积而得到改善。

进气脉动管和进气谐振管系统组合

在结构允许时,开启转换阀 7(图 5)以将两个谐振腔 3 组合成一个单一容积,这是进气脉动管和进气谐振管系统的组合。这样,具有高谐振频率的单一进气室就成了短的进气脉动管。

图 5:进气脉动管和进气谐振管系统组合

1—气缸;2—进气脉动管(短进气管);3—谐振腔;4—进气谐振管;5—进气管室;6—节气门;7—转换阀

A—气缸组 A;B—气缸组 B

a—转换阀关闭的进气脉动管状况;*b*—转换阀开启的进气脉动管状况

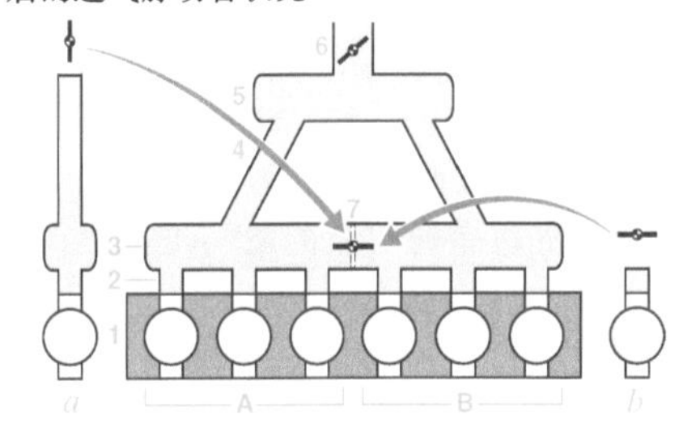

机械增压

结构和工作原理

机械增压可提高气缸充量,从而增加扭矩。机械增压采用一个直接由内燃机驱动的压气机。机械驱动压气机有容积式增压器和离心式涡轮压气机两大类。机械容积式增压器有各种结构型式,如罗茨增压器、滑片式增压器、螺旋式增压器、螺杆式增压器;离心式涡轮压气机如径流式压气机。图 1 为螺杆式增压器,它有两个反向转动的螺杆元件。内燃机和增压器通过带传动相互结合。

在螺杆式增压器上有一个旁通阀,借以控制过高的增压空气压力。压缩空气从出口 2 直接进入气缸,多余的压缩空气通过旁通阀回到增压器进气口 1。内燃机管理系统负责控制旁通阀。

优点与缺点

增压器和内燃机直接耦合的机械增压器,当内燃机转速增加时,跟着不延迟加速;与废气涡轮增压器相比,其扭矩更大、动态响应更好。

驱动机械增压器所需功率取自内燃机,

从而减少了内燃机有效功率。与废气涡轮增压器相比，上述的优点与内燃机燃油消耗稍高的缺点相抵消。采用内燃机管理系统，在内燃机小负荷工作时通过离合器切断与增压器的耦合能缓和燃油消耗稍高的缺点。

图 1：螺杆式增压器工作原理
1—进气口；2—压缩空气出口

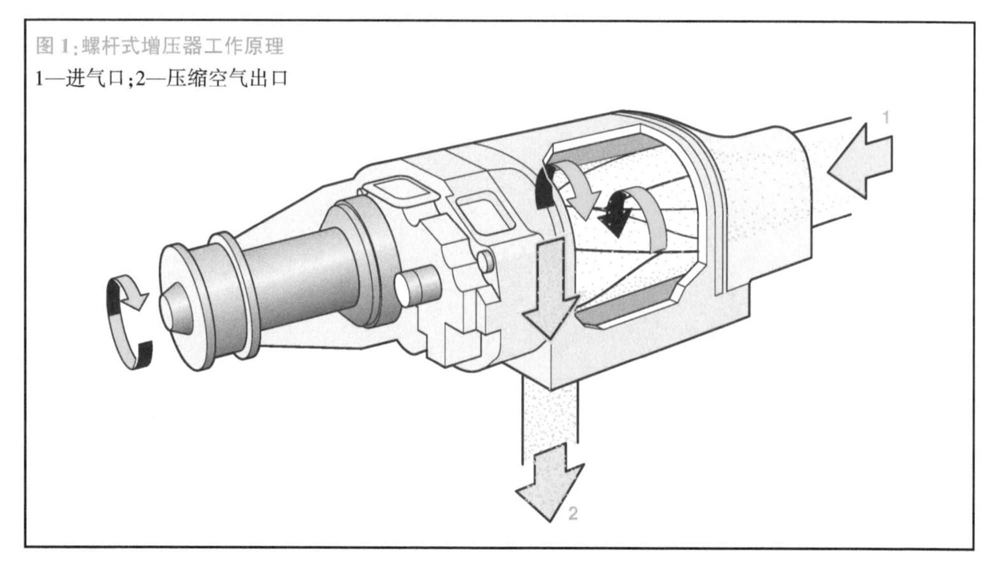

废气涡轮增压

废气涡轮增压是内燃机上所有可能的增压方式中用得最广泛的一种增压方式。甚至在小排量（工作容积）内燃机上废气涡轮增压显示出高扭矩、大功率和与之相关的内燃机高效率的优点。

然而，在过去，采用废气涡轮增压只是为提高内燃机功率；目前，则要求在低速时提高内燃机最大扭矩。另外，采用废气涡轮增压后内燃机排量小、低油耗（downsizing）方案也已成现实；同时，在内燃机功率不变时可减少内燃机排量（工作容积），降低燃油消耗。废气涡轮增压特别用在汽油直接喷射的汽油机上。

结构和工作原理

废气涡轮增压器（图 1）的主要部件是废气涡轮 3 和压气机叶轮 1。压气机叶轮和涡轮转子固定在同一轴 2 上。

废气涡轮增压器位于内燃机排气系统中，并由废气流驱动涡轮 14（图 2）。压气机 12 压缩进入内燃机的空气，以增加气缸充量。在空气被压缩的过程中空气升温，为此需要中冷器（增压空气中间冷却器）冷却，以降低它的温度。

驱动废气涡轮的能量大部分取自废气。可用的废气能量包含在高温、具有一定压力的废气中。为此，当废气从内燃机排出时必须“拦住”它，以通过涡轮利用废气能量，提供给压气机所需的功率。

高温、有一定压力的废气 7（图 3）从径向方向进入废气涡轮 14（图 2），使涡轮高速转动（高达 25 000 r/min）。涡轮转子叶片将废气引向中心，并从中心轴向排出。

压气机 3（图 3）也与涡轮一起转动，但空气在压气机中的流动正好与废气在涡轮中的流动相反。新鲜空气 5（图 3）从压气机中心轴向进入，在压气机高速转动的作用下迫使它从压气机叶轮外缘径向流出，完成压缩过程。

为避免空气在压气机中喘振而产生附加噪声或使压气机损坏，在节气门 2（图 2）关闭时则将压气机旁通道上的空气转移阀 9（图 2）开启。

废气涡轮增压器的涡轮装在高温的排气系统中，它由耐热材料制成。

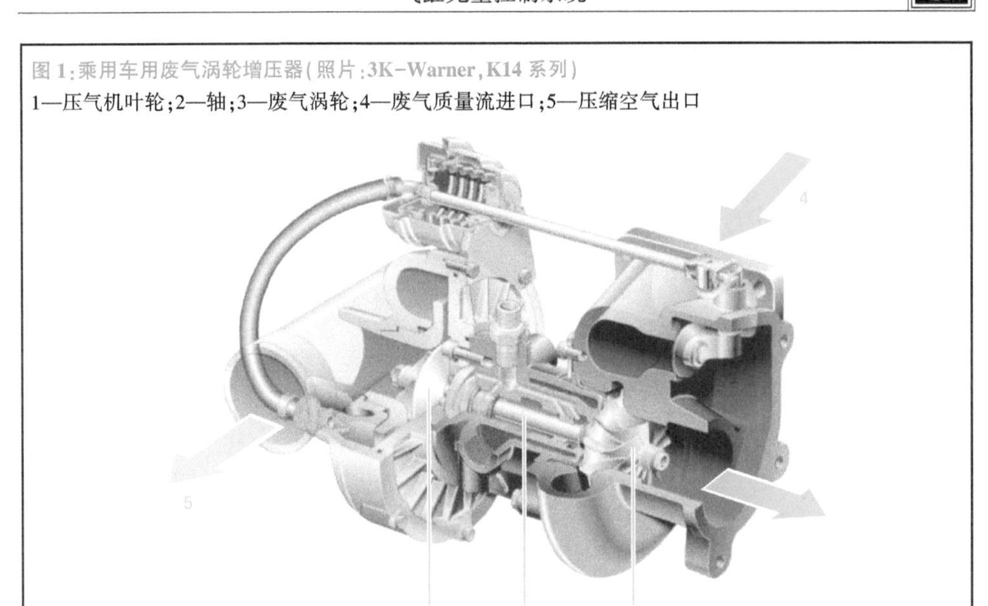

图 1:乘用车用废气涡轮增压器(照片:3K-Warner,K14 系列)

1—压气机叶轮;2—轴;3—废气涡轮;4—废气质量流进口;5—压缩空气出口

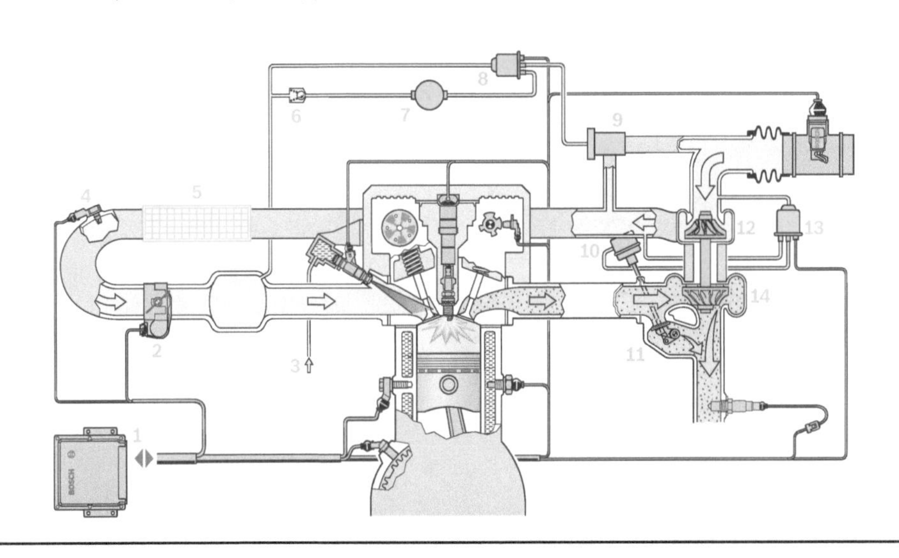

图 2:废气涡轮增压器结构

1—内燃机 ECU;2—节气门;3—燃油供给;4—空气压力和温度传感器;5—中冷器;6—单向阀;7—真空罐;8—电磁阀(脉冲阀);9—空气转移阀(卸压阀);10—增压压力调节阀;11—废气门(旁通阀);12—涡轮增压器的压气机;13—电磁阀(脉冲阀);14—废气涡轮

附页:采用增压发动机的汽车发展史

在1921年柏林汽车展上戴姆勒汽车公司(Daimler Motoren Gesellschaft)介绍了6/20 hp (1 hp=745.7 W——译者)和10/35 hp型乘用车,它们装备有4缸增压发动机。

1922年,首次以配备增压发动机为标志的汽车列入汽车家族。在西西里岛(island of sicily)的Targa Florio, Max Sai驾驶汽车产品目录中配备有增压发动机的29/95hp型梅塞德斯(Mercedes)汽车赢得胜利(图1)。

图1:1922—1938年部分欧洲汽车
(所有照片引自Daimler Chrysler Classic公司档案)

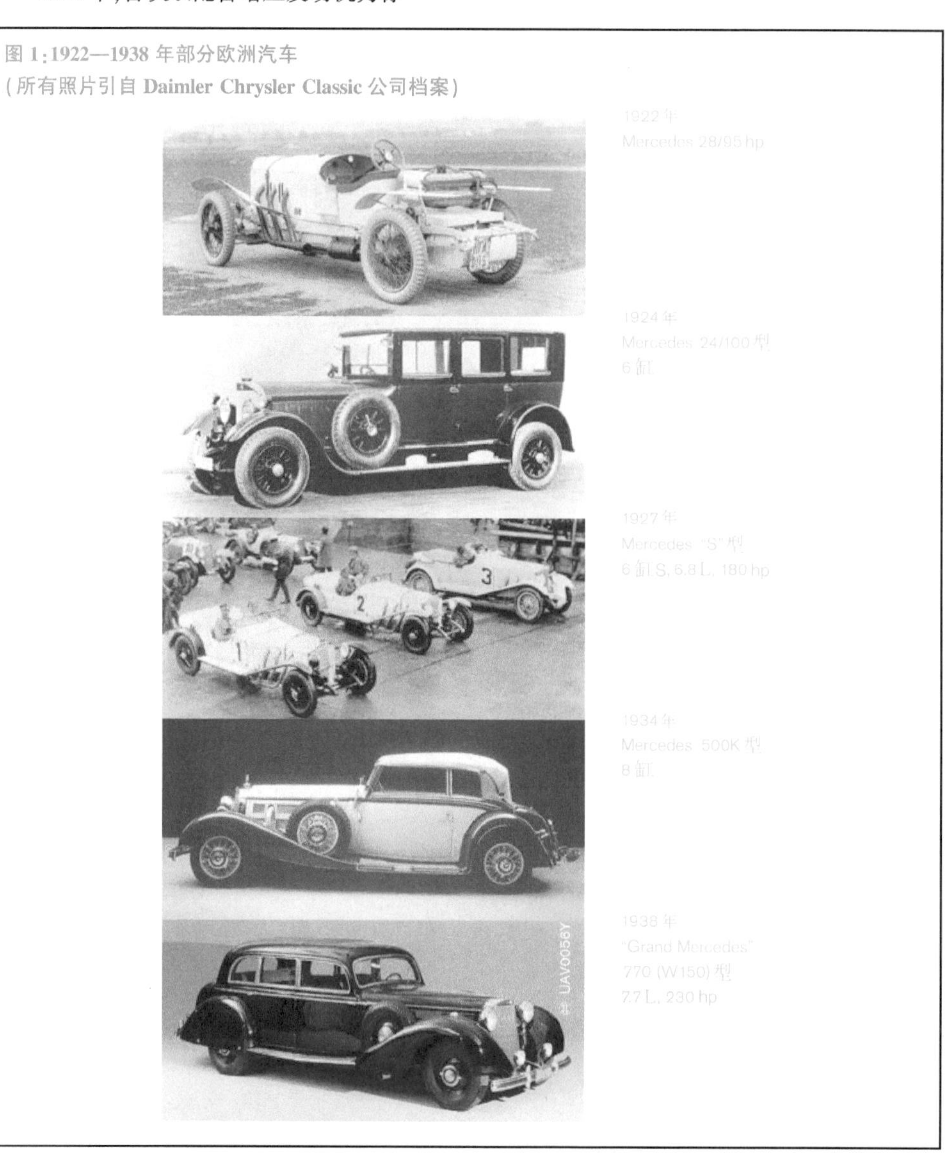

1924 年,配备有 6 缸增压发动机的新型 15/17/100 hp 和 24/100/140 hp 乘用车出现在柏林汽车展上。同年,在柏林的 Avus 比赛场地 NSU 创造了惊人的车速纪录,他们参与的配备有 5/15 增压发动机的赛车获胜。

1927 年,在新纽伦堡(New Nuerburg)环形赛道开幕式比赛上,“S”型梅塞德斯-奔驰(Mercedes-Benz)汽车夺得三次胜利。Rodolf Caracciola 获得锦标赛冠军。配备有 6.8L 排量、6 缸增压发动机的“S”型 Mercedes-Benz 汽车输出功率为 180 hp,不增压为 120 hp。

1932 年,Manfred von Brauchitsch 驾驶超级运动型特轻(SSKL,Super Sport Kurz Leicht)赛车获得柏林 Avus 赛冠军,创造 200 km/h 组别的世界纪录。“SSKL”赛车代表“S”系列研发的最终成果。

1934 年开始银箭(Silver Arrows)汽车时代。1934 年年初,车队参与了纽伦堡环形赛道的 Eifel 国际比赛。1934 年年末,车队与 Manfred von Brauchitsch 引导员获胜,并创造了新的汽车速度世界纪录。在 1938 年,流线型的银箭汽车在公共汽车道上保持至今一直未被打破的汽车速度世界纪录:在 1 km 路段上时速为426.6 km/h时汽车开始飞行。银箭汽车配备的增压发动机由汽车联盟(Auto-Union)生产,汽车联盟在运动比赛中与制造银箭汽车的 Mercedes 合作。

1934 年,出现配备有 8 缸增压发动机的 500 K 型汽车。在此基础上,1936 年着手研发功率更大的、排量为 5.4 L 的发动机。1938 年,在柏林汽车和摩托车展上展出 770“Grand Mercedes”(W150)型汽车,它配备有直列 8 缸、排量为 7.7 L 的增压发动机,输出功率为 230 hp。

与目前的增压发动机相比,先前的增压发动机单位发动机尺寸的输出还不算高。在 20 世纪 90 年代研制的 Mercedes SLK 汽车,配备有 2.3 L 增压发动机,在转速为 5 300 r/min 时的功率为 192 hp。

废气涡轮增压器结构

废气门

内燃机的性能目标是低转速、大扭矩。为此,涡轮涡壳是在废气质量流量小的条件下设计的,也就是在内燃机转速 $n \leqslant 2\ 000$ r/min 的全负荷工况下设计的。为防止在较大废气质量流量时涡轮增压器超速,需要将一部分废气质量流量经旁通阀,也就是废气门 8(图 3)放气,并通过涡轮出口进入排气系统。这种阀瓣式的废气门常组合在涡壳中。

图 3:废气涡轮增压器结构(带废气门实例)

1—脉冲阀;2—气动控制管;3—压气机;4—废气涡轮;5—新鲜空气入口;6—增压空气压力调节阀;7—废气;8—废气门;9—旁通道;⎍⎍⎍ 脉冲阀触发信号;V_T—通过涡轮的废气体积流量;V_{WG}—通过废气门的废气体积流量;p_2—增压空气/充量空气压力;p_D—在增压空气压力调节阀膜片上的压力

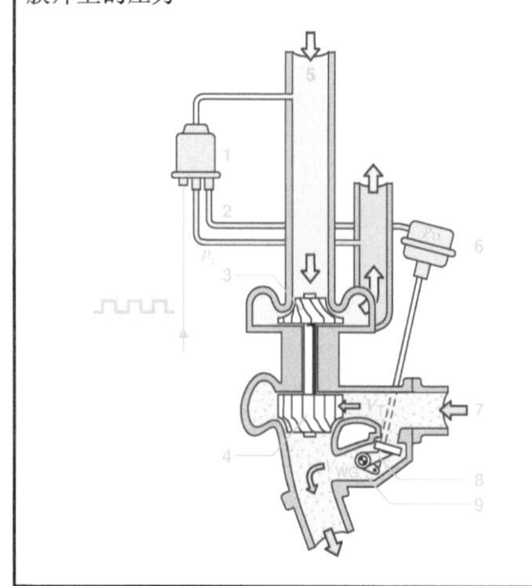

废气门由增压空气压力调节阀 6 控制。该阀通过气动控制管 2 与脉冲阀 1 气动连接。脉冲阀由内燃机电控单元发出的一连串脉冲电信号触发而改变增压空气压力。脉冲电信号随当前增压空气压力变化而变化。增压空气压力的信息则由增压空气压力传感器(BPS, Boost-Pressure Sensor)提供。

如果增压空气压力太低,脉冲阀 1 被触发,在气动控制管 2 中出现较低的增压空气压力,增压空气压力调节阀 6 关闭废气门 8,用于涡轮做功的废气质量流量增加,带动压气机的功随之增加,增压空气压力上升。

如果增压空气压力太高,脉冲阀 1 被触发,在气动控制管 2 中出现较高的增压空气压力,增压空气压力调节阀 6 开启废气门 8,用于涡轮做功的废气质量流量减少,带动压气机的功随之减少,增压空气压力下降。

VTG 废气涡轮增压器

变截面涡轮(VTG, Variable Turbine Geometry)是在内燃机转速较高时限制废气质量流量的另一种方法(图 4)。VTG 废气涡轮增压器代表当前柴油机废气涡轮增压的技术水平,

图 4:VTG 废气涡轮增压器

(a) 高增压空气压力时涡轮导向叶片调节状态;
(b) 低增压空气压力时涡轮导向叶片调节状态

1—涡轮;2—调节环;3—导向叶片;4—调节杆;5—气压调节室;6—废气流

← 高速废气流;⇐ 低速废气流

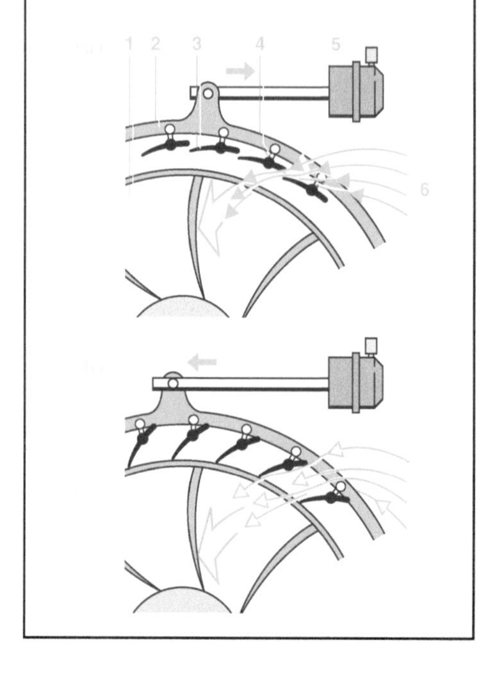

但还不能确定作为汽油机废气涡轮增压的选项，因为汽油机的排气温度较高，可引起 VTG 废气涡轮增压器的较高热应力。

利用可调导向叶片 3 改变废气流通截面，使在涡轮中的废气压力提高到所需的增压空气压力。在内燃机低速运转时，可调导向叶片流通断面变小，废气在涡轮中高速流动，废气涡轮高速转动[图 4(a)]。

在内燃机高速运转时，可调导向叶片流通断面增大，更多的废气没有加速地进入废气涡轮，废气涡轮低速转动，从而限制增压空气压力的提高。

转动调节环 2 可简单地调节导向叶片 3 角度。直接操纵连在导向叶片 3 上的调节杆 4 或间接操纵调节凸轮可得到所希望的这组导向叶片角度。利用真空压力，通过气压调节室 5 可以气动地转动调节环 2。内燃机管理系统控制调节机构调节过程。废气涡轮增压器增压空气压力可调节到反映内燃机工况的最佳设定值。

废气涡轮增压的优点和缺点

在相同输出功率时废气涡轮增压内燃机比自然吸气内燃机重量较轻、体积较小、燃油消耗较低(downsizing)，在可用转速范围的扭矩特性曲线较好(图 5，曲线 4 与曲线 3 比较)。最重要的是在设定转速范围内燃输出功率更高(A→B)。

由于废气涡轮增压内燃机在全负荷工作时具有更好的扭矩特性曲线，所以在低速时达到所需的功率(图 5，B)所对应的转速要比自然吸气内燃机达到相同的所需功率(图 5，C)所对应的转速低；在部分负荷工作时，必须进一步开启节气门，这样，内燃机工作点从 C 移到较小摩擦和较低节流损失范围的 B(图 5，C→B)。由此可见，即使废气涡轮增压内燃机压缩比较低，在热力学效率稍不利的情况下燃油消耗仍低。

废气涡轮增压的缺点是在内燃机很低转速时可用扭矩小，因为在废气中没有足够的热能驱动废气涡轮。甚至在中速范围扭矩特性曲线 5 要比自然吸气内燃机扭矩特性曲线 3 低。这是因为延迟达到大的废气质量流量，

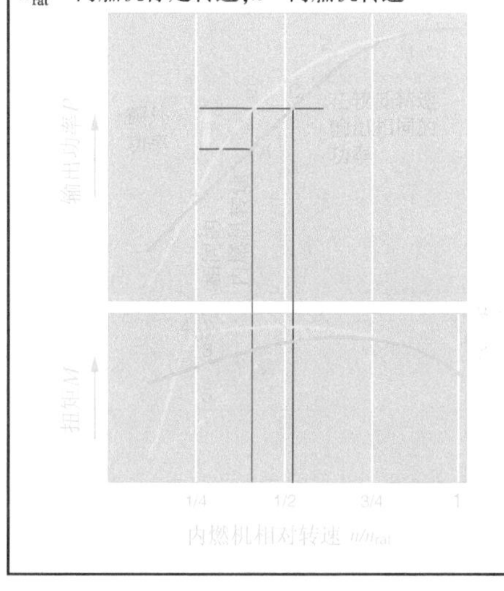

图 5：废气涡轮增压内燃机和自然吸气内燃机的功率和扭矩特性曲线比较

1，3—自然吸气内燃机稳态工作扭矩特性曲线；2，4—废气涡轮增压内燃机稳态工作扭矩特性曲线；5—废气涡轮增压内燃机瞬态工作扭矩特性曲线

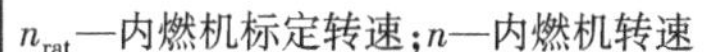

n_{rat}—内燃机标定转速；n—内燃机转速

废气涡轮从低速缓慢加速时出现“增压滞后(turbo lag)现象”。

充分利用动态充量可减轻增压滞后现象。动态充量辅助废气涡轮增压器迅速达到它的稳定特性曲线。

中冷

空气在废气涡轮增压器的压气机中压缩而升温。由于热空气密度小于冷空气密度，较高的空气温度减少气缸充量，因此必须用增压空气中间冷却器(中冷器)对压缩的热空气冷却。有中冷的废气涡轮增压内燃机比没有中冷的废气涡轮增压内燃机不但可增加气缸充量，而且可提高扭矩和功率。

在压缩行程由于中冷后进入气缸的空气温度下降，压缩的气缸充量温度也随之下降，从而带来一系列好处：

- 降低汽油机爆燃倾向
- 改善热力学效率，燃油消耗较低
- 减轻活塞热负荷
- 较低的氮氧化物(NO_x)排放

• 较高的输出功率

调节充量流动

在进气管和气缸中的空气流动性能是形成空燃混合气好坏的一个重要因素。强力的充量流动可保证形成很好的空燃混合气，达到优良的低有害物燃烧目的。

充量流动调节挡板

在汽油直接喷射系统中可调的或可转换的充量流动调节挡板（如连续调节或两级调节）可产生强力的充量流动。在接近进气门区域的进气管常分成两个通道，并用调节挡板在需要时关闭其中的一个通道（图1），配合进气区域的几何形状可在燃燃室中形成空燃混合气的滚流运动或涡流运动（图2）。

图1：调节充量流动
1—进气管；2—充量流动调节挡板；3—隔板；4—进气门

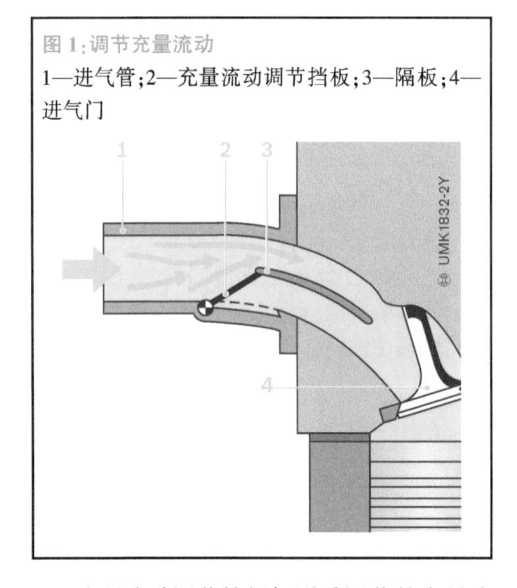

充量流动调节挡板加剧受调节的充量流动。在分层空燃混合气工作方式（壁导混合气燃烧方式）时以这种方式运动的充量流动可保证将空燃混合气输送到火花塞，并在同一时间形成可燃的空燃混合气。

在均质空燃混合气工作方式时，汽油机在低速、小扭矩工作时充量流动调节挡板处于正常关闭状态；在高速和大扭矩工作时必须开启充量流动调节挡板，否则，由于调节挡板关闭部分充量流动断面而不能让大功率所需的全部空气进入燃烧室。

图2：燃烧室中的充量流动
(a) 滚流；(b) 涡流

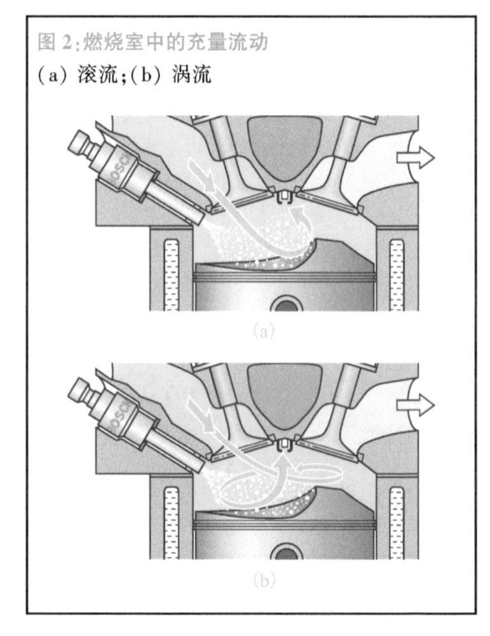

理想的空燃混合气形成也可在没有增强充量流动，仅在高温时通过提前将燃油喷入燃烧室（早在进气行程时）来实现。

在进气管燃油喷射系统中用充量流动调节挡板调节充量流动很难实现，因调节挡板关闭时需要防止燃油沉积在调节挡板上；在调节挡板开启时需要防止燃油进入燃烧室。

废气再循环（EGR）

改变气门定时可影响留在气缸中的残余废气量和与它一起的惰性气体量，这称为内部废气再循环。采用外部EGR可更大地影响惰性气体量。外部EGR是将已离开气缸的部分废气通过专门的管路再引回到进气管3（图1）。EGR可降低 NO_x 排放和稍许减少燃油消耗。

限制 NO_x 排放

由于 NO_x 与燃烧室内充量温度有很高的相关性，所以EGR可有效降低 NO_x 排放。因为将已燃烧的废气引入空燃混合气中可降低燃烧峰值温度，所以可减少 NO_x 形成，从而相

应地降低 NO_x 排放。

减少燃油消耗

采用 EGR,在新鲜充量(空气)保持不变时全部的气缸充量增加,这意味着在汽油机达到设定扭矩时需要增大节气门 2 开度,从而减小节流损失,使燃油消耗下降。

EGR 工作原理

依据内燃机工况 ECU4 触发 EGR 阀,并调节它的开启断面。通过开启断面输送部分废气 6,再与吸入的新鲜空气 1 混合,从而可确定气缸充量中的废气量。

汽油直接喷射的 EGR

EGR 也用在汽油直接喷射的汽油机上,以降低 NO_x 排放和燃油消耗。十分重要的事实是 EGR 系统降低 NO_x 排放的程度可与稀空燃混合气燃烧工作方式采用其他措施降低 NO_x 排放的程度相媲美(如从 NO_x 存储催化转换器中"去掉"NO_x 的浓均质空燃混合气燃烧工作方式)。EGR 也能减少燃油消耗。

在进气管和排气系统之间必须有气体压力差,以便废气经 EGR 阀吸入进气管,再进入气缸。汽油直接喷射汽油机在部分负荷工作时实际上是在无节流(节气门全开)状态下工作。此外,在稀薄空燃混合气燃烧工作方式时相当数量的 EGR 中的氧气吸入进气管。

无节流工作和通过 EGR 进入进气管的氧气需要节气门和 EGR 阀协调的调节策略。为此,对 EGR 系统提出调节精度、可靠性、耐用性(足以阻挡废气组分中由于低的废气温度而聚集在 EGR 阀上的沉积物)。

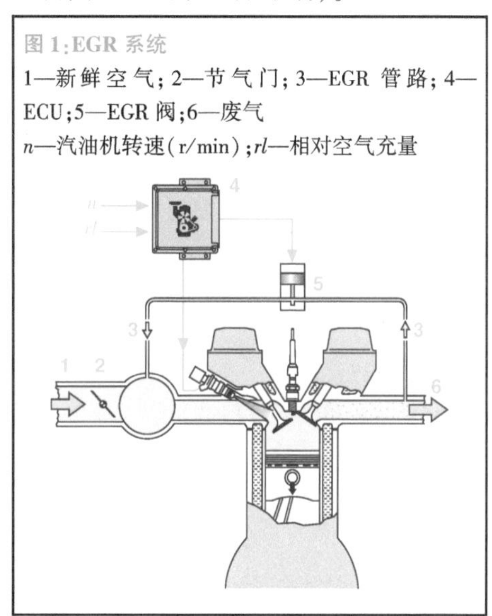

图 1:EGR 系统

1—新鲜空气;2—节气门;3—EGR 管路;4—ECU;5—EGR 阀;6—废气

n—汽油机转速(r/min);rl—相对空气充量

汽油喷射系统发展历程

燃油喷射系统的主要目的是为发动机提供最适合常用工况的空燃混合气。数十年来，燃油喷射系统在不断改进，改进的主要特征是电子元器件的数量不断增加。

20 世纪 70 年代，燃油喷射系统开发的目标是提高发动机功率和舒适性；到 20 世纪 80 年代，重点转为减少有害排放物。进一步的要求是降低发动机燃油消耗和借以降低 CO_2 排放。

综述

汽油喷射系统的发展

汽油机控制系统发展的一个重要里程碑是电控燃油喷射系统。此前主要采用机械控制式燃油喷射系统，如 1967 年 BOSCH 公司推出的第一个电控燃油喷射系统 D-Jetronic。该系统中，燃油通过一个电磁喷油嘴将燃油间歇喷入每个气缸的进气门附近（多点燃油喷射系统）。

然而，燃油喷射技术只有实现低成本电控喷射系统，才能得到广泛应用。机械式 K-Jetronic 和 Mono-Jetronic 采用一个电磁燃油喷嘴（单点喷射），使燃油喷射技术推广到了小型和中型轿车上。

由于燃油喷射系统具有综合考虑油耗、功率、动力性和排放等因素，所以化油器逐步退出了历史舞台。尤其是在减少排放方面，先进的燃油喷射技术和后处理技术（三元催化转换器）相结合形成了巨大的优势。法规提出的碳氢化合物、一氧化碳（CO）和 NO_x 的低排放限值要求促进了精确控制空燃比燃油系统的推出。

表 1 为 BOSCH 公司燃油喷射系统的发展过程。目前，只有多点喷射的 Motronic 系统还在应用，因为只有这种燃油喷射系统与综合的发动机管理结合才可满足当今严格的排放法规限制。

表 1：燃油喷射系统的发展

年份	系统	特点
1967	D-Jetronic	• 模拟技术 • 多点燃油喷射系统 • 间歇喷油技术 • 进气控制
1973	K-Jetronic	• 机械-液压式 • 多点燃油喷射系统 • 连续燃油喷射
1973	L-Jetronic	• 电控多点燃油喷射系统（初期为模拟技术，后期为数字技术） • 间歇式燃油喷射 • 用传感器检测空气流量
1981	LH-Jetronic	• 电控多点燃油喷射系统 • 间歇式燃油喷射 • 用传感器检测空气流量
1982	KE-Jetronic	• K-Jetronic 系统和附加的其他一些电子控制功能
1987	Mono-Jetronic	• 单点燃油喷射系统 • 间歇式燃油喷射系统 • 通过节气门开启角度和发动机转速计算进气流量

附页：燃油喷射系统发展历史

燃油喷射的发展可追溯到100年前，1898年，道依兹发动机工厂开始小批量生产燃油喷射柱塞泵。不久应用文丘里效应开发出了化油器，至此喷油系统的竞争宣告结束。

1912年，BOSCH公司开始汽油喷射泵的研究。其喷油泵首先应用在航空发动机上。发动机功率为1 200 hp，并于1937年形成系列化产品。化油器易于结冰和着火等问题促使航空领域持续研究燃油系统，这些研究工作开创了BOSCH公司燃油喷射的新时代，但当时的燃油喷射系统距在轿车上应用还路途遥远。

1951年，BOSCH公司将汽油直接喷射系统作为标配装在轿车中，几年后装到戴姆勒-奔驰公司的传奇跑车300SL上，此后继续研究机械喷射系统。1967年，燃油喷射系统又取得重大突破，推出了由进气管压力控制的第一代电子控制燃油喷射系统D-Jetronic。

1973年采用空气流量控制的L-Jetronic系统问世，同时，另一种机-液空气流量控制的K-Jetronic系统也问世了。1976年K-Jetronic系统引入λ闭环控制，成为首个闭环控制喷射系统。

1979年，出现了以数字化控制发动机功能为特征的新型系统Motronic。这种系统将L-Jetronic系统和基于MAP的电子点火系统相结合，并由微控制器控制，这就是第一个汽车微控制器。

1982年，K-Jetronic系统增加了闭环控制电路和氧传感器，形成了KE-Jetronic系统，并得到了广泛应用。1987年，BOSCH公司推出Mono-Jetronic系统，低成本的单点电控燃油喷射系统使得Mono-Jetronic系统能用于小型汽车上，此后化油器才退出市场。

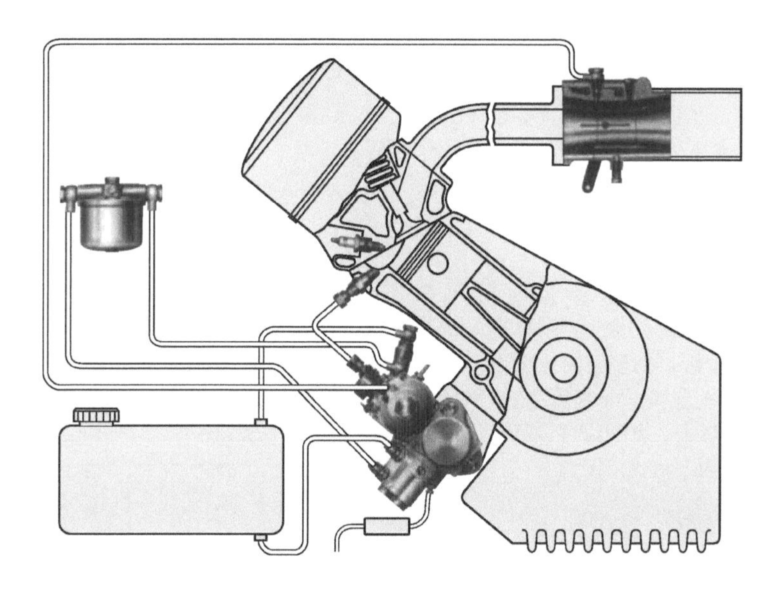

1954年的BOSCH公司燃油喷射系统

初期开发的可燃混合气装置

当前辈们开发第一台发动机时，面临的一个主要困难是如何获得可燃的空燃混合气。这个问题关乎内燃机能否工作，最终的解决方案很大程度上有赖于点火装置。

早在 18 世纪，基本的化油器就开发出来了，那时发明者的研究主要针对液态燃料雾化，使其能用于点燃和加热装置。

1795 年，罗伯特·司垂特(Robert Street)首先提出将蒸发松节油和木馏油用于发动机的方案。1825 年，萨默尔·毛利(Samuel Morey)和艾斯卡·哈扎德(Eskine Hazard)开发了采用化油器的两缸发动机，并获得了英国的专利，专利号为 5402，其中采用松节油和木馏油的混合气系统是其中的关键。

在 1833 年这种情况发生了变化，柏林大学的化学教授艾尔哈德·米切尔里希(Eilhards Mitcherlich)通过热裂解处理的苯甲酸称为“法拉第成油气”，也称为苯，为现代汽油提炼的先驱。

威廉·巴内特(William Barnett)设计了第一个汽油机化油器，并于 1838 年获得专利，专利号为 7615。

这一时期所设计的化油器有两类：一类是灯芯式化油器(图 1)；另一类是表面式化油器(图 2)。用于车上的化油器是灯芯式化油器。其芯部采用类似油泵的原理将燃油吸出来，芯部的油掺到进入的空气流中实现油气混合。与此不同，表面式化油器的燃油由发动机排气加热，实现表面燃油的蒸发雾化，并与进气形成空燃混合气。

1882 年，柏林的瑟弗莱德·马库斯(Siegfried Marcus)申请了刷式化油器(图 3)的专利，采用与驱动带轮 1 快速旋转的柱形刷 3 的相互作用产生空燃混合气，燃油提硫器 2 在转刷室 4 内形成雾化的燃油。燃油通过进气管进入气缸。这种刷式化油器占领市场 11 年。

图 1：灯芯式化油器原理

1—进入发动机的空燃混合气；2—环形滑阀；3—进气；4—灯芯；5—带浮子的浮子室；6—燃油入口；7—辅助空气；8—节气门

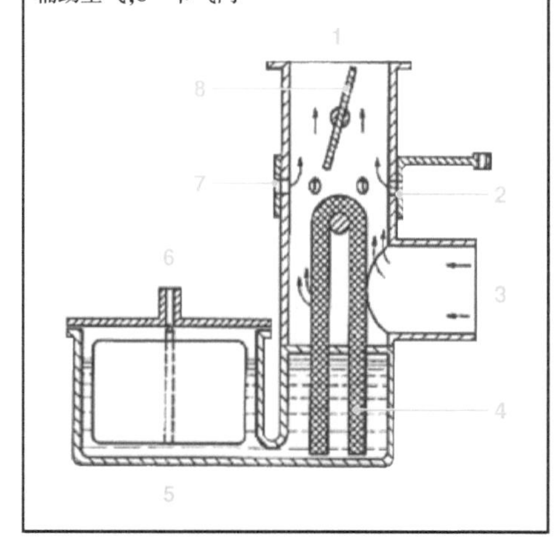

图 2：表面式化油器原理

1—进气；2—进入发动机的空燃混合气；3—燃油分离器；4—浮子；5—燃油；6—发动机排气；7—燃油滤清器口

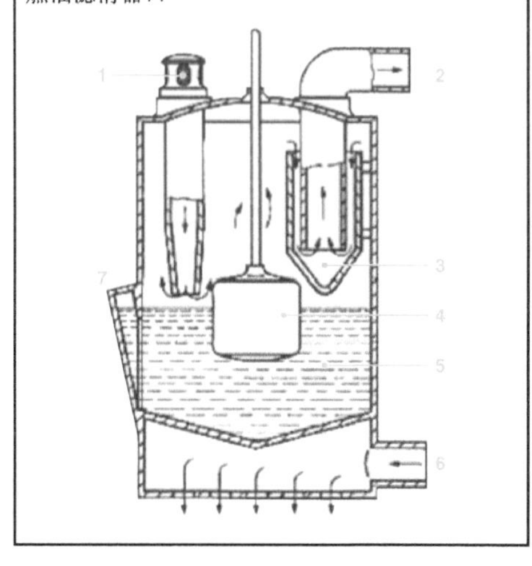

图 3：瑟弗莱德·马库斯的刷式化油器

1—驱动带轮；2—燃油提硫器；3—旋转的柱形刷；4—转刷室；5—进油管

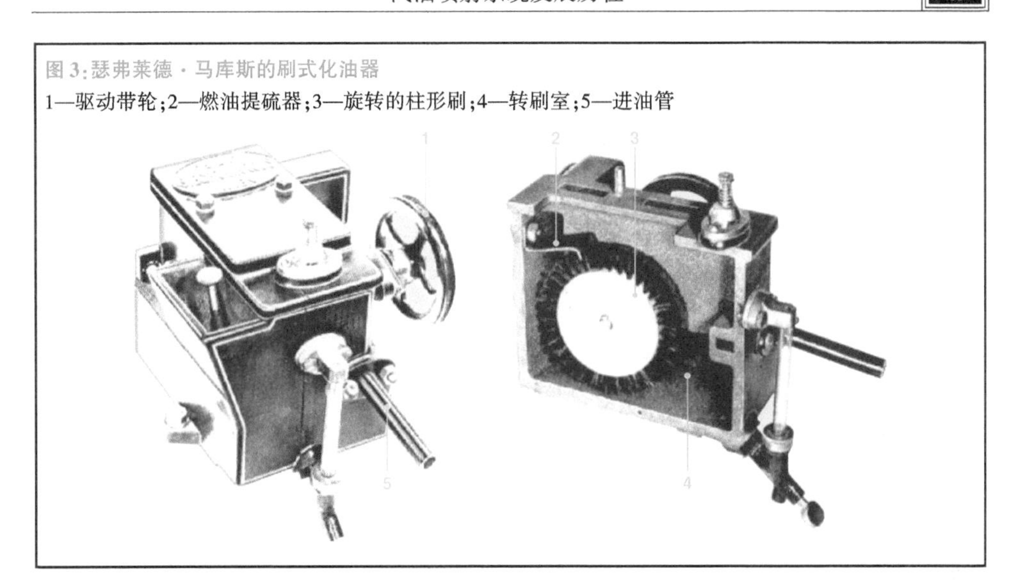

1885 年，尼克勒斯·奥古斯特·奥托（Nikolaus August Otto）成功开发了采用碳氢燃料的发动机，但奥托的实际研发从 1860 年就开始了。第一台汽油机是四冲程的，带有表面式化油器和自制的电子点火系统。该发动机在比利时安斯维普世界博览会上获得了高度赞誉和广泛认同。这一设计后来由位于德国道依兹的奥托·兰根（Otto Langen）公司大量生产和销售（图 4）。

图 4：点燃式发动机

1—进气；2—空气管路；3—滤清罐；4—水道；5—燃油滤清器口；6—浮子，7—燃油池；8—废气进口；9—切断阀；10—加热盖；11—冷却水套，12—水管；13— 冷却水入口；14—气体入口；15—点火装置；16—气体切断阀；17—空气进口；18—空气切断阀

A—化油器；B—带点火系统的发动机

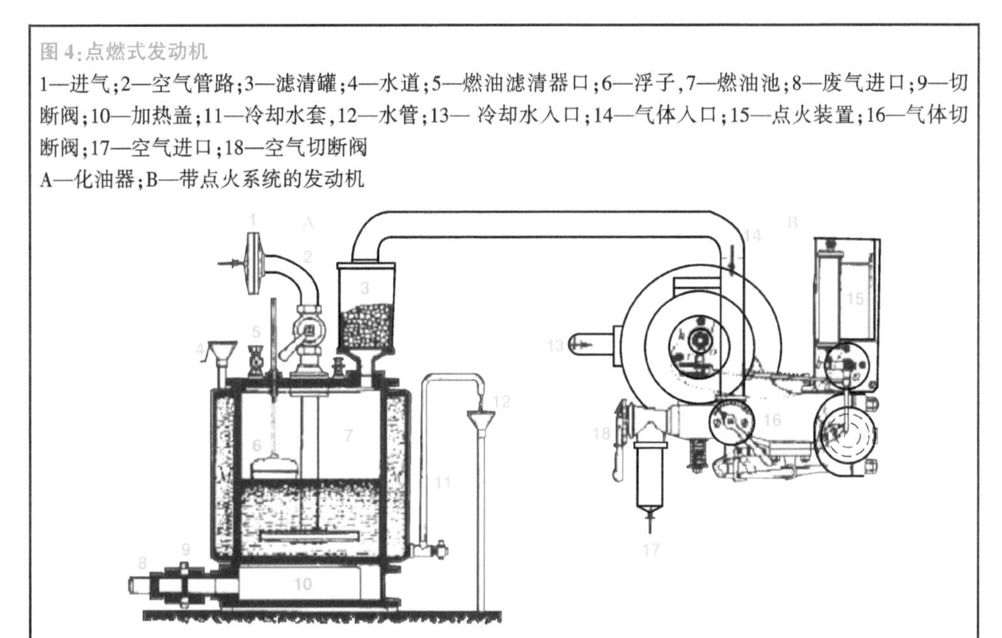

同年卡尔·奔驰将表面式化油器安装在他本人设计的“专利汽车”上（图 5）。不久他安装了浮子阀对化油器改进设计（图 6）。这样，表面化油器燃油液面总能自动地保持同一高度。

图 5:表面化油器的奔驰机动车

图 6:表面化油器,1885 年(剖视图)

1893 年,威廉·迈巴赫(Wilhelm Maybach)推出喷嘴式化油器(图 7)。在这个装置中,燃油从喷嘴中雾化喷到挡板表面,使喷出的燃油呈锥形(图 8)。

图 7:威廉·迈巴赫的喷嘴式化油器

1—空气入口;2—燃油入口;3—承载弹簧抽吸杆;4—空燃混合气出口,5—转阀锁止;6—空燃混合气控制旋阀;7—浮子;8—喷嘴

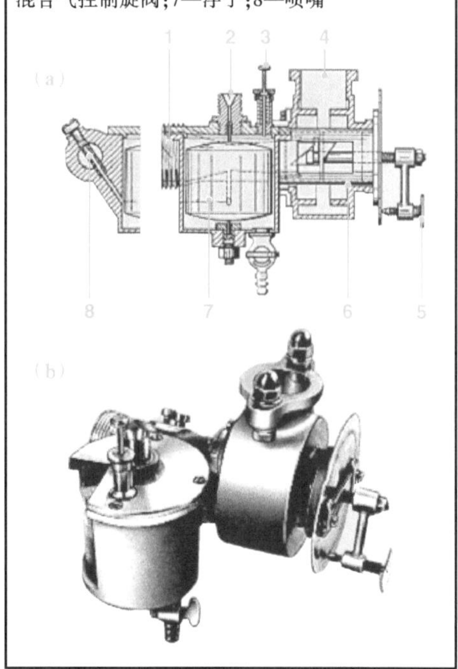

图 8:喷嘴式化油器原理

1—进入发动机的空燃混合气;2—挡板表面;3—燃油喷嘴;4—空气入口;5—带浮子的浮子室;6—燃油入口;7—节气门

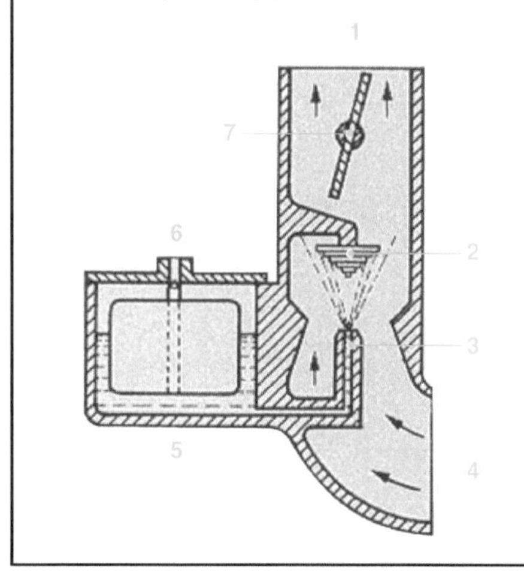

1906—1907 年,克劳德(Claudel)设计的化油器和富朗克西斯·百福利(Francois Bavery)设计的化油器,使化油器设计发生重大改进。这些化油器成为 ZENNITH 品牌,当时非常知名。化油器采用稀燃辅助装置和喷嘴补偿,在空气流速增加时可保证空燃混合气浓度不变(图 9)。

图 9:1910 年 ZENNITH 化油器,22 型

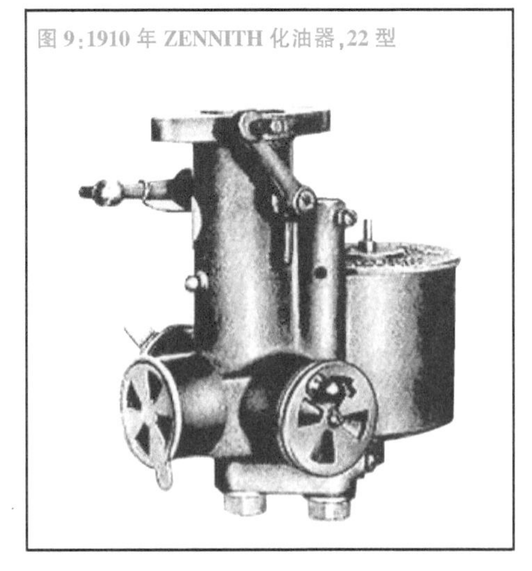

同一时期出现的还有曼尼森(Mennesson)和果达得(Goudard)设计的专利化油器。这些设计成为著名 SOLEX 品牌(图 10)。

图 10 :DHR 型 SOLEX 化油器,1912 年

在随后的几年里,新的化油器设计不断涌现。在此背景下,SUM、CUDELL、FAVORIT、ESCOMA 和 GREATZIN 等众多品牌得到了广泛关注。自从 1906 年以来哈克(Haak)化油器获得专利并由 PALLAS、Scuttler 生产;Deutrich 公司 1914 年开发生产了 PALLAS 化油器,它具有浮动环和组合射流喷嘴(图 11)。

图 11:I 型 PALLAS 化油器,1914 年

1914 年皇家普鲁士作战部(Royal Prissia War Ministry)推出了一个苯化油器的比赛,当时赛事测试参数之一是发动机排气清洁度。通过该比赛,推出了 14 种不同品牌的化油器。ZENNITH 化油器拔得头筹。所有的化油器都由德国军方(German army administration)主持,在夏洛登堡技术大学(Technical University at Charlottberg)进行在冬季条件下 800 km 测试,测试时发动机功率相同。

随后的一段时期开始了化油器详细设计和专业化开发。开发出各类配置的化油器和相关的辅助装置,开发出作为起动辅助措施的初期补偿的旋转滑片和前节流装置,采用膜片装置取代航空化油器上的浮子,采用泵系统提供压力。各类改进内容广泛,在此不再细述。

20 世纪 20 年代,为获得更大的发动机功率,在发动机上采用多个单腔和双腔化油器(带有两个喉管阀的化油器),形成多化油器系统(具有同步控制的几个单腔或双腔化油器)。在这 10 年里,化油器厂商扩大了化油器品种的生产。

与此同时航空发动机化油器研发也在进行。20 世纪 30 年代推出第一代汽油直接喷射系统(图 12)。发动机需要两台 12 缸直列式喷油泵(图 13),每个泵安装在两气缸排之间的曲轴箱上(图 12 中看不见)。泵的总长约为 70 cm(27.5 in)。

图 12：戴姆勒-奔驰 DB 604 型飞机发动机，24 缸 X 形布置

戴姆勒-奔驰公司 1939—1942 年生产的航空发动机，排量从 48.5 L（2 350 hp①，1 741 kW）发展到60 L（3 500 hp，2 593 kW），汽油直接喷射，发动机长 2.15 m（照片引自戴姆勒—克莱斯勒公司档案）。

图 13：12 缸直列式喷油泵（长约 70 cm）

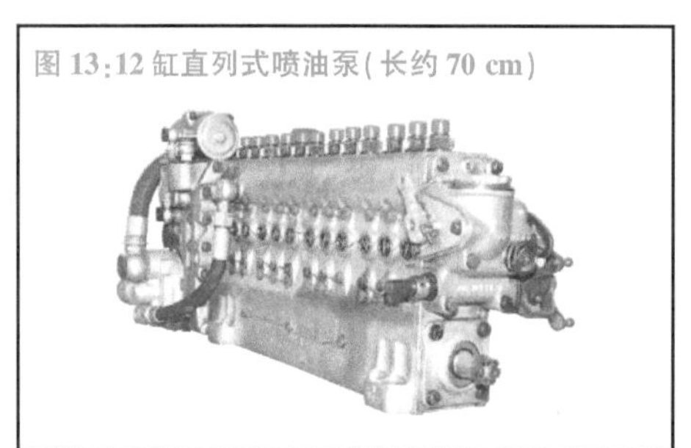

20 世纪 30 年代末期，直喷式系统用在径向布置 9 缸宝马（BMW）发动机上（图 14），装于传奇的三台发动机容克 52（Junkers Ju52）飞机上。值得一提的是，它采用了 BOSCH 公司机械对置式喷油泵（图 15）。

图 14：宝马（BMW）径向 9 缸发动机

图 15：BOSCH 公司对置式喷油泵

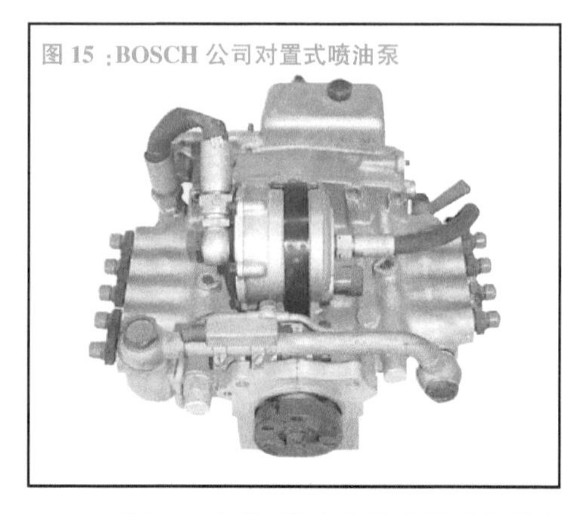

20 世纪 50 年代，燃油直接喷射系统首次出现在轿车上。一个实例是 1952 年的加特布罗德（Gutbrod Superior）轿车（图 16）和 1954 年歌利亚（Goliath）GP700E 轿车（图 17）。这两款车是紧凑型轿车，配备排量小于 1 L 的双缸二冲程发动机，喷油泵也是紧凑型（图 18）。

图 16：高档加特布罗德（Gutbrod Superior）600 轿车（1950—1954 年，1952 年和之后采用汽油直接喷射）

图 17：歌利亚（Goliath）GP700E 轿车（1950—1957 年，1954 年和之后采用汽油直接喷射）

①1 hp = 0.735 kW。

图 18：双柱塞喷油泵(长约 15 cm)

作为汽车历史上第一个用于轿车的汽油直接喷射双柱塞喷油泵系统部件如图 19 所示。

奔驰 300SL 运动轿车(图 20)采用了 BOSCH 的汽油直接喷射系统。该车于 1954 年 2 月 6 日纽约国际运动车展上展出，发动机 50°角斜置，直列 6 缸发动机(M198/11)排量为 2.996 L、功率为 215 hp(159 kW)。

第二次世界大战后期及其后，汽油机空燃混合气出现了木材气体发生器的另一种形成方式。通过灼热木炭生成木材气体以形成可点燃的混合气(图 21)。然而，木材气化装置的尺寸庞大(图 22)。

图 19：Gutbrod 和 Goliath 轿车二冲程发动机用的 BOSCH 公司汽油直接喷射双柱塞喷油泵
1—通风管；2—空燃混合气控制单元膜片体；3—通风管；4—从燃油箱来；5—喷油嘴；6—燃油滤清器；7—空燃混合气控制单元摆动杆支撑；8—来自机油池；9—润滑油泵；10—喷油泵；11—溢流阀

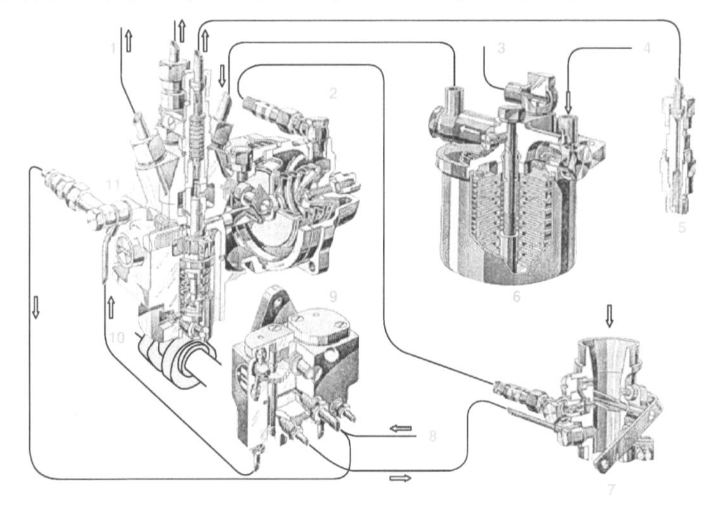

图 20：梅赛德斯-奔驰(Mercedes Benz) 300SL 轿车，1954 年
[照片引自戴姆勒-克莱斯勒(Daimler Chrysler)公司档案]

图 21：木材气体发生器系统

1—气体发生器；2—挡板清洁器；3—油箱；4—气体冷却器；5—二级清洁器；6—鼓风机；7—调压器组

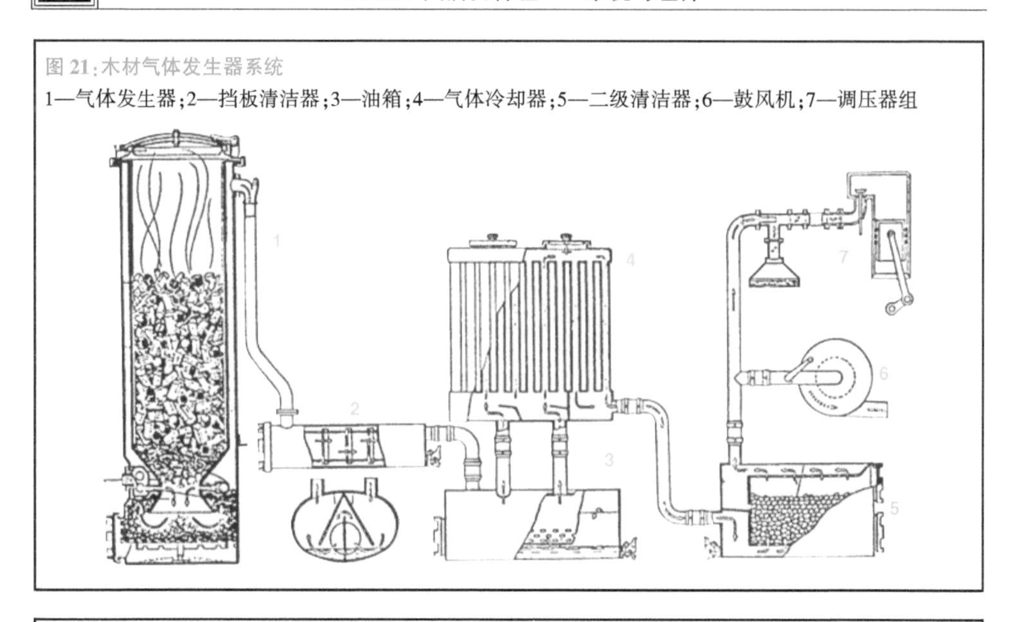

图 22：阿德勒·迪普劳迈特(Adler Diplomat)1936 年木材气体发生器系统

由于日益严格的排放法规，汽车工业加快淘汰了化油器。到 20 世纪 90 年代，BOSCH 公司和皮尔堡(Pierberg)公司采用了具有先进执行器的改进化油器(图 23)。化油器可以满足当时的排放标准，同时还可保证燃油经济性。

在结束上面综述的空燃比混合气发展历程时，需要说明的是 20 世纪 90 年代轿车上各类化油器系统还在持续使用，尤其在紧凑型轿车中，化油器以其低廉的价格备受欢迎。

图 23：Ecotronic(2EE)化油器

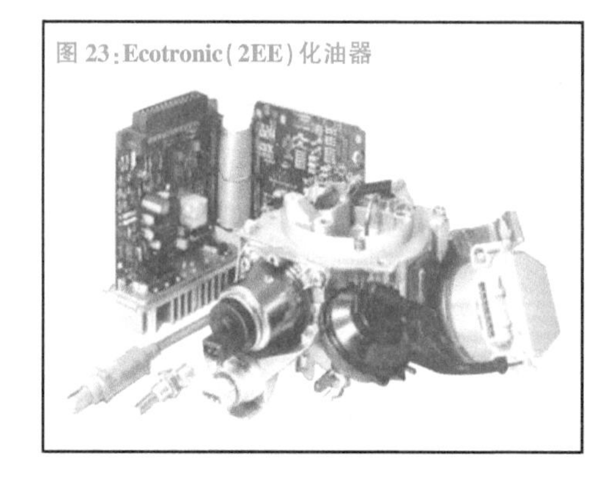

汽油喷射系统发展演变

自1885年第一个进气管燃油喷射系统用于固定式工业发动机上以来，汽油机燃油喷射系统经历了许多变化。后来的尝试包括装在1925年飞机发动机上的带附加燃油喷射装置的无浮子式化油器和在1930年摩托赛车上的电控燃油喷射装置等。这早于1951年BOSCH公司在加特布罗德(Gutbrod Superior)600轿车和歌利亚(Goliath)GP700E轿车上应用的机械式汽油喷射泵。它们是采用汽油喷射泵的第一批轿车，该系统为汽油直接喷射系统。当时传奇的梅赛德斯(Mercedes)300SL轿车也配备了汽油直接喷射系统的机械式直列泵。

进气管燃油喷射系统经过了几轮开发后(以下说明)，目前的趋势是重新走向汽油直接喷射系统。

D-Jetronic 系统

系统概述

BOSCH公司工程化开发的D-Jetronic系统是由进气管压力和发动机转速控制的汽油喷射系统，名称为D-Jetronic(D在德语中表示“drucksensorgesteuert”的意思，是压力传感器控制)。

ECU1(图1)接收进气压力、进气温度、冷却水温度和/或缸盖温度信号，以及节气门位置和移动信号、起动信号、发动机转速和燃油喷射开始信号。ECU处理这些数据，并发送电子脉冲给喷油嘴2。ECU通过多针接插件和线束与其他电子设备连接。

图1:D-Jetronic系统原理

1—ECU;2—喷油嘴;3—压力传感器;4—冷却剂温度传感器;5—节温器开关;6—电子起动阀;7—电动燃油泵;8—燃油滤清器;9—压力调节器;10—辅助空气装置;11—节气门开关;12—喷油触发器;13—空气温度传感器;p_0—大气压力;p_1—进气管气体压力。

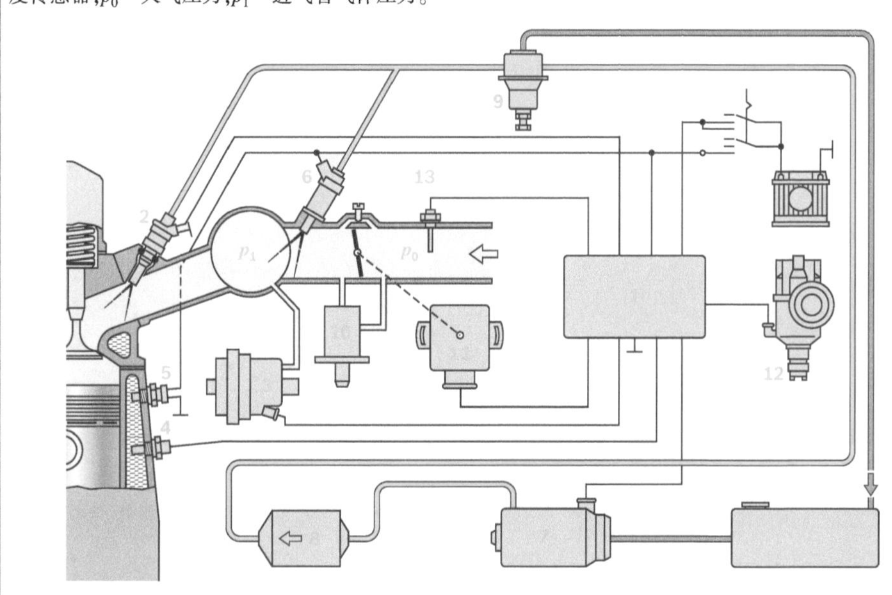

喷油嘴将燃油喷入气缸的进气管中。压力传感器 3 将发动机负荷信号发送给 ECU。空气温度传感器将空气温度、冷却水温传给 ECU，节温器开关 5 控制电子起动阀 6，在低温起动时将额外的燃油喷射到进气管中。电动燃油泵 7 连续向喷油嘴供油。燃油滤清器 8 在油管中滤去燃油中的杂质。压力调节器 9 使燃油压力保持恒定。根据温度调节的辅助空气装置 10 在发动机暖机时提供额外的空气。节气门开关 11 将发动机怠速和全负荷的状态信息传输给 ECU。

工作原理

压力测量

进气管内节气门上游的气体压力等于大气压力。节气门下游的气体压力略低于大气压并随节气门位置（开度）变化而变化。进气管中气体压力的大小反应发动机负荷的大小，这是一个最重要的参数。发动机负荷由测量进入发动机空气体积流量得出，压力传感器采集与进气压力相关的信息。

压力传感器（图 2）包括控制线圈衔铁移动的两个气体膜盒。通过连接到进气管的气路气动控制测量系统。负荷增加，即进气管压力增高，气体膜盒被压缩，将衔铁较深地拖入线圈，从而改变线圈电感。因此，这一装置是将气体压力（气动脉冲）转换成电信号的转换器。在压力传感器中的感应式脉冲发生器连到 ECU 的电子定时器上。它决定所要求的电脉冲持续时间，以触发燃油喷射。这样，气体压力直接转换为燃油喷射持续时间。

图 2：怠速压力传感器 $p_1 \leftarrow p_0$

基本功能：气体膜盒 2 和 3 膨胀

1—薄膜；2—气体膜盒；3—气体膜盒；4—片簧；5—线圈；6—衔铁；7—铁芯；8—部分负荷锁止；9—全负荷锁止；p_0—大气压力；p_1—进气管压力。

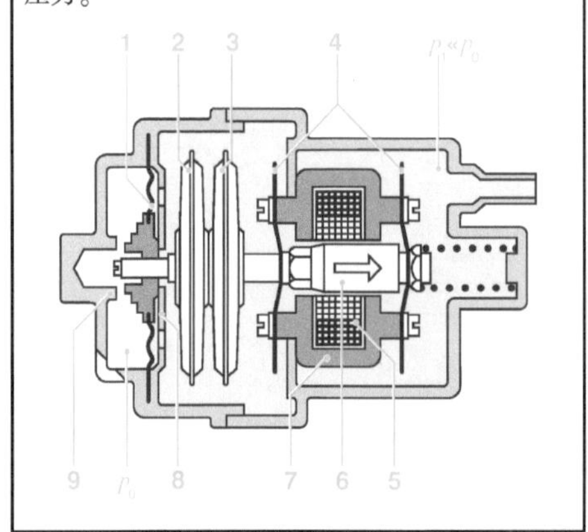

燃油喷射

点火分电器中的特殊接触器（喷油触发器 12，图 1）确定——按凸轮轴调节——喷油嘴开启的脉冲始点。喷油持续时间取决于发动机负荷和发动机转速。压力传感器和喷油触发器将所要求的信号传输给 ECU。这样，利用电脉冲喷油嘴就可计量喷射的燃油。

工况适应性

工况适应性要求系统在不同工况下保证发动机良好的性能：

- 全负荷：这时油量取决于最大功率
- 加速加浓：加速时需附加喷射脉冲
- 海拔补偿：需要考虑进气管气体压力和大气压力的压差，以在不同海拔高度下有良好的喷油喷射适应性
- 进气温度：通过检测外部空气温度就可对与温度有关的空气密度差别进行修正

K-Jetronic 系统

系统概述

K-Jetronic 是一种机械-液力控制的燃油喷射系统（图 1），不需要任何形式的驱动装置，它可以计量作为空气进气量函数的喷油量并连续喷射到发动机进气门前（K 在德语中表示“Kontinuierlich”，即连续）。

K-Jetronic 系统可根据发动机工况的特殊要求调整空燃混合气，它还可以优化起动和驱动性能、功率输出和排气成分。

K-Jetronic 系统包括下列功能模块：

- 燃油供给
- 空气流量测量
- 燃油计量

图 1:K-Jetronic 系统

1—燃油箱;2—电动滚柱式燃油泵;3—燃油蓄压器;4—燃油滤清器;5—暖机调节器;6—喷油嘴;7—进气管;8—冷起动阀;9—燃油分配器;10—进气流量传感器;11—定时阀;12—λ 传感器;13—热定时阀;14—点火分配器;15—辅助空气装置;16—节气门开关;17—初级压力调节器;18—ECU(带 λ 闭环控制版本);19—点火/起动开关;20—蓄电池

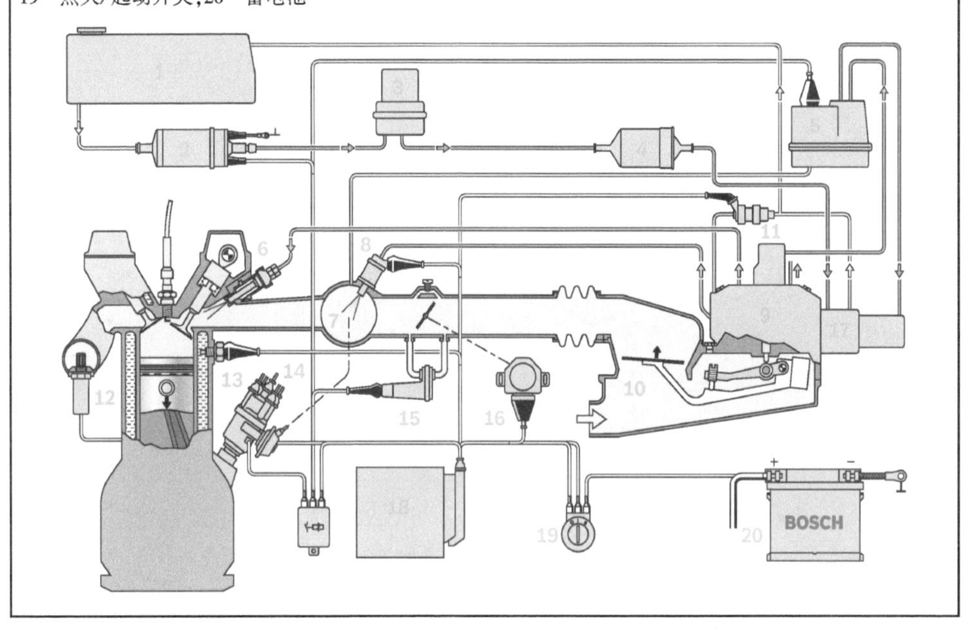

工作模式

电动滚柱式燃油泵 2 在超过 5 bar (1 bar= 10^5 Pa)压力下将燃油从燃油箱 1 泵到燃油蓄压器 3,然后经过燃油滤清器 4 到燃油分配器 9。组合在燃油分配器中的压力调节器保证燃油压力稳定在 5 bar。

燃油从燃油分配器进入喷油嘴 6。喷油嘴将燃油连续喷射到进气管中。当进气门打开时,由发动机吸入的空气将正等待的“雾状燃油云”一起带入气缸。由于气缸中气体的涡流作用,在进气行程就可准备好可燃的空燃混合气。

对应于节气门开度的吸入气缸的空气数量是各缸燃油计量的依据。进入发动机的空气量由进气流量传感器 10 检测,据此控制燃油分配器。当进气门关闭时,空燃混合气被储存起来。

为适应不同工况如起动、暖机、怠速或全负荷,要进行空燃混合气加浓控制。另外,还需要一些附加功能,如发动机断油控制、转速限制和空燃比闭环控制等。

空燃混合气 ECU

燃油管理系统的任务是根据进气量计量喷油量。燃油计量基本由空燃混合器控制单元实现;另外还需要空气流量传感器和燃油分配器。

空气流量传感器

吸入发动机的空气流量可精确反应发动机负荷。装在节气门前面的上吸式空气流量传感器(图 2)根据悬浮体的原理测量发动机进气流量。进气流量作为确定基本燃油喷射量的主要控制量。

空气流量传感器包括空气道 1,在其中有一个可转动的感应板 2。当空气流过空气道时,感应板发生偏转。杠杆 12 将感应板的偏移传到控制柱塞 8,由控制柱塞控制基本喷油量。采用感应板和杠杆系统进行重力补偿(通过一个在气流下游空气流量传感器上

图 2：上吸式空气流量传感器

1—空气道；2—感应板；3—卸荷截面；4—混合气调节螺钉；5—控制压力；6—燃油入口；7—燃油计量；8—控制柱塞；9—带计量槽的套筒；10—燃油分配器；11—支轴；12—杠杆；13—片簧

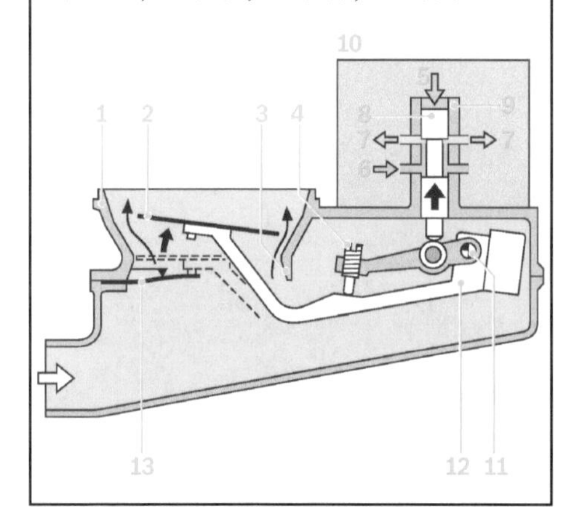

图 3：系统的压差控制阀和压力控制

1—控制压力（液压力）；2—阻尼孔；3—至暖机调节器管路；4—至进气门；5—压差控制阀上腔中的燃油压力（初压力大于 0.1 bar）；6—控制弹簧；7—隔离节流孔；8—压差控制阀下腔压力［等于初压力（输送压力）］；9—膜片；10—作用在感应板杠杆上的空气压力；11—计量槽

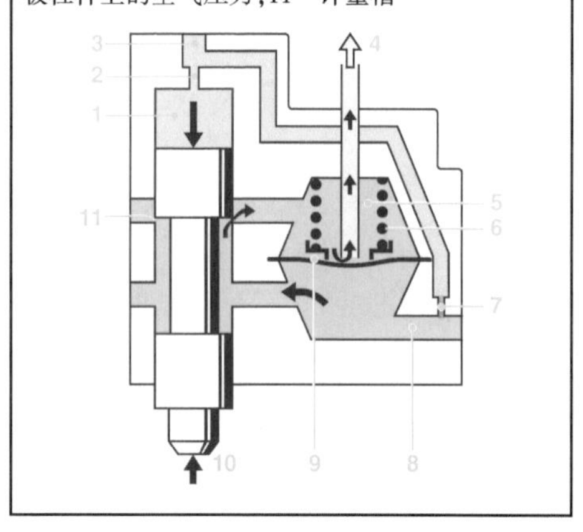

的牵簧实现）。片簧 13 保证断开时的零位。

燃油分配器

根据空气流量传感器中感应板的位置，燃油分配器 10 计量进入各气缸的基本喷射油量。根据带计量槽的套筒 9 的位置控制柱塞开启或关闭的大小程度。燃油流过开启的计量槽断面到压差阀，然后到喷油嘴。

如果传感器感应板移动较小，控制柱塞只稍许升起，这样计量孔开启断面较小，只允许较少的燃油通过。在传感器感应板偏移较大时，控制柱塞开启较大计量槽截面，可有更多的燃油流过。感应板偏移和套筒中计量孔断面有一个线性关系，控制燃油的流量。

压差控制阀

在燃油分配器中的压差控制阀（图 3）在计量孔中产生压降。如果传感器感应板偏移使基本喷油量按相同的比例变化，则必须保证计量槽处的油压降不变，而与通过计量槽的流量无关。压差阀保持上腔和下腔之间的压差一样，与通过的流量无关。

压差控制阀采用平座阀结构，装入燃油分配器中，每一个计量槽采用一个压差阀。用膜片将上、下油腔分开。由初始燃油系统压力经过一个节流孔提供控制压力。节流孔将控制压力油路与初始压力油路彼此隔离。燃油分配器与暖机调节器（控制压力调节）通过油管连接。当发动机冷起动时，控制压力约为 0.5 bar。当发动机暖机时，暖机调节器将控制压力提高到约 3.7 bar。控制压力通过一个阻尼孔作用在控制柱塞上，因此产生与空气流量传感器中空气作用力相反的力。阻尼孔可以阻尼流量传感器感应板由于进气脉动产生的脉动效应。

控制压力大小影响燃油分配。如果控制压力低，发动机吸入的空气使传感器感应板偏转加大，控制柱塞进一步开启计量槽 11，进入发动机的燃油量增加；另一方面，如果控制压力高，发动机吸入的空气使传感器感应板偏移作用减小，进入发动机的燃油量减小。

喷油嘴

喷油嘴（图 4）在给定的压力下开启，将计量的燃油喷入进气管和喷到进气门上。当喷油嘴超过一定开启压力，如 3.5 bar 时，喷油嘴自动开启。喷射燃油时喷油嘴中的喷针 3 高频振动（振颤）。当发动机熄火时，供油压力低于喷油嘴开启压力，喷油嘴紧紧闭合。这样，一旦发动机熄火，就不会有燃油进入进气道内。

图 4：喷油嘴

（a）静止位置；（b）喷油位置

1—喷油嘴体；2—燃油滤清器；3—喷针；4—喷针座

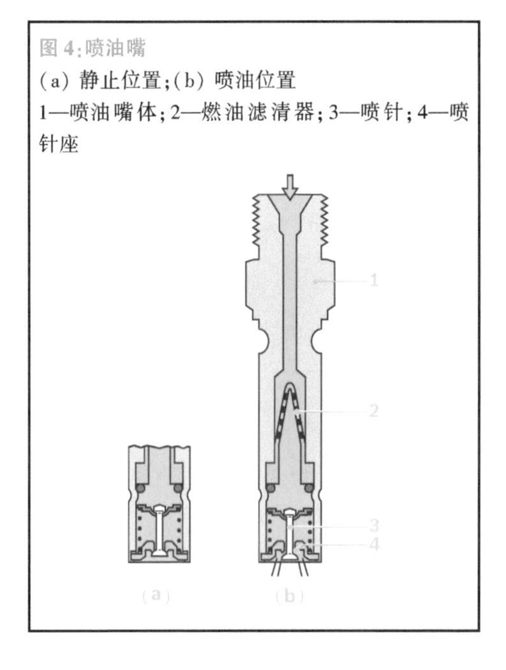

工况适应性

除了目前介绍的基本功能外，空燃混合气必须适应发动机各种工况。这些适应性（修正）对优化功率，改善排放成分、起动性能和发动机性能是必要的。

基本空燃混合气适应

空燃混合气对怠速、部分负荷、全负荷工况的基本适应是通过空气流量传感器中空气漏斗形状实现的。设计空气漏斗达到工况适应性的技术又重新登上舞台。

冷起动加浓

依据发动机温度，冷起动阀在起动过程中喷入额外量的燃油以弥补燃油在进气管壁面上的冷凝损失。冷起动阀的喷射时间取决于发动机温度，由热定时开关限定。热定时开关按电加热的双金属带温度确定冷起动阀的开启和关闭。

暖机加浓

暖机工况的空燃混合气控制由暖机调节器（压力控制阀）的控制压力实现。当发动机温度低时，暖机调节器根据发动机温度降低控制压力，使计量槽进一步开启。

怠速稳定控制

发动机暖机时，发动机通过辅助装置得到额外的空气。由于空气流量计检测到辅助的空气量就会计量喷射燃油，所以发动机得到更多的空燃混合气，使发动机在低温时也能保证怠速稳定。

全负荷加浓

发动机在部分负荷工作时空燃混合气很稀，在全负荷工作时需要加浓。空气漏斗形状的变化可提供辅助的燃油校正空燃混合气。专门设计的暖机调节器可提供特别浓的空燃混合气，通过进气压力调节控制压力。

加速瞬态响应

如果发动机等速运行，节气门迅速开启，原来进入燃烧室的空气量和因进气管空气压力的上升而增加的空气量，一同通过空气流量传感器，使空气流量传感器的感应板超过节气门全开的对应位置。这种"过冲"需要更多的计量燃油进入发动机（加速加浓），以确保发动机良好的瞬态响应。

超速燃油切断

在发动机超速时，由速度继电器触发的电磁阀打开空气旁路到达感应板。感应板恢复到零位并切断喷入的计量燃油。

λ 闭环控制

为三元催化转换器的运行所要求的 λ 闭环控制（图 5）需要使用 ECU。ECU 采集的主要输入参数是 λ 氧传感器 1。

为使喷射的燃油量适应所要求的空燃比在 $\lambda=1$，燃油分配器 4 下腔中的燃油压力需要改变。如果下腔中的燃油压力下降，则在计量孔 6 处的压差增大，这时需增加喷油量。为使下腔油压可变（与标准的K-Jetronic 系统燃油分配器相比），需要增加固定限流器 7 以将下腔与主油腔压力隔离。

图 5：带 λ 闭环控制的 K-Jetronic 系统

1—λ 氧传感器；2—ECU；3—定时阀（可变限流器）4—燃油分配器；5—下腔压差阀；6—计量孔；7—隔离节流孔（固定限流器）；8—燃油进口；9—燃油返回；10—到喷油嘴

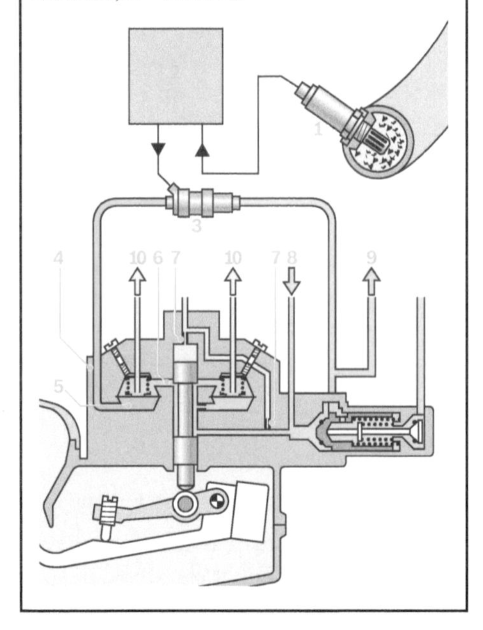

另一个限流器将下腔与回油管连接起来。该限流器是可变限流器，如果它开启，下腔压力就下降；如果它闭合，主腔压力会在下腔中建立起来；如果限流器快节奏连续开启和关闭，下腔压力根据开、关时间比值而变化。电磁阀和定时阀用于可调限流器中，它由 λ 闭环控制器发出的电子脉冲控制。

KE-Jetronic 系统

KE-Jetronic 系统的设计与 K-Jetronic 系统的主要部分几乎相同，不同之处在于增加了电控单元的电子空燃混合气的控制，采用电液压力执行器（图 1）实现。压力执行器装在燃油分配器上。执行器是一个压差控制器，它按喷嘴/挡板原理工作，并受来自 ECU 的输入电流控制压差控制器的压差影响。

图 1：电液压力执行器

1—传感器板；2—燃油分配器；3—燃油进口（初级压力）；4—到喷油嘴的燃油；5—到压力调节器的回油管；6—固定限流器；7—上腔；8—下腔；9—隔膜；10—压力执行器；11—缓冲板；12—喷嘴；13—磁极；14—气隙

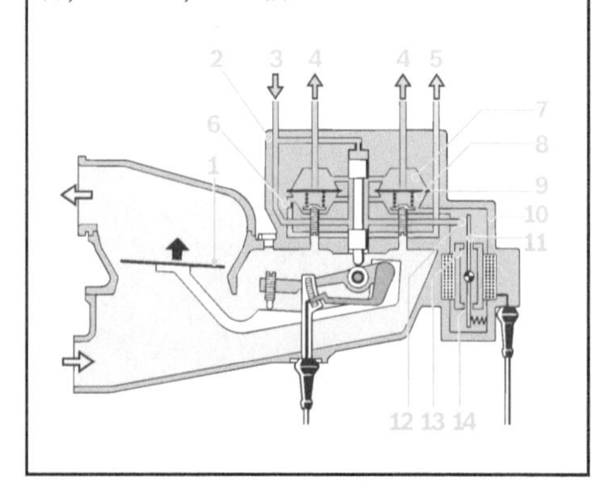

L-Jetronic 系统

系统概述

L-Jetronic（图 1）是一种电控燃油喷射系统，它将燃油间歇地喷入进气管不需要任何形式的驱动。

电动燃油泵 2 将燃油供给发动机并产生燃油喷射所需的燃油压力。ECU 控制喷油嘴 5 将燃油喷射到各缸进气管。ECU 评估来自传感器的各种信号并为喷油嘴产生合适的控制脉冲。燃油喷射量通过喷油嘴的开启时间确定。

工况数据采集

各种传感器采集发动机的工作模式并以电信号的方式传输给 ECU。主要的采集参量是发动机转速和发动机吸入的空气量。这些参量确定基本的喷射时期。发动机转速或通过点火分配器的分电器触点（在断电器触发点火系统中）或通过点火线圈的端子传输给 ECU（在无断电器点火系统中）。

空气流量传感器的感应板检测发动机吸入的总进气量，可检测发动机在汽车全寿命期间发生的所有进气量变化，包括：

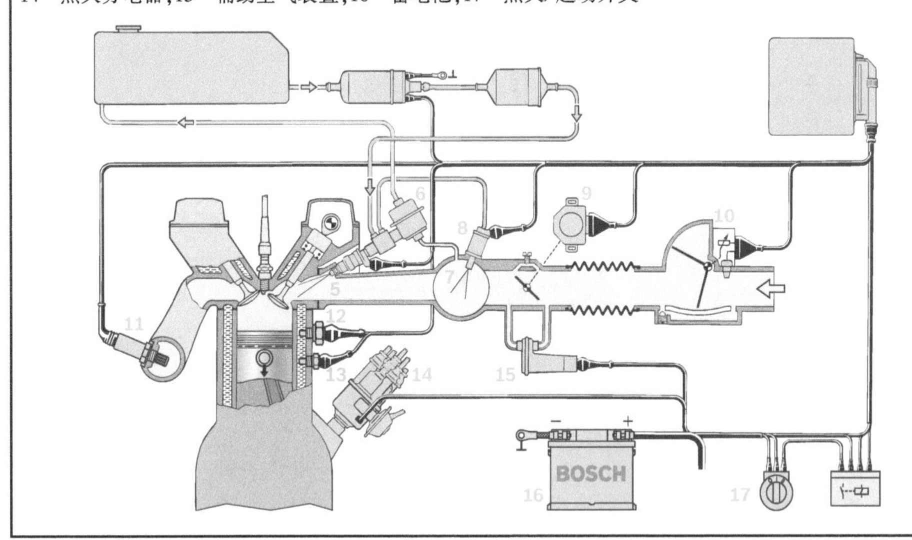

图 1：带 λ 闭环控制的 L-Jetronic 系统原理

1—燃油箱；2—电动燃油泵；3—燃油滤清器；4—ECU；5—喷油嘴；6—油轨和油压调节器；7—进气管；8—冷起动阀；9—节气门开关；10—空气流量传感器；11—λ 传感器；12—热定时开关；13—发动机温度传感器；14—点火分电器；15—辅助空气装置；16—蓄电池；17—点火/起动开关

- 磨损
- 燃烧室积炭
- 气门调整变化

燃油计量

作为燃油喷射系统中枢的 ECU 评估与发动机工况相关的传感器传来的数据。ECU 使用这些数据为喷油嘴喷射计量燃油产生控制脉冲喷油量、喷油嘴阀的开启持续时间(间歇喷射)。

通过 λ 闭环控制系统可使空燃比保持在 λ=1。ECU 比较 λ 传感器的信号与理想值(设定点)，并据此触发二状态控制器。

L-Jetronic 系统输出级控制并联的三个或四个喷油嘴，对于 6 缸或 8 缸发动机的 ECU 则有两个输出级，每级控制并联的三四个喷油嘴，两输出级协调工作。选择喷射周期使凸轮轴每转一圈，将每个气缸所需的燃油量分两次(每次 1/2)喷入。

工况适应性

除了前面介绍的基本功能外，在特殊的工况空燃混合气必须与之适应。这些适应性(修正)对优化发动机输出功率，改善排放成分、起动性能和发动机性能是很有必要的。由于附加有发动机空气温度传感器和进气门位置传感器(负荷信号)，L-Jetronic 系统的 ECU 可完成这些适应性任务。空气流量传感器的特性曲线确定要求的喷油量曲线。特别对发动机的全工况范围，L-Jetronic 系统可完成如下适应性调整：

冷起动加浓

依据发动机温度，冷起动阀在起动过程中喷入附加的燃油量。冷起动阀的喷射持续时间由热定时开关确定。通过延长燃油喷射时间或通过冷起动阀喷入附加的燃油量进行加浓。冷起动阀的燃油喷射时间根据发动机温度由定时开关确定。

后起动和暖机加浓

冷起动后是暖机阶段。在此阶段，发动机需要暖机加浓，这是由于一些燃油在还是冷的进气管壁凝结。而且，如果在暖机阶段或冷起动阀切断时没有附加的燃油加浓，则会出现发动机转速下降。当后起动加浓完成时，系统只需较少的空燃混合气加浓，加浓的量根据发动机温度通过 ECU 控制。

加速加浓

如果发动机等速运行,则节气门迅速开启,原来进入燃烧室的空气量和因进气管气体压力的上升而增加的空气量一同通过空气流量传感器,使空气流量传感器的感应板超过节气门全开的对应位置。这种"过冲"需要更多的燃油进入发动机(加速加浓),以确保发动机良好的瞬态响应。由于仅采用暖机阶段的加浓不足以满足要求,所以 ECU 还需要根据该转速下空气流量传感器感应板的位置进行修正。

怠速控制

空气流量传感器包括一个可调旁路。少量空气通过该旁路可达到感应板。怠速空燃混合气调节螺钉改变旁路断面设置的基本空燃比。作为旁路连到节气门的辅助空气装置根据发动机温度将附加空气引入发动机,以保证发动机冷机怠速稳定。

空气温度调节

进入燃烧室的空气质量取决于进气温度。空气流量传感器进口安装一个温度传感器以考虑空气温度的变化。

L3-Jetronic 系统

L-Jetronic 系统中发展出一个特别的系统——L3-Jetronic 系统,它与 L-Jetronic 系统的不同之处在于:

- ECU 附加在空气流量传感器上,不再需要在乘员空间安装 ECU
- 采用数字技术替代传统的模拟技术提高了系统的适应能力

L3-Jetronic 由带 λ 闭环控制和不带闭环控制两种。这两种控制都有"跛行回家"功能,即当微控制器出现故障时能够让驾驶员将车开到附近的维修厂进行维修。

与 L-Jetronic 系统相比,L3-Jetronic 系统的 ECU 通过发动机的转速-扭矩 MAP 调节空燃比。根据传感器输入的信号,ECU 计算燃油喷射持续时间,作为需喷射燃油量的尺度。另外,还需考虑所要求的一些影响功能。

L3-Jetronic 系统在混合气形成中,根据节气门开关、辅助空气装置、发动机温度传感器和 λ 闭环控制可实施功能修正。

LH-Jetronic 系统

LH-Jetronic 系统与 L-Jetronic 系统紧密相关,不同之处在于空气质量的计量。空气测量结果与空气密度无关,只取决于空气温度和压力。

空气质量计量

热线式质量流量计(HLM)和热膜式质量流量计(HFM)是热负荷传感器。流量计装在空气滤清器和节气门之间,记录进入发动机空气质量流量(kg/h)。两种质量流量计工作原理相同。

热线式空气质量流量计

在热线式空气质量流量计(图 1)中,电加热元件是 70 μm 粗的铂(pt)金属丝。不同空气质量流量经过热线时,会带走热量导致热线温度的变化而使热线电阻发生变化,进气温度由温度传感器检测。热线和温度传感器是桥电路的一部分,它们作为与温度有关的电阻。与空气质量流量成正比的电压信号被传输给 ECU。

图 1:热线式空气质量流量计

1—混合电路;2—盖;3—插入的金属板;4—带热线的内管;5—壳体;6—保护网;7—扣环

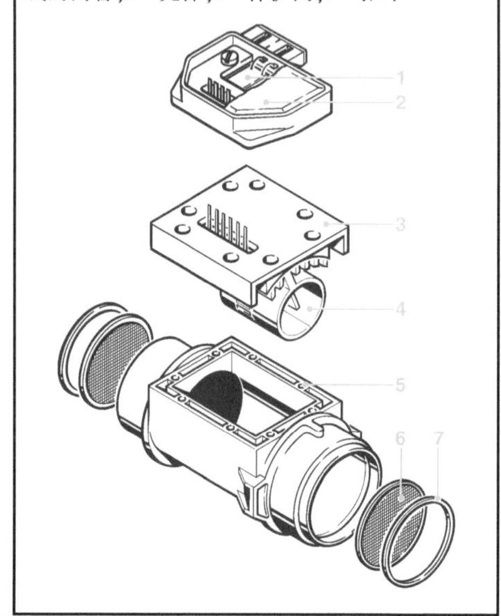

热膜式空气质量流量计

在热膜式空气质量流量计(图2)中,电加热元件是铂膜(加热元件)电阻。不同空气流量经过热膜时,会带走热量导致热膜温度的变化而使热膜电阻发生变化。加热元件(热膜)的温度由与温度有关的电阻(流量传感器)检测。通过元件两端的电压可获得空气质量流量。热膜空气质量流量计的电路用以转换适合ECU的电压。

图2:热膜式空气质量流量计
(a) 热膜传感器;(b) 带热膜传感器的插入管
1—热降;2—中间模块;3—功率模块;4—混合电路;5—传感器元件(加热元件)

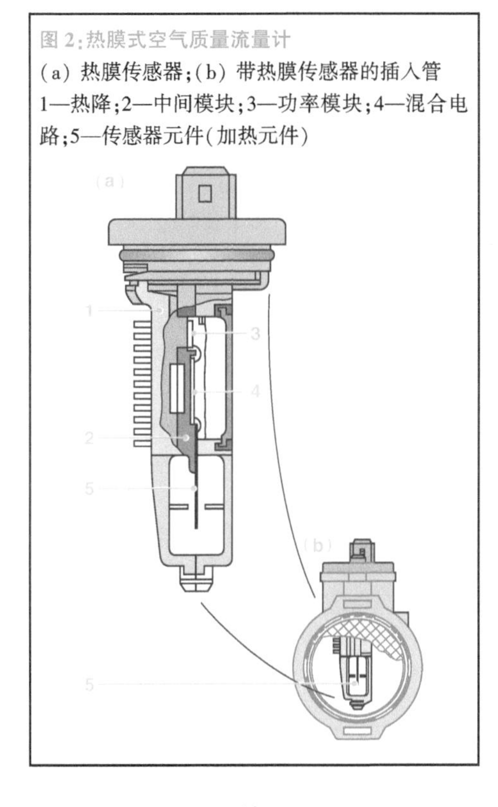

Mono-Jetronic 系统

概述

与K-Jetronic, KE-Y, L-Jetronic, L3-Jetronic, LH-Jetronic每缸一个喷油嘴进气喷射的多点喷射系统不同,Mono-Jetronic系统(图1)是适用于4缸发动机的电控低压中心燃油喷射系统,采用中央布置的单点电磁喷油嘴。该系统的核心是中央喷射单元,它采用了在节气门上面(上游气流)间歇喷射燃油的电磁喷油嘴。

进气总管将燃油分配到各个气缸中。各种不同的传感器用来检测发动机工作参数,为空燃混合气优化控制提供必要的输入参数:

- 节气门开度
- 发动机转速
- 发动机温度和进气温度
- 节气门位置(怠速/全负荷)
- 排气中残余氧含量
- 自动变速器设置(根据汽车配置技术条件)
- 空调设置
- A/C压缩机开关设置

ECU中输入接口电路对输入信号进行调理,然后将信号传输给微控制器。微处理器处理工作数据,识别发动机工作状态,计算驱动信号。

输出驱动电路将信号放大并驱动喷油嘴、节气门执行器和炭罐净化阀(燃油蒸发排放控制系统用)。

典型Mono-Jetronic系统设计包括以下功能:

- 燃油供给
- 获取运行数据
- 处理运行数据

Mono-Jetronic系统的基本功能是控制燃油喷射过程。Mono-Jetronic系统的辅助功能包括监控排放部件运行情况的开环和闭环控制,以及监控排气组分。辅助功能包括:

- 怠速控制
- λ 闭环控制
- 蒸发排放的开环控制

中央喷射单元

中央喷射单元(图2)通过螺钉被直接连接到进气管上。Mono-Jetronic系统的核心作用是为发动机提供精细雾化的燃油。与多点燃油喷射系统(如L-Jetronic)相比,单点汽油喷射发生在进气总管的中心点,且发动机的进气量非直接地由节气门开度 α 和发动机转速 n 这两个参数共同确定。

图 1：Mono-Jetronic 系统

1—燃油箱；2—电动燃油泵；3—燃油滤清器；4—油压调节器；5—电磁喷油嘴；6—空气温度传感器；7—ECU；8—节气门执行器；9—节气门电位器和节气门；10—炭罐净化阀；11—炭罐；12—λ 传感器；13—发动机温度传感器；14—点火分配器；15—蓄电池；16—点火/起动开关；17—继电器；18—诊断接口；19—中央喷射单元

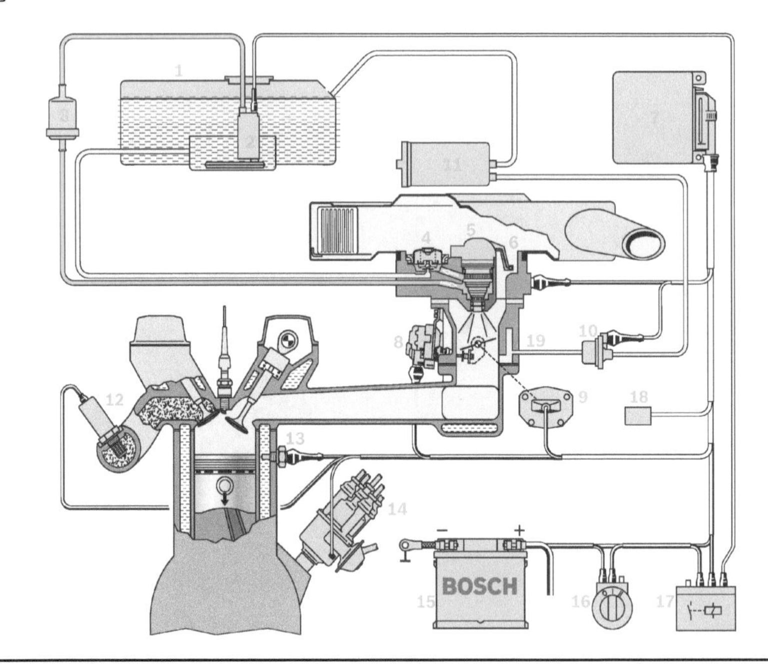

图 2：中央喷射单元（局部视图）

1—喷油嘴；2—空气温度传感器；3—节气门；4—油压调节器；5—回油道；6—进油道；7—节气门电位器（装在节气门轴延长段）；8—节气门执行器

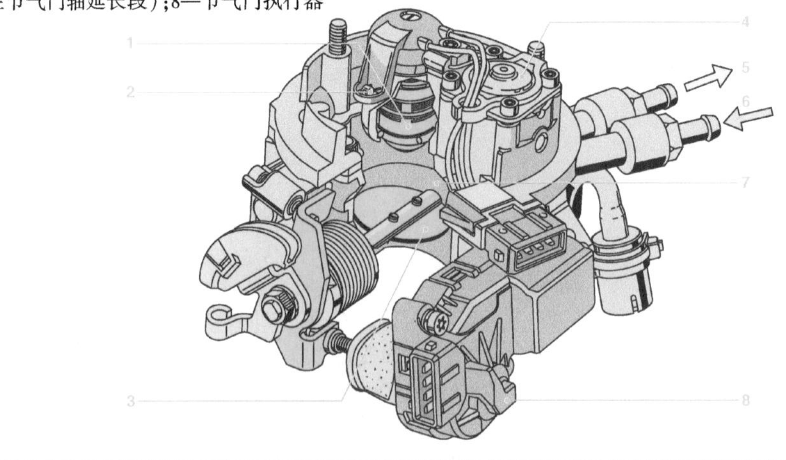

中央喷射单元的下部是节气门 3 和节气门电位器 7。上部是燃油系统,包括喷油嘴 1,油压调节器 4,回、进油道 5、6。空气温度传感器 2 装在上部盖上。

燃油通过上部进油道 6 流入喷油嘴。上部油道 5 连到油压调节器的下腔,多余的燃油通过油压调节器经板阀进入回油管中。

喷油嘴过滤器的凸起限制进口和回油通道的开启断面,这样多余的、未喷射的燃油分成两部分流动:一部分进入喷油嘴;另一部分绕流喷油嘴以散热。

喷油嘴

Mono-Jetronic 系统喷油嘴最重要的特征是将空燃混合气均匀分配到所有气缸中。除了进气管的设计外,空燃混合气的分配还依赖于喷油嘴安装地点和位置,以及空燃混合气的制备过程。

喷油嘴安装在中央喷射单元的上部壳体,通过支架固定在进气流的中心位置。安装在节气门上部位置是为了保证喷射的燃油与流经的空气充分混合。最后,燃油良好雾化并将燃油以锥形喷束喷入节气门和节气门壳体之间。

喷油嘴(图 3)包括一个阀门壳体和阀组。阀门壳体包括电磁线圈 4 和电气接头 1。阀组包括保持阀针 6 的阀体和阀针的电磁衔铁 5。当电磁绕组没有供电压时,在螺旋弹簧和主系统油压的共同作用下阀针贴紧在阀座上,在绕组通电时,阀针离开阀座升起约0.06 mm(根据阀的具体设计),燃油通过环形间隙喷出。阀针前端装有一个轴针头 7,它凸出阀体孔,其功能是雾化燃油。

轴针与阀体的间隙大小决定了喷油嘴基本静态喷油量。也就是说,喷油嘴全开时喷油量最大。而间歇工作时,动态喷油量的大小取决于阀针弹簧、阀针质量、电磁回路和 ECU 的输出级。由于系统的燃油压力是不变的,所以实际上喷油嘴的喷油量只取决于阀针开启时间(燃油喷射持续时间)。喷油嘴的开启和关闭时间随蓄电池电压变化而变化,ECU 要不断检测蓄电池电压,修正燃油喷射持续时间。

图 3:喷油嘴

1—电气接头;2—回油;3—进油;4—电磁线圈;5—电磁衔铁;6—阀针;7—轴针头

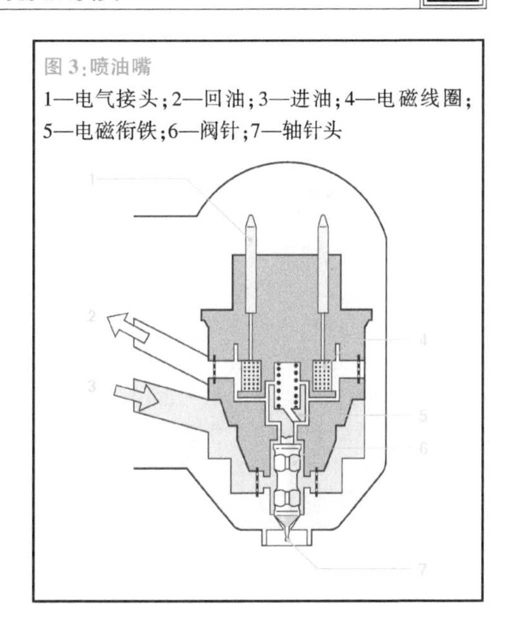

节气门执行器

节气门执行器(图 4)通过执行器轴 4 可以调节节气门控制杆,改变进入发动机的空气量。这样当油门踏板在最小位置时,可以调节怠速转速。

图 4:节气门执行器

1—带电机的壳体;2—蜗杆;3—蜗轮;4—执行器轴;5—怠速触点;6—橡胶波纹管

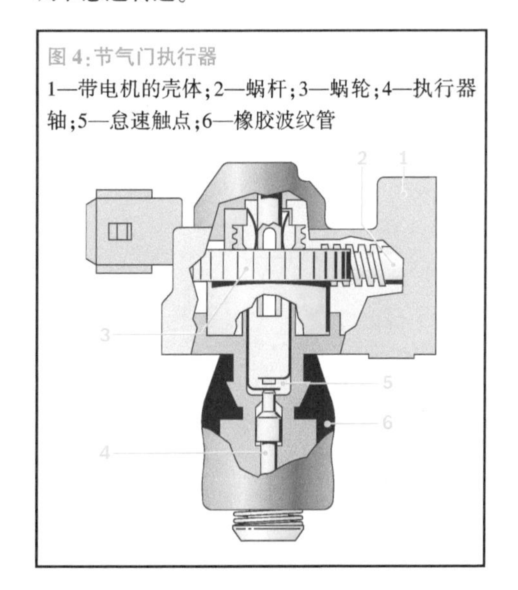

节气门执行器由直流电动机驱动,通过蜗轮 3、蜗杆 2 操纵。根据电动机的转动方向(根据电动机连接电压极性),执行器轴 4 可

以延伸并开启节气门或缩回并减小节气门开度。

执行器轴连接开关触点，当执行器轴靠到节气门杆时闭合，并将怠速工况的信号传输给 ECU。

燃油压力调节器

燃油压力调节器(图 5)的任务是保持油管的压力与喷油嘴计量点周围环境的压力差稳定在 100 kPa。在 Mono-Jetronic 系统中，压力调节器是中央喷射单元的一部分。一个由橡胶-纤维制成的膜片 2 将燃油压力调节器分为下腔 6 和上腔 5，螺旋弹簧的预压力作用在膜片上。通过阀座 3 与膜片相连的可移动的阀板 7 依靠弹簧力压在阀座 3 上(平面阀座)。当燃油压力作用到膜片所产生的力超过弹簧的反作用力时，阀板从其阀座上升起少许，让燃油通过开启的断面流回燃油箱。在这种平衡状态下，燃油压力调节器内的上腔和下腔之间的压力差为 100 kPa。通气孔的作用是维持弹簧室内的压力等于喷油嘴处的周围循环压力。阀板升程随供油量和实际需要的燃油量而变。

图 5：燃油压力调节器

1—通风口；2—膜片；3—阀座；4—压力弹簧；5—上腔；6—下腔；7—阀板

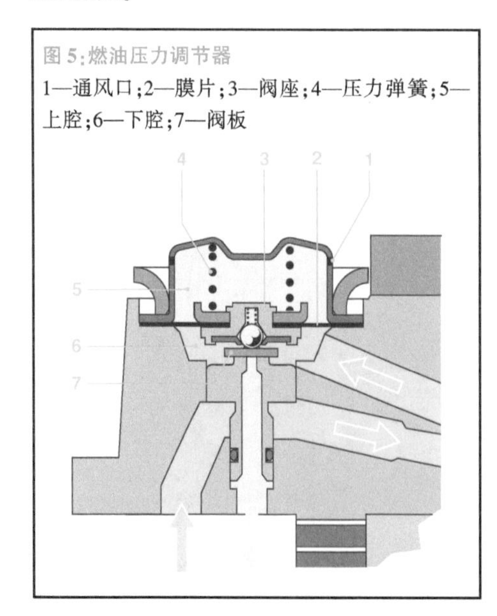

由于燃油的压力与喷油嘴燃油喷射点周围的环境压力之差不变，所以喷油量只取决于喷油时间长短(喷油持续时间)，即每次喷射触发脉冲使喷油嘴开启。

工作数据的采集

传感器监测发动机当前工作状态的瞬时信息数据，并以电信号的方式传送给 ECU，之后转换为数字信号并进行处理，以控制各种执行器或不同的终控元件。

节气门角度

计算燃油喷射持续时间关键的空气充量由可变节气门开度 α 和发动机转速 n 两个间接参量确定(α/n-系统)。在此，在中央喷射单元中节气门角度电位器检测节气门开启角度 α。

在发动机 MAP 范围中，进气流量变化是节气门开度 α 的函数，在发动机小节气门角度，即怠速和低负荷范围，需要较大的角度分辨率以确定发动机工作状态。通过将怠速到全负荷的节气门开度分配到两个节气门电位器就可实现较高的节气门角度分辨率。两个节气门电位器采用两个电阻滑道以表征不同角度(0°~24°和 18°~90°)。在 ECU 中，分别读出节气门角度，每个角度有它自己的模拟转换器通道。

发动机转速

α/n 控制需要的发动机转速，可通过周期采集点火信号获得。点火系统提供的信号在 ECU 中处理。同时，这些信号也用于触发喷油脉冲，也就是说，每一个点火脉冲触发一个喷油脉冲。

其他的运行状态

Mono-Jetronic 系统还采集如下信息：

- 发动机温度。当发动机处于冷态时，为增加喷油量，需要发动机温度信息
- 进气温度。用来补偿温度变化引起的空气密度变化
- 激活超速断油的怠速位置。该信息由节气门执行器上的怠速触点提供
- 激活全负荷加浓的全负荷位置。该信息从节气门信号获得
- 蓄电池电压。用来补偿依靠电压的电磁喷油嘴开启时间的变化和电动输油泵供油速率的变化

• 空调和自动变速器的开关信号。用来使怠速与要求提高的功率适应

运行数据处理

ECU 用从传感器采集的发动机运行数据产生给燃油喷油嘴、节气门执行器和炭罐净化阀的触发信号。

λ 控制程序 MAP

为了确保所需的空燃比，需要选择燃油喷射持续时间以便与采集的空气充量匹配。也就是说，燃油喷射持续时间可直接按 α 和 n 确定。这种确定方式通过 λ 控制程序 MAP 实现(图 6)，输入参数为 α 和 n。当空气进入中央喷射单元时，测量空气温度，根据在 ECU 中测定的空气温度得到一个修正因素，就可完全补偿空气密度的影响。

图 6：λ 控制程序 MAP
燃油喷射时间是发动机转速 n 和节气门开启角度 α 的函数

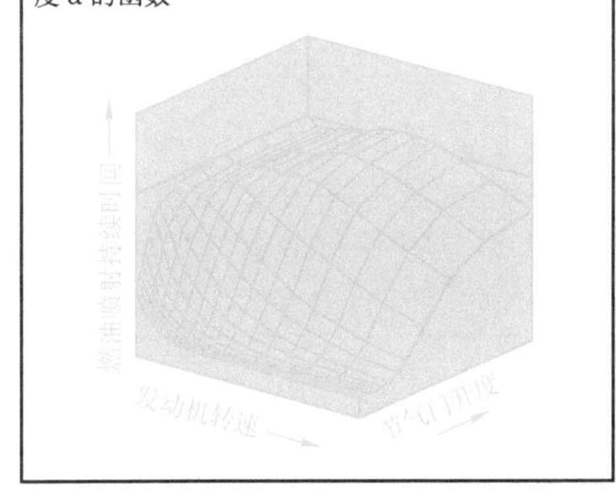

混合气适应性调整

在发动机冷起动时，由于以下因素燃油难以有效雾化：

• 进气管空气温度低
• 进气管壁温度低
• 进气管气体压力高
• 进气管空气流速低
• 燃烧室和气缸壁温度低

这些因素要求在起动阶段、后起动阶段和暖车阶段进行空燃混合气适应性调节。

同样，当发动机热机时也需要对空燃混合气修正：

• 与进气有关的空燃混合气修正

• 由节气门运动引起的负荷变化时的瞬态补偿：当节气门快速开启或汽车快速加速时，需要增加燃油喷射量(在进气管燃油喷射的壁面形成油膜)；反之，在节气门快速关闭或汽车快速减速时，减小燃油喷射量(还减少燃油喷射壁面的油膜)

• λ 闭环控制

• 在发动机使用中，发动机和喷油喷射系统零件的公差会发生变化，所以需对空燃混合气进行修正

Mono-Jetronic 喷油系统的功能

• 怠速控制，保证发动机在全寿命周期内怠速恒定，在各种情况下(汽车带电器负载、开启空调等)都能保证发动机转速稳定

• 海拔高度补偿，补偿高海拔条件下进气密度降低带来的影响

• 全负荷加浓，加速踏板踩到底时输出最大的发动机功率

• 发动机转速限制，避免发动机超速带来的损坏

• 当油门关闭时(车辆超速)超速断油控制可降低发动机排放量

λ 闭环控制

Mono-Jetronic 配备了闭环控制功能，以使三元催化转化器保持空燃比 $\lambda=1$。工作条件变化时，它通过自我修正功能进行空燃比修正。

通过空燃混合气的自适应控制和附加的空燃比闭环控制，利用 α/n 控制方法可以间接获得吸入发动机的空气质量流量，因此不再需要空气质量计量，即不需要空气质量流量计。

燃油供给系统

燃油供给系统的任务是在设定的燃油压力下将燃油输送到喷油嘴,再由它将燃油喷射到进气管(进气管燃油喷射),或直接喷射到燃烧室(汽油直接喷射)。在进气管燃油喷射时,电动燃油泵将燃油箱中的燃油输送到喷油嘴。在汽油直接喷射时,电动燃油泵先将燃油从燃油箱中输出,再通过高压燃油泵将它压缩到高压,并供给高压喷油嘴。

燃油喷射在进气管的燃油输送

电动燃油泵输送燃油并建立燃油喷射压力。进气管燃油喷射压力的典型值为 0.3~0.4 MPa(3~4 bar)。建立这样的燃油压力在很大程度上是为避免燃油供给系统中出现气泡。组合在电动燃油泵上的单向阀阻止燃油经燃油泵回流到燃油箱,甚至在电动燃油泵关闭后仍能在一定时间内维持供油系统中的燃油压力。这样可防止在汽油机停机后由于燃油被热的汽油机加热而在燃油供给系统中产生蒸气泡。

有回流系统

在有回流系统(图 1)中,电动燃油泵输送燃油并建立燃油喷射压力。燃油由燃油箱 1 吸出,经燃油滤清器输入压力管路,再从压力管路进入安装在发动机上的油轨 7(压力调节器),再供给喷油嘴 6。装在油轨上的机械式压力调节器 5 保持喷油嘴与进气管间的压差一定。这样就排除了进气管的绝对压力,即发动机负荷的影响。

发动机不需要的燃油经油轨 7 和连接在压力调节器上的回油管 8 返回燃油箱。多余的、被发动机周围加热的燃油使燃油箱中的燃油温度上升,并视温度的高低产生一定的燃油蒸气。这部分对环境不友好的燃油蒸气经燃油箱排气系统进入中间储存的活性炭滤清器(活性炭罐),并由进气管吸入气缸燃烧(燃油蒸气回收系统或燃油蒸气控制系统)。

图 1:燃油喷射在进气管的燃油输送(有回流系统)

1—燃油箱;2—电动燃油泵;3—燃油滤清器;4—高压油管;5—压力调节器;6—喷油嘴;7—油轨(连续供油);8—回油管

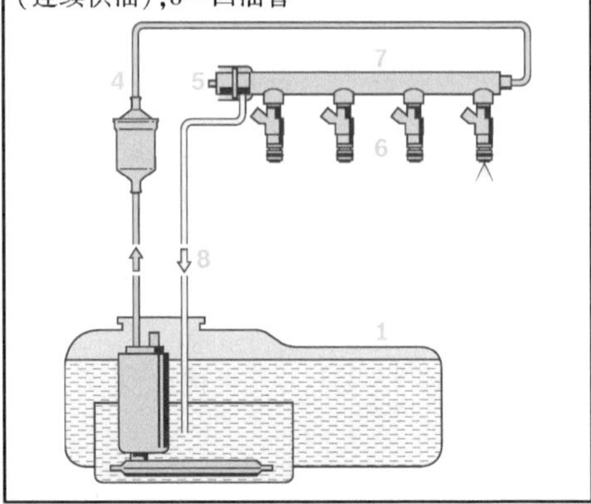

无回流系统

在无回流燃油供给系统(图 2)中,压力调节器在燃油箱中或在它附近,这样可取消发动机至燃油箱的回油箱。

图 2:燃油喷射在进气管的燃油输送(无回流系统)

1—燃油箱充油用的吸射式输油泵;2—带燃油滤清器的电动输油泵;3—燃油压力调节器;4—高压油管;5—油轨;6—喷油嘴

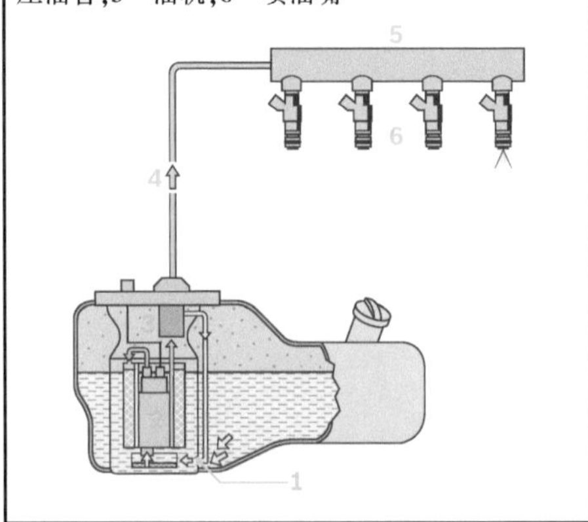

由于压力调节器安装在燃油箱中，所以它没有相对于进气管压力的参考压力，这时的相对喷油压力就与发动机负荷（进气真空度）有关。在发动机电控单元计算喷油嘴喷射燃油的时间时需予考虑。

无回流燃油供给系统只是在燃油喷射时将燃油供给油轨5。电动输油泵2输送更多的油量直接进入燃油箱而不绕经发动机周围再进入燃油箱，从而与有回流的燃油供给系统相比，可明显地降低燃油蒸发。

由于这些优点，当今主要采用无回流的燃油供给系统。

按需调节供油量系统

按需调节供油量系统（图3）使电动燃油泵正好提供发动机所需的和为调整所期待的燃油压力所需的燃油量。利用发动机ECU中的闭环控制回路可以实现燃油压力控制。低压传感器检测当前的燃油压力，这样就可取消机械式压力调节器。为调整输送的燃油量，可利用发动机ECU控制的燃油泵节拍模块调整其工作电压。

图3：燃油喷射在进气管的燃油输送（按需调节供油量系统）

1—燃油箱充油用的吸射式输油泵；2—带燃油滤清器的电动燃油泵；3—卸压阀和压力传感器；4—调节电动燃油泵的脉冲模块；5—高压油管；6—油轨；7—喷油嘴

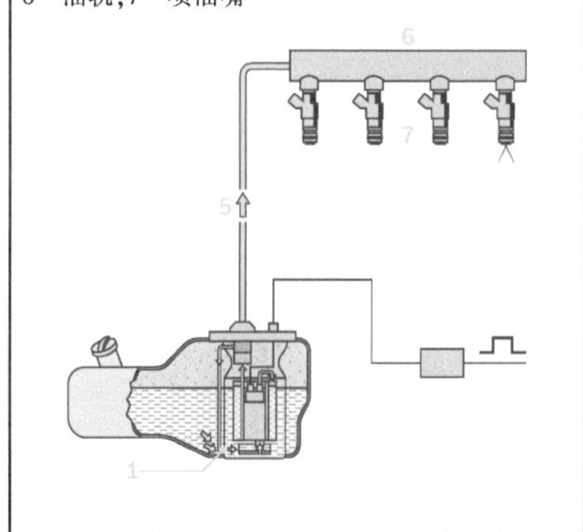

在切断供油或发动机停机后，为使供油系统不会出现高的燃油压力，可采用卸压阀3。

由于燃油量按需调节，没有多余的燃油被压缩，因而可减小电动燃油泵（EKP）的功率。它比全输送燃油的电动燃油泵功耗低，因而发动机燃油消耗低，燃油箱中的燃油温度可进一步降低。

由燃油压力可调还可得到按需调节供油量系统的另一些优点。其中一个优点是在发动机热起动时可提高燃油压力，避免在燃油中形成蒸气泡；另一个优点是在采用废气涡轮增压器时可扩大喷油嘴的燃油计量范围，可在全负荷时提高燃油压力，在低负荷时降低燃油压力。

与至今使用的其他燃油供给系统相比，可以利用测量燃油压力对该系统诊断。在计算燃油喷射时间时，考虑当前的燃油压力就可精确地计量燃油。

燃油直接喷射在燃烧室的燃油输送

燃油直接喷射在燃烧室与燃油喷射在进气管相比，只有较短的空燃混合气混合的“时间窗口”，这就需要加快空燃混合气的制备。为此，燃油直接喷射在燃烧室比喷射在进气管需要更高的压力。燃油供给可分低压回路和高压回路。

低压回路

燃油直接喷射在燃烧室的低压回路使用了燃油喷射在进气管的系统和部件。为避免发动机热起动和在热状态时出现燃油蒸气泡，需提高预输送压力（预压力），所以要采用压力可变的低压系统。按需调节供油量的低压系统特别适用于这种场合，因为对于发动机的每一工况总可得到最佳的预调节压力。低压回路仍使用无回流的、可转换预压力（由ECU闭锁阀控制）的燃油输送系统，或使用较高的、等预压燃油输送系统。

高压回路

高压回路包括高压泵、燃油分配管（高压油轨）和高压传感器。另外，回路系统还需要压力调节阀或限压阀。

在第一代汽油直接喷射在燃烧室系统中不仅使用了连续供油，而且还使用了按需调节供油量的高压系统。第二代汽油直接喷射在燃烧室系统则为按需调节供油量的高压系统。

根据发动机工况，通过 ECU 中的高压闭环控制，系统的压力可在 5~12 MPa 调节。第二代汽油直接喷射在燃烧室系统的系统压力由发动机 ECU 调节，其压力可在5~20 MPa 变化。固定在燃油轨上的喷油嘴将燃油直接喷入发动机燃烧室。

连续供油系统

发动机凸轮轴驱动的高压泵 4(图 1)，大多为 3 柱塞径向燃油泵，它克服系统压力将燃油泵入油轨，泵的输油量是不可调的。为喷射和保持燃油压力而将多余的、不需要的燃油在压力调节阀 7 中卸压，并输回低压回路。电控单元控制压力调节阀，将它调节到适应发动机工况所需的喷射压力。压力调节阀也同时被用作机械式限压阀。

图 1：汽油直喷时的燃油输送：连续供油系统(第一代)

1—吸射式输油泵；2—带燃油滤清器的电动燃油泵(EKP)；3—压力调节器；4—第一代高压泵(HDP1)；5—高压传感器；6—油轨；7—压力调节阀；8—高压喷油嘴

连续供油系统在发动机大多工况时，多于发动机所需要的燃油量也一起被压缩到高的供油系统压力，因而增加了不必要的能量损失，从而增加了发动机的燃油消耗。另外，通过压力调节阀卸压的多余燃油回到燃油箱，提高了整个燃油供给系统的燃油温度。为此，目前采用更好的按需调节供油量系统。

按需调节供油量系统

在按需调节供油量系统中，高压泵大多为单柱塞径向泵，只输送为喷射和保持系统压力所需的那部分燃油量至油轨(图 2)。高压泵 6 由发动机凸轮轴驱动，输油量由油量调节阀控制。发动机 ECU 控制高压泵的油量调节阀，按发动机工况所需的油轨压力进行调节。

出于安全考虑，在高压回路中装有一个限压阀，在第一代汽油直喷系统中限压阀装在油轨 8 上；在第二代汽油直喷系统中限压阀直接组合在高压泵中。如果系统中的燃油压力超过允许值，则燃油经限压阀流回低压回路。

图 2：汽油直接喷射时的燃油输送：按需调节供油量系统(第一代和第二代)

1—吸射式输油泵；2—带燃油滤清器的电动燃油泵；3—卸压阀和压力传感器；4—调节电动燃油泵的节拍模块；5—漏油管(第二代起已取消)；6—第一代高压泵 HDP2(第二代高压泵为 HDP5)；7—高压传感器；8—油轨；9—限压阀(在第二代组合在高压泵 HDP5 上)；10—高压喷油嘴

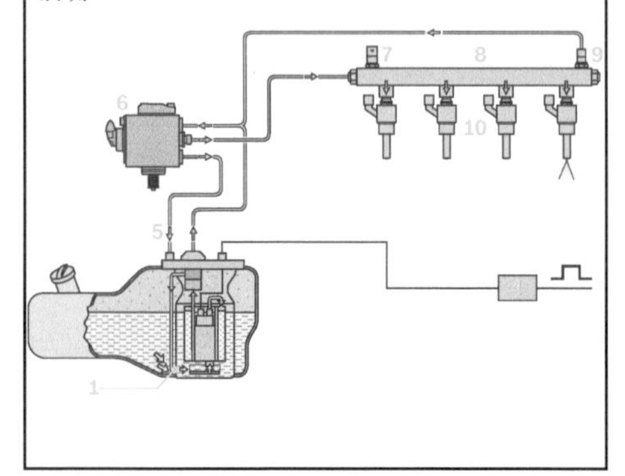

燃油蒸发排放控制系统

燃油蒸发排放控制系统也称燃油蒸发回收系统。装汽油机的汽车需要配备燃油蒸发回收系统，以免燃油从燃油箱逃逸到大气中。在排放控制法规中规定了燃油蒸发的 HC 化合物允许的最高排放限值。

结构和工作原理

燃油蒸发的碳氢化合物(HC)的路径是燃油从燃油箱经通气管2(图1)到活性炭罐3。活性炭罐吸附含在燃油中的HC蒸气,并允许空气经新鲜空气入口4逃逸到大气中。为保证活性炭罐一直能吸附新鲜的燃油HC化合物蒸气,活性炭罐需定期再生。为此,通过连接管将活性炭罐连接到炭罐HC化合物蒸气净化阀,即再生阀5。为再生,汽油机管理系统控制再生阀,并接通活性炭罐到进气管的连接管路,由于汽油机工作时进气管中的空气为负压,新鲜空气经活性炭罐的新鲜空气入口4吸入。新鲜空气带走吸附在活性炭罐中的燃油,并进入进气管与从汽油机进气管进入的空气一起到达燃烧室。为得到进入燃烧室的正确的燃油量,这时要同时减小喷射到汽油机中的燃油量。利用测定的过量空气系数λ和调节设定值就可计算经活性炭罐吸入的燃油量。从活性炭罐经再生阀吸入汽油机的燃油会引起汽油机原来设定好的空燃混合气的空燃比波动。吸入越多,则波动越快、越大,为此必须限制最大吸入量。利用空燃比闭环控制能有效地校正空燃混合气。但校正空燃比波动需要一定的时间,所以吸入的燃油量应尽量少,以在校正时能快速响应,缩短校正时间。

汽油直接喷射时校正的特点:与均质充量模式的汽油直接喷射系统不同,分层充量模式的汽油直接喷射系统由于节气门开度大,进气管中空气压力(真空度)降低,所以减小了空气与HC混合气的流速与流量,使炭罐中的HC净化效应变差。如果流量小,则为克服高的汽油蒸发量问题,汽油机须在均质充量模式下工作,直到空气与HC混合气的流量大幅下降。

产生燃油蒸发的原因

燃油箱中燃油的高蒸发量与下列因素有关:

图1:燃油蒸发排放控制系统

1—燃油箱;2—燃油箱通气管;3—活性炭罐;4—新鲜空气入口;5—再生阀(炭罐净化阀);6—至进气管的连接管;7—节气门;8—进气管

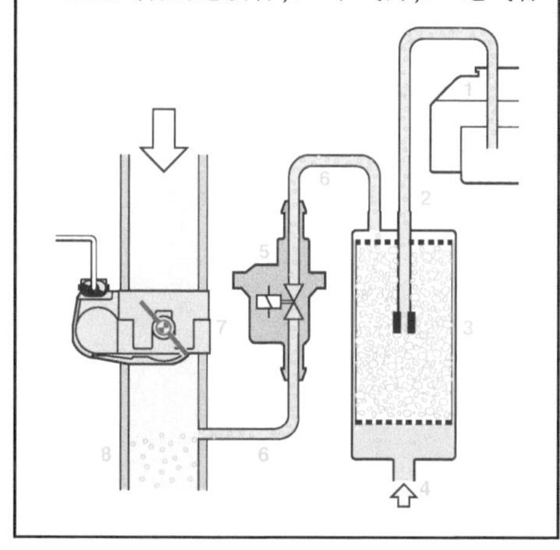

- 邻近燃油箱的热部件(如汽油机排气系统)或回流到燃油箱的热燃油使燃油受热而加快燃油蒸发
- 环境压力下降,如在山区上山行驶时需加快燃油蒸发

电动燃油泵

任务

在发动机所有工况下电动燃油泵必须向发动机输送足够的燃油和提供喷射所需的压力。对电动燃油泵的主要要求如下:

- 在额定电压下,保持60~250 L/h的输油量
- 燃油系统的压力保持在300~650 kPa
- 在电压为额定电压的50%~60%时,能建立供油系统中的燃油压力,这对冷起动十分重要

另外,正在逐渐增多地采用电动燃油泵作为汽油机和柴油机的现代直喷系统的前置泵,对汽油机直喷系统,在热输送时短时间内至少要提供高达700 kPa的压力。

结构

电动燃油泵包括:

- 带有电气连接部件、单向阀(用以保持

系统压力)和输油接头的端盖 A(图 1)。多数端盖还带有电动机换向器炭刷及抗干扰元件(如自感应线圈,有时还带有电容器)

图 1:流体式电动燃油泵实例

1—电气接头;2—液体接头(燃油出口);3—单向阀(止回阀);4—炭刷;5—带永久磁铁的电枢;6—流体式泵工作轮;7—液体接头(燃油入口)

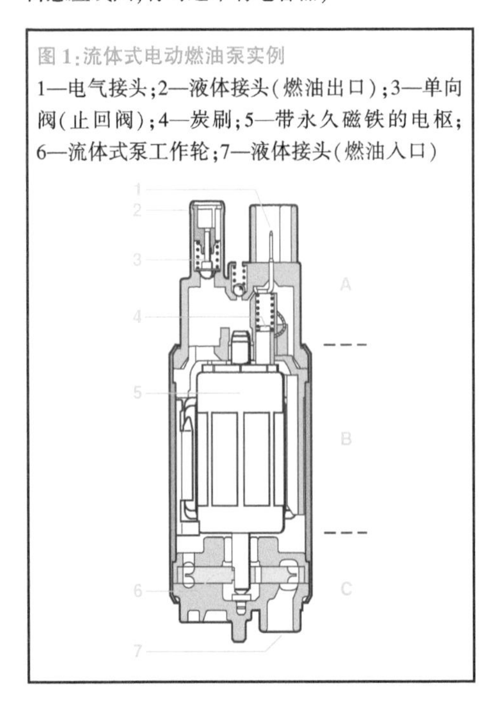

- 具有电枢及永久磁铁的电动机 B(图 1)(标准的是铜换向器,其他特殊应用场合为炭刷换向器)
- 容积式泵或流体式泵总成 C(图 1)

型式

容积式泵

容积式泵旋转的时候会从吸油侧吸油,通过密封区,转到高压侧。电动燃油泵使用滚柱式泵[图 2(a)]、内齿轮式泵[图 2(b)]和螺杆式泵。

容积式泵在高压(450 kPa 或更高)系统中具有良好的性能,低电压时的性能也很好,即在较宽的工作电压范围内,流量曲线比较"平坦",流量稳定,其效率可高达 25%。但无法避免压力脉冲产生的噪声,其影响程度与泵的结构及安装位置有关。

在电控汽油喷射系统中,流体式泵不断替代容积式泵,在满足电动燃油泵的优良功能时,容积式泵找到了新的应用领域。它作为有很高压力需要和较宽黏度变化的汽油/柴油直喷系统的前置泵。

图 2:电动燃油泵工作原理

(a) 滚柱式泵;(b) 内齿轮式泵;(c) 流体式泵

A—吸油口;B—出口

1—带槽的盘(偏心);2—滚柱;3—内驱动轮;4—转子(偏心);5—叶轮;6—叶片;7—通道(在边缘);8—放气孔

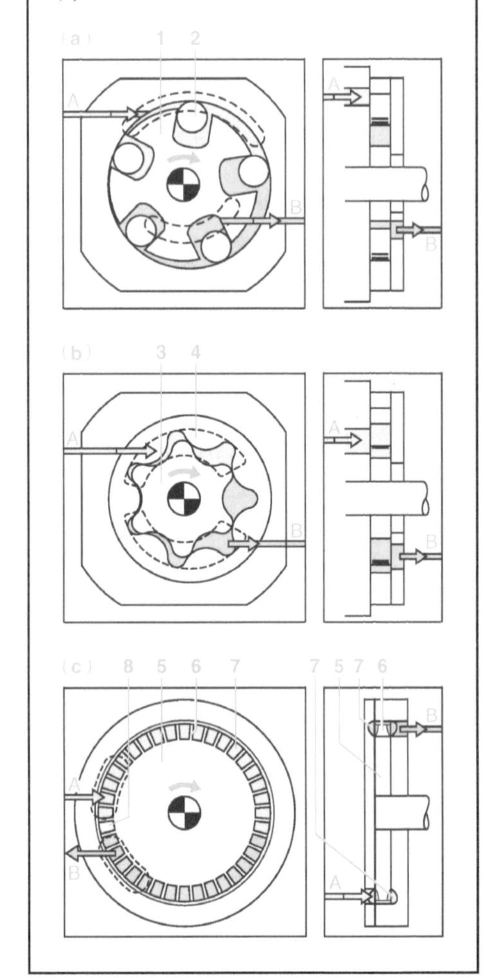

流体式泵

流体式泵用于汽油压力高达500 kPa 的场合。安装在叶轮圆周上的很多叶片 6[图 2(c)]在两个固定外体组成的泵腔内旋转。固定外体在叶轮的叶片范围有一个通道 7。通道始于吸油口 A 的高度处,终于燃油离开有系统压力的泵区 B 处。为改善泵的热输送性能,距吸油口一定的角度距离处有一个小的排气孔(有少量的渗漏),以排出燃油中可能产生的气泡。

在通道中,叶轮叶片和流体质点间的脉动能量交换而产生的压力,使处于叶轮和通道的液体团做螺旋转动。

因为流体式泵的压力是连续增加的,几乎没有脉动,所以噪声低。流体式泵的结构比容积式泵的结构简单。单级泵的系统压力可达 500 kPa,效率达 22%。

前景

现在一些汽车已提供按需调节供油量系统。在这些系统中电子模块按所需燃油压力驱动燃油泵。燃油压力则由燃油压力传感器监视。这些系统的优点如下:

- 电流消耗低
- 减少电动机进入燃油的热量
- 降低电动燃油泵噪声
- 可改变按需调节供油量系统的设定压力

在未来的按需调节供油量系统中将电动燃油泵的单一功能扩展为多功能,例如:

- 燃油箱漏油诊断,根据燃油箱液面传感器信号检测漏油状况
- 燃油蒸发管理的伺服阀

为满足对高燃油压力的要求、提高使用寿命和适应世界范围内燃油的不同等级/品质,在未来,带电子通信的非接触式电动机将发挥重大作用。

燃油输送模块

在电子汽油直喷初期,电动燃油泵几乎都安装在燃油箱外面。现在则绝大多数安装在燃油箱中。这时,电动燃油泵是燃油输送模块的一个组件(图 3),包括如下部件:

- 作为弯道行驶时一个储油罐[大多为吸射式泵主动充油或用阀板、换向阀的被动充油(或类似机构)]

图 3:燃油输送模块

1—燃油滤清器;2—电动燃油泵;3—吸射泵(受控);4—燃油压力调节器;5—油面传感器;6—吸油滤网

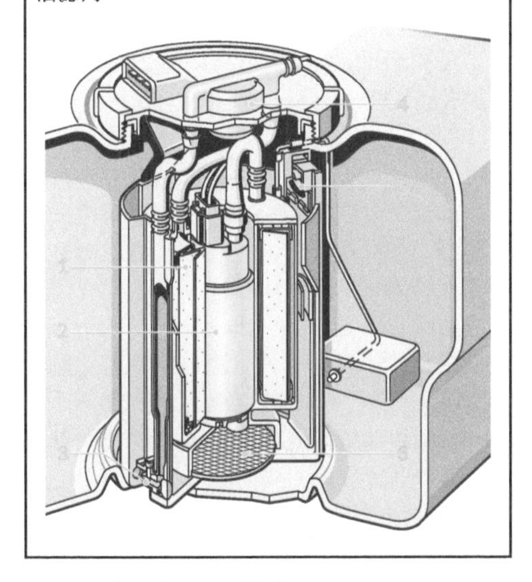

- 燃油箱液面传感器
- 无回流系统(RLFS)上有一个压力调节器
- 保护泵的吸油滤清器
- 在压力侧有一个燃油精滤器,在汽车的总使用寿命期内不需更换
- 电气和液压接口

此外,还组合有燃油箱压力传感器(诊断油箱漏油)、燃油压力传感器(用于按需调节供油量系统)和一些阀。

汽油滤清器

任务

燃油滤清器用以吸收燃油中累积的污粒,以防由于颗粒侵蚀造成燃油喷射系统的磨损。

结构

点燃式发动机的汽油滤清器放在燃油泵后的压力侧。新的汽车上优先使用“箱内滤清器”,即将滤清器组合在燃油箱内。这时,总是将滤清器设计成与汽车等寿命的部件,即在发动机的使用寿命时间内不用更换。另外,还采

用可装在汽油管路上的直流式汽油滤清器,它可以是等使用寿命的或可更换的。

滤清器外体为钢、铝或塑料。滤清器可通过螺纹接头、软管接头或快速接头与输油箱相接。在外体内有能过滤出汽油中污粒的滤芯,滤芯的总表面积应尽可能使汽油通过滤芯的流速与没有滤芯时的管路中的流速一样。

滤清介质

滤清介质使用专门的、用树脂浸渍的微纤维纸。在对滤清介质有进一步要求时还复合一层塑料纤维层(Melt-blown)。复合层必须具有高的机械、耐热、化学稳定等性能。滤纸的微孔性和微孔的分布决定了它对污物的分离度(滤清效率)和流通阻力。

汽油机滤清器滤芯制成绕卷式或星状形式。在绕卷式滤芯的汽油滤清器(图 1)中,绕卷式滤芯是将压好的滤纸绕卷在滤清器支承管(中心管)周围。不清洁的汽油纵向流过滤清器。

图 1:绕卷式滤芯的汽油滤清器

1—汽油出口;2—滤清器盖;3—支撑板;4—复式咬口;5—支承管;6—滤清介质;7—滤清器体;8—螺纹配合件;9—滤清器入口

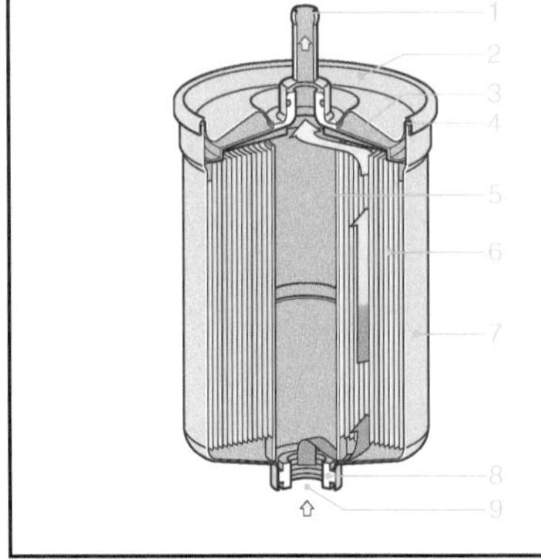

在星状形式滤芯的汽油滤清器(图 2)中,星形滤芯是将滤纸折叠成星状,并装入外体中。为保持滤芯稳固,在滤芯中有塑料盘或树脂盘或金属盘,必要时内部还有支撑盘。不清洁的汽油从外部向内流过,污粒被滤清介质分离出来。

图 2:星状形式滤芯的汽油滤清器

1—汽油出口;2—滤清器盖;3—密封环;4—内焊接棱边;5—支撑环;6—滤清介质;7—滤清器体;8—滤清器入口

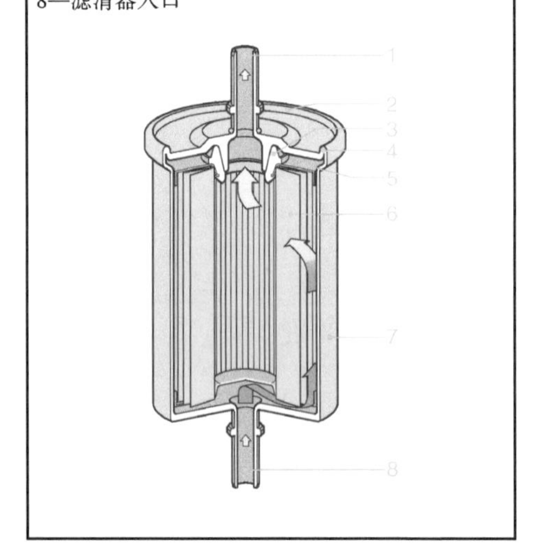

滤清效应

固体污粒既可用过滤方式,也可用碰撞、扩散和阻挡的物理方式除去。

过滤效应的原理是较大尺寸的污粒无法通过滤清器微孔,较小尺寸的污粒在它们撞到滤清介质纤维时粘到纤维上。

这里有三种不同的滤清机理:在以阻挡方式滤清时,污粒随燃油留在滤清介质纤维周围剔出,并靠分子间力留在滤清介质纤维边缘;较重的污粒,由于它们的质量惯性而不能跟随燃油围绕滤清介质纤维一起流动,而是正面碰撞滤清介质纤维(碰撞效应);在扩散滤清效应时,很小的污粒由于它们的固有运动(分子布朗运动)而有机会接触滤清介质纤维并在接触点处粘到纤维上。

各种滤清效应的滤清效率是不同的,但与污粒尺寸(大小)、污粒物质和流动速率有关。

要求

对滤清器的滤清细度取决于燃油喷射系统。对进气管汽油喷射系统,滤芯微孔直径平均约为 10 μm;对燃烧室汽油直接喷射系统，滤芯微孔的要求更细，平均约为 5 μm。大于5 μm的颗粒必须分离出高达 85%。用于汽油直接喷射系统的新汽油滤清器必须满足下面的残余污物的要求：直径超过 200 μm 的金属颗粒、矿物颗粒、塑料颗粒和玻璃纤维必须可靠地从汽油中过滤出来。

滤清效果与流动方向有关。在更换“管路滤清器(Inline Filter)”时必须按滤清器外体上标的箭头规定的流动方向安装。

按滤清器的容积大小和汽油的脏污程度，常规的“管路滤清器”的更换周期一般为 30 000 ~ 90 000 km。“箱内滤清器(Intank Filter)”更换周期至少为 160 000 km。对汽油直接喷射系统，有“箱内滤清器”和“管路滤清器”两种，它们的寿命超过 250 000 km。

汽油直接喷射(BDE)用的高压泵

任务

高压燃油泵(HDP)的任务是将由电动燃油泵(EKP)供给的、预压力为 0.3~0.5 MPa 的足量的燃油压缩至高压喷射所需的压力 5~12 MPa(第一代BDE)或 5~20 MPa(第二代BDE)。

不同的汽油直接喷射系统使用不同的高压泵。

类型

HDP1(第一代 BDE，连续供油)

结构和工作原理

第一代高压泵(HDP1)是圆周方向彼此错开 120°的三个柱塞组成的径向式柱塞泵。图 1 为 HDP1 高压泵的纵断面和横断面。由发动机驱动轴 13 驱动带偏心轮 1 的高压泵轴转动。通过高压泵上的行程环 10 和滑套 2 将轴的旋转运动变为柱塞 4 的直线运动，为在汽油中运转的高压泵冷却和润滑。

由电动燃油泵输送的燃油经高压泵燃油入口 9(低压)到达 HDP1。高压泵柱塞有横向孔和纵向孔。燃油经横向孔和纵向孔进入三个柱塞空间。柱塞从上止点向下止点运动时通过进油阀 7 吸入燃油。在输油行程，吸入的燃油在柱塞从下止点向上止点运动时被压缩，并经出油阀输送到高压区。

HDP1 是连续供油的高压燃油泵。输送的燃油量与转速成正比。彼此错开 120°的三个柱塞可保证连续供油，压力波动小。与单柱塞按需调节供油系统相比可降低对连接和管路的技术要求，同时还可省去低压油压波

图 1:3 柱塞高压燃油泵(HDP1)

(a) 纵断面;(b) 横断面

1—偏心轮;2—滑套;3—柱塞套;4—柱塞(中孔、进油);5—堵塞球;6—出油阀;7—进油阀;8—至油轨高压接头;9—燃油入口(低压);10—行程环;11—轴向密封(滑动环密封);12—静密封;13—驱动轴

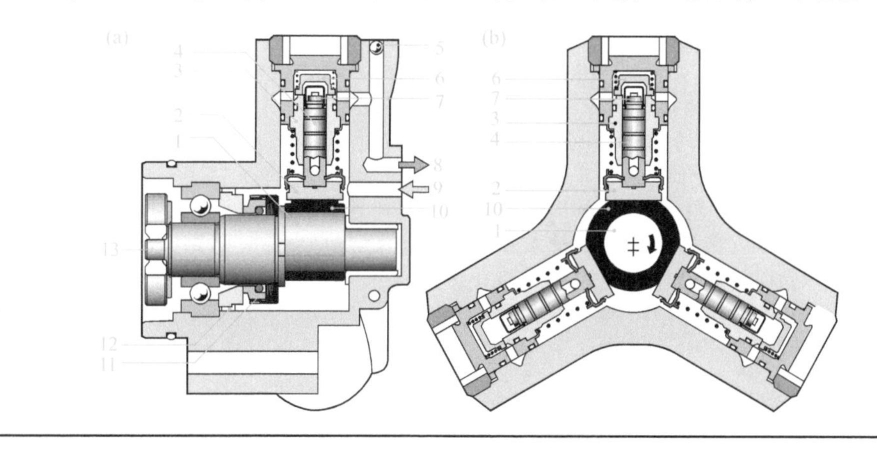

动衰减器。HDP1 易于组合到已有的汽油机进气管燃油喷射平台上。

为保证在发动机需要最大油量时供油系统的燃油压力能够足够快地跟着变化,高压泵的最大输油量设计在发动机的最大需油量上。同时还要考虑影响高压燃油泵的输油性能的一些因素(如热的汽油、高压泵磨损、动态性能)。在等油轨压力和在部分负荷时,输送的大量燃油通过压力调节阀卸压到预压力水平,并输回高压燃油泵燃油入口。通过 ECU 预先设定的控制压力调节阀可实现高压回路的压力闭环控制和调节。

当一个或多个柱塞失效时,可用完好的柱塞应急工作,也可使用有预压力的电动燃油泵(EKP)应急工作。

技术性能

- 三柱塞连续输油泵
- 输油压力可达 12 MPa(120 bar)
- 输油速率为 0.4~0.5 cm^3/n_c(n_c 为凸轮轴转速)
- 汽油机转速可达 7 000 r/min
- 质量约 1 000 g
- 外形尺寸:直径约 125 mm,长度约 65 mm
- 由凸轮轴驱动
- HDP1 在汽油中运转
- 适用的汽油机:V_H = 2.2 L,P_{max} = 125 kW

HDP2(第一代 BDE,按需调节供油量)

结构和工作原理

第一代高压泵 HDP2(图 3)是一个在机油中运转的、凸轮轴驱动的单柱塞高压泵。在高压泵上组合有油量控制阀 10(也称计量单位),在高压侧有限压阀(图中未标出),在低压侧有燃油压力波动衰减器 11。油量控制阀可对高压侧的油量进行干预。用汽油机进气或排气凸轮轴驱动 HDP2。在理想情况下,作为插接式的高压泵可直接固定在气缸盖上。

通过两个或三个凸轮将凸轮轴的转动(与发动机的燃油有关)传递到柱塞上(图 2)。杯形挺柱可作为各种凸轮方案中凸轮轴和柱塞间的连接件。

图 2:单柱塞泵的驱动

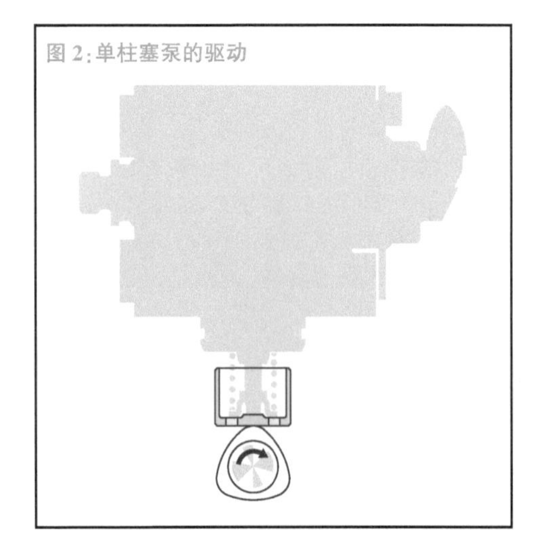

通过进油阀 5(图 3)将电动燃油泵输送的燃油送入高压泵燃油入口。在吸油行程中,油量控制阀开启(没有燃油流过)。燃油经进油阀(弹簧预压单向阀)吸入。在输油行程中,油量控制阀从下止点起关闭,燃油被压缩并输送至高压回路。在达到发动机工况所需的燃油量时,油量控制阀打开,不需要的燃油输回到有预压力的低压回路。

实际输送的燃油量与理论上可能输送的燃油量之比称为高压泵的容积效率。燃油输送量取决于柱塞直径和行程。容积效率随转速而变(图 4)。它与下列因素有关:

- 在低速范围:柱塞和其他有关件的泄漏
- 在高速范围:进油阀的惯性和开启压力
- 在整个转速范围:输油室的死容积和燃油可压缩性随温度的变化

HDP2.1 是 HDP2 的变形方案,为铝质高压泵。HDP2.5 是开发的另一个 HDP2 的变形方案,为耐腐蚀的不锈钢材质高压泵。

图 3:单柱塞高压燃油泵(HDP2)

1—燃油入口(低压);2—至油轨的高压接头;3—泄漏燃油回流;4—排油阀;5—进油阀;6—柱塞弹簧;7—柱塞;8—柱塞密封;9—柱塞套;10—油量控制阀;11—燃油压力波动衰减器

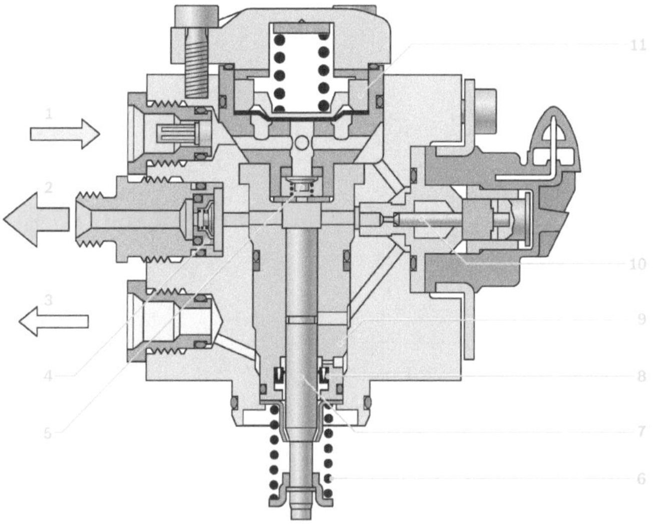

图 4:HDP2 特性曲线

1—容积效率;2—燃油输送量;3—4MPa;4—6MPa;5—8MPa;6—10MPa;7—12MPa

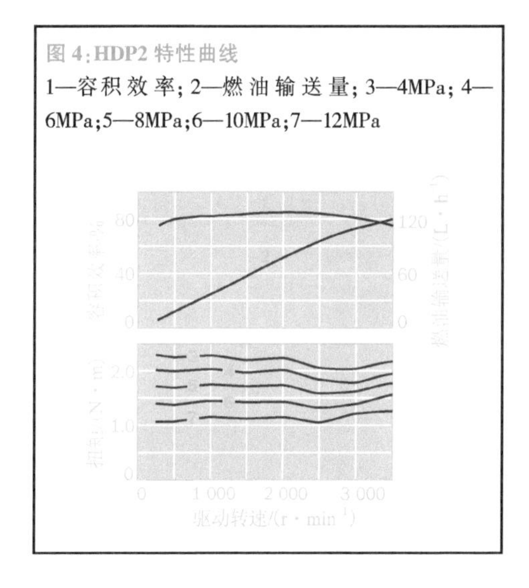

压力波动衰减器(DD)

压力波动衰减器 11(图 3)组合在 HDP2 中,其任务是将在低压回路中出现的压力波动限制在±0.1 MPa 范围。只要压力波动衰减器吸收受控的燃油量并在接下来的吸油行程中再将其送回就可衰减压力。压力波动衰减器在吸油行程中可以帮助泵室充油,从而可保证在吸油时不会由于燃油的惯性而形成负压。

在压力波动衰减器中,橡胶膜片将充油的预压室与弹簧室分开。压力波动衰减器的压力范围按汽车生产厂家的规定(与出现的高压燃油泵最高温度或燃油的最高温度有关),可通过所用的弹簧预压力调节(图 5)。随着燃油温度增高,需要较高的燃油压力,以免出现蒸气泡(图 6)。

图 5:燃油压力波动衰减器特性曲线

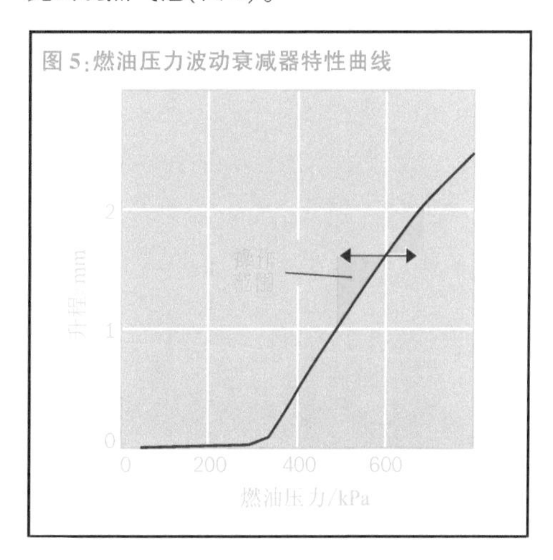

图 6:冬季燃油衰减压力(Super/Premium 汽油)

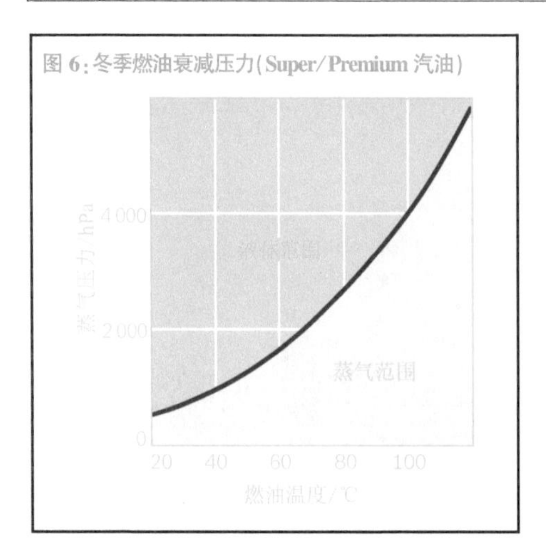

油量控制阀 MSV1

利用油量控制阀可实现第一代高压燃油泵 HDP2 按需调节供油量。其原理是用高压将所需的燃油量输入油轨。MSV 也称计量单元。

MSV 是一个常开电磁阀(图 7)。当电磁线圈 3 通电时,油量控制阀针 4 落座,在输油行程中建立供油压力。利用 MSV 的控制延续时间就可确定高压燃油泵随负荷变化的输油持续时间。高压燃油泵的输油持续时间也与油轨上的压力传感器检测的轨压和调节的设定值有关。

图 7:油量控制阀 MSV1

1—电气连接;2—电磁衔铁;3—电磁线圈;4—阀针;5—阀体

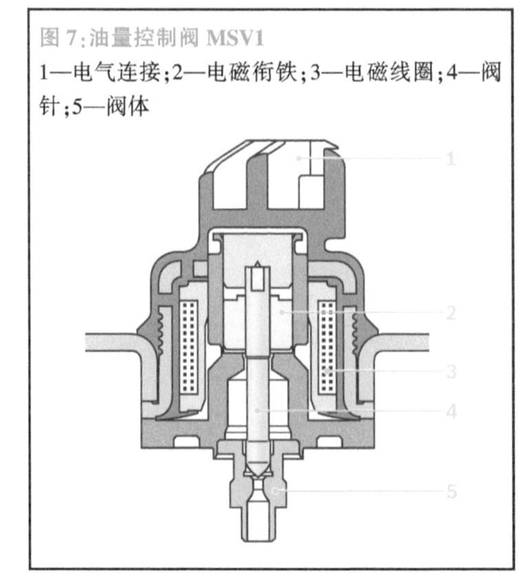

在吸油行程中,燃油从低压回路经进油阀进入输油室,在柱塞到达下止点后开始输油行程,燃油压缩。只要在高压燃油泵中的燃油压力超过油轨中的燃油压力,出油阀就开启,燃油输送到高压区。出油阀开启压力与油轨中的燃油压力差可忽略不计。

在规定的输油持续时间后,MSV 关闭,高压泵出油阀开启,将包括输油室的压缩燃油输回低压回路(图 8)。

图 8:油量控制阀 MSV1 调节方案

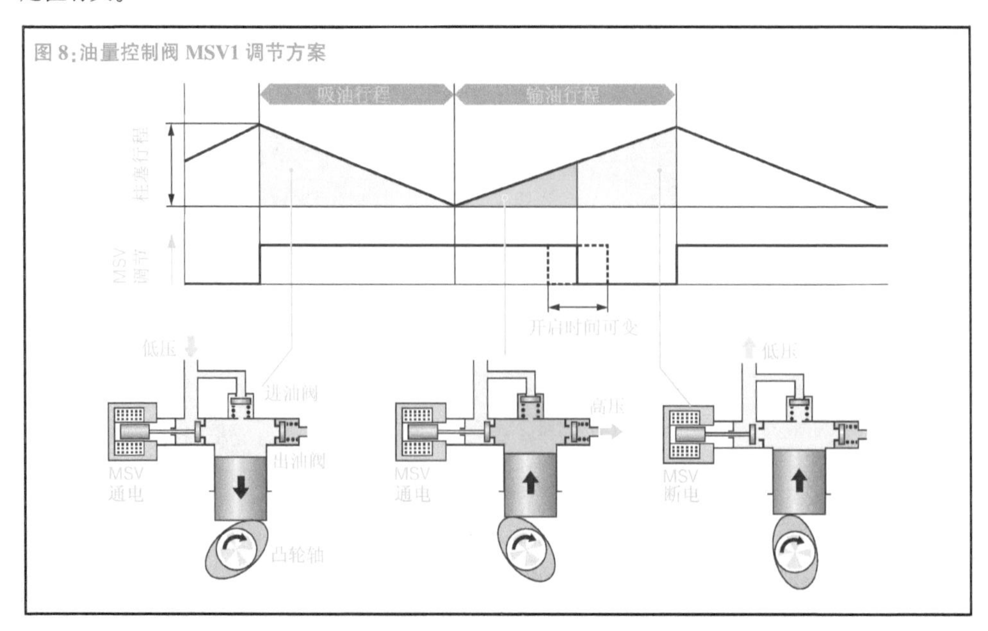

HDP2 技术性能

- 按需调节输油量的单柱塞泵
- 输油压力可达 12 MPa(120 bar)
- 输油速率：
  2 凸轮为 0.5 cm^3/n_c；
  3 凸轮为 0.75 cm^3/n_c
- 汽油机用泵转速可达 7 000 r/min
- 质量：1 000 g(HDP2.1 铝质高压泵)，或 2 500 g(HDP2.5)不锈钢材质高压泵
- 外形尺寸：$h=85$ mm，$b=110$ mm，$s=80$ mm
- 组合有压力波动衰减器
- 组合油量控制阀，并用改变输油终止实现按需调节
- 由汽油机进气或排气凸轮轴驱动，并由杯形挺柱传递动力
- 在机油中运转
- 固定在气缸盖上，或通过附加接头固定在机体上
- 按输油需要(如 8 缸汽油机)有多种高压泵可选用

HDP5(第二代 BDE)

结构和工作原理

HDP5(图 10)是在机油中运转的由凸轮轴驱动的单柱塞高压燃油泵。在泵上组合有油量控制阀(计量单元)，在高压侧有限压阀，在低压侧有压力波动衰减器。如同 HDP2，HDP5 为插接式高压燃油泵，被固定在气缸盖上。

在双凸轮时，在凸轮轴和柱塞间的中间件是一个杯形挺柱。在 3 凸轮、4 凸轮时是一个滚轮挺柱(图 9)。这样可保证柱塞的运动规律与凸轮的型线一致。对 HDP5 的有关润滑、赫兹压力和惯性力的要求标准要高于对 HDP2 的相关要求标准。柱塞做往复直线运动时，滚轮挺柱及其滚轮随凸轮型线移动，并使柱塞也产生往复直线运动。在输油行程中，滚轮挺柱承受如压力、惯性力、弹簧力和接触力的作用力。

图 9：单柱塞高压燃油泵 HDP5 的驱动

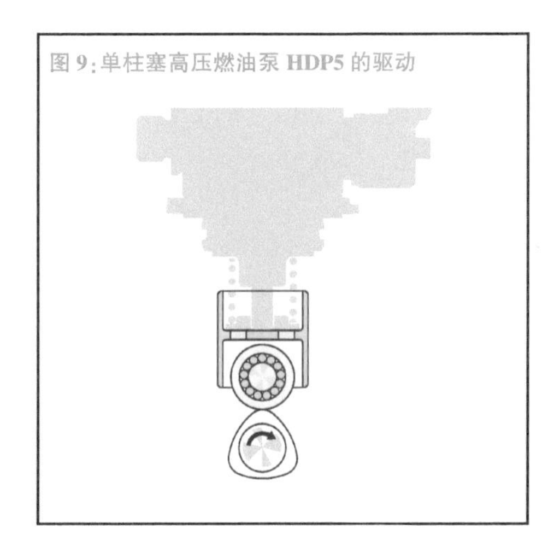

在 4 缸汽油机上，4 凸轮可以实现输油和喷油同步，即在每次喷油时都有一次输油。这样，一方面可降低高压回路的燃油激励(振动)，另一方面可减小油轨的容积。

压力波动衰减器 MMD

利用 HDP5 的可变压力波动衰减器(0.05~0.6 MPa)，可以衰减高压燃油泵在低压回路中激起的燃油压力波动，并在高转速时保证充油。压力波动衰减器利用其充气膜片变形吸收在不同工况下受控的燃油量并在输油行程时送回，以充满输油室。在工作时有一个可变的预压力，因而可采用按需调节供油量的低压系统。

油量控制阀 MSV5

利用油量控制阀 MSV5 可实现高压燃油泵 HDP5 的按需调节供油量。电动燃油泵输送的燃油经开启的油量控制阀的进油阀吸入输油室，在接下来的下止点后的输油行程，MSV5 继续开启，将在该发动机工况下不需要的、有预压力的燃油输回低压回路。控制 MSV5 将其上的进油阀关闭，燃油被柱塞压缩，并输送至高压回路(图 11)。MSV5 控制的时刻取决于输油量和油轨压力的函数关系，与 HDP2 的 MSV1 不同之处是：按需调节供油量的输油开始点是可变的。

图 10：单柱塞高压燃油泵 HDP5

1—可变压力波动衰减器（MMD）；2—限压阀；3—高压接头；4—固定法兰；5—柱塞；6—O 形密封圈；7—柱塞弹簧；8—电磁控制阀 MSV5；9—柱塞密封

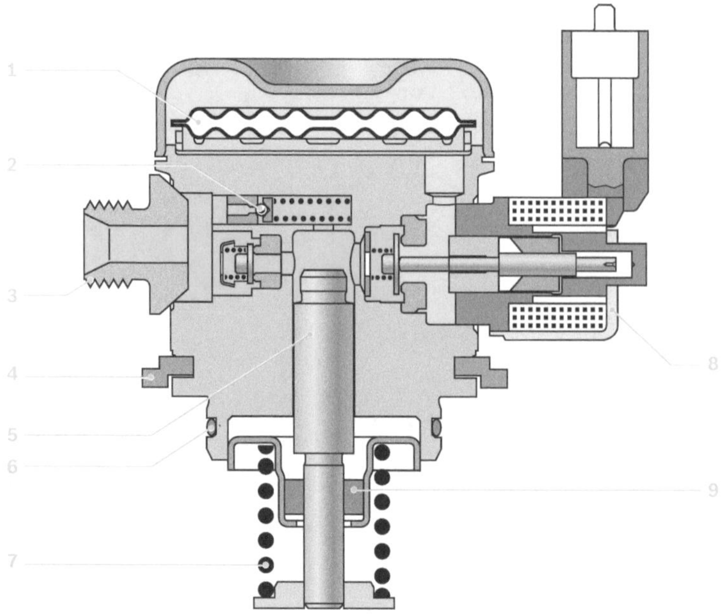

图 11：油量控制阀 MSV5 调节方案

F_N—作用力；F_{spring}—弹簧力；$F_{flow\ force}$—流动力；F_{vacuum}—真空力；$F_{return\ flow}$—回流力；$F_{presupply\ pressure}$—预供油压力；$F_{supply\ pressure}$—供油压力；$F_{solenoid}$—电磁力

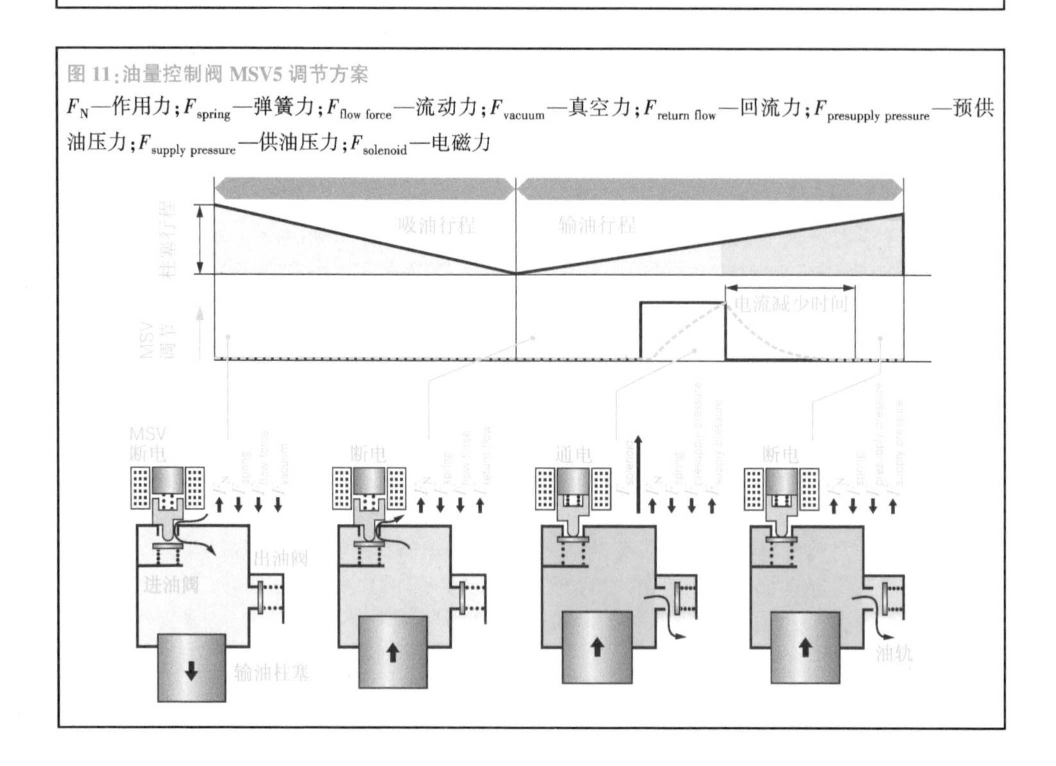

HDP5 技术性能

- 按需调节输油量的单柱塞泵
- 输油压力可达 20 MPa(200 bar)
- 输油速率：

  2 凸轮为 0.5 cm^3/n_c；

  3 凸轮为 0.75cm^3/n_c 和 0.9 cm^3/n_c(两种变型)；

  4 凸轮为 1.0 cm^3/n_c
- 汽油机转速可达 8 600 r/min
- 质量约 780 g
- 外形尺寸：h = 50 mm，b = 90 mm，s = 50 mm
- 组合有限压阀
- 被动的燃油压力降低功能(选用)，即通过出油阀到低压区的旁通使高压区的燃油压力缓慢下降
- 为可变的预设燃油压力组合压力波动衰减器
- 组合油量控制阀，常开阀，改变输油开始点实现按需调节供油量
- 由汽油机进气或排气凸轮轴驱动，并由杯形挺柱或滚轮挺柱传递动力
- 燃油零蒸发(ZEVAP)，即燃油不会从油量控制阀蒸发出来
- 在机油中运转
- 固定在气缸盖上，或通过附加接头固定在机体上
- 采用不锈钢体，具有良好的燃油兼容性
- 按输油需要(如 8 缸汽油机)有多种高压泵可选用

燃油轨(油轨)

进气管燃油喷射

油轨的任务是储存供喷射用的燃油并均匀地将燃油分布到各喷油嘴，喷油嘴直接固定在油轨上。除喷油嘴外，在油轨上通常还有压力调节器，可能还有燃油压力波动衰减器。

仔细选择油轨尺寸可防止在喷油嘴开启和关闭时由于油轨中燃油谐振而引起局部的压力波动；避免由于汽油机负荷、速度变化而发生燃油喷射量的不规律性。

根据汽车的特殊要求，油轨采用不锈钢或塑料材质。为了修理厂/车间检测的目的，油轨可装一个诊断阀。

汽油直接喷射

KSZ—HD 油轨(图 1)的任务是为汽油机不同工况储存和分配所需的燃油量。利用油轨的容积和可压缩性储存一定量的燃油。油轨的容积取决于所配的汽油机和满足汽油机对它的要求与压力范围。

图 1：油轨(用于第一代汽油直喷系统实例)

1—油轨；2—高压喷油嘴中间匹配件；3—支承环；4—O 形环；5—压力传感器；6—压力调节阀；7—连接管；8—螺纹配件；9—O 形环

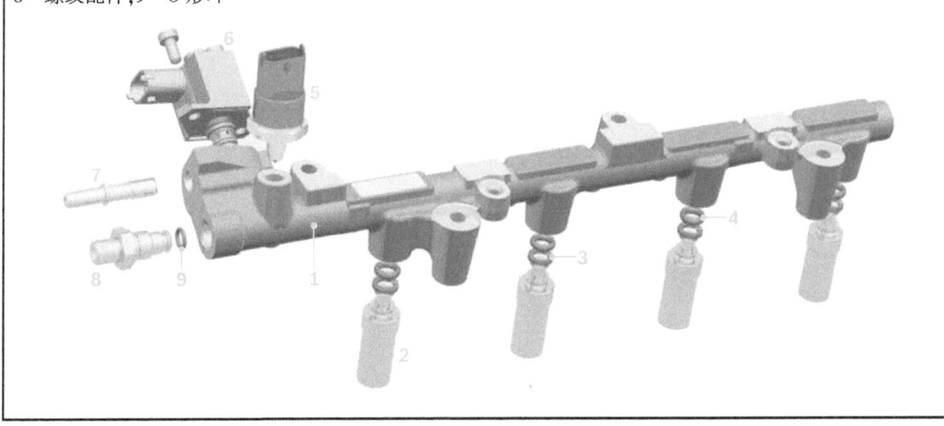

油轨容积要确保燃油在高压范围的压力衰减，也就是能抵消油轨中燃油压力波动。

对燃油直接喷射系统还要在油轨上安装另外一些部件：高压喷油嘴（HDEV）、调节高压的压力传感器和供第一代燃油直接喷射系统用的压力控制阀或限压阀。

为第一代燃油直接喷射系统设计的油轨压力范围为 0.4～12 MPa（加上限压阀的 0.5 MPa开启压力）。第二代燃油直接喷射系统所用的油轨压力范围为 0.4～25 MPa（加上限压阀的 1.2 MPa 开启压力）。油轨的破裂压力则更高。

用于汽油直接喷射系统的高压泵 HDP1 和 HDP2 的 KSDZ—HD 油轨是由壳铸铝合金铸造。用于第二代汽油直接喷射系统的高压泵 HDP5 的油轨则是由可焊接的硬质不锈钢制成。

压力调节阀

任务

第一代带高压燃油泵的 HDP1 的 BDE 系统需要压力调节阀 DSV，它安装在高压和低压间的油轨上。DSV 的任务是在油轨中建立预设的燃油压力，并通过改变 DSV 的流通面积实现。

结构和工作原理

DSV（图 1）是一个常闭的比例阀，用脉宽信号控制。在工作时通过流过电磁线圈 3 的电流大小调节磁力。磁力克服弹簧压紧力使阀座上的球阀升起的高度不同，从而改变燃油的流通截面。DSV 按脉宽信号的占空比可调节所期待的油轨中的燃油压力（图 2）。由高压燃油泵 HDP1 输送的多余的燃油在低压回路中受到控制。

为保护部件不承受过高的油轨压力（如控制失效时），在油轨中有一个限压阀。

图 1：DSV 结构

1—电气连接；2—阀弹簧；3—电磁线圈；4—电磁衔铁；5—阀针；6—O 形密封圈；7—出口通道；8—阀球；9—阀座；10—有滤网的入口

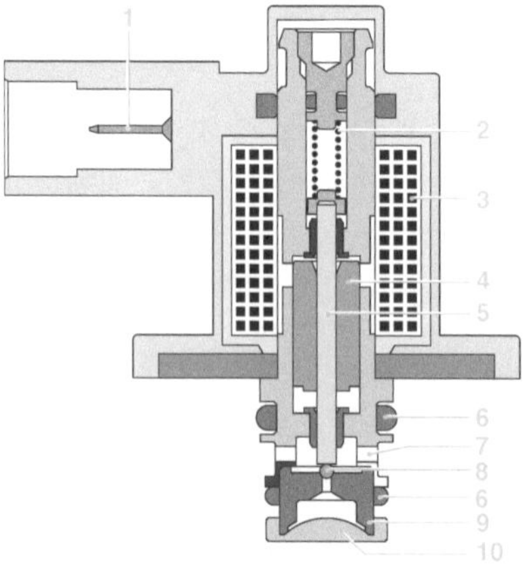

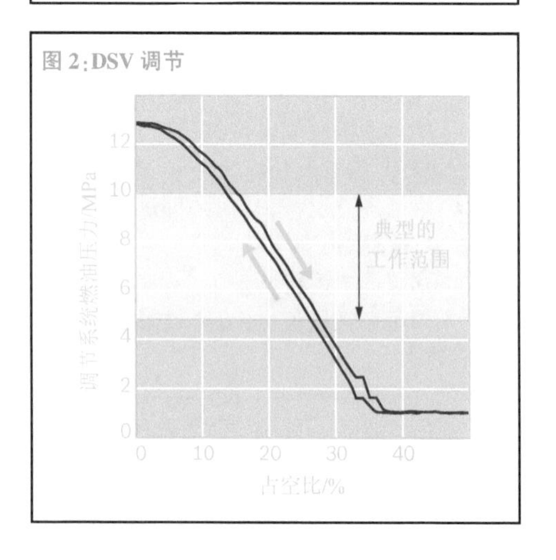

图 2：DSV 调节

限压阀

任务

限压阀（DBV）用于带按需调节供油量的高压燃油泵 HDP2 的第一代汽油直接喷射（BDE）系统上。它防止燃油压力在油量控制阀失去控制能力时超过允许值。利用 DBV 在整个体积流量范围内的平坦特性线，可保证在发动机正常工况、没有燃油量闭环控制干预（在汽车滑行和停车）时高压喷油嘴的正常功能。发动机在这些工况下没有喷油，储存的燃油被热的发动机加热。燃油每升高 1 ℃，压力升高约1 MPa。在过高的压力时，喷油嘴不再能克服燃油压力而开启，即燃油在汽车滑行和停车后，或在热机后，短时间重新起动发动机需要限压阀控制过高的燃油压力，以便喷油嘴再次喷油。

结构和工作原理

在带第一代高压燃油泵 HDP2 的汽油直喷系统中，DBV 装在油轨上，并将高压区与低压区分开。在较低的燃油压力时，DBV 弹簧 1（图 1）将球阀压向阀座，使高压区和低压区间密封。在燃油压力增大到超过球阀的开启压力时球阀从阀座上升起，高压区中的燃油流入低压区。通过 DBV 使高压区中的燃油压力受到限制。

图 1：（DBV）结构

1—阀弹簧；2—O 形密封圈；3—燃油出口；4—阀球；5—有滤网的入口；6—高压口

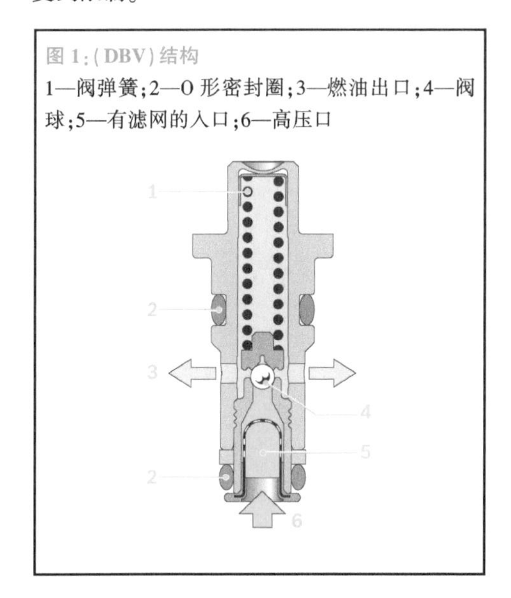

DBV 不是为全油量连续输送设计的。在失效时必须与高压燃油泵一起更换。

在第二代 BDE 系统中，DBV 组合在 HDP5 中。

燃油压力调节器

任务

燃油压力调节器 DR2 用于进气管燃油喷射系统。喷油嘴喷射的燃油量与喷射时间和燃油轨中燃油压力与进气管中的气体背压间的压差有关。在有回流的燃油输送系统，只要燃油压力与进气管气体压力差值保持不变，就可消除它们间的压差变化对喷油嘴喷射燃油量的影响。燃油压力调节器可以正好使影响压差变化的这部分燃油流回燃油箱，使喷油嘴处的压降保持不变。燃油压力调节器安装在燃油轨端部，以便完全冲洗燃油轨。

在无回流的燃油输送系统，燃油压力调节器装在燃油箱内的组件中。燃油轨中的燃油压力可以相对于环境压力调整到一个定值，但这样它与进气管中的气体压力差值就不是定值，这在计算喷油持续时间时需予以考虑。

结构和工作原理

燃油压力调节器（图 1）是一个膜片控制的燃油压力调节器。橡胶织物膜片 4 将燃油压力调节器分成燃油室和弹簧室两部分。弹簧 2 通过组合在膜片上的阀座 3 将支承运动的阀板压向阀座，阀门关闭。如果由燃油压力施加到膜片上的力超过弹簧压紧力，则阀门开启，并流出适量燃油到燃油箱，使作用在膜片上的力再次达到平衡。

图 1：燃油压力调节器

1—接进气管；2—弹簧；3—阀座；4—膜片；5—阀；6—燃油入口；7—燃油回流

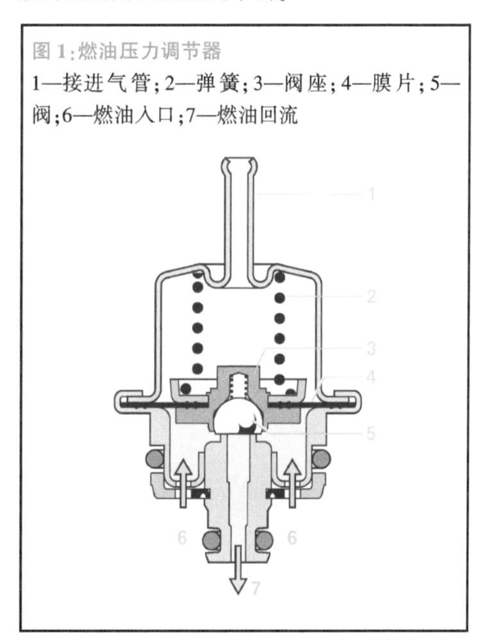

弹簧室与节气门后面的进气总管气动连接，使进气管的气体负压作用在弹簧室。这样在膜片上保持与喷油嘴相同的压比，喷油嘴上的压降只与弹簧压紧力和膜片面积有关，并保持不变。

燃油压力波动衰减器

喷油嘴喷油节拍和按柱塞原理工作的电动燃油泵周期输送燃油会引起输油系统的压力波动（振动）。燃油压力波动会引起系统的共振和干扰喷油嘴燃油计量的精度。系统的振动可通过电动燃油泵固定件、燃油管路和燃油轨传到燃油箱和汽车车身，并产生噪声。

利用合适的固定件结构形式和专门的燃油压力波动衰减器可消减燃油压力波动。

燃油压力波动衰减器结构与燃油压力调节器相似。承受弹簧压紧力的膜片将燃油室与空气室分开，燃油压力一旦达到弹簧压紧力的设定值，膜片控制的阀门就从阀座升起。这样，在出现压力峰值时可变化的燃油室吸收一部分燃油，在压力下降时又送出一部分燃油。为使进气管气体压力引起的燃油绝对压力的波动始终保持在最小范围，在弹簧室上装有一个与进气管相连的接头，以便与进气管气体压力连通而同步变动。

与燃油压力调节器一样，燃油压力波动衰减器可装在燃油轨上或装在管路中。在汽油直喷系统的高压燃油泵上还有一个附加的安装点可以安装燃油压力调节器。

进气管燃油喷射

进气管燃油喷射汽油机空燃混合气形成始于燃烧室外的进气管中，自从进气管燃油喷射汽油机投放市场以来，汽油机和它们的控制系统有了很快的改进。进气管燃油喷射和控制的优良燃油计量性能使它们几乎完全替代同样是外部形成空燃混合气的化油器汽油机。

概述

对汽车汽油机平稳运转和低排放的高要求首先是对空燃混合气形成的高要求。除精确计量与汽油机吸入的空气质量相匹配的燃油喷射量外，精确的喷油定时和精确的喷雾落点也是很难做到的。正是日益严格的排放法规将这些要求不断地推向风口浪尖。针对这一状况要不断开发新的燃油喷射系统。

在进气管燃油喷射方面，电控多点燃油喷射代表了目前的技术发展水平。该系统负责单独地、间歇地将燃油直接喷射到发动机各缸的进气门外。电控装置组合在汽油机管理系统的 ECU 中。这种系统的 BOSCH 公司版本称为 Motronic。

在新开发的燃油喷射系统中，机械的多点连续喷油系统和单点喷油系统已不再那么风光。单点燃油喷射系统是由位于节气门前的单一喷油嘴将燃油间歇地喷入进气管。

工作原理

空燃混合气的形成

在进气管燃油喷射系统，燃油喷入进气管或进气通道。为此，电动输油泵将燃油加压到燃油喷射系统中的喷油嘴开启压力并输送到喷油嘴。在多点燃油喷射系统，各缸有它自己的喷油嘴 5（图 1），它将燃油间歇地喷入进气门 4 前的进气管 6 或进气通道 7。

图 1：进气管燃油喷射（汽油机剖面）

1—气缸与活塞；2—排气门；3—点火线圈与火花塞；4—进气门；5—喷油嘴；6—进气管；7—进气通道

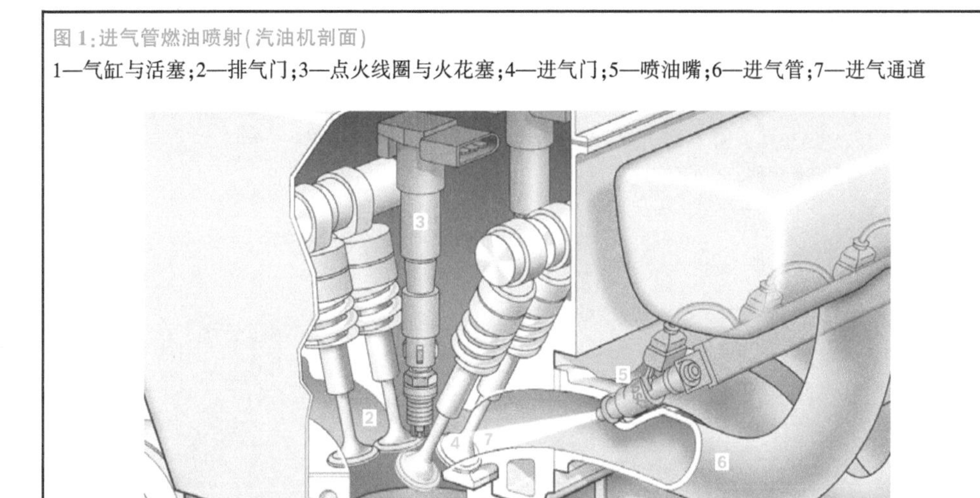

空燃混合气形成开始于燃烧室外的进气通道。在燃油喷射后已形成的空燃混合气在接下来的进气行程经开启的进气门进入气缸1。在这个过程中,由节气门2(图2)计量进入气缸的空气质量。随汽油机型式不同,每个气缸有1~3个进气门。

由喷油嘴计量喷射的燃油量就是要计量汽油机在各工况时要求喷射的燃油量。即在高速、大负荷、在可用的时间窗口喷射足量的燃油;在怠速时喷射足够少的燃油,以使汽油机在过量空气系数 $\lambda=1$ 的化学当量空燃混合气方式工作。

测量空气质量流量

为能精确调节空燃混合气,重要的是精确测量用于燃烧的空气质量。安装在节气门上游气流中的空气质量计1(图2)测量进入进气管的空气质量,并给汽油机ECU发送相应的电信号。

作为一种替代,在市场上还有用压力传感器测量进气压力的测量系统。利用节气门开度和汽油机转速数据就可计算进入进气管的空气质量。

然后,进气管电控多点燃油喷射系统Motronic利用进入进气管的空气质量和当前的汽油机工况就可算出所需的燃油。

燃油喷射持续时间

根据喷油嘴最窄通过断面、喷油嘴开启和关闭特性以及进气管气体压力和燃油喷射压力的压力差就可得到燃油喷射持续时间,即喷射计算出的燃油质量所需的时间。

减少有害物排放

最近几年,汽油机技术的进步改善了生成低原始排放物的燃烧过程。汽油机电子管理系统可按进入气缸的空气质量精确喷射所需的燃油量;可精确控制点火定时;可根据汽油机的各种工况优化控制所有使用的部件(如电子节气门装置DV-E)。随着汽油机功率和性能的提高,这些技术的进步也使废气品质有了实质性的改善。

结合废气处理系统可实现符合法定的排放限值。当供给的空燃混合气为化学当量混

图2:进气管燃油喷射系统部件

1—热膜空气质量计;2—节气门装置;3—油轨;4—喷油嘴;5—进气门;6—火花塞;7—凸轮轴相位传感器;8—λ 传感器,在第一催化转换器上游气流中;9—初级催化转换器(三元催化转换器);10—λ 传感器,在初级催化转换器下游气流中;11—主催化转换器(三元催化转换器);12—汽油机温度传感器;13—气缸与活塞;14—汽油机转速传感器;15—燃油箱;16—电动输油泵

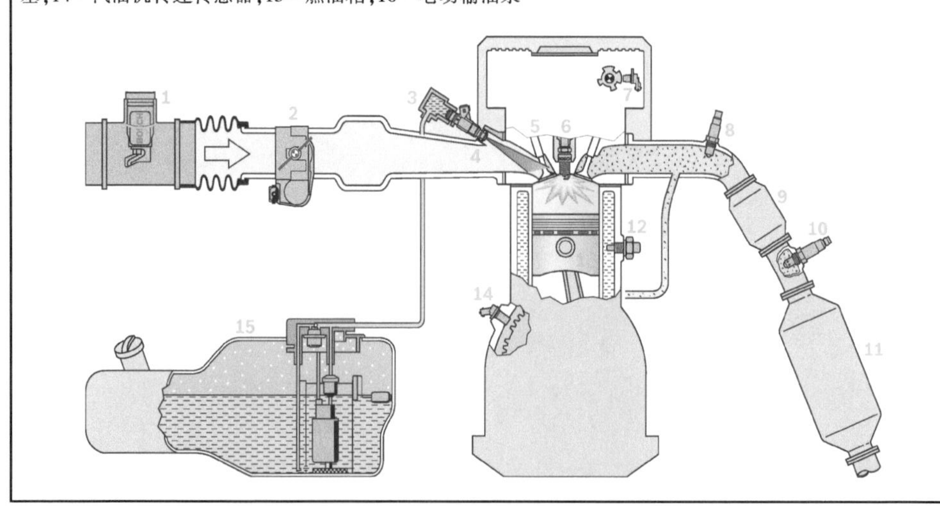

合比(过量空气系数 $\lambda=1$)时，利用三元催化转换器可大幅度降低燃烧过程中产生的有害物。进气管燃油喷射汽油机就是三元催化转换器大部分在化学当量空燃混合气成分下工作的。

图 3：冷起动
(a)接近 20 s；(b)起动后检测数据
1—汽油机转速；2—过量空气系数 λ；3—未处理(原始)废气(HC 浓度)

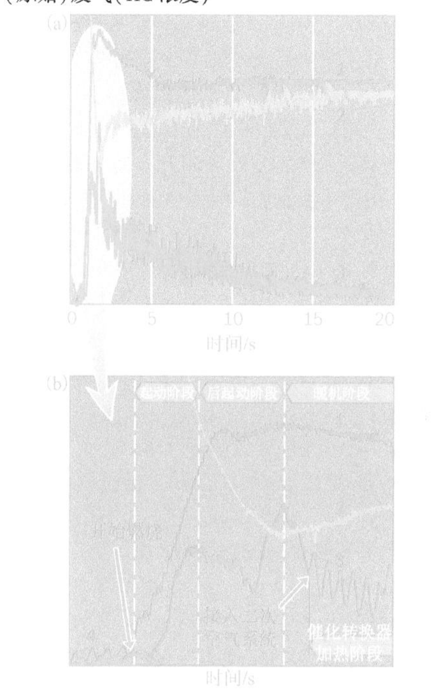

在汽油机上的措施

在汽油机上的措施可降低原始排放物。目前常见的一些措施如下：

- 优化燃烧室几何形状
- 多气门技术
- 可变气门定时
- 火花塞中心布置
- 增大压缩比
- 废气再循环

减少有害排放物的任务面临汽油机冷起动运行范围带来的附加挑战。

冷起动

转动点火钥匙，起动机带动汽油机一起转动，并采集来自汽油机转速传感器 14 的信号和凸轮轴相位传感器 7 的信号(图 2)。Motronic ECU 根据这些信号确定各个气缸中活塞位置，按存储在 ECU 中的脉谱图程序计算要喷射的燃油量，并发送给喷油嘴喷射燃油，随后触发点火 。汽油机转速随燃烧而增加。

冷起动可分为以下几个阶段(图 3)：

- 起动阶段
- 后起动阶段
- 暖机阶段
- 催化转换器加热阶段

起动阶段

起动阶段是从开始燃烧到汽油机转速首次超过起动机转速的这段时间。汽油机起动需增加燃油量(在 20 ℃时约为全负荷供油量的 3~4 倍)。

后起动阶段

在接下来的后起动阶段，从起动阶段后期随着汽油机温度升高和时间推移需逐渐减少空气充量和喷油量。

暖机阶段

暖机阶段跟随后起动阶段。这时由于汽油机温度还低，需增加汽油机扭矩(提高转速)，以加快提高汽油机温度(暖机)。也就是与汽油机在热态相比，在还处于冷态的汽油机需提高转速以增加供油量。与后起动阶段相比，增加的燃油量只与汽油机当时的温度有关，在达到某一温度时才需要增加燃油量。

催化转换器加热阶段

催化转换器加热阶段牵涉到汽油机冷起动历程。在该历程中要采取附加措施以快速加热催化转换器。

上述汽油机冷起动的各个阶段像液体那样不是固定的，它们与汽油机各自的系统配置有关。暖机阶段也可延伸至催化转换器加热阶段。

冷起动问题

当汽油机气缸壁还是冷态时，在起动时凝结在上面的燃油还不能马上蒸发，因而不能参与接下来的燃烧。在排气行程，这部分燃油进入排气系统被排出而不能加速加热汽油机(暖机)为降低起动扭矩做出贡献。为保证汽油机平稳运转,需在起动阶段和后起动阶段供给更多的燃油量。

当未燃烧的 HC 和 CO 燃油组分排出时,原始的(未处理的)HC、CO 排放突然增加。另一个难点是催化转换器在开始转换有害排放物前必须达到约 300 ℃的最低工作温度(转换温度)。为加速达到它的最低工作温度,有一些可供利用的措施和废气加热后处理附加系统措施。附加系统在催化转换器加热阶段激活。

加热催化转换器的措施

在冷起动时采用下列措施以快速加热催化转换器:

- 推迟点火定时和大流量气体提高废气温度
- 催化转换器紧接汽油机
- 采用废气高温时后燃烧处理

废气高温时后燃烧处理

采用废气高温时后燃烧处理降低废气中的原始 HC 化合物。在富空燃混合气中需要喷射空气(二次空气喷射);在稀空燃混合气中与废气中的剩余氧气产生后燃烧。

二次空气喷射

二次空气喷射就是在汽油机起动后按顺序进入暖机阶段(汽油机过量空气系数 $\lambda_{engine}<1$)时将补充的空气喷入废气中,这样在废气中与未燃烧的 HC 化合物产生放热反应从而降低废气中的 HC 和 CO 浓度。另外,由于放热反应释放的热量加热废气,使废气在流动中又很快加热催化转换器,提高催化转换器对废气中有害排放物的转换效率。

瞬时燃油喷射

除正确的燃油喷射持续时间外,对为优化燃油消耗和废气组分有重要意义的另一个参数是相对于曲轴转角的瞬时燃油喷射。

各缸瞬时燃油喷射可分进气前燃油喷射、进气同时燃油喷射。进气前燃油喷射就是燃油喷射结束发生在进气门开启前,大部分燃油喷雾撞击进气道和进气门底部;而进气同时燃油喷射是进气门开启时燃油喷射,随进气流一起进入气缸。

各缸瞬时燃油喷射有多种形式(图 1):

- 同时燃油喷射
- 分组燃油喷射
- 顺序燃油喷射
- 各缸燃油喷射

可能采用的瞬时燃油喷射取决于实际所需的瞬时燃油喷射量。当前,几乎唯一采用的是各缸顺序燃油喷射,同时燃油喷射和分组燃油喷射仅在开始燃烧的冷起动阶段。

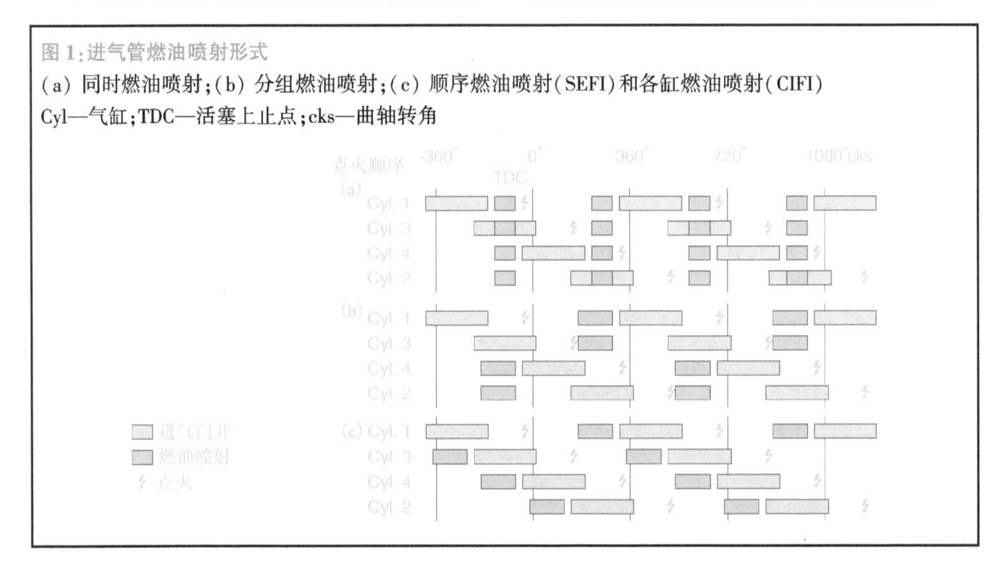

图 1:进气管燃油喷射形式

(a) 同时燃油喷射;(b) 分组燃油喷射;(c) 顺序燃油喷射(SEFI)和各缸燃油喷射(CIFI)

Cyl—气缸;TDC—活塞上止点;cks—曲轴转角

同时燃油喷射

在同时燃油喷射方式中，所有喷油嘴一起开启和一起关闭。这表明对各个气缸来说很难利用燃油蒸发时间。为仍能形成有效的空燃混合气，供燃烧所需的燃油量可分两部分喷射：曲轴转 1 圈喷射 1/2 燃油量；曲轴转下 1 圈喷射另 1/2 燃油量。

在瞬时燃油喷射时，各缸不能预进气燃油喷射。有时需要按预先设定的燃油喷射开始时间将燃油喷到开启的进气门内。

分组燃油喷射

喷油嘴分成两组。曲轴转一转，一组喷油嘴给它们的气缸喷射所需的全部燃油量；曲转转下一转，另一组喷油嘴给其余的气缸喷射所需的全部燃油量。这样的安排可保证所选的燃油喷射定时随汽油机工况而变，并避免在宽的程序脉谱图范围出现燃油喷入开启的进气口的情况。同样，供燃油蒸发的可用时间窗口对每一个气缸是不同的。

顺序燃油喷射

顺序燃油喷射(SEFI, Sequential fuel injection)就是各喷油嘴按顺序分别给每个气缸喷射燃油，点火也按此顺序，所有气缸对各自气缸活塞上止点的燃油喷射持续时间和瞬时燃油喷射时间是相同的。这样，燃油喷射定时对各气缸是相同的。燃油喷射开始可自由编程，并与汽油机工况相适应。

各缸燃油喷射

各缸燃油喷射(CIFI, Cylinder-individual fuel injection)提供最大的自由度。与各缸顺序燃油喷射相比，CIFI 的优点是燃油喷射持续时间可为每一气缸单独变化，从而补偿各缸充量的不一致性。

每一个气缸化学当量空燃混合气工作时要求各缸有一个专用的 λ 传感器进行检测，这需要优化进气管几何形状，以尽可能避免个别气缸混合废气。

CIFI 仅用于各进气管几何形状有很大差别的汽油机上。

空燃混合气形成

空燃混合气形成始于燃油喷入进气管，并延续到从进气行程到压缩行程。对空燃混合气形成的要求如下：

- 在点火瞬间在火花塞处准备好可点燃的空燃混合气
- 在缸内有良好的均质空燃混合气
- 在不稳定工作时有良好的动态性能
- 在冷起动期间有低的 HC 排放

在进气管燃油喷射系统中空燃混合气形成复杂。其形成过程从最初的燃油喷雾、输送细油滴到进气管、燃烧室，再在点火瞬时形成均质的空燃混合气。现今，优化形成过程间的配合可得到良好的空燃混合气制备。空燃混合气在汽油机冷状态(冷机)和热状态(热机)工作时的制备有些不同，主要受下列因素影响：

- 汽油机温度
- 最初的喷雾油滴
- 瞬时燃油喷射
- 喷雾油滴落点
- 空气流动

空燃混合气形成的目标是在各缸点火瞬时在燃烧室中要有均质的燃油蒸气和空气混合气。

最初的喷雾油滴

从喷油嘴喷出的燃油细油滴称为最初的喷雾油滴，它极大地促进燃油蒸发。但当汽油机还在低温的冷状态时，输送到进气管中的喷雾油滴只有很小一部分蒸发。大部分以油膜形式粘在进气管壁上(即壁面油膜)，并在进气行程随空气流带走，所以真正的空燃混合气制备是在气缸中进行的。

相反，在汽油机热状态时大部分喷雾油滴和存在的一些壁面油膜已在进气管中蒸发。

瞬时燃油喷射

瞬时燃油喷射对空燃混合气形成和原始 HC 排放有重大影响(主要是在汽油机冷状态时)。

进气同时燃油喷射

在进气同时燃油喷射时空气流将一些喷雾油滴输送到排气门侧的气缸壁面[图 1(a)]。在冷的缸壁上油膜不能蒸发,所以不参与燃烧,并经排气口排出,因而原始有害物排放增加。

当今,进气同时燃油喷射仅用于冷起动,在汽油机正常工作温度运转时常用以提高功率。因为在进气同时燃油喷射的情况下大量喷雾油滴在燃烧室中蒸发,从而增加气缸新鲜空气充量。其原因是在进气管中的液态喷雾油滴容积比在进气管中喷雾油滴蒸发的容积小得多,所以可增加进入进气管的新鲜空气,从而增加气缸新鲜空气充量。再有,喷雾油滴在燃烧室中的蒸发过程使气缸内充量冷却,有利于遏制汽油机爆燃倾向。

进气前燃油喷射

采用进气前燃油喷射[图 1(b)]可大幅降低汽油机冷起动时的有害排放物。喷雾油滴被空气流带向燃烧室中央,避免在排气门侧的气缸壁上形成不希望的油膜。

图 1:在燃烧室中的空燃混合气流

(a) 进气同时燃油喷射

左:没有燃油喷射,进气门关闭;右:燃油喷射到开启的进气门

(b) 进气前燃油喷射

左:燃油喷射到关闭的进气门;右:进气前空燃混合气进入气缸

1—燃油进口;2—喷油嘴;3—进气门;4—空气流进入;5—排气;6—环岸(第一环槽至活塞顶);7—缸内混合气旋流

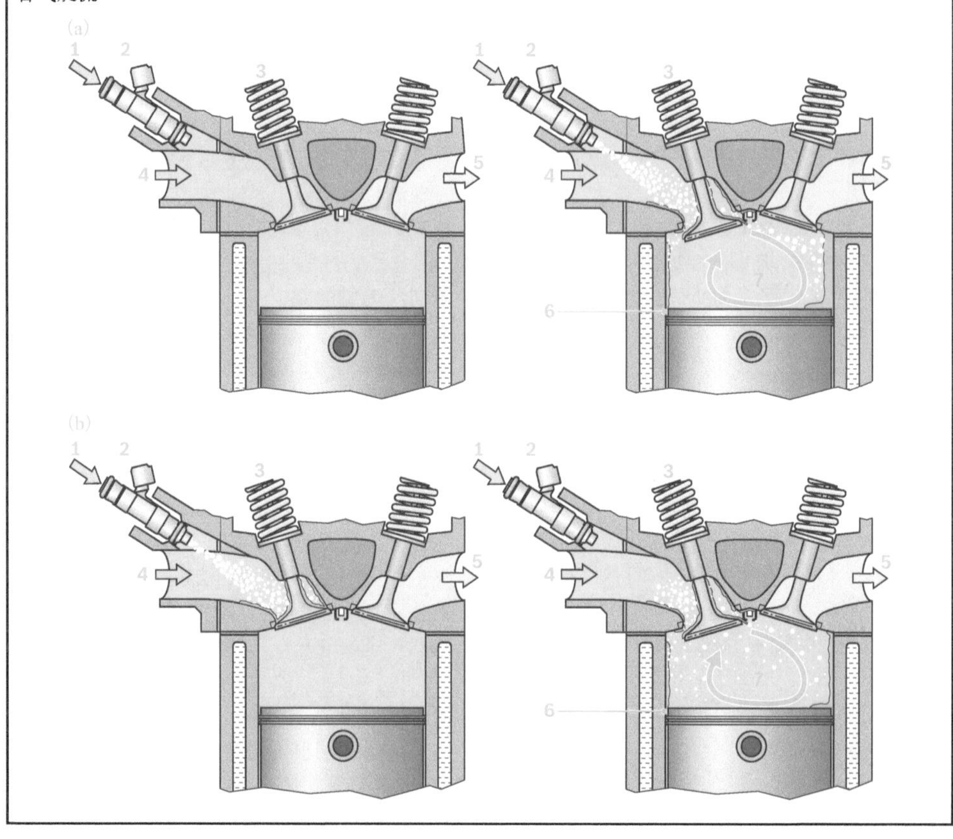

喷雾油滴落点

进气前燃油喷射与优化喷雾油滴落点结合(图 2)可进一步降低汽油机冷起动期间的 HC 排放。因为当雾滴落在进气口底部时,吸入缸内的喷雾油滴随着其强度增加,不断向前移动到燃烧室中央,从而减少沉积在排气门侧气缸壁上的喷雾油滴或油膜,使冷起动期间的 HC 排放进一步降低。

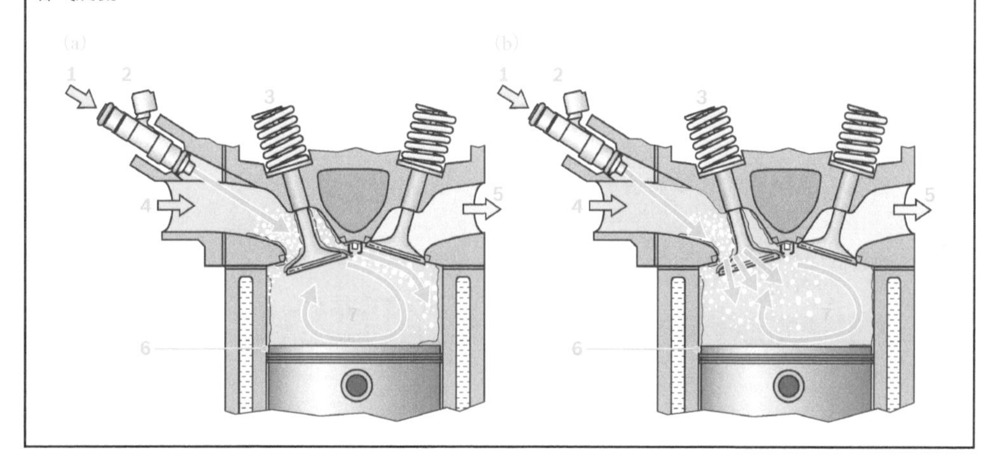

图 2:喷雾油滴落点

(a) 中心喷雾油滴落点在进气门上;(b) 优化的喷雾油滴落点

1—燃油进口;2—喷油嘴;3—进气门;4—空气流进入;5—排气;6—环岸(第一环槽至活塞顶);7—缸内混合气旋流

反之,沉积在进气口底部的喷雾油滴导致进气管壁面油膜的形成和增多,使汽油机在负荷变化的不稳定状态工作时所需的燃油费用稍高。对于进气管燃油喷射汽油机,如果负荷变化,就要考虑在进气管中积累的大量壁面油膜,在负荷急剧增大时会形成更多的壁面油膜。在计算所需的燃油喷射量时,如果不考虑积聚的大量壁面油膜和滞后进入燃烧室,则汽油机会短暂地在稀空燃混合气情况下工作。因此,Motronic ECU 添加了壁面油膜补偿功能。为此,在汽油机运转时必须得到有关汽油机进气管几何形状、喷雾油滴落点的数据,以保证汽油机即便在不稳定状态工作时仍能保证它在过量空气系数 $\lambda = 1$ 的化学当量空燃混合气状态下工作。

空气流动

汽油机转速、进气口几何形状、进气门开启时间和升程曲线对空气流动有决定性影响。有时还有充量流动调节挡板(滚流),以便根据汽油机工况变化对空气流动方向施加影响。其目标是在可用的时间窗口使必需的空气进入燃烧室,并在点火瞬间在燃烧室中获得良好的均质空燃混合气。

气缸内的强气流可促进良好的均质空燃混合气形成和提高 EGR 的兼容性。通过 EGR 可降低燃油消耗和 NO_x 排放。可是,气缸内的强气流会降低汽油机在全负荷时的气缸充量,从而导致最大扭矩和最大功率降低。

二次空燃混合气制备

空气流动也有助于空气混合气制备(二次空燃混合气制备)。在进气门开启瞬间,如果在进气管和燃烧室之间的充量有压力差引起的充量流动,则会影响空燃混合气制备和喷雾油滴输送。在进气门开启时,如果进气管中的充量压力明显大于燃烧室中的充量压力,则在汽油机较高转速运转时空燃混合气和进气口底部的壁面油膜进入燃烧室。

在进气门开启时,如果进气管中的充量压

力小于燃烧室中的充量压力，则热的废气进入进气管中，这种流动使壁面油膜成为油滴，并促使其蒸发。这对汽油机起动、暖机和催化转换器加热这几个冷起动阶段特别重要。

均质空燃混合气点火

在点火瞬间，燃烧室中的空燃混合气是理想的、完全均质化的，汽油机用电火花点燃空燃混合气并燃烧。在火花塞上施加高电压时，它的电极附近产生的高温等离子气体（离子化的气体）闪光，见图 1。在等离子气体区域中，强烈的加热使周围空燃混合气起火。这样的点火强度开始加速空燃混合气的链式化学反应，导致燃烧室内充量温度急剧升高并形成火焰前沿。

图 1：等离子气体闪光

成功的点火取决于：

- 引入的点火能量
- 火花持续时间
- 燃烧室中毗邻火花塞电极的当地充量流动条件
- 空燃混合气的过量空气系数
- 火花塞几何形状和在燃烧室中的位置

在不发生爆燃时，燃烧室中火焰前沿传播速度在亚声速范围。火焰前沿后面是燃烧区，带蓝色火焰特征的均质空燃混合气燃烧的碳烟超过排放限值。

如果加大燃烧室中的充量湍流运动，则火焰前沿传播速度增加。汽油机转速增加，燃烧室中的充量湍流运动增快，燃烧速度加快，其结果是缩短了以时间计的燃烧持续时间（以曲轴转角计的燃烧持续时间不变，与汽油机转速无关）。

毗邻燃烧室壁的火焰由于热损失大或“火焰淬火（flame quenching）”而熄灭，进而出现未燃烧的燃油排放。

电磁喷油嘴

任务

电磁喷油嘴将在供油系统压力下精确计量的汽油机所需的燃油量喷入进气管。喷油嘴由组合在汽油机 ECU 中的输出级根据汽油机管理系统计算的信号控制。

结构和工作原理

电磁喷油嘴主要由下列部件组成（图 1）：

- 带电气接头 4 和液压接头 1 的阀体
- 电磁线圈 9
- 带电磁衔铁的阀针 10 和阀球 11
- 带喷孔板 13 的阀座
- 阀弹簧

为保证喷油嘴无故障工作，与燃油接触的一些零件采用不锈钢材料。在燃油进口有一个滤网 6，用来防止污物进入喷油嘴。

电气接头

对于当前使用的喷油嘴，供给喷油嘴的燃油从轴向进入，也就是燃油从喷油嘴顶部到达底部（top feed）。采用夹子将燃油管固定在液压接头上，扣夹保证燃油管可靠排列和固定在液压接头 1 上的 O 形密封圈 2 密封油轨上的喷油嘴。

喷油嘴通过电气接头与汽油机 ECU 相连接。

图 1:EV14 电磁喷油嘴

1—液压接头;2—O 形密封圈;3—阀体;4—电气接头;5—带扣针的塑料夹;6—滤网;7—内极;8—阀弹簧;9—电磁线圈;10—带电磁衔铁的阀针;11—阀球;12—阀座;13—喷孔板

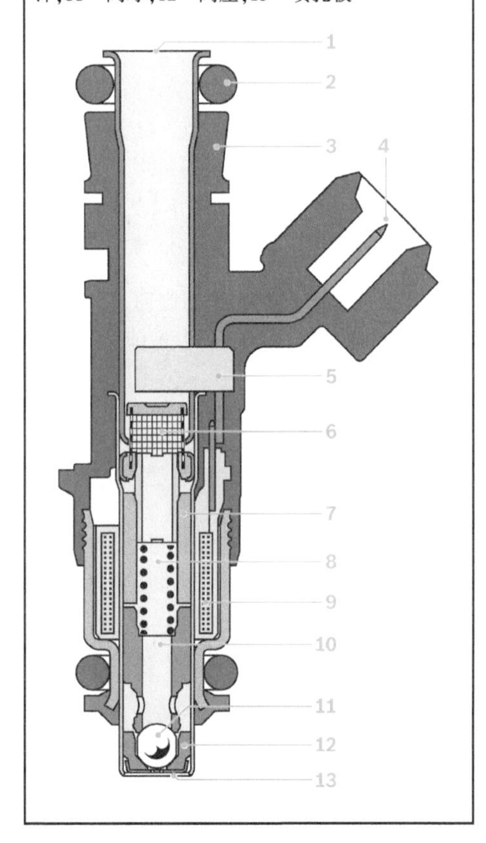

喷油嘴工作原理

电磁线圈断电,阀弹簧将阀针和阀球压向锥形阀座,并靠燃油压力施加作用力,燃油供给系统与进气管通路切断。电磁线圈通电,产生一个吸引电磁衔铁的磁场,由于阀针与电磁衔铁是连在一起的,阀球离开阀座升起,开始燃油喷射。在切断电磁线圈电流(励磁电流)时,阀球在阀弹簧力作用下回到阀座而再次闭合,燃油供给系统与进气管路切断。

燃油出口

利用多孔喷孔板雾化燃油。这些喷孔标在喷孔板上,并确保它们喷射的燃油量是高度一致的。喷孔板对燃油附着物敏感,喷孔数和它们的配置决定燃油离开喷油嘴的喷雾图样。

依靠锥/球密封原理保证喷油嘴在阀座与阀之间的可靠密封,安装时将喷油嘴插入为它提供的进气管上的开口中。喷油嘴下部的 O 形密封圈用作喷油嘴与进气管之间的密封。

喷油嘴单位时间的喷油量主要取决于:

- 燃油供给系统中的系统压力
- 进气管中的空气背压
- 燃油出口断面的几何形状

电控

Motronic ECU 中的输出模块用开关信号控制喷油嘴[图 2(a)]。电磁线圈通电[图 2(b)],阀球[图 2(c)]升起。在经过时间 t_{pk}(上升时间,pickup time)以后阀球上升到最大行程,只要阀球一离开阀座就开始燃油喷射。图 2(d)表示在一个脉冲期间的总喷油量。

图 2:EV14 电控喷油嘴

(a)喷油嘴电控信号随时间的变化;(b)电磁线圈中的电流随时间的变化;(c)阀球升程随时间的变化;(d)喷油量随时间的变化

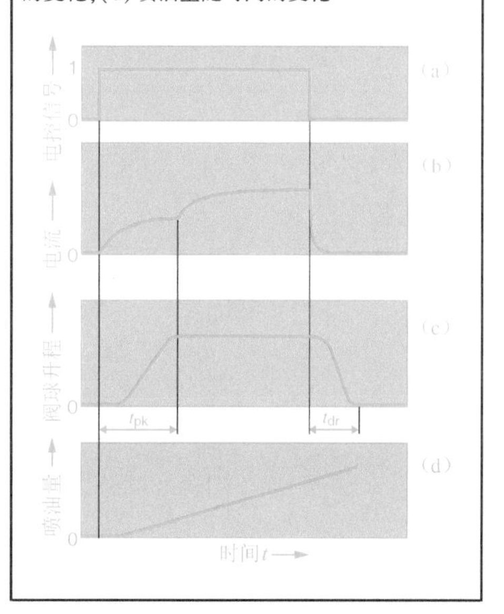

在停止喷油嘴电控时,电磁线圈断电,在惯性作用下阀球缓慢落座(开始关闭)。在经过时间 t_{dr}(下落时间,dropout time)以后阀球与阀座闭合(完全关闭)。

在阀球完全开启时,喷油量与时间成正比。在阀球上升和下降阶段的非线性变化必须通过电控喷油嘴的循环时间(周期)予以补偿,阀球离开阀座速度取决于蓄电池电压。对喷油量的这些影响可用延长燃油喷射持续时间随蓄电池电压变化的方法校正(图 3)。

图 3:延长燃油喷射持续时间随蓄电池电压变化的校正曲线

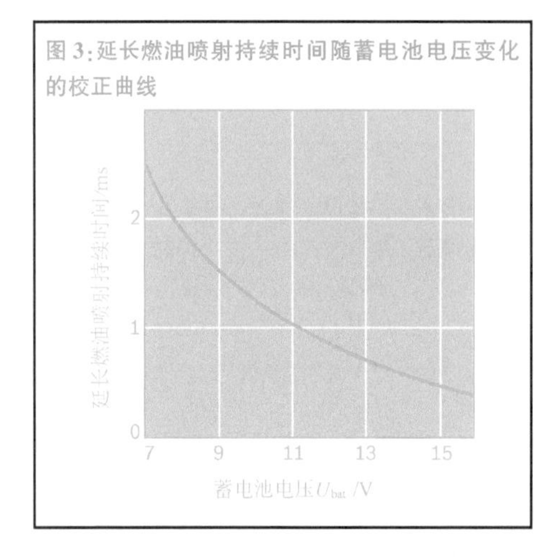

设计

喷油嘴不断开发的整个历程是使它们适应工程、质量、可靠性、质量等不断提出的高要求的过程,从而出现多种不同型式的喷油嘴。

EV14 喷油嘴

EV14 喷油嘴是目前先进燃油喷射系统的标准喷油嘴(图 4)。其特点是外形尺寸小、质量小。它是为紧凑进气模块结构提供的必要条件之一。

此外,EV14 喷油嘴具有卓越的抗热燃油性能,即燃油高温时具有很好的抗蒸气泡形成的性能。它适用于无回流的燃油供给系统,因为在这样的系统中,喷油嘴中的燃油温度要高于有回流的燃油系统中喷油嘴中的燃油温度。

EV14 喷油嘴具有抗磨损表面、高的耐疲劳性和长的使用寿命。EV14 喷油嘴的高密封性能满足未来“零蒸发”要求,即没有燃油蒸气从喷油嘴逃逸。

为更好地雾化燃油,常用的 4 孔喷孔板被超过 12 孔的多孔喷孔板替代,使油滴尺寸减小高达 35%。

有多种不同型式的喷油嘴可供不同应用场合选用。它们之间的长度、流量等级、电气性能各不相同。EV14 喷油嘴也适用于乙醇含量高达 85% 的燃油,现正进行纯乙醇(E100)燃油的模底试验。

EV14 喷油嘴有三种不同的长度尺寸,即紧凑型、标准型和加长型(图 4),以适应汽油机进气管的不同几何形状所需。

图 4:EV14 喷油嘴系列

(a) 紧凑型,改进喷雾点;(b) 紧凑型;(c) 标准型;(d) 加长型

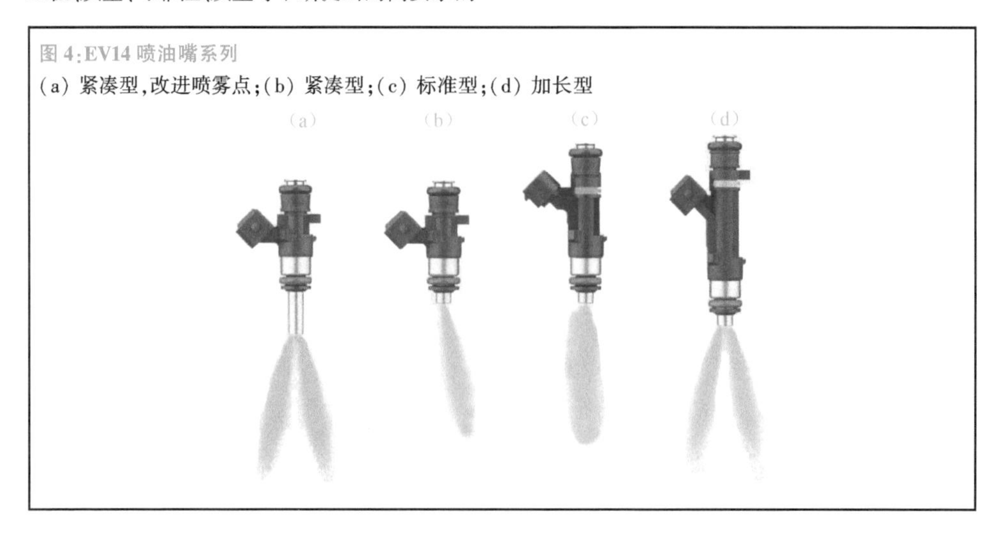

燃油喷束形成方式

喷油嘴的喷束形成方式,也就是它的喷束形状、喷束角度和燃油滴尺寸,影响空燃混合气形成。所以燃油喷束形成是喷油嘴的一个重要任务。

EV14 喷油嘴比 EV6 喷油嘴的喷雾能力有所提高。这是采用多孔喷孔板的新制造工艺和改进燃油流动导向的结果。这样,与装 4 孔喷孔板的 EV6 喷油嘴相比,装 12 孔喷孔板的 EV14 喷油嘴能够喷出油滴尺寸减小高达 50%的高度均匀的燃油喷束。

独特的汽油机进气管和气缸盖需要不同的燃油喷束形成方式,以满足它们的不同要求。在图 5 中表示的燃油喷束形状既可用 4 孔喷孔板,也可用小油滴尺寸的多孔喷孔板实现。

图 5:燃油喷束形状

(a) 锥形喷束;(b) 双喷束;(c) γ 喷束

α_{80}—80%的燃油在 α 角以内;α_{50}—50%的燃油在 α 角以内;β—在各喷束中的 70%的燃油在 β 角以内;γ—喷束方向角(偏角)

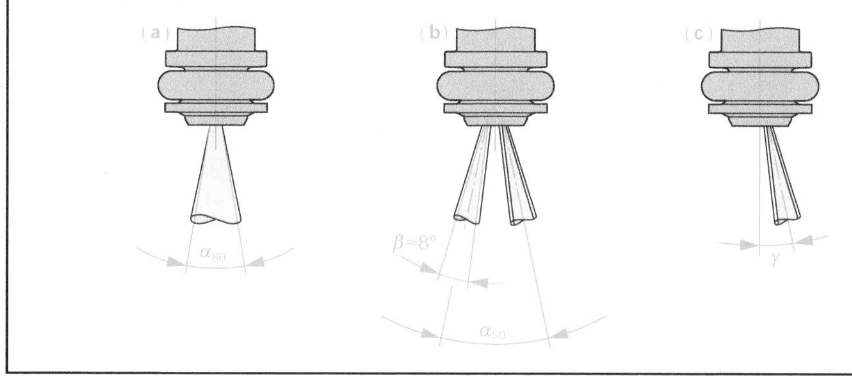

锥形喷束

通过喷孔板中的孔可喷出各种油束。这些燃油喷束组成锥形喷束。锥形喷束一般用在每缸一个进气门的汽油机上,但也适用于每缸两个进气门的汽油机。

双喷束

双喷束常用在每缸两个进气门的汽油机上,每缸三个进气门的汽油机必须配用双喷束喷油嘴。

在喷孔板上的孔的布置必须保证由多个单独的燃油喷束组成的两个燃油喷束是从喷油嘴喷出的两个锥形喷束,并冲向各自的进气门或进气门间的分开区(鼻梁区)。

γ 角喷束

γ 角喷束(单喷束和双喷束)是相对喷油嘴轴线偏斜一定角度(偏角)的喷束。

γ 角喷束喷油嘴用在安装条件困难的场合。

汽油直接喷射

汽油直接喷射汽油机在燃烧室中形成空燃混合气。在进气行程经开启的进气门进入的只是燃烧用的空气。用专门的喷油嘴将燃油(汽油)直接喷入燃烧室内。

概述

对汽油机高功率的要求和对减少燃油消耗的要求是“重新发现”汽油直接喷射的幕后推手。汽油直接喷射不是新概念,早在1937年,机械式汽油直接喷射发动机已在飞机上使用。1951年,第一批配备批量生产的汽油直接喷射汽油机的乘用车“Gutbrod”投入使用。1954年,配备汽油直接喷射四冲程汽油机的“Mercedes 300SL”汽车紧随其后。

那时,设计和制造汽油直接喷射汽油机是非常复杂的工作,而且该技术对所用的材料提出特别的要求。汽油机的使用寿命也是一个问题。致力于开发汽油直接喷射到取得突破走了很长的一段路程。

工作方式

汽油直接喷射系统的特征是在高喷射压力下将汽油直接喷入燃烧室(图1)。像柴油机那样,空燃混合气形成是在燃烧室内进行的(内部空燃混合气形成)。

汽油高压产生

电动输油泵19(图2)以3~5 bar的预输送压力将汽油输送到高压泵4(图2)。根据汽油机工况(要求的扭矩和转速)给高压泵建立供油系统压力。高压的汽油流入和储存在油轨6(图1)中。高压传感器检测汽油压力,并靠压力调节阀(组合在高压泵HDP1中)调节,或靠组合在高压泵HDP2/HDP5中的供油调节阀调节,调压范围为50~200 bar。高压喷油嘴5(图1)安装在油轨6(图1)上。汽油机ECU控制喷油嘴,并将汽油喷入燃烧室。

图1:汽油直接喷射(汽油机剖面)
1—活塞;2—进气门;3—带火花塞的点火线圈;4—排气门;5—高压喷油嘴;6—油轨

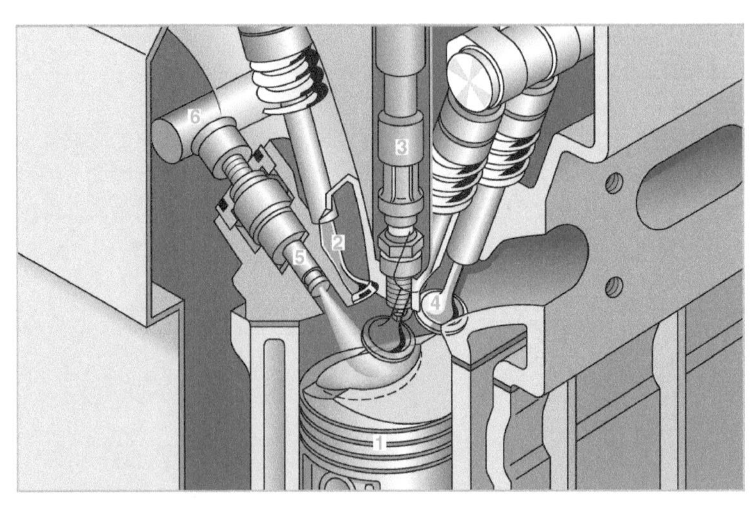

图 2:汽油直接喷射系统部件

1—热膜空气质量计;2—节气门装置(ETC);3—进气管空气压力传感器;4—高压泵;5—流量控制阀;6—带高压喷油嘴的油轨;7—凸轮轴调节器;8—带火花塞的点火线圈;9—凸轮轴相位传感器;10—λ 传感器;11—初级催化转换器;12—λ 传感器;13—废气温度传感器;14—NO_x 存储催化转换器;15—λ 传感器;16—爆燃传感器;17—汽油机温度传感器;18—转速传感器;19—带电动输油泵的汽油供给模块

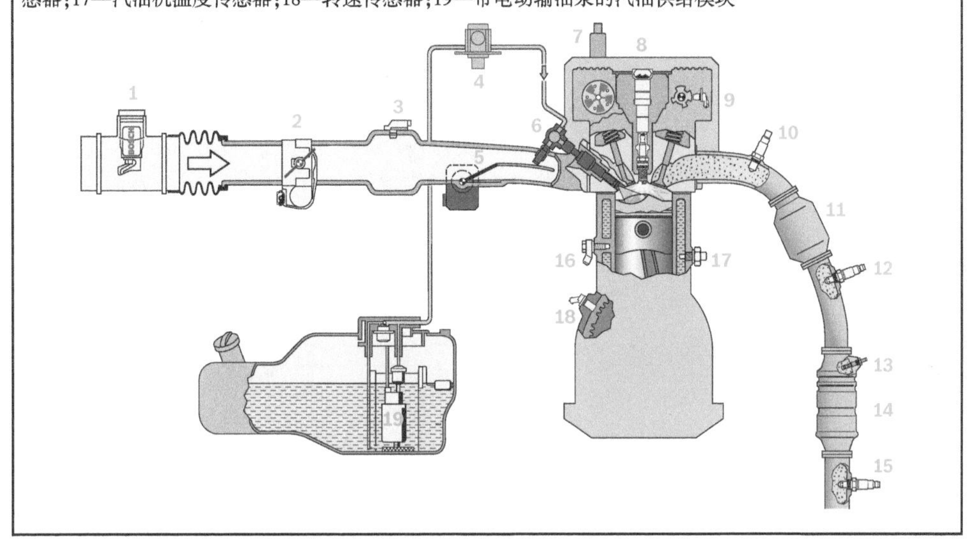

燃烧过程

在汽油直接喷射时,燃烧过程定义为发生在燃烧室中空燃混合气形成和能量转换的过程。它由燃烧室和进气管几何形状、汽油喷射定时和点火瞬间决定。

与燃烧过程有关的空气流动是在燃烧室中发生的。汽油喷射和空气流动间的关系非常重要,首先是分层充量的燃烧过程。为获得所需的充量分层,喷油嘴应将汽油喷入能使它蒸发的空气流中,随即空气流向火花塞方向输送空燃混合气云,以在点火瞬间到达火花塞。

燃烧过程通常由几种不同的、随汽油机工况而变的工作模式组成。基本上可分两种工作模式,即分层充量燃烧过程和均质充量燃烧过程。

均质充量燃烧过程

均质充量燃烧过程通常在燃烧室中的空燃混合气分布脉谱图上形成化学当量空燃混合气[图 1(a)],也就是保证过量空气系数 λ=1。这样就可免除稀空燃混合气工作时需要处理 NO_x 排放的昂贵费用。均质充量方案是降低 NO_x 排放的方案。

均质充量燃烧过程常以均质充量工作模式工作,很少的特别充量工作模式用于专门应用目的的汽油机上(见“空燃混合气的各种工作模式”部分)。

分层充量燃烧过程

分层充量燃烧过程是压缩行程在汽油机的专门工况范围(或称脉谱图范围),即小负荷、低转速时,首先将汽油喷入燃烧室,并将作为分层充量云(分层空燃混合气云)输送到火花塞[图 1(b),该图表示“壁导”空燃混合气燃烧过程]。空燃混合气云理论上被纯的新鲜空气包围。这样,可点燃的空燃混合气仅在当地的空燃混合气云中。在燃烧室中普遍存在过量空气系数 λ>1 的空燃混合气,这保证汽油机能在更大的工况范围无节流工作,从而减少泵气损失,提高汽油机效率。因此,分层充量燃烧过程是降低汽油消耗方案的优先工作方式。

图 1:燃烧室中的空燃混合气分布
(a) 均质空燃混合气分布;(b) 分层空燃混合气分布

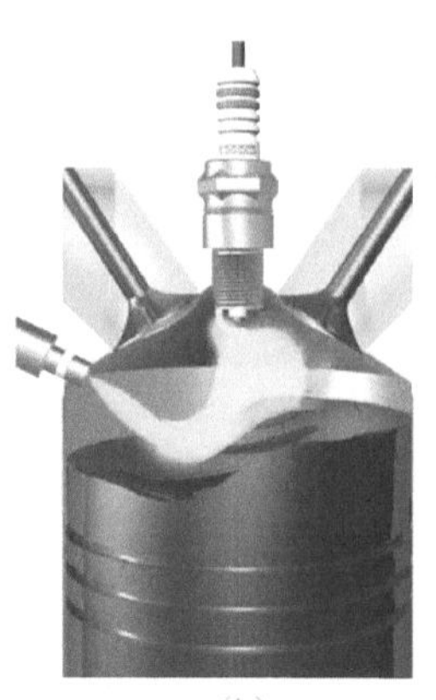

(a) (b)

分层充量燃烧过程可采用"壁导/气导"分层充量燃烧过程模式和"喷导"分层充量燃烧过程模式。

"壁导/气导"分层充量燃烧过程

在壁导/气导分层充量燃烧过程时喷油嘴通常位于两进气门之间,汽油喷射压力为 50~150 bar。充量(空燃混合气)由活塞顶部的凹坑输送。这时活塞顶部直接与汽油相互作用(壁导)或引导燃烧室中的空气流使汽油在空气垫上"飘向"火花塞(气导)。侧向安装喷油嘴的实际分层充量燃烧过程是壁导分层充量燃烧过程和气导分层充量燃烧过程这两种模式的组合。到底以哪种模式为主、哪种模式为辅,则取决于喷油嘴安装角和喷油量。在汽油机怠速时(喷油量少),在壁导分层充量燃烧过程中很少的汽油冲击活塞顶部凹坑;在较高负荷(喷油量多),甚至在气导分层充量燃烧过程中也有一定量的汽油直接冲击活塞顶部凹坑。

空气流可以以涡流或滚流形式出现。

空气的涡流流动

经开启的进气门吸入气缸中的空气产生沿气缸壁的湍流(空气的旋转运动),如图 2(a)所示。这时的燃烧过程也称为涡流燃烧过程。

空气的滚流流动

空气的滚动过程产生空气的滚流流动。在滚流流动中活塞的深凹坑使空气从顶部到底部的运动发生弯曲,向上流向火花塞[图 2(b)]。

图 2:分层充量燃烧过程
(a) 壁导分层充量空气的涡流流动;(b) 壁导分层充量空气的滚流流动;(c) 喷导分层充量燃烧过程

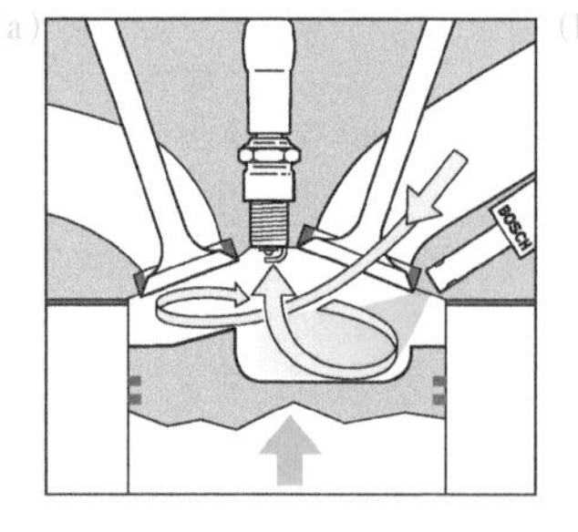

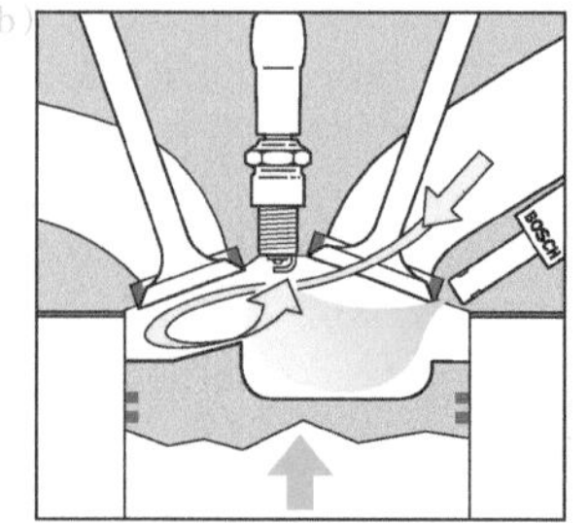

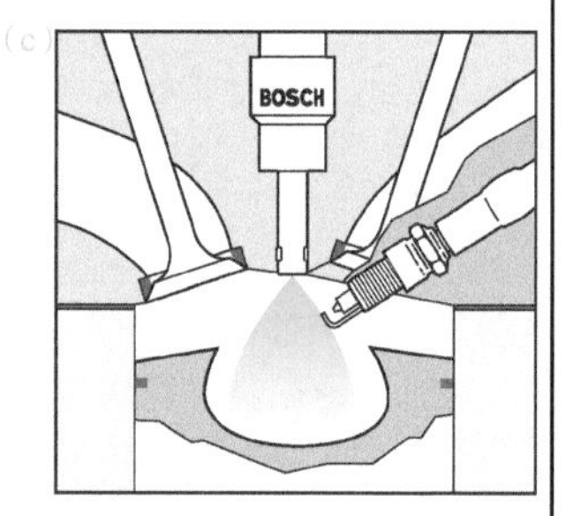

喷导分层充量燃烧过程

在喷导分层充量燃烧过程中，喷油嘴位于燃烧室顶部中央，火花塞位于喷油嘴旁边[图2(c)]。这种布置的优点是可将汽油喷束直接引导到火花塞而不经过活塞顶部凹坑或空气流的迂回路径，但缺点是空燃混合气制备的时间窗口窄。为此，喷导分层充量燃烧过程要求汽油喷射压力提高到约200 bar。

为能及时点燃空燃混合气，喷导分层充量燃烧过程要求精确定位火花塞和喷油嘴，并要求汽油精确到达目标。喷导分层充量燃烧过程火花塞承受相当高的热应力，这是由于在一定条件下较冷的汽油喷束会直接冲击热的火花塞。

在适当配置喷导分层充量燃烧过程时，它比其他的分层充量燃烧过程，即壁导/空导充量燃烧过程，有更好的热效率、更低的燃油消耗。

在分层充量燃烧过程模式范围外部，汽油机也可在均质充量燃烧过程模式工作。

各种空燃混合气(充量)的工作模式

下面说明汽油直接喷射所采用的空燃混合气(充量)的各种工作模式。汽油机管理系统根据汽油机工况确定合适的空燃混合气工作模式(图1)。

均质空燃混合气工作模式

在均质空燃混合气工作模式中，要精确计量喷射的汽油量，以保证空燃混合气的化学当量比为14.7∶1。汽油机在进气行程喷射汽油，以便有充分的时间使汽油和空气完全、均匀混合。在全负荷时为保护催化转换器或提高功率，汽油机应在工作脉谱图稍许富油($\lambda<1$)部分工作。

由于可利用整个燃烧室，在要求大扭矩时，汽油机应在均质空燃混合气工作模式下工作。因为在均质化学当量空燃混合气工作模式工作时原始有害物排放低，而且它们可在三元催化转换器中完全转换。

汽油直接喷射的均质空燃混合气燃烧，在很大程度上与进气管燃油喷射的均质空燃混合气燃烧相当。

分层空燃混合气工作模式

在分层空燃混合气工作模式下，汽油机在压缩行程首次喷射汽油时，汽油只与一部分空气制备空燃混合气，形成完美的、被纯新鲜空气包围的分层空燃混合气云。在分层空燃混合气工作模式下，汽油喷射定时非常重要。在点火瞬间分层空燃混合气云不仅要充分均质化，而且要位于火花塞位置。

因为化学当量空燃混合气只是在分层空燃混合气工作模式中的局部区域，所以这部分空燃混合气总体上是处于稀空燃混合气包围中。由于在稀空燃混合气燃烧过程中三元催化转换器不能降低NO_x排放，所以需要配备较昂贵的废气处理系统。

分层空燃混合气工作模式只能在一定的工况范围工作，因为在较高负荷时，冒碳烟和/或NO_x排放急剧增加并失去在整个均质空燃混合气工作模式时汽油消耗低的优点。在较低负荷时分层空燃混合气工作模式受废气焓的限制，也就是废气温度不能达到催化转换器的工作温度。在这种工作模式下，汽油机转速不能超过约3 000 r/min，因为超过这个阈值，可用的时间窗口不再能使分层空燃混合气云充分均质化。

因此被空气包围的分层空燃混合气云外围区域变稀，在燃烧时该区域的原始NO_x排放增加。在这种工作模式下，采用高废气再循环率补救措施可降低燃烧温度，从而降低与温度有关的NO_x排放。

均质稀空燃混合气工作模式

在分层空燃混合气工作模式和均质空燃混合气工作模式之间的过渡范围，汽油机可在均质稀空燃混合气($\lambda>1$)工作模式下工作。由于无节流汽油机泵气损失较小，所以在该工作模式下工作时燃油消耗要低于在$\lambda\leqslant1$的标准均质空燃混合气工作模式下工作时的燃油消耗，但均质稀空燃混合气工作模式工作伴随着NO_x排放增加，因为三元催化转换器在该工作模式下工作不能降低NO_x排放。另外，存储式NO_x催化转换器意味着在其再生阶段有更多的转换效率损失。

图 1:汽油直接喷射各种空燃混合气工作模式脉谱图

A—在 $\lambda=1$ 时的均质空燃混合气工作模式,它可用在整个工作范围内;

B—稀空燃混合气燃烧或 $\lambda=1$、带 EGR 的均质空燃混合气工作模式,这种工作模式可用在 C 区和 D 区;

C—带 EGR 的分层空燃混合气工作模式

带双汽油喷射工作模式:

C—分层空燃混合气工作模式/三元催化转换器加热模式,这两种工作模式可用在与上面带 EGR 的分层空燃混合气工作模式一样的 C 区;

D—均质分层空燃混合气工作模式;

E—均质空燃混合气防爆燃工作模式

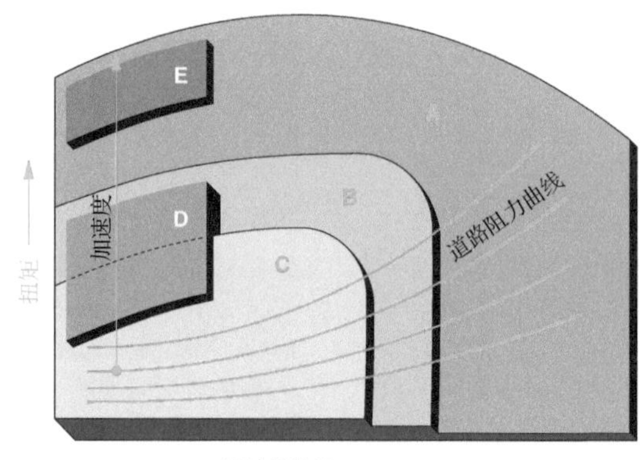

均质分层空燃混合气工作模式

在均质分层空燃混合气工作模式时整个燃烧室充满基本的均质稀空燃混合气,它是由在汽油机进行行程中喷射基本的汽油量实现的。

在压缩行程,在附加的时间再喷射汽油(双喷射),使在火花塞区域形成富空燃混合气。该分层空燃混合气易于点燃,并靠火焰沿着像火炬点火相同的路线点燃燃烧室中剩余部分的均质稀空燃混合气。

均质分层空燃混合气工作模式可在分层空燃混合气工作模式和均质空燃混合气工作模式之间的过渡范围多次循环实现。在过渡期间为更好地调整汽油机扭矩,可采用汽油机管理系统实现均质分层空燃混合气工作模式。由于在 $\lambda>2$ 时基本上是非常稀的空燃混合气,燃烧能量转换少,所以 NO_x 排放也降低。

两次汽油喷射之间的分配因数约为75%,也就是第一次汽油喷射占总喷射量的75%,它负担基本的均质空燃混合气工作模式的汽油量。

在汽油机低速时,在分层空燃混合气工作模式和均质空燃混合气工作模式之间的过渡范围(过渡工况)采用双喷射的稳态工作,其碳烟排放要比分层空燃混合气工作模式的碳烟排放低,相对均质空燃混合气工作模式汽油消耗少。

分开的均质空燃混合气工作模式

分开的均质空燃混合气工作模式是双汽油喷射的特殊应用(图 2)。它用于在汽油机起动后尽可能快地将催化转换器加热到工作温度。在压缩行程依靠第二次汽油喷射的稳定作用可较大地延迟点火(在点火 TDC 后 15°~30°曲轴转角)。大部分燃烧能量不影响汽油机扭矩增加,但会提高废气热焓。由于具有高的废气热流,所以只在起动后几秒催化转换器就投入工作。

图 2:各种空燃混合气工作模式的汽油喷射定时和点火定时

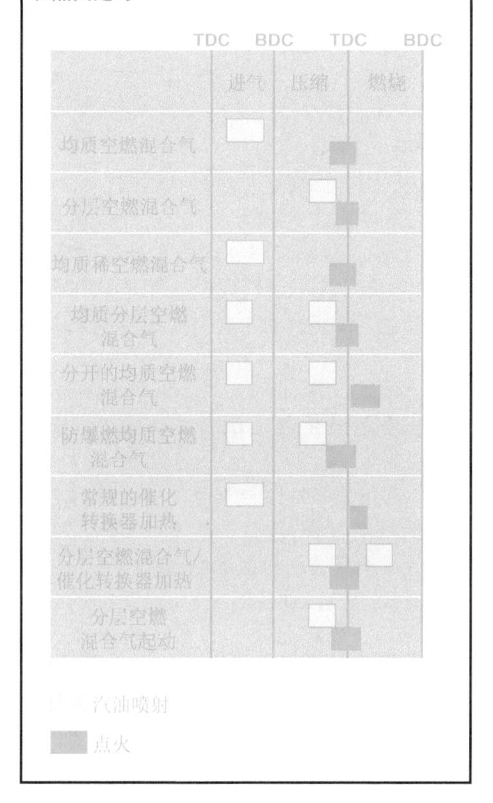

防爆燃的均质空燃混合气工作模式

在防爆燃的均质空燃混合气工作模式下,鉴于分层空燃混合气可阻止爆燃的事实,在全负荷为避免爆燃,在需要时可采用双汽油喷射措施而不用延迟点火措施。但更有利的点火定时能得到更高的汽油机扭矩。实际上,防爆燃的均质空燃混合气工作模式的应用潜力有很大的局限性。

分层空燃混合气工作模式/催化转换器加热

快速加热排气系统是双汽油喷射的另一种使用方式。当然,排气系统必须优化以适应双汽油喷射。这时,在有更多过量空气的分层空燃混合气工作模式下,在压缩行程中的第一次汽油喷射是有效的(作为单纯的分层空燃混合气工作模式),之后在做功行程中进行再一次汽油喷射是无效的,这部分的汽油燃烧很晚,使汽油机排气侧和排气管突然加热。当汽油机在冷状态时,这种工作模式的应用潜力有很大的局限性。但比分开的均质空燃混合气工作模式的应用潜力有明显的优势。

另一个重要应用是加热 NO_x 催化转换器,使它高达 650 ℃,以便起动催化转换器脱硫。采用双汽油喷射十分重要,因为带常规加热 NO_x 催化转换器的一些加热方法的各种空燃混合气的工作模式总是无法达到这样的高温。

分层空燃混合气起动工作模式

在分层空燃混合气起动工作模式下,是在压缩行程而不是在常规的进气行程喷射汽油机起动汽油量。这种汽油喷射策略的优点是基于这样的事实,即汽油喷入燃烧室中已压缩并已变热的空气中,它比喷入冷的空气中有更多百分数的汽油蒸发。在冷空气条件下喷入燃烧室中的较大部分汽油作为液态的壁面油膜留在壁面而不参与燃烧,所以在按分层空燃混合气工作模式起动时喷入燃烧室中的燃油量急剧减少,从而使 HC 排放大幅降低。由于在起动瞬时催化转换器还不能工作,所以分层空燃混合气工作模式是开发低 HC 排放方案的一种重要工作模式。

为在可用的窄的时间窗口内加速空燃混合气制备,在汽油喷射压力为 30~40bar 时执行分层空燃混合气起动工作模式。汽油压力是依靠起动机转动带动高压泵达到的。

空燃混合气形成

任务

空燃混合气形成的任务是提供尽可能均匀的可燃的空燃混合气。

要求

在均质空燃混合气工作模式(浓均质 $\lambda \leq 1$ 或稀均质)下,空燃混合气应在整个燃烧室内均匀分布。在分层空燃混合气工作模式下,空燃混合气只是在燃烧室局部区域是均匀的,而在其他区域充满了新鲜空气或惰性气体。

在与空气混合前，汽油必须已经蒸发。蒸发主要受下列因素影响：

- 燃烧室温度
- 油滴尺寸
- 可用的蒸发时间

影响因素

与汽油机燃烧室温度、汽油喷射压力和燃烧室几何形状有关，可燃的空燃混合气的过量空气系数 λ 在 0.6~1.6。

燃烧室温度影响

燃烧室温度对汽油蒸发有决定性影响。在较低温度燃油不能完全蒸发，这时为获得可燃的空燃混合气必须喷射更多的汽油。

压力影响

在喷射的汽油中的油滴尺寸取决于汽油喷射压力和燃烧室中充量压力。较高的汽油喷射压力形成较小的油滴，从而达到更快蒸发的效果。

进气管和燃烧室几何形状的影响

如果燃烧室充量压力不变时提高汽油喷射压力，则喷束“穿透深度”增加。“穿透深度”定义为在油滴完全蒸发前各油滴的旅程。如果油滴完全蒸发所需的旅程(距离)超过喷油嘴到燃烧室壁的距离，则气缸壁或活塞顶面将被油滴湿润。如果壁面油膜在到点火定时的可用时间窗口内蒸发失败，则它不能或只是部分地参与燃烧。

进气管和燃烧室几何形状影响空气流动和燃烧室中充量的湍流运动。空气流动和充量的湍流运动对空燃混合气形成有重要影响，因为它们决定空燃混合气制备和在分层空燃混合气工作模式下将可燃混合气输送到火花塞。

在均质空燃混合气工作模式中空燃混合气形成

应尽可能早地喷射汽油使供空燃混合气形成的时间最长，这就是在这种工作模式下在进气行程就喷射汽油的原因。进入气缸的空气有助于汽油快速蒸发，并保证空燃混合气均质化。空燃混合气的形成依据高速气流，在开启和关闭进气门区域形成气动力。在该工作模式下汽油蒸发不靠油滴与燃烧室壁面的相互作用，而壁面油膜辅助蒸发也只起次要作用(图 1)。

图 1：均质空燃混合气工作模式下混合气形成的作用过程

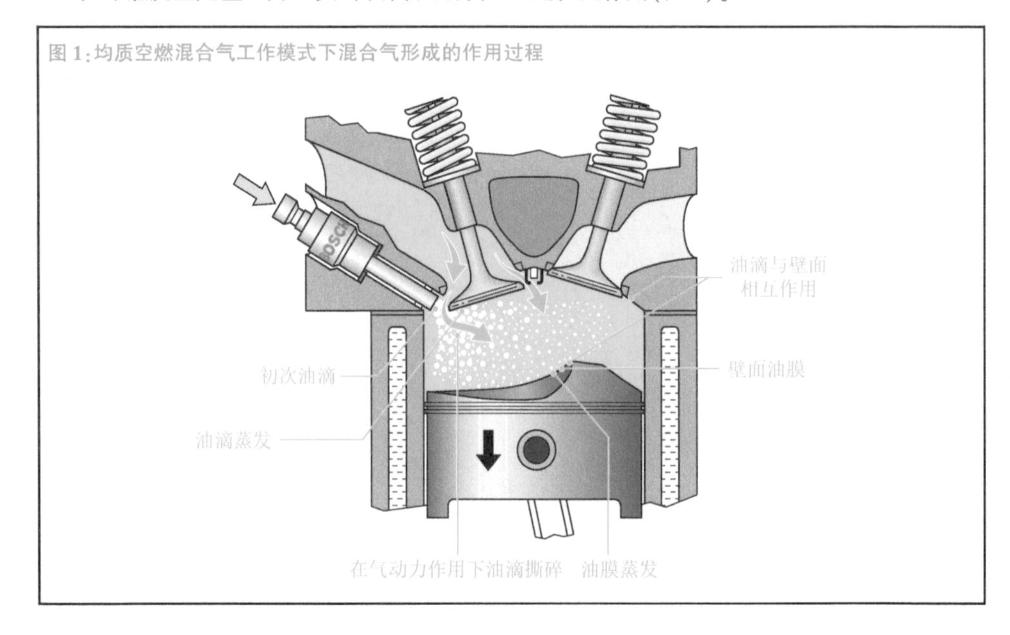

在分层空燃混合气工作模式中空燃混合气形成

分层空燃混合气工作模式的关键是在点火瞬时将可燃空燃混合气云“飘”到火花塞附近。因此在汽油机压缩行程就喷射汽油，以便依靠燃烧室中的空气流动和活塞向上运动形成能输送到火花塞附近的可点燃的空燃混合气云。燃油喷射定时与汽油机转速和所需的扭矩有关。

在分层空燃混合气汽油喷射中空燃混合气制备得益于在压缩行程期间较高的充量(空气和/或空燃混合气)温度和已提高的压力(压缩压力)。

在壁导汽油喷射的燃烧过程中无法避免活塞顶面冷凝的汽油，所以使一些空燃混合气以壁面油膜蒸发的形式参与空燃混合气制备(图2)。

图2:分层空燃混合气工作模式下混合气形成的作用过程

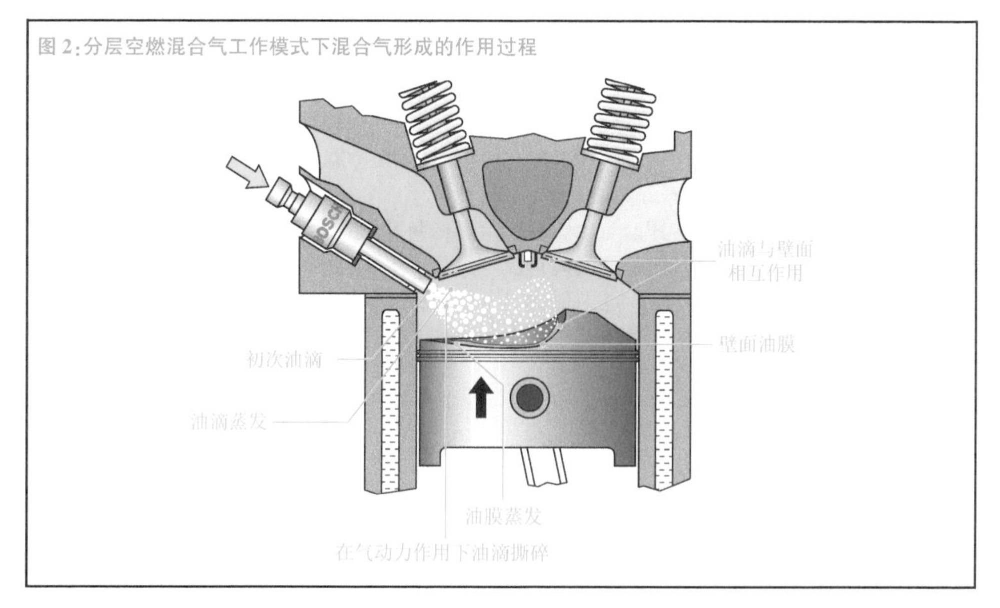

点火

均质空燃混合气

汽油直接喷射的均质空燃混合气点火条件在很大程度上与在进气管汽油喷射的均质空燃混合气点火条件是一样的(见“进气管汽油喷射”部分)

分层空燃混合气

在汽油机无节气门工作时，一般说来在较小负荷范围必须能点燃特别稀的空燃混合气。这只有在点火瞬时在火花塞区域形成分层空燃混合气才有可能。在完美情况下，该分层空燃混合气实际上就是化学当量的空燃混合气，这样就容易点燃。

在点火后，在化学当量的分层空燃混合气区域中形成火焰核。该区释放出的大量热能要比火花塞点火能量大4倍，从而就可点燃在燃烧室火焰核外围的稀空燃混合气。

壁导/气导汽油喷射燃烧过程

在壁导/气导汽油喷射燃烧过程中必须选择汽油喷射的时间窗口，如活塞顶部形状引导空燃混合气云安全地到达火花塞。通常依靠燃烧室中充量运动帮助空燃混合气云做输送运动。当空燃混合气云到达火花塞时必须点燃它，也就是在点火瞬时必须根据活塞位置—汽油喷射—混合—输送的顺序不断通信，这时不再利用燃烧过程的受控参量。

当活塞顶面被汽油湿润时，由于活塞顶面与液态汽油的相互作用，活塞顶面就成为空燃混合气形成的组成部分。这时，附着在活塞顶面的汽油以较慢的速度蒸发。当火焰前沿到达比火焰温度低的活塞顶面而导致很大的热损失时,火焰即熄灭(淬熄效应,quenching effect),还没有蒸发的汽油无法燃烧,阻力 HC 排放增加。

活塞顶面结构、在火花塞附近的燃烧室充量流动形态、喷油嘴性能等对点火和燃烧有直接影响。

喷导汽油喷射燃烧过程

火花塞和喷油嘴靠近布置可保证利用火花塞处富集的空燃混合气,甚至在喷油量很少时也如此。可是这也意味着只能利用很窄的时间窗口来蒸发汽油和制备空燃混合气。

在汽油离开喷油嘴后还不能直接点燃,因为它还没有充分蒸发和与周围空气混合。点火明显地迟于汽油喷射也不能点燃,因为空燃混合气快速地从火花塞移开而变为稀空燃混合气。理想的点火条件只在很窄的时间窗口存在。典型的是,在被火花塞点燃的当前空气—汽油蒸气混合气中,在汽油喷射过程结束时能形成迅速扩大的火焰核心区。

安全点火的一些关键因素如下:

- 尽可能长的火花塞寿命
- 空燃混合气制备质量
- 正确确定火花塞位置和汽油喷束。
- 保持汽油喷束和火花塞间相当精确的距离
- 汽油喷射不随燃烧室内充量压力的变化而变化
- 在汽油机整个使用寿命内汽油喷雾不变

高压喷油嘴

任务

高压喷油嘴(HDEV)的任务:一是计量汽油;二是汽油通过雾化达到燃烧室特定区域内的受控空燃混合气。按照所希望的空燃混合气工作模式,汽油或是集中在火花塞附近(分层空燃混合气分布),或是分布在整个燃烧室(均质空燃混合气分布)。

结构和工作原理

高压喷油嘴(图 1)由下列部件/零件组成:

- 带滤清器的进口 1
- 电气接头 2
- 弹簧 3
- 电磁线圈 4
- 阀套筒 5
- 带电磁衔铁的喷针 6
- 阀座 7

电磁线圈通电产生磁场,阀针克服弹簧作用力离开阀座升起,喷油嘴出口通道打开,

图 1:HDEV5 高压喷油嘴结构

1—带滤清器的进口;2—电气接头;3—弹簧;4—电磁线圈;5—阀套筒;6—带电磁衔铁的喷针;7—阀座;8—喷油器出口通道

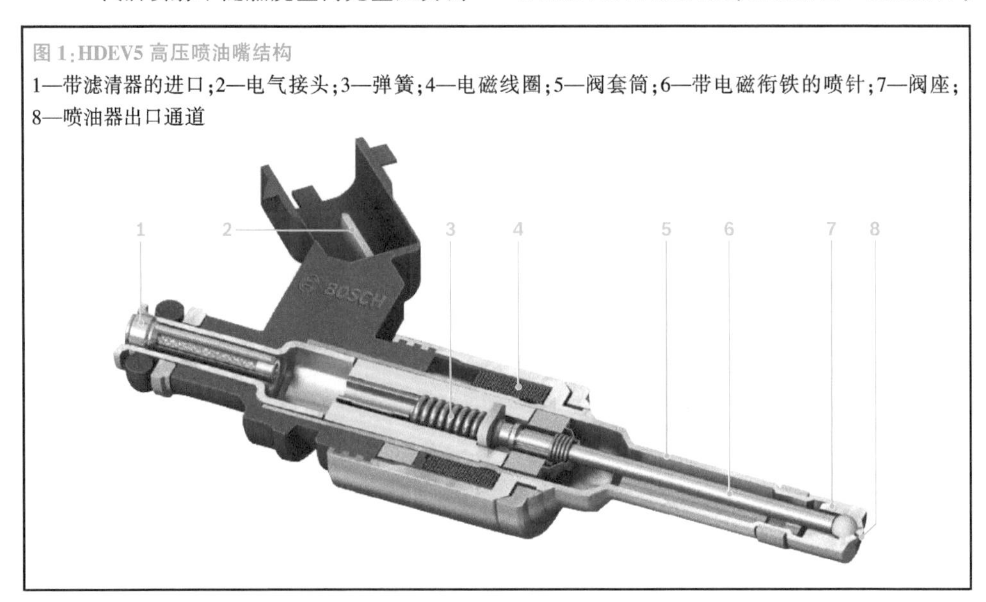

供油系统的汽油压力迫使汽油喷入燃烧室。喷射的汽油量主要取决于喷油嘴开启持续时间和汽油压力。

切断电流，阀针在弹簧力作用下返回阀座，汽油喷射中断。

由于喷油嘴端部的喷孔具有合适的几何形状，所以可得到很好的汽油雾化品质。

要求

与进气管汽油喷射相比，汽油直接喷射的主要不同在于它具有较高的汽油喷射压力和将汽油喷入燃烧室所利用的时间更短。

图 2 着重说明对喷油嘴的技术要求。在进气管汽油喷射时将汽油喷入进气管可利用曲轴转两转的时间，相当于汽油机在6 000 r/min 时有 20 ms 的汽油喷射持续时间。

图 2：汽油直接喷射和进气管汽油喷射比较

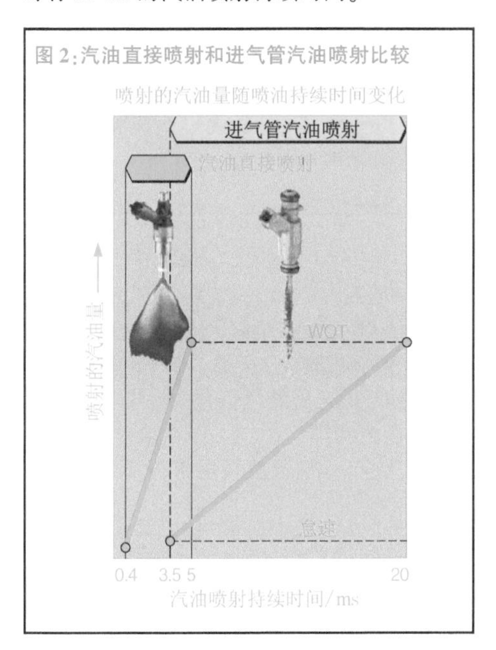

在汽油直接喷射时所能利用的时间大大缩短。在均质空燃混合气工作模式下汽油必须在进气行程中喷入燃烧室。换言之，只能利用曲轴转半转的时间将汽油喷入燃烧室。在汽油机转速为 6 000 r/min 时对应的汽油喷射持续时间为 5 ms。

在汽油机怠速时汽油直接喷射对喷射持续时间的要求相对于全负荷时对喷射时间的要求要远少于进气管汽油喷射的情况，其比例因数为 1 : 12，从而导致怠速时汽油喷射时间仅约为 0.4 ms。

HDEV 高压喷油嘴电控

高压喷油嘴必须采用高度综合的电流特性控制，以符合定义的、可再现的汽油喷射过程（图 3）。在汽油机电控单元中的微控制器只发送一个数字电控信号［图 3(a)］。输出模块(ASIC，专用集成电路)利用该信号产生一个高压喷油嘴的电控信号［图 3(b)］。

图 3：HDEV 高压喷油嘴的电控

(a) 电控信号；(b) 高压喷油嘴电流特性；(c) 阀针升程；(d) 喷射的汽油量

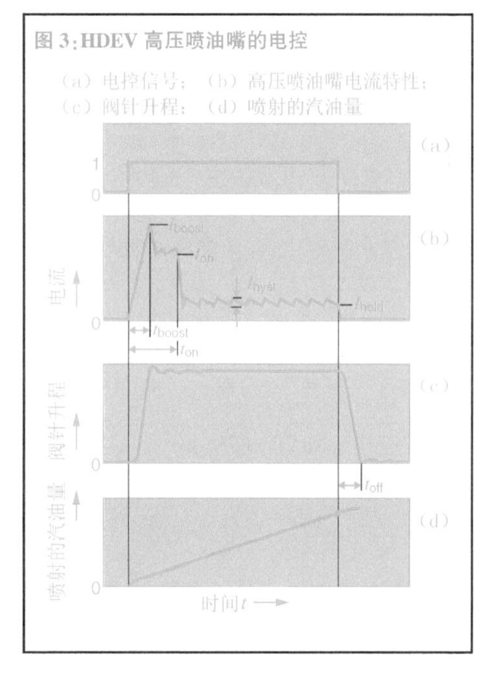

在汽油机电控单元中的 DC/DC 转换器产生一个 65 V 的高压，以便在升压阶段尽可能快地达到高电流值 I_{boost} 使高压喷油嘴阀针尽快加速。在加速阶段(t_{on})阀针达到最大升程［图 3(c)］。一旦高压嘴油嘴开启，就只需要小的电控电流（保持电流）I_{hold}，以保持高压喷油嘴开启。

针阀升程不变时喷射的汽油量［图 3(d)］与汽油喷射持续时间成正比。

图 3 中的 I_{on} 为加速阶段的电流，I_{hyst} 为电流波动，t_{off} 为高压喷油嘴关闭时间，t_{boost} 为达到最大电流的时间。

汽油机燃用天然气的运行

欧洲汽车制造商协会(ACEA)于 2008 年将汽车 CO_2 排放减少到 140 g/km。这意味着相比 1995 年标准减少了 25%。发动机通过燃用压缩天然气可降低 CO_2 排放。由于加油站中还没有广泛的天然气供应,所以汽油机燃用天然气降低 CO_2 排放的措施还需要进一步推广。

欧盟委员会计划 2020 年用代用燃料替代 23%的汽油和柴油,其中天然气占 10%(图 1)。

目前(2015 年 7 月)德国有约 3 万辆天然气汽车和 603 座天然气加油站。由于天然气汽车在环保性能上比汽油和柴油车好,因此,德国通过减税鼓励车用天然气的应用,减税将持续到 2020 年,这样天然气的价格比汽油要便宜 50%。

南美洲和亚洲部分国家也致力于发展代用燃料,天然气燃料处于主导地位(图 2)。

图 2:天然气的市场趋势

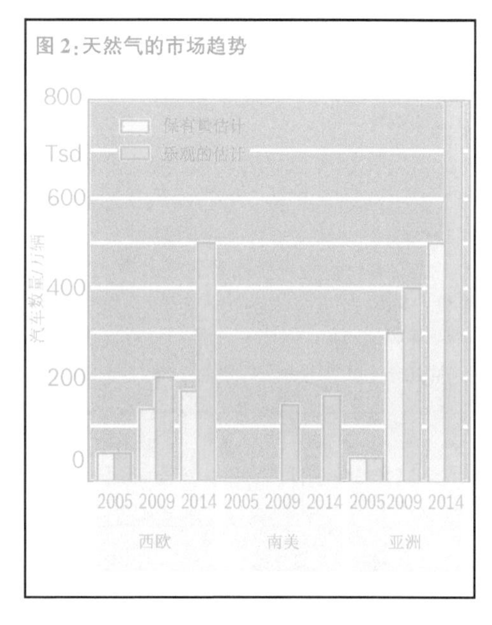

图 1:欧盟的排放目标

代用燃料替代 23%的汽油/柴油。

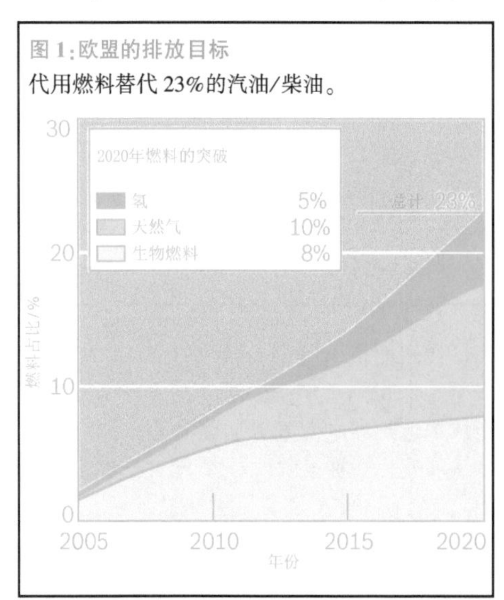

综述

天然气的性质

天然气的主要组分是甲烷(CH_4),因此在所有化石燃料中天然气中氢的含量是最高的。和汽油相比,在相同消耗量下,天然气燃烧排放的 CO_2 要比汽油低 25%。

天然气储量分布全球,天然气的组分取决于它的产地。天然气组分的差别会带来天然气特性的不同,包括密度、热值和抗爆性。到目前为止,车用天然气燃料要求还没有标准化。

另一个优点是甲烷可以从生物群中提取,由于可以再生,CO_2 可良性循环,且可保证天然气长期供应。

天然气的车用特性

由于甲烷的简单分子结构和天然气进入发动机的气体状态,天然气燃烧后未经处理的有害排放物(HC、NO_x)数量要比汽油燃烧后低得多。天然气燃料可以完全避免非限制性污染物的排放(醛和烃)和二氧化硫(SO_2)的排放,且几乎没有微粒排放。

天然气有很高的抗爆性,辛烷值高达 130(汽油辛烷值为 91~100)。因此和汽油机相比,天然气发动机压缩比能提高 20%,因而燃烧效率高。

天然气也适用于增压发动机,为减小发动机尺寸、缩小发动机排量,可通过增压保证原有输出功率,并提高效率和降低 CO_2。

与汽油、柴油相比,天然气密度小,燃料储存比较复杂。天然气通常以超过 200 bar 压力被储存在钢瓶或者碳纤维罐中。如要提供和汽油、柴油相同的能量,天然气需要的体积是它们的 4 倍。然而,通过优化压力装置(比如把气瓶安装在发动机的底部)可使汽车实现 400 km 的续航里程而不必减小后备厢的尺寸。

另外,天然气可在-162 ℃液化(LNG—液化天然气)。液化过程需要消耗大量的能量,同时液态储气瓶还很贵。现在,在汽车上已有专用的 CNG 气瓶。

由于天然气能够降低 CO_2 的排放量,且汽油机改造成天然气运行的成本不高,所以,近年来天然气应用得到快速发展。

天然气汽车应用

在欧洲,以天然气为动力的汽车主要应用于商业领域(如大货运公司和城市公交营运)。德国建立了压缩天然气充气站网络,可在洲际公路上提供天然气供给,这使天然气应用更广泛,甚至可以用于私家车。

目前,最大的天然气车队在南美,虽南美市场致力于系统改装但系列化生产天然气汽车的趋势已日益明显。天然气汽车最大的潜在增长地区在亚洲,除了有 CO_2 排放方面的考虑外,潜在经济发展也促进了天然气的使用。伊朗作为天然气主要生产国,对天然气在移动装置上的应用兴趣盎然。

在北美自由贸易区,还没有迹象表明天然气汽车的应用会快速发展,因为缺乏市场刺激。代之的是混合动力汽车成为主要发展趋势。

结构和工作原理

由于天然气加气站的数量有限,现在天然气发动机主要设计成双燃料,发动机既能烧气又能烧油。天然气发动机系统的主要的基础工作理论是火花塞点火和进气歧管燃料喷射、双燃料 Motronic ECU 控制两种燃料的工作模式。

双燃料发动机如被优化设计成能燃用天然气,可只保留 15 L 的传统燃油箱以急用。天然气瓶是由钢和碳纤维制成,由于气体压力较高,气瓶的外形不能随意选择,否则会给汽车空间布置带来困难。因此,很多汽车采用不同尺寸的气瓶组合。

天然气系统中燃料供应方法

天然气以近 200 bar 压力储存在气瓶 13(图 1)中,每个气瓶通过单独的切断阀 12 接到压力调节器模块 6 上。当汽车处于静止状态时,气瓶上的电磁驱动阀要保证在不通电时是气密的。

压力调节器能够使气瓶中约 200 bar 的压力降低到稳定的约 7 bar。在天然气膨胀时冷却液口对压力调节器加热。高压传感器可检测气瓶中的充气程度,并对系统进行诊断。为提高气量检测的准确性,压力检测系统和温度检测系统可以组合在一起。

来自压力调节器模块的天然气进入天然气轨 7。它给每缸的一个喷嘴 8 供气,通过将天然气喷入进气歧管促使空气、天然气混合。组合在天然气轨上的低压/温度传感器用来修正天然气计量。

接触天然气的所有系统零部件都必须满足 ECE-R110 的使用标准。在德国所有天然气系统的测试和诊断必须由 TUV(德国技术监督委员会)认可。

图 1：双燃料 Motronic 燃料系统（天然气/汽油）

1—带净化阀的炭罐；2—炭罐净化阀；3—油轨；4—汽油喷油嘴；5—带火花塞的点火线圈；6—天然气压力调节器模块；7—带温度和压力传感器的天然气轨；8—天然气喷嘴；9—汽油箱；10—带电动燃油泵的燃油供给模块；11—汽油和天然气的过滤器；12—气瓶切断阀；13—天然气瓶。

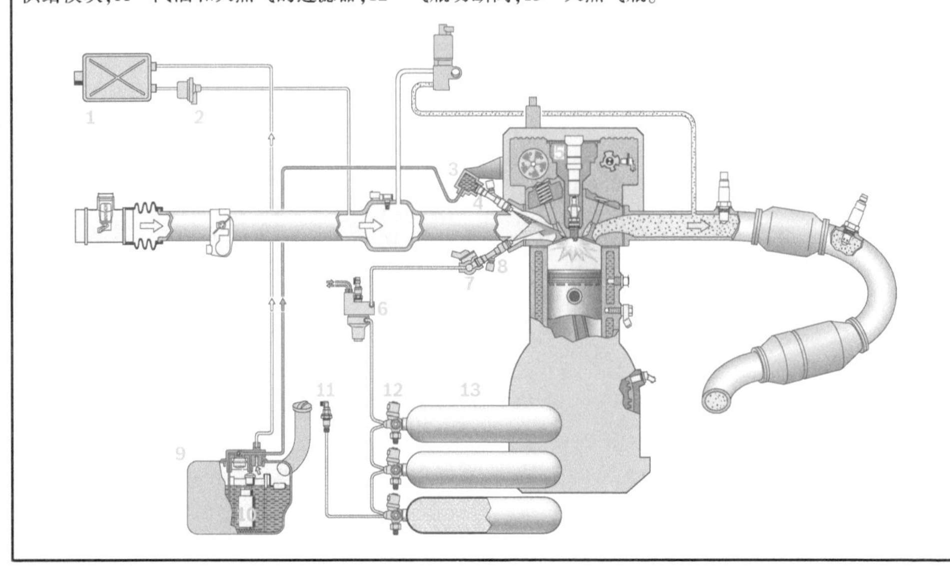

空燃混合气形成

天然气发动机与汽油发动机的不同是燃料以气态形式进入进气歧管（图 1），采用与汽油系统类似的管路将天然气喷射到进气门前的进气歧管中。

图 1：天然气喷嘴和汽油喷油嘴安装位置

1—油轨；2—汽油喷嘴；3—天然气轨；4—天然气喷嘴

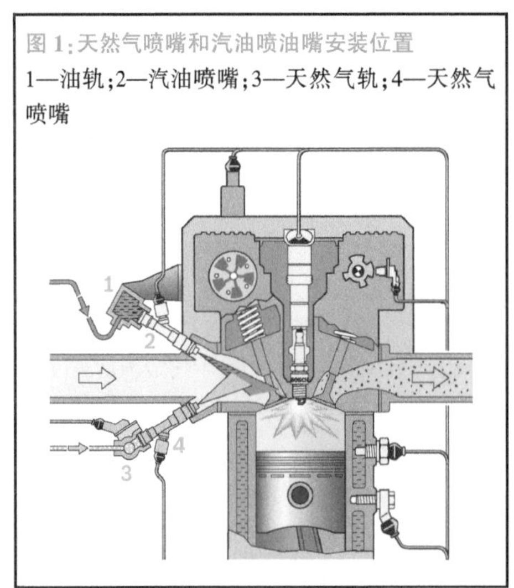

通过给天然气喷嘴供气，气轨与压力调节器相连。诊断系统监控调节到 7 bar 的系统压力。为了安全起见，天然气供给系统由两个切断阀控制：一个装在气瓶上；另一个装在压力调节器上，它们由发动机管理系统电磁驱动。切断阀只能在点火开关开启和发动机运行时才能打开。这个安全功能十分必要，尤其当系统损坏和汽车出事故时，可立即安全地切断天然气供给。

与汽油喷射类似，天然气系统也采用多点顺序喷射，燃料按顺序通过各自嘴喷到各缸的相应进气口。通过准确的喷射时间控制提供充分的混合气制备。喷嘴可完全打开，或完全关闭。进气量只由喷嘴开启持续时间调节。在发动机每一个进气行程喷嘴开启一次。

和汽油喷射相比，天然气喷射包括相当数量的被天然气替代的新鲜空气。由于天然气密度小，全负荷时混合气体积的约 10% 被天然气占据，这也意味着天然气发动机较低的空气充量。对于自然吸气发动机，天然气发动机功率要比汽油机功率低。但可采用较高压缩比和涡轮增压补偿。通过这些措施，加上天然气的抗高燃性,天然气发动机有可能比汽油机输出更高的功率。

和汽油喷射相比,在天然气喷射时,计算喷射持续时间还要考虑喷嘴的流量系数。它取决于喷嘴设计和设定的静态流量 $mfng_0$,可通过标准状态下大于临界的流动测试获得。

计算通过喷嘴喷射的气体燃料质量流量和液体燃料质量流量有很大不同。

天然气的密度要比汽油密度低得多。在设计天然气喷嘴时,需要选较大的喷孔截面。而且,相比液态汽油,气态天然气的密度受到温度和压力的影响更大。

天然气的密度公式为:

$$\varrho_{NG} = \varrho_{NG0} \cdot \frac{p_{NG}}{p_0} \cdot \frac{T_0}{T_{NG}} \qquad (1)$$

式中,下标“0”表示标准条件下滞止值,$p_0 = 1\,013$ hPa,$T_0 = 273$ K。

在超临界流动时可得到设定的气流速度。当喷嘴压比低于 0.52 时,就会发生超临界流动,这时气体以声速流动。天然气气轨允许压力为 7 bar(绝对压力),确保在发动机每一工况,甚至增压发动机每一工况供给所需的最多的天然气量和以声速流动,同时,还保证计量的天然气与进气歧管中的气体压力无关。

声速与温度有关,对于天然气,有:

$$c_{NG} = c_{NG0}\sqrt{\frac{T_{NG}}{T_0}} \qquad (2)$$

得到标准状态下的天然气质量流量就可以按式(1)、式(2)计算非标准状态下的燃气质量:

$$\begin{aligned} mfng &= mfng_0 \cdot \frac{c_{NG}}{c_{NG0}} \cdot \frac{\varrho_{NG}}{\varrho_{NG0}} \\ &= mfng_0 \cdot \sqrt{\frac{T_{NG}}{T_0}} \cdot \frac{p_{NG}}{p_0} \cdot \frac{T_0}{T_{NG}} \\ &= mfng_0 \cdot \sqrt{\frac{T_0}{T_{NG}}} \cdot \frac{p_{NG}}{p_0} \end{aligned}$$

天然气质量流量与压力呈线性关系,与温度是-1/2 次方关系。在气轨上的温度和压力传感器采集影响质量流量的温度和压力参数。可矫正天然气喷射持续时间,甚至在大气条件变化时,可喷入正确的天然气量。

电控天然气喷油器喷嘴还需要有两个修正参数。一个是在计算时要考虑喷嘴开启延迟时间。开启延迟取决于电压,也稍许取决于天然气压力,尤其是金属-金属密封的喷嘴,喷嘴关闭时喷针接触阀座引起喷针反跳,反跳运动导致不希望的喷气量增加。基于电压和天然气压力的校正补偿可消除这种影响。

另一个是喷射开始时刻。除了正确的天然气计量喷射外,为优化燃烧还必须有正确的天然气喷射开始时刻。当进气门还处于关闭状态时,天然气就已经喷入进气歧管。喷射结束是由喷气提前角控制的,参考点是发动机进气门关闭时刻。喷气提前角是发动机工况的函数。根据发动机转速和天然气喷射持续时间就可计算喷射始点。

天然气喷嘴 NGI2

开发

BOSCH 公司为压缩天然气(CNG)市场生产的天然气喷嘴已很多年,它是 EV1.3A 喷嘴,是基于汽油喷油嘴设计的,通过增大针阀升程和更强的磁路适应天然气计量喷射(图 1)。

图 1:NGI2 喷嘴与 EV1.3A 喷嘴尺寸对比

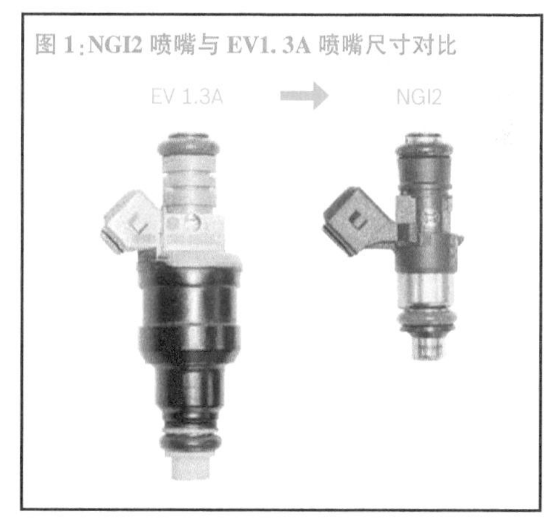

期间,BOSCH 公司开发了新一代天然气喷嘴 NGI2(天然气喷嘴 2)。当前的汽油喷油嘴 EVI4 是进气歧管燃油喷射,NGI2 仅仅保留了它的外形和电驱动部分,所有的功能元件都重新设计以满足当前天然气汽车的需要。来自汽油喷油嘴 EVI4 的诀窍和上面所说的知识以及早先设计气体喷嘴 EV1.3A 时获得的经验都反映在天然气喷嘴 NGI2 设计中。喷嘴的创新源于氢驱动的车用领域，NGI2 带来了一系列技术创新，并在天然气计量方面建立了新的标准。

设计准则

喷嘴开发需满足的最大天然气流量是基于发动机型谱。天然气最大需求量由发动机进入的空气质量流量、所要求的空燃比（λ 值）和天然气流量共同确定。进入的空气质量流量取决于发动机排量、发动机转速和进气门关闭时燃烧室内的空燃混合气温度和压力。

包括增压发动机在内的大部分轿车领域用的发动机的最大天然气质量流量可达 7.5 kg/h。

为给发动机提供天然气，必须采用较传统汽油机容积流量大得多的天然气喷嘴。这就需要对天然气喷嘴进行特殊设计，喷嘴的截面要能流过较多的天然气流量。即使高流速喷射天然气也需要专门的流线设计，以减少喷嘴节流处前的压力损失。高于临界流动（在最窄的横断面达到声速）的流线，即使在较高的进气管压力时，如增压发动机，也可能会形成不受进气管气体压力影响的天然气特征流线。

在高增压发动机上，进气歧管的压力值可达到 2.5 bar（绝对压力）。为了消除进气歧管中气体压力对天然气质量的影响，就必须使在高于临界流动的喷嘴最窄横截面处允许的气体压力至少是进气歧管中气体压力的 2 倍。考虑可能的压力损失，系统最小的天然气压力为 7 bar。

上述的设计思路是 NGI2 的设计基础，在一次设计时必须覆盖所有可能的配机情况（有效能原理）。

通过提升系统允许的天然气压力来增大它的质量流量基本上是可行的，但要求的喷嘴开启力也会增加，而系统天然气压力受有限的电磁力限制。NGI2 已经将系统天然气压力优化到 7 bar，这样可到达它质量最大的流量。可简单改变喷嘴结构，以达到较高的天然气压力和相应的质量流量，甚至较低的天然气压力和较少的质量流量基本上也是能实现的。

结构和工作原理

单个零件和工作原理

NGI2 的工作原理和 EVI4 汽油喷嘴类似。NGIE 燃料流动方向（上部进气）、连接方式、电驱动的形式和 EVI4 是相同的，但各个零件是针对所使用的天然气系统作了修改。

电磁阀衔铁 9（图 2）由套筒 6 引导，天然气从衔铁内部流过，在衔铁出口端采用橡胶密封件。橡胶密封平面阀座 10 阻断天然气进入进气管。通电时，电磁线圈 7 的作用力使电磁阀衔铁升起，打开计量的横断面（阀座处的节流位置）。断电时，在回位弹簧的作用下喷嘴 NGI2 关闭。

图 2：NGI2 喷嘴（剖面）

1—气口；2—O 形密封圈；3—喷嘴壳体；4—过滤器；5—电气接头；6—套筒；7—电磁线圈；8—阀弹簧；9—带橡胶密封件的电磁阀衔铁；10—平面阀座

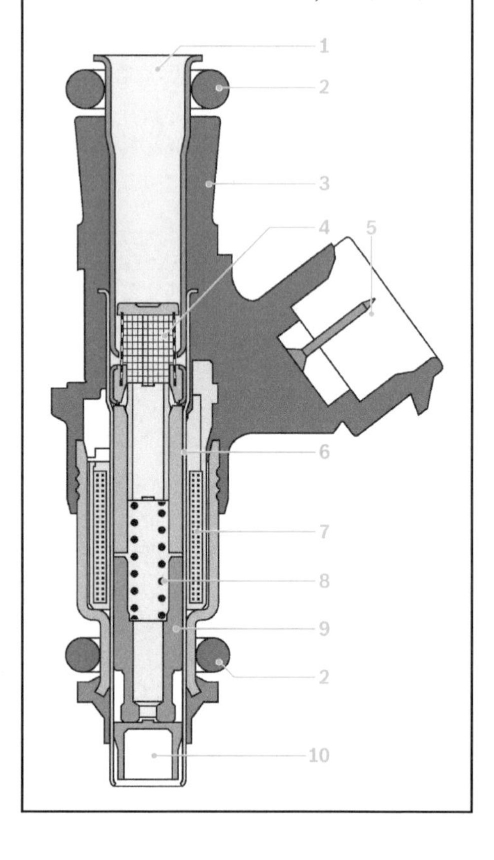

尺寸和质量

NGI2 喷嘴的外形和 EVI4 汽油喷嘴外形一样，与已有的气体喷嘴相比，NGI2 更轻、更紧凑，这些优点使它易于组合在现有的进气歧管处。

流量优化

NGI2 喷嘴流动路径，尽可能降低节流处的天然气压力损失，以获得可能的最大质量流量。最窄处断面和节流位置要特别位于密封后的出口端，因为在此处可达到声速流动并使喷嘴尽可能接近物理学上描述的理想喷嘴（图 3）。喷嘴要按超临界流动设计，以最大限度避免进气管气体压力对喷射的天然气质量流量的影响。由于双流动路径，阀座设计可实现较小开启力和大的横断面。

图 3：最窄处达到声速时密封座几何形状的 CFD 仿真

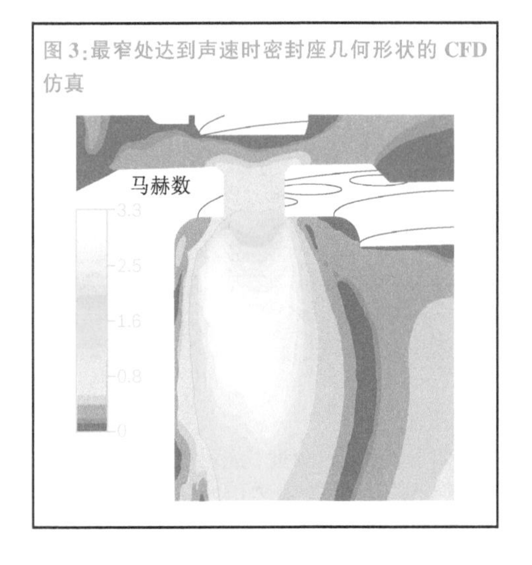

变形喷嘴

NGI2 喷嘴有不同的长度和不同的电气接头，而且针对不同天然气系统压力和不同流量开发了变型产品。与汽油喷嘴一样，NGI2 喷嘴有适于不同发动机的各种类型的产品。

密封件的结构

NGI2 喷嘴采用橡胶密封件，它与气动切断阀密封座的橡胶密封件结构相似，因此，NGI2 喷嘴泄漏量远比 EV1.3 喷嘴泄漏量少。橡胶阻尼可防止回弹，如在阀门关闭时，要避免电磁阀衔铁反弹而出现不希望的开启，从而提高计量精度。

噪声

通过流动路径的优化可大幅度减小衔铁的行程，也就是减小衔铁到达它顶部时的速度。再与落座时的橡胶件阻尼特效相结合，使天然气 NGI2 喷嘴的噪声比以前气体喷嘴低 2 dB。

电磁线圈

NGI2 喷嘴的电磁线圈和 EVI4 汽油喷嘴的阻抗一样，都是 12 Ω。以前复杂的电磁阀驱动，如并联转换输出级或峰值-保护控制，只用以驱动低阻抗气体喷嘴。NGI2 喷嘴可采用标准的转换输出级。

适应不同的机油量

作为燃料的天然气应用范围越来越广，欧洲天然气加气站数量在不断增加。特别是较新的天然气站配备了现代压缩机，和较早的压缩机相比，喷入压缩天然气中的机油更少。未来，天然气喷嘴不再需要附加润滑，天然气就有润滑功能，从而达到天然气喷嘴的减磨效果。

在电磁阀衔铁表面上的固体润滑剂层，可保证 NGI2 喷嘴能使用不同机油含量的天然气，还可将磨损降到最低。

天然气轨

天然气轨的功能是给喷嘴提供脉动小、流量均匀的天然气。天然气轨由不锈钢或铝制成，它的设计和结构（容积、外形尺寸、质量等）符合发动机和系统要求。天然气通常经柔性低压管输到天然气轨中。

轨有一个螺纹接头，通过它将天然气从轨中间或一侧供入（天然气供给系统的低压侧）。

喷嘴用卡环固定在天然气轨上，轨同时还为压力和温度传感器提供接口。

天然气压力温度传感器

功能

单片式硅压力传感器是确定介质绝对压力的高精度测量元件，特别适用于恶劣环境条件下的介质绝对压力，如测量 CNG 发动机汽车气轨的天然气绝对压力。

组合低压、温度传感器 DS-K-TF 测量气轨中天然气压力和温度，通过 ECU 精确控制天然气计量。

设计和工作原理

传感器主要由以下几部分组成：

- 带电气接/插头 6(图 1)的插头体

图 1：组合的天然气压力、温度传感器 DS-K-TF

(a) 总体图；(b) 传感器室

1—插头体；2—传感器室；3—O 形密封圈；4—安装接口；5—负温度系数(NTC)温度传感器元件；6—电气接头(插头)；7—盖；8—蚀刻的硅芯片膜；9—带玻璃基质的硅芯片；10—压力连接管；11—参考真空；12—气体压力

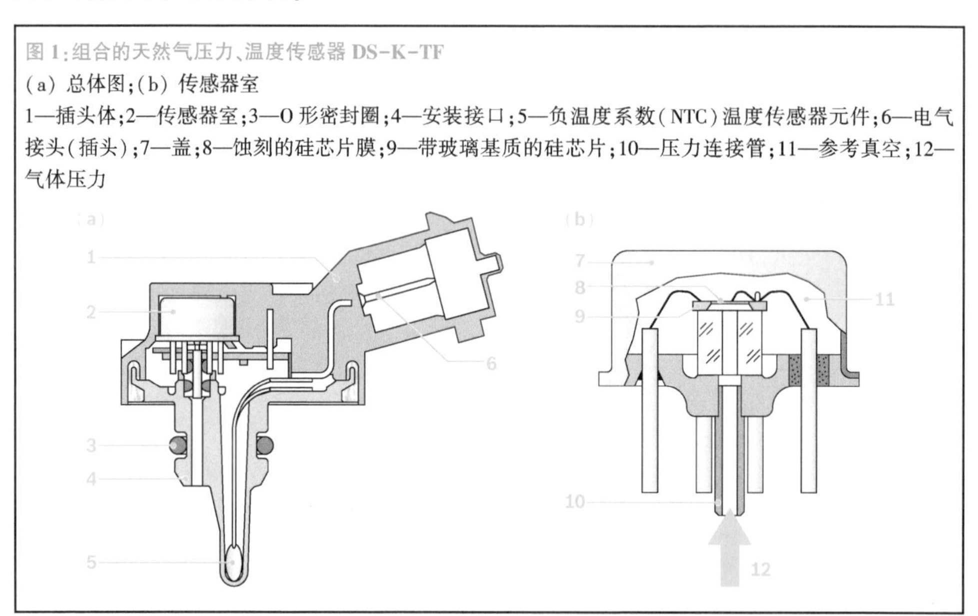

- 带玻璃基质的硅芯片 9 和传感器室 2
- 负温度系数(NTC)温度传感器元件 5
- 安装接口 4
- O 形密封圈 3

天然气压力改变使硅芯片膜 8 伸长，使硅芯片上的电阻发生变化。将调理电路和芯片上的电子补偿元件组合在一起。

带有玻璃基质的硅芯片 9 和压力连接管 10 被一起固定在金属底座上。CNG 压力通过连接管作用在硅芯片膜 8 下侧。焊接在金属底座上的盖 7 中的空腔构成了参考真空，从而确保被测量的绝对压力，并同时避免了有害的环境介质对硅芯片膜上侧的影响。补偿的传感器安装在带有电气接头 6 的插头体 1 中。

NTC 温度传感器元件 5 用于测量天然气温度。安装接口 4 被紧密地安装在插头体 1 上。

O 形密封圈 3 将组合的天然气压力、温度传感器密封在气轨上。

信号采集

组合的低压/温度传感器输出一个正比于输入电压的模拟压力信号，在后续电路输入部分的 RC 低通滤波器抑制潜在的、破坏性的谐波。

集成的低压温度传感器由一个热敏电阻构成，工作时需要串联电阻作为电压分压。

DS-HD-KV4 高压传感器

功能

在点燃式天然气发动机中的高压传感器被集成在压力调节器模块中，它的功能是测量气瓶中天然气的压力。

设计和工作原理

传感器的核心元件是一个钢膜片，它被紧密地焊在螺纹接口 5(图 1)上。传感器通过螺纹安装在压力调节器模块上，应变片集成在钢膜片上侧的桥电路上。

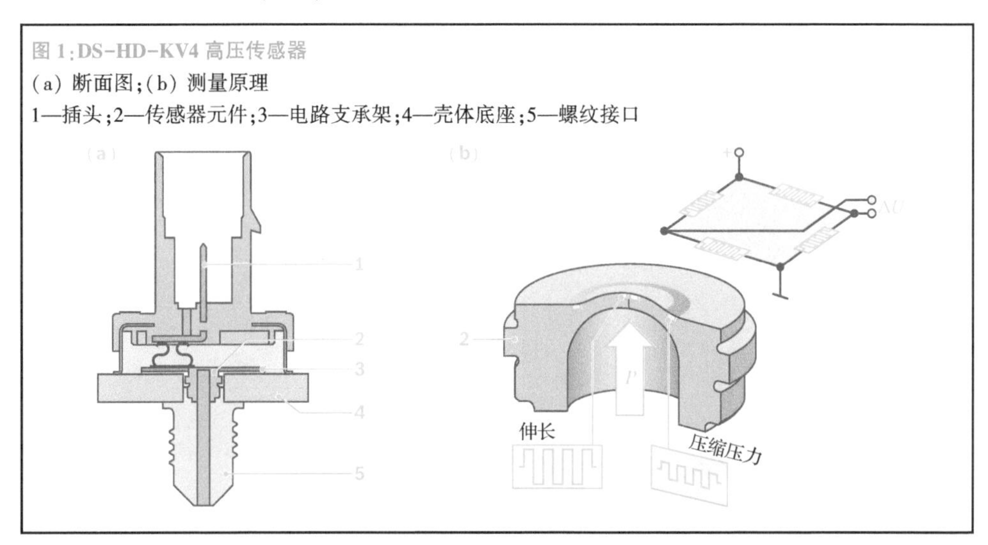

图 1：DS-HD-KV4 高压传感器

(a) 断面图；(b) 测量原理

1—插头；2—传感器元件；3—电路支承架；4—壳体底座；5—螺纹接口

在施加压力时，钢膜片伸长，电桥电路失调。电桥输出电压与施加的压力成正比，通过连接导线到调节电路、放大和转换电路，成为 0.5~4.5 V 的输出电压。因此，发动机 ECU 利用特性曲线计算出当前气中的天然气压力。

TV-NG1 气瓶切断阀

功能

将 TV-NG1 气瓶切断阀直接连接到天然气瓶上，并作为汽车上天然气系统的接口。TV-NG1 切断阀的主要功能是打开和关闭天然气流。为此，电磁切断阀 SOV-NGI 被组合在 TV-NG1 气瓶切断阀中。

此外，在 TV-NG1 气瓶切断阀上还装有各种辅助装置和安全装置。

- 维修时，通过机械切断阀中断天然气
- 发生事故时，如果天然气高压管路还在供气，则流量限制器可保证在节流条件下将气瓶中的天然气排出
- 电路着火时，熔断丝可提供保护。在温度接近 110 ℃时，熔断丝熔断，保证在受控条件下将气瓶中的天然气释放到大气中
- 可选择安装压力限制阀或者温度传感器
- 与单纯的压力测量相比，借助温度传感器可以更精确测量气瓶中的天然气量

结构

可用两种不同类型的气瓶切断阀，分别装在气瓶外部和内部。外部的气瓶切断阀是安装在气瓶外部的独立附件，带通常的安装接口。内部的气瓶切断阀是将所有的零件组合到阀体中，并深入气瓶中。从外面看，只能看到包括接头的平台。和外部切断阀相比，这种设计提高了碰撞的安全性，也降低了气瓶的高度，因而可用更长的气瓶，这样就优化了气瓶的容积利用率。

工作原理

图 1 为外部的 TV-NG1 气瓶切断阀，它由阀体和 SOV-NG1 模块式电磁阀 2 组成。SOV-NG1 是两级电磁阀，用以关闭天然气的常闭阀。不通电时，在弹簧力作用下迫使密封件压在密封座上，SOV-NG1 电流切断阀关闭。系统的压力辅助也会使阀门保持关闭。

图 1:TV-NG1 气瓶切断阀
1—流量限制器;2—电磁阀;3—手动切断阀;4—安全阀

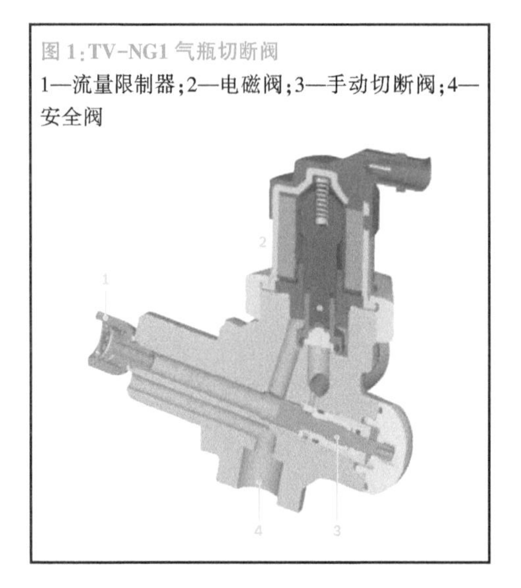

SOV-NG1 电磁阀按两级开启原理工作。在第一级开启时,建立压力平衡,之后是全流量通过开启的断面。从系统的观点看,采用最大保持电流的两级驱动是有效的。在 SOV-NG1 两级电磁阀驱动后,采用尖峰驱动是有效的。在驱动后,从最大的开启电流切换到较低的保持电流,从而减少电功率损失,在工作电流(保持电流)下两级电磁阀还能一直保持开启状态。插头作为电气接口。

PR-NG1 压力调节器模块

功能

PR-NG1 压力调节器的功能是把从气瓶中出来的天然气压力降到正常工作所需的压力水平,同时保持压力稳定。天然气的一般工作压力为 7~9 bar(绝对压力)。有的系统压力为 2~11 bar。

结构

目前所用的压力调节器主要是膜片式或者柱塞式。减压主要通过节流作用,可采用一级或者多级减压实现。

图 1 所示的是单级膜片式压力调节器的断面图。在高压端有一个 40 μm 的烧结合金(粉末冶金)过滤器,一个切断阀(SOV-NG1)、一个高压传感器。粉末冶金过滤器滤掉天然气流中的固体杂质,SOV-NG1 阀负责切断天然气流。组合的压力传感器检测气瓶中天然气的压力。

图 1:PR-NG1 压力调节器模块
1—调压器壳体;2—SOV-NG 电磁开关阀;3—CNG 入口;4—CNG 出口;5—压力调节节流孔;6—控制杆;7—弹簧;8—膜片;9—低压腔

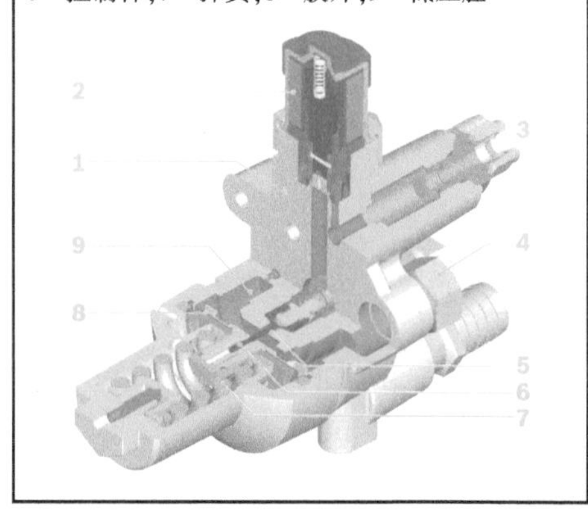

在压力调节器低压侧安装了一个溢流阀。如果压力调节器出现故障,溢流阀可防止损坏低压系统中的部件。在天然气减压吸热时,按焦耳—汤普森(Joule-Thompson)效应 PR-NG1 压力调节器的温度会快速下降,因此,PR-NG1 压力调节器需要连接到汽车的热回路中,以防止压力调节器结冰。

通过选择合适的膜片和压缩弹簧预设压力调节器的工作压力,在出厂时预设的调节螺钉调节预紧力和铅封用以精确调节弹簧预载。

工作原理

天然气从高压侧通过可变的节流孔 5 进入装有膜片的低压腔 9,膜片通过控制杆 6 控制节流孔 5 的开启断面。当低压腔内的压力低时,弹簧 7 迫使节流孔向低压腔压力增加的方向移动。当低压腔内压力过大时,弹簧急剧压缩,节流孔关闭。减小节流阀横断面可降低低压腔的压力。在稳态工作时,在系统压力下再精确地开启节流孔以使低压腔内的压力保持恒定。

如果系统中需要的天然气增加,如踩加

油踏板时，首先从压力调节器流出的天然气要比通过节流孔流出的天然气多。结果低压腔内的压力下降，直到节流孔打开为增加的天然气流量而重新建立等天然气压力的程度，在负荷变化时系统压力的最小波动是压力调节器的特性。

当低压腔内的天然气压力值超过设定值时，由于没有流出的天然气进入系统，所以节流孔完全关闭，这个压力称为锁止压力。当压力下降时，节流孔便重新打开。在节流孔打开和关闭的过程中伴随着噪声和磨损，为减少噪声和磨损，在设计压力调节器时，锁止压力要远高于系统压力，使在正常时节流孔总是保持在打开状态。

理想的压力调节器应能够在不同流量时保持压力不变(与流量无关)。然而，由于边界效应(次要的影响因素)，压力调节器会偏离理想特性。图 2 为 PR-NG1 压力调节器流量曲线，由图可见，当流量增加的时候，输出压力下降。增加和减少流量时会发生滞后现象。摩擦和流量损耗是引起滞后现象的原因。一般来说，当气体流量大且压力调节器设计的结构紧凑时，这个现象就更明显。

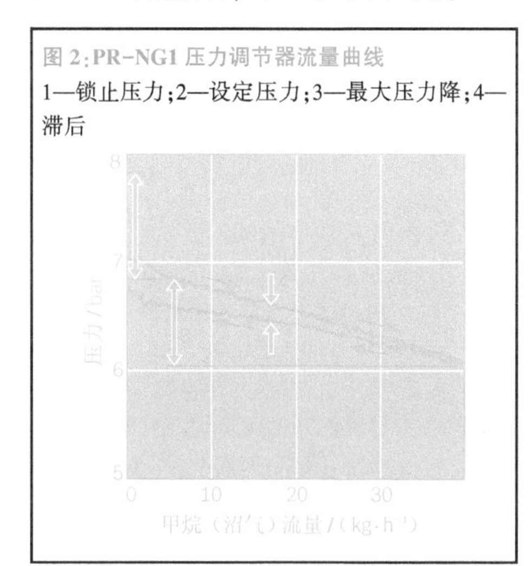

图 2：PR-NG1 压力调节器流量曲线

1—锁止压力；2—设定压力；3—最大压力降；4—滞后

附页:天然气车辆的实际燃料经济性

发动机制造商必须为汽车提供发动机燃料消耗数据。正式的数据是在排放检测时基于排气组分计算出来的。排放检测是基于标准的测试程度或驾驶循环实施的。标准化的测试程序提供的排放数据适于汽车间的排放数据比较。

驾驶员用合理的驾驶模式可为提高燃料经济性做出较大贡献,节省燃料的潜力受很多因素的影响。

如果采取下面的措施,那么具有节油理念的驾驶员能够比普通驾驶员节省燃料 20%~30%。提高燃料经济性有很多因素,其中特别重要的是驾驶环境(如城市交通或者长途巡航等)。因此通过单个因素表示精确的节省力是不合逻辑的。

提高燃料经济性的措施:

- 轮胎压力:车辆在额定载荷时增加胎压(节省燃料约 5%)
- 大节气门开度和低发动机转速时加速。升挡到 2 000 r/min
- 尽可能在最高挡驾驶;甚至在发动机转速低于 2 000 r/min 时采用节气门全开
- 避免在制动和加速之间连续转换
- 利用随动行驶节气门潜力切断燃料

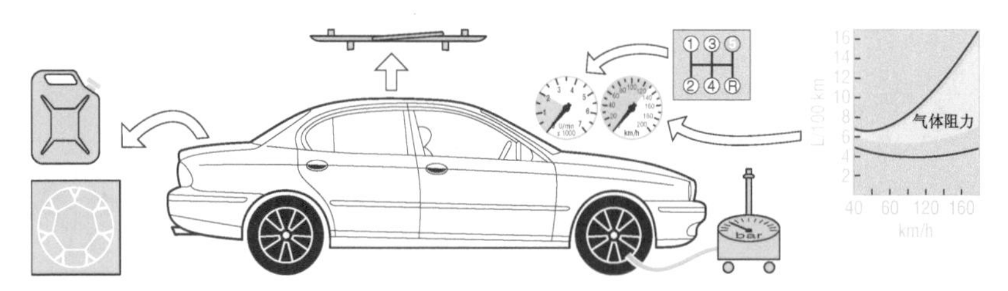

- 长时间停车时关闭发动机,如长时间交通红灯和铁路交叉口(3 min 怠速的燃料消耗相当于行驶 1 km)
- 采用全合成的发动机机油(按发动机生产厂家,可节省燃料约 2%)

对燃油经济性的不利因素:

- 由于后备厢中的压载而增加汽车质量(百公里增加燃料消耗 0.3 L)
- 高速行驶
- 车顶安装的固定架和行李架增加气动阻力
- 接入附加的电子附属装置,如后视镜除霜、雾灯(每 1 kW 负荷消耗燃料 1 L)
- 脏污的空气滤清器和磨损的火花塞(在使用期内观察)

点火系统发展历程

汽油机或点燃式发动机是一个依靠外部点火装置工作的。火花点燃缸内被压缩的空燃混合气开始燃烧过程。点火的火花是由火花塞电极间放电产生点火火花并将燃烧扩展到整个燃烧室。点火系统必须在火花塞上产生足够高的高压电以在火花塞上放电,同时要保证准确、瞬时触发点火火花。

概述

BOSCH 点火系统的发展

磁电机

早期汽车的汽油发动机点火是一个大的难题。直到 BOSCH 公司开发出低压磁电机才使得点火系统成为可用。该点火系统在那时被认为有很好的可靠性。磁电机利用绕线衔铁中的磁感应产生点火电流,当点火电流中断时,在电弧装置上产生电火花,从而点燃燃烧室内的空燃混合气。然而,这项技术的局限性也很快显现。

高压磁电机能够满足高转速发动机的要求。它同样利用电磁感应产生电压。这个高电压能够使目前普遍使用的火花塞电极间产生电火花(触发放电)。

蓄电池点火

由于需要更高效的点火系统,蓄电池点火系统得到了发展。在蓄电池点火系统中,蓄电池提供能量,点火线圈储存能量(图 1)。点火线圈电流通过断电器触点转换。离心式调压装置和真空调节装置调节点火角度。

点火系统的发展并没有到此止步,电子元件开始使用并逐渐增多。首先,由晶体管切换点火电流以免电气触点的接触侵蚀和减少磨损。在进一步晶体管化点火系统中,作为点火线圈的控制元件的断电器触点被替代了,它由霍尔发生器或者感应式脉冲发生器承担。

接下来是电子控制点火。与发动机负荷和转速有关的点火角以 MAP 的形式存储在 ECU 中,它还可考虑如发动机温度等其他参数,以确定点火角。最后,随着无分电器半导体点火系统的到来,机械分电器也被替代。

图 2 为点火系统的发展进程。在 1998 年使用的发动机电控系统中,只有 Motronic 系统在发动机管理系统中集成了无分电器的电子点火系统。

早期点火的发展进程

早在 19 世纪末第一台发动机诞生以前,发明者们致力于开发内燃机以取代当时被广泛使用的蒸汽机。

克里斯蒂安·惠更斯(Christiaan Huygens)1673 年首次开发出内燃机,以替代蒸汽机锅炉、燃烧器和蒸汽发生器。该机器(图 1)用的燃料是火药雷管 1,用导火线 2 点燃。点火以后,燃烧气体从管 3 中通过单向阀 4 出去,在管内形成真空。大气压力迫使活塞 5 向下运动,从而使重物 G 7 上升起来。

图 1:BOSCH 公司蓄电池点火系统(BOSCH 公司 1969 年的蓄电池点火系统培训用图)

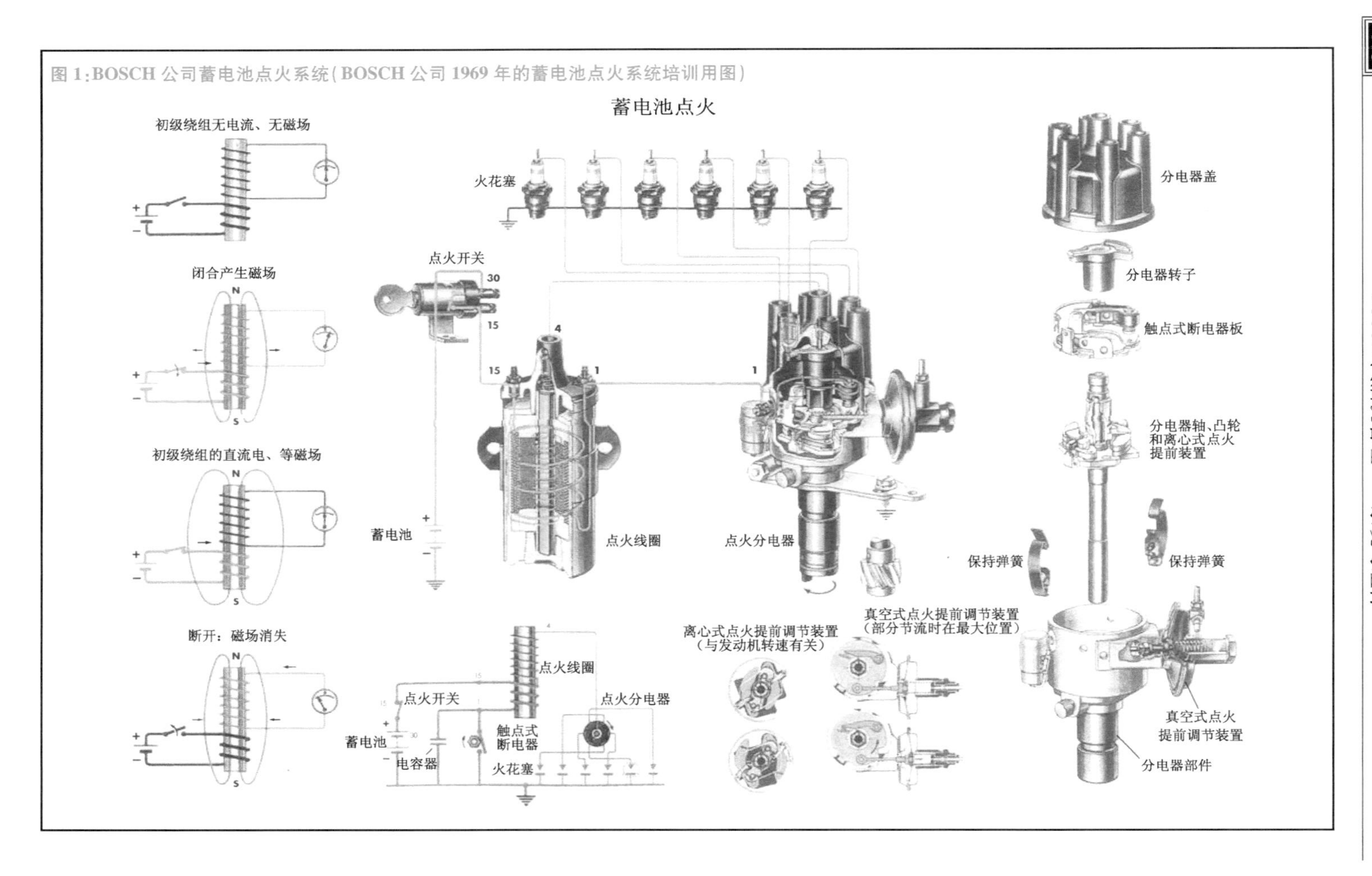

图 2:感应式点火系统的发展

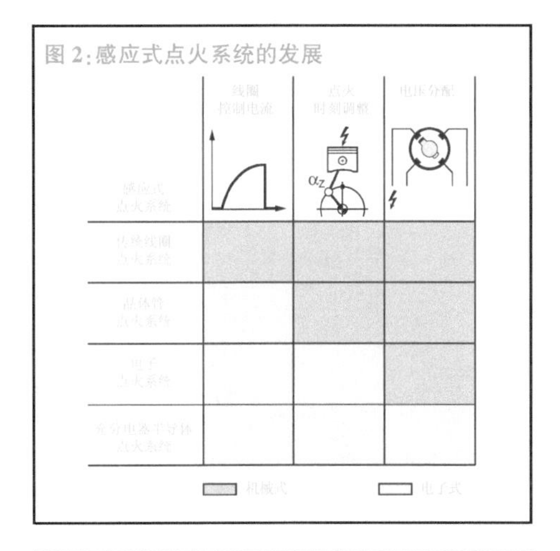

图 1:克里斯蒂安·惠更斯(Christiaan Huygens)1673 年设计的内燃机

1—火药雷管;2—导火线;3—管;4—单向阀;5—活塞;6—怠轮;7—重物 G

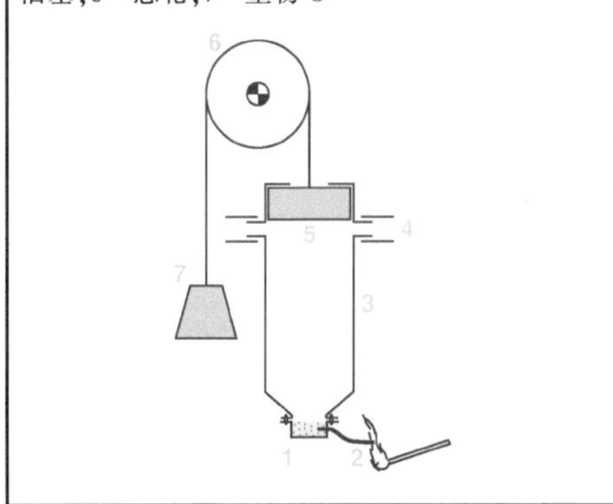

与发动机技术的两个基本元素相联系的 Volta 手枪用空气和气体混合气;借助于电火花工作。这就是电火花故事的始作俑者。

由于该装置每次点火之后必须重新装载,它不能算是一个真正可提供连续功率输出的发动机。

100 多年后的 1777 年,亚历桑德罗·伏特(Alessandro Volta)尝试用火花点燃空气和沼气的混合物,火花发生器是由他于 1775 年发明的电磷管制作的,这一成果后来被用在伏特手枪上。

1807 年,德里瓦兹(Isaak de Rivaz)开发出一种空气式活塞式发动机,它根据伏特气手枪原理采用电火花点燃可燃空气/天然气混合气。德里瓦兹依据他的专利(图 2)制造的一个试验样车,由于测试结果不理想而很快被放弃。他沿着与惠更斯(Huygens)发动机相似的路线开始设计,设计了通过缸内燃烧将活塞上推并靠大气压回的发动机,安装该发动机的汽车可行驶几米,但是接下来必须在气缸里加入新的燃烧混合物并将其点燃。

图 2:由德里瓦兹基于 1807 年的专利设计的大气往复式活塞动力汽车

1—传输点火火花的按钮;2—气缸;3—活塞;4—氢气袋

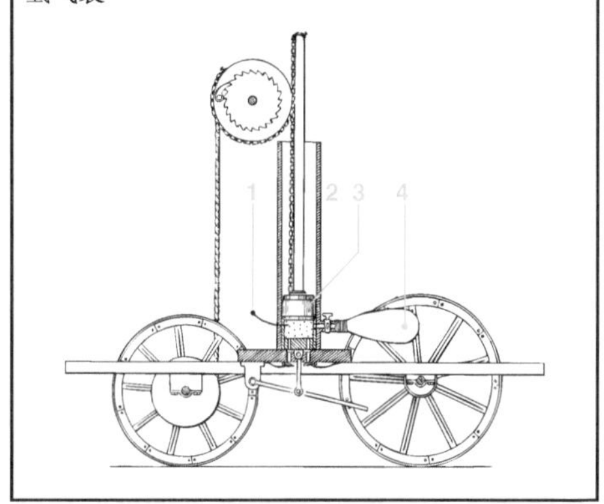

机动汽车的行驶需要一个可以持续输出动力的发动机。如何点燃缸内可燃空燃混合气是问题的关键所在。很多发动机制造者都在寻找解决方案,同一时期出现了各种各样的点火系统。

高压振动器点火

1860 年,法国人勒努瓦(Etienne Lenoir)为固定式天然气发动机设计了一个高压振动器点火系统(图 3),该系统基于蓄电池点火系统理念,用一个路姆考夫(Ruhmkorff)火花感应器 2 来产生点火电流,能源由原电池提供(伏特电池堆)(蓄电池点火)。作为电极的两根绝缘 Pt 丝 6 在发动机里产生火花。勒努瓦就此发明了火花塞的原型。勒努瓦在接触轨上采用带触点弹簧的高电压分电器 5 以控制电流分别流向发动机的两个火花塞。

图 3:高压振动器点火系统

1—蓄电池(伏特电池);2—路姆考夫火花感应器;3—振动器触点;4—衔铁;5—带触点弹簧的分电器;6—两根绝缘 Pt 丝(火花塞原型)

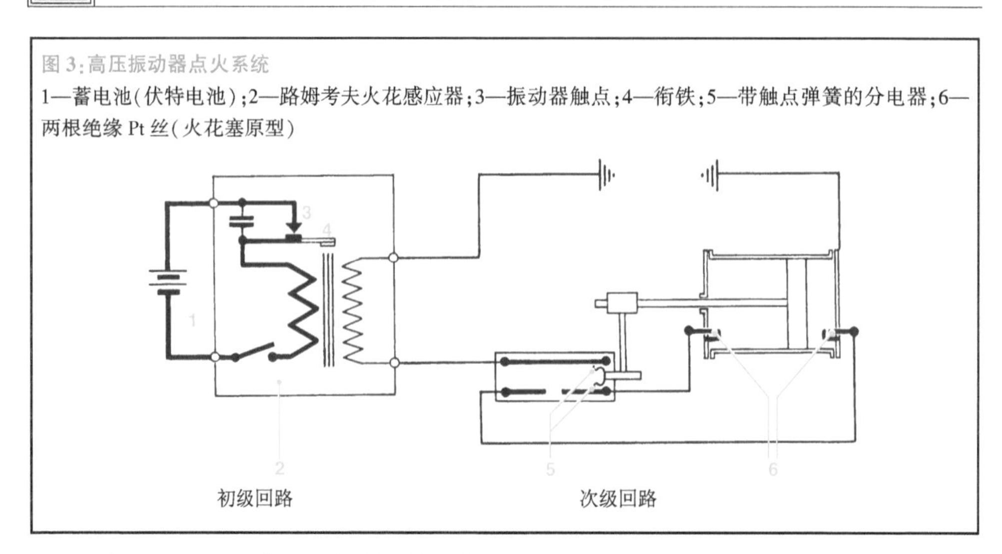

点火,如 Carl Benz 曾经注意到的,使所有问题迎刃而解。如果没有火花,所有事情是白忙乎的,大量的优秀设计是毫无价值的。

在路姆考夫火花感应器中,一旦电路切断,就会在线圈里产生磁场。电流逐渐增加,当它达到一个特定值时,衔铁 4 就会被吸引,振动器触点 3 打开。电路中断则磁场消失。磁场的突变使副线圈产生很高电压,从而在火花塞处产生一个火花。衔铁再次形成回路,重复以上过程。这种高电压振动点火可以完成 40~50 次点火过程。这个振动器系统在运行中会产生噪声。

高压振动器点火系统没有在汽车中广泛应用的原因如下:

- 这个系统实际上在燃烧冲程中产生一串火花,阻碍在较高发动机转速时的有效燃烧
- 在汽车实际行驶时不能产生所需要的电流

法国驾驶员在世纪之交相互问候时不说“旅行安全”,而说“点火安全(Bon Allumagel)”,这不是没有道理的。

1986 年,卡尔·奔驰(Carl Benz)发展了高压振动器点火系统,使其能够适应更高的发动机转速,此前的发动机转速为 250 r/min。这个电气系统还有可靠性问题,负责提供电流的蓄电池元件每行驶 10 km 就需要更换一次。

热管点火

如果汽车用的汽油机结构尺寸受到限制,那么提高发动机转速至关重要。但当时普遍使用在固定式气体发动机上的火焰点火装置,由于工作速度太慢而不能满足高速的需求。

1885 年,哥特列布·戴姆勒(Gottlieb Daimler)开发的可连续工作的热管点火系统取得了专利。这个点火系统(图 4)包括一

图 4:戴姆勒 1885 年设计的热管点火

1—燃烧器的汽油池;2—热管;3—燃烧器;4—预热碗

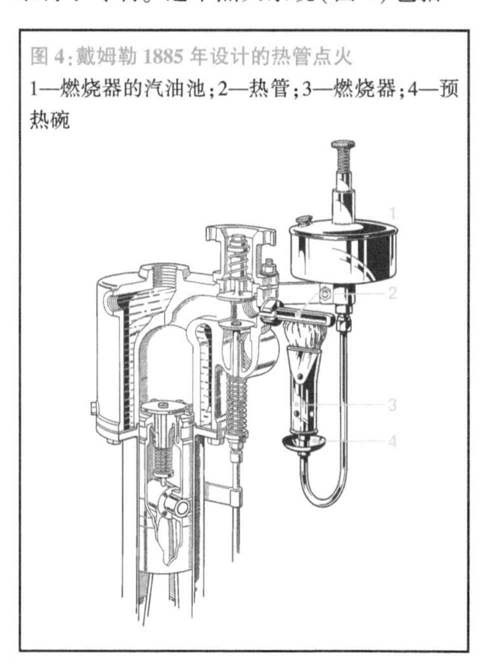

个连接到气缸中的燃烧室通路。这个通路被一个燃烧器点燃永久灼热的热管2气密地封闭。在压缩冲程,混合物被压入热管,在热管中点燃并引燃燃烧室中剩余的空燃混合气。热管必须持续加热,它在压缩冲程终了时开始点火。

热管点火使发动机转速急剧增加,根据热管点火系统设计的发动机转速可达到700~900 r/min。

在随后的十多年里,热管点火系统成为许多发动机制造商应用的主要点火系统。这个方案得到戴姆勒发动机和机动车辆的普遍接受。其缺点是必须经常调整热管以修正热量;另外,火焰在雨天或暴风雨时会向外逸出,如果处理不当很容易失火。工程师威廉·迈巴赫(Wilhem Maybach)1897年就认为所有采用热管点火的汽车都将有被烧毁的危险。但是戴姆勒也在同一时期转向磁电机点火系统的开发。

电磁感应低压拍合-断开式点火

1884年,奥托(Otto)发明了电磁机低压拍合-断开式点火(snap-release ignition)。一个摆动双T形衔铁和杆状永久磁铁产生低压点火电流(图5)。电流中断时在气缸内触点上产生一个点火电流。衔铁驱动器的弹簧卡扣机构和推杆控制点火触点装置协同工作,在衔铁电流达到顶峰时准确断开电路,从而在点火瞬时产生强力火花。

奥托在1876年发明了四冲程发动机,当时使用市政气体,所以仅适用于固定式发动机。电磁感应低压拍合-断开式点火使发动机可用汽油燃料,但发动机可达到的转速限制了该点火系统的应用,它仅在低速固定式发动机上得到应用。

磁电机点火

适合机动车辆的点火需要一个更好的解决方案,它由一个并不制造发动机的公司解决了。这就是罗伯特·博世公司1886年在斯图加特创办的精密机械与电气工程车间为低速发动机提供的点火装置。

图5:1887年BOSCH公司带拍合-断开装置及点火凸缘的低压磁电机结构

(a) 结构;(b) 框图(部分)

1—压缩弹簧布置;2—点火杆;3—点火销;4—点火凸缘;5—推杆;6—双T形衔铁;7—肘形杆;8—控制轴;9—端子

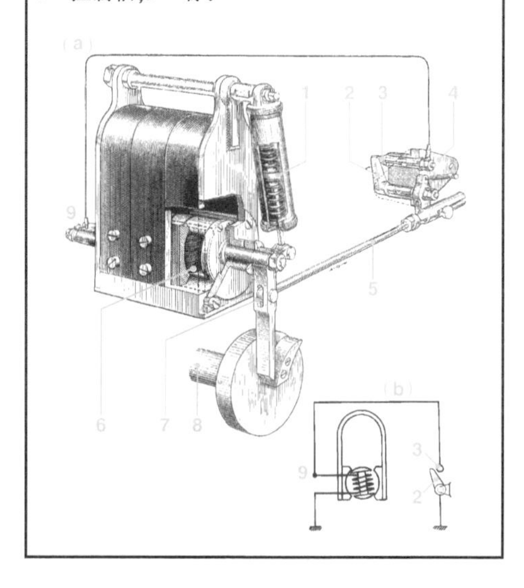

BOSCH公司带拍合-断开装置的低压磁电机

为了给固定式火花点火发动机厂商提供配件,BOSCH公司为奥托拍合-断开式点火系统开发了低压磁电机装置(图5)。这个系统的特点是不使用蓄电池运行。衔铁太重和点火装置速度慢制约该系统在汽车发动机上的应用。

低压磁电机点火

BOSCH公司将慢拍合-断开式点火系统改进为适合高速汽车发动机要求的较快较轻的断续式磁电机点火系统。这个系统不再使沉重的绕线衔铁产生振荡信号,代之以一个在极靴和固定的衔铁之间悬浮的套筒作为磁力线的导体(图6)。套筒由锥齿轮驱动,也可用于节点火时刻。依靠转动弧形机构使凸轮在它的旋转方向慢慢升起。一旦弧形机构通过弹簧力快速离开凸轮,气缸中点火销与点火杆分开,从而产生点火火花。

图 6:采用摆动滑套的 BOSCH1897 版低压磁电机结构

1—端子;2—双 T 形衔铁(固定);3—极靴;4—套筒(摆动)

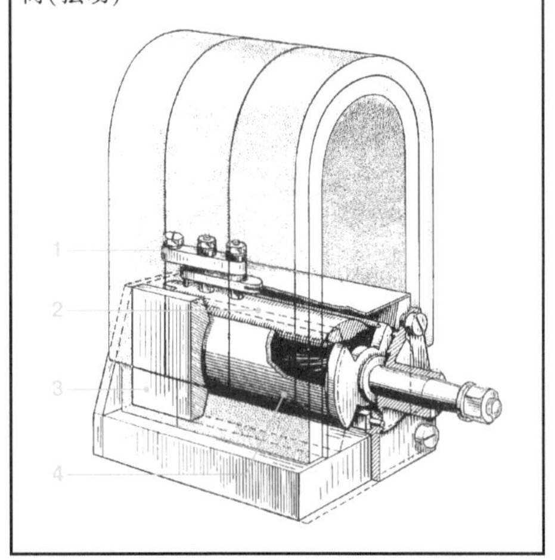

磁电机套筒结构和锥齿轮驱动很快取得成功,因为这种设计适应当时要求的转速范围。1898 年戴姆勒将这种点火装置装到汽车上,随后成功完成了从斯图加特(Stuttgard)开到蒂罗尔州(Tyrol)的道路测试试验。即使戴姆勒(Daimler)的齐柏林(Zeppelin)飞船发动机采用了 BOSCH 公司的断电器点火系统,但由于飞船发动机充填气体的可燃性而放弃在飞船上使用热管式点火系统。

但是,这个点火系统终归是低压磁电机系统,需要在燃烧室中使用机械以及后来电磁控制的弧形触点,以通过弧形机构产生火花。

高压磁电机点火

断续式磁电机点火系统不能满足较高转速、压缩比和燃烧温度的发动机点火要求。直到蓄电池技术问题得到解决后,采用火花塞的磁电机点火系统才能替代弧形触点点火系统,这仅是一个可能的选项,因为它必须有高压点火电流。

罗伯特·博世(Robert BOSCH)指派戈特罗布·霍诺尔德(Gottlob Honold)设计了以磁电机为基础的点火系统,其中用永久性点火电极替代了弧形机构。

霍诺尔德最初的设计是一个带摆动滑套的低压磁电机,之后他不断改进。采用双 T 形铁芯,上有两个绕组,其中一个由匝数较少的粗线圈组成,第二个线圈由匝数较多的细线圈组成(图 7)。套筒旋转在匝数较少的粗线圈产生低电压,该线圈通过一个触点式断电器杆 10 短路,从而产生一个很高的电流,随后又被中断,继而在另一组匝数多的细线线圈中产生快速衰减的高压,通过火花塞 16 的火花间隙使其导通。之后,在这个绕组中又产生感应电压。虽然产生的电压明显小于初始电压,但足以经目前导通的火花间隙通过电流并产生一个与断续点火相似的电弧。

触点式断电器由凸轮 15 控制,以在规定的时间精确接通或断开低电压绕组电路。一个电容器与断电器触点并联以消除断电器触点处产生的电弧。

由于新的磁电机弧状火花产生的热使火花塞电极很快被腐蚀,所以需要重新开发。BOSCH 火花塞的开发也从这个时期开始。从一开始就进一步开发高压磁电机核心件的触点式断电器,使其工作更可靠。

厄恩斯特·埃斯曼(Ernst Eisemann)发明了另一种磁电机点火装置。该装置的高电压是由一个低压磁电机通过独立变压器产生的。最初,这个磁电机绕组在每一个电流波期间被一个与衔铁一起旋转的接触器频繁短路。随后埃斯曼发现只要有一次短路就可以了。埃斯曼的设计在德国没有被认可,但是他在法国取得了成功。工程师德·拉·瓦莱特(de la Valette)给予了埃斯曼的磁电机点火系统的独家市场权。之后,埃斯曼采用了 BOSCH 公司的设计,放弃了单线圈而改用了有两个绕组的常见的双 T 形铁芯。

蓄电池点火

1925 年,BOSCH 公司推出蓄电池点火技术之前,汽车业普遍采用磁电机点火,因为它是当时最可靠的点火系统。但是,汽车厂商需要一种便宜的点火系统。当蓄电池点火系统在美国实现批量生产的几年后,欧洲汽车和摩托车也开始采用蓄电池点火系统。

图7:BOSCH公司1902年高压磁电机,第一个系列化生产的高压磁电机

1—极靴;2—套筒(转动);3—双T形衔铁;4—连到火花塞端的电流收集器;5—带集电环的分电器盘(次级);6—到分电器盘的电流接头(次级);7—到点火开关;8—到触点式断电器;9—到火花塞的端子;10—触点式断电器杆;11—断电器触点;12—电容器;13—点火定时调节装置;14—磁铁;15—凸轮;16—火花塞

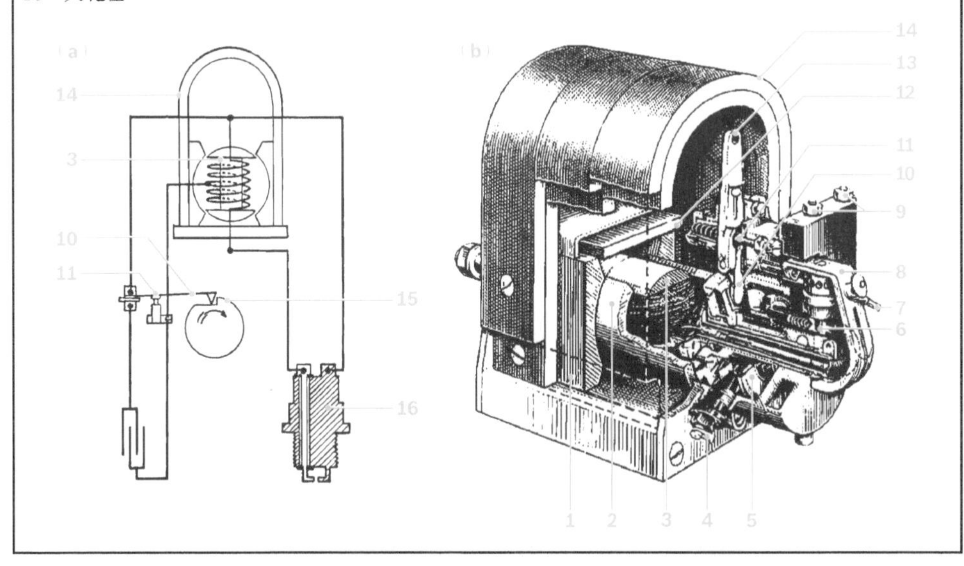

蓄电池点火在美国的首次批量化生产

1908年,美国的查尔斯·凯特林(F. Kettering)有效地改善了蓄电池点火,并为1910年凯迪拉克(Cadillac)的量产做好了准备。尽管蓄电池点火系统并不完美,但它在"一战"期间变得越来越受欢迎。普通民众渴望购买价位合理的汽车,这种渴望促进了廉价蓄电池点火系统取得成功。由于汽车上安装了可为蓄电池充电的交流发电机,不需要经常更换蓄电池,所以采用蓄电池的汽车被更多人接受。

BOSCH公司将蓄电池点火引入欧洲

欧洲第一次世界大战后的最初阶段,汽车的受众面很小。但是,正如之前的美国一样,随着对廉价汽车的渴望,汽车的需求逐步上升。在20世纪20年代,蓄电池点火系统这一突破性技术广为流传,已经具有在欧洲普及的条件。BOSCH公司长期以来一直拥有根据需求设计量产系统的蓄电池点火系统的专业知识。在1914年之前,BOSCH公司已经向美国市场提供蓄电池点火系统的核心——点火线圈。BOSCH公司是首批回应的制造商之一,并于1925年向欧洲市场提供由点火线圈和点火分电器组成的蓄电池点火系统。最初,他们只用于兰牌(Brennabor)的4/25车型。但是,到1931年,在德国55种型号的汽车中,有44种型号都配备了BOSCH公司的蓄电池点火系统。

结构和工作原理

蓄电池点火系统由两个独立的装置构成,即发动机驱动的点火分电器、点火线圈(图8)。点火线圈7包含了初级和次级绕组以及铁芯。点火分电器8包括触点式断电器凸轮4和一个分配二次电流的装置。点火电容器3抑制电弧,保护触点,防止过早腐蚀。

系统中的运动件只有触点式断电器凸轮和分电器轴。对比磁电机点火系统,这套系统需要的驱动力可以忽略不计。

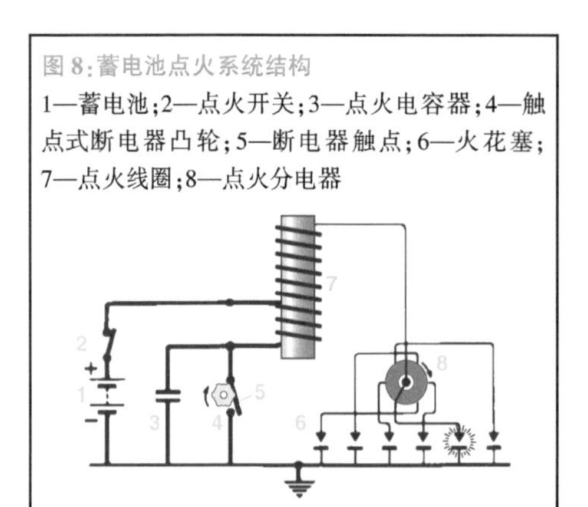

图 8:蓄电池点火系统结构

1—蓄电池;2—点火开关;3—点火电容器;4—触点式断电器凸轮;5—断电器触点;6—火花塞;7—点火线圈;8—点火分电器

与磁电机点火的另一个区别是,蓄电池点火可从汽车电气系统获得初始电流。以类似于磁电机点火的方式生成高压:建立了初级绕组磁场的电流,被机械控制的触点式断电器断开,在次级绕组产生的高压磁场消失。

目前对点火系统性能的要求

内燃机对点火系统性能的要求急剧增加,变得更加多样。发动机在更高的压缩比和稀薄的空燃混合气下工作。最高转速也在提高。与此同时,对如低噪声、好的怠速性能、长的使用寿命、小的质量和尺寸、低的价格等的要求,迫切需要进一步开发点火系统。

较高的压缩比配上更经济化的化油器,意味着需要更高的点火电压,以保证安全、可靠地触发放电。与此同时,为实现怠速平稳需要大的火花塞电极间隙,但这也对点火电压提出了附加的要求,电压水平比早期提升了2倍多。反过来,它影响高压电路中的导电元件,为此,必须有阻止电弧设计。

为适应发动机转速范围的扩大,需要调节点火定时。必须较大范围调节点火定时,以补偿高速发动机点火时刻与火焰前沿传播之间增加的延迟时间。在为多缸发动机开发的点火系统中,初级绕组断电器和用来分配由点火线圈提供的高压的装置被集成在单分电器壳体内,它们共用一个驱动轴。通过改变触电式断电器杠杆相对凸轮的位置调节点火定时,驾驶员在座位上可以进行初始调节,但需要有经验和一定程度的机械感悟度。早在1910年,高压磁电机点火系统中的离心式定时调节器也用在蓄电池点火系统中。

汽车的燃油经济性变得越来越重要,在点火定时需要考虑发动机负荷的影响。通过安装一个能反映节气门上游进气管气体压力的膜片和产生对分电器的执行力就可实现点火定时调节。因此点火分电器附加了除离心式点火提前调节功能外的真空式点火提前调节(负荷调节)功能。1936年,BOSCH公司在其点火分电器中正式使用真空式点火提前装置。

在开发断电器触点中,BOSCH公司借鉴采用磁电机装置的经验,对蓄电池点火系统的所有组件进行了不断的改进。最后,半导体技术领域的发展为新的点火系统铺平了道路(奠定了基础)。虽然基本方案反映了原始蓄电池点火系统,但在设计上是完全不同的。

附页:BOSCH 公司磁电机点火系统的应用

BOSCH 公司的低压磁电机点火系统安装在梅赛德斯(Mercedes)车上,通过了严格的抗酸碱腐蚀比赛,赢得了 3 个法国站比赛和 1901 年其他赛事的胜利。尤其是 1903 年爱尔兰的戈登班尼特(Gorden Bennett)比赛,由比利时车手卡米尔·简纳兹(Camille Jenatzy)驾驶的 60 hp 梅赛德斯赛车取得了一个令人印象深刻的胜利,其中 BOSCH 公司磁电机点火系统的可靠性和优越的性能起到了主要作用。在 1904 年举行的戈登班尼特比赛上,5 个最快的汽车都配有 BOSCH 公司点火系统。

自 1911 年在 BOSCH 广告宣传画上作为 BOSCH 魔鬼(Mephisto)的 Camille Jenatzy

1902 年 6 月,雷诺(Renault)公司的"轻快旅行车(light touring car)"在从巴黎到维也纳的长距离比赛中,第一个到达维也纳 Trabrennplatz。驾驶员是马塞尔·雷诺(Marcel Renault),他的哥哥在 1898 年以其文丘里(Voiturette)技术在汽车界名声大噪。雷诺的获胜是由于车辆配备了新的 BOSCH 公司高能磁电机点火系统,当时在普通汽车上还未应用。

1906 年,配备了 BOSCH 公司高能磁电机点火系统的汽车在法国大奖赛(French Grand Prix)上获得了胜利。由于汽车制造商们对该系统青睐有加,这套系统很快占据市场,销量有了大幅度的增长。

磁电机点火系统在飞机上的应用

1927 年 5 月,邮局飞行员查尔斯·林德伯格(Charles Lindbergh)开始了他历史性的飞行:横跨大西洋飞行。他凭借着单发动机"圣路易斯精灵"(Spirit of St. Louis)飞机用 33.5 h 从纽约到巴黎不间断飞行。全程无故障的点火系统由瑞士索洛图恩的一家磁电机企业供货,这家企业已经成为 BOSCH 公司麾下的一员。

1928 年 4 月,航空先驱赫尔曼(Hermann Kohl)、库吐(Gunther Feiherr von Hunefeld)和詹姆斯(Jams Fitzmaurice)驾驶一架金属波纹板机身的容克(Junkers)W33 飞机,实现了从东到西横跨大西洋的不间断飞行。他们从爱尔兰起飞,经过 36 h 的飞行降落在加拿大格陵兰岛。由于天气恶劣,他们无法达到原来目的地纽约。但是,航行的成功离不开 BOSCH 公司的火花塞和 BOSCH 公司的磁电机。

蓄电池点火系统的发展

从 1925 年 BOSCH 公司蓄电池点火系统出现,到最终的蓄电池点火系统,这期间点火系统得到了不断的改进。

这期间蓄电池点火系统的基本方案没有实质性的变化。大多数的修改集中在点火定时调节装置上,这可从系统的部件反映出来。最后版的蓄电池点火系统中唯一保留的组件是点火线圈和火花塞。在 20 世纪 90 年代末,点火控制功能集成在 BOSCH 公司的 Motronic 发动机管理系统中。因此下面所述的点火系统发展史是指独立点火 ECU 的点火系统。

传统的点火线圈点火系统(CI)

传统的点火线圈点火系统由触点式断电器控制。分电器中触点式断电器打开和关闭电路以控制点火线圈内的电流流动。在设定的角度触点式断电器触点关闭(闭合角)。

结构和工作

传统的点火线圈点火系统中的元件(图 1)包括:

- 点火线圈 3

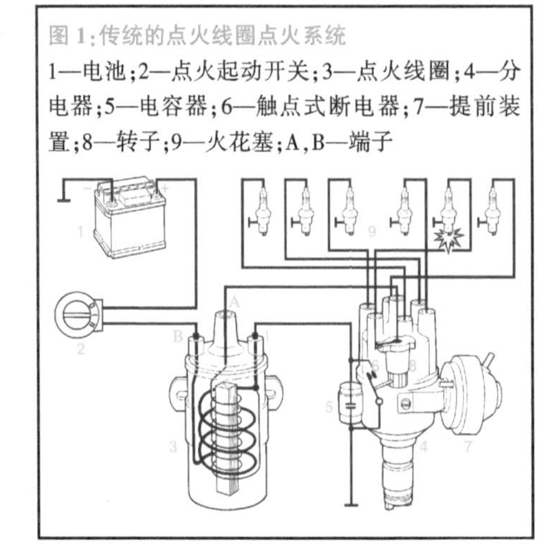

图 1:传统的点火线圈点火系统
1—电池;2—点火起动开关;3—点火线圈;4—分电器;5—电容器;6—触点式断电器;7—提前装置;8—转子;9—火花塞;A,B—端子

- 点火分电器 4、触点式断电器 6、点火电容器 5、离心式点火提前装置 7
- 火花塞 9

工作时,蓄电池电压流过点火起动开关 2 到达点火线圈端子 B。当电路闭合时,电流流过点火线圈的初级绕组(沥青点火线圈,请参阅“点火线圈”部分)到地线。点火线圈中产生了可以存储点火能量的磁场。电感和初级绕组的电阻作用使电路电流逐渐增加。充电时间由闭合角决定,而闭合角又由分电器凸轮的凸起弧度决定,它通过推动凸轮从动件来打开和关闭触点式断电器 6。在闭合器终了凸轮凸起打开触点式断电器触点以中断电流流入线圈。凸轮凸起数对应发动机的气缸数。

触点需要定期更换,因为凸轮从动件的接触表面会烧蚀。

电流、闭合时间和点火线圈次级绕组匝数是点火线圈次级电路中感应的点火电压的主要决定因素。

与触点式断电器触点并联的电容防止接触表面之间产生电弧,这样在触点打开之后,电流能够继续流动。

点火线圈的次级绕组感应的高电压,传到分电器的中心触点。当分电器转子 8 转动时,将在这个中心触点和一个周围电极之间建立电气通道。电流有序地通过每个电极,将高电压加到气缸内的火花塞上。当接近压缩行程终点时,在火花塞上产生电弧。分电器必须与曲轴同步,以便与每个气缸中的活塞保持相同的节奏。这种同步是通过分电器与凸轮轴,或者分电器与另一个轴之间的正确机械连接来保证的。这个轴以 2∶1 速比连接到曲轴上。

点火提前调节

由于分电器轴和凸轮轴之间有可靠的机械耦合,所以可以通过转动分电器壳体位置调节点火定时到设定的角度(图 2)。

离心式点火提前角调节

离心式提前装置根据发动机转速变化调节点火定时。飞轮 4 安装在支承板 1 上,它随分电器轴一起旋转。当发动机和分电器轴转速增加时,飞轮由于离心力作用而向外运动。它们推动基板 5 沿着接触轨道,以分电器轴 6 的旋转方向转动。通过调节角 α,改变安装点和分电器凸轮的相对位置,这样点火提前角就可实现提前点火定时。

图 2:线圈点火定时调节系统

(a)机械式离心提前器(图示在初始状态);(b)真空提前延迟装置

1—支承板;2—分电器凸轮;3—接触通路;4—飞轮;5—基板;6—分电器轴;7—分电器;8—触点基板;9—延迟单元的进气管连接;10—延迟单元;11—膜片(点火提前系统);12—提前单元;13—无液单元;14—提前单元的进气管连接头;15—环形膜片(延迟系统);16—提前/延迟点火臂;17—接触式触点

S_1—总提前时间,S_2—总延迟时间,α—时间调节角

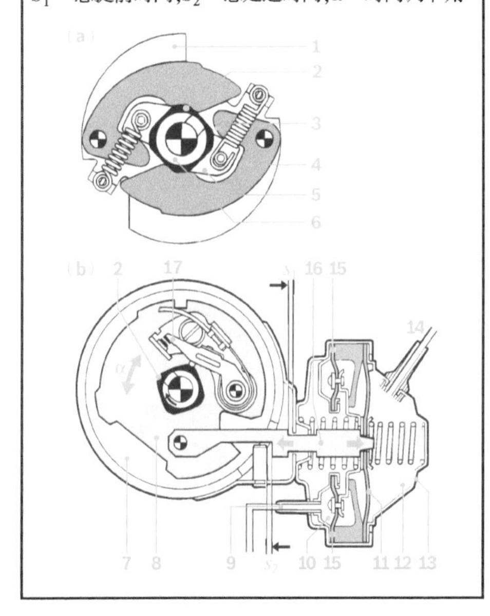

真空式提前角调节

这种真空式点火提前调节装置根据发动机负荷变化调节点火定时。负荷指数(变化)用进气歧管真空度表示,通过连接到两个膜盒的软管就可实现延迟点火定时[图 2(b)]。

负荷下降式真空式点火提前装置中的真空度较高,它拉动膜片 11 和与之相连的提前/延迟点火臂 16 向右移动。移动点火臂使触点式断电器触点总成的基板 8 与分电器轴反向转动,从而增加点火提前角。

真空式点火延迟装置的真空通过管路连接到节气门后面的进气歧管,而不是连接到节气门前面的进气管。向左移动环形膜片 15 和与之相连的提前/延迟点火臂 16 以延迟点火定时,这种点火延迟系统在某些情况下(怠速、转动油门时),可用以改善发动机排放。这种真空点火提前系统是研究点火系统时优先考虑的系统。

晶体管式断电器触发点火系统

结构和工作原理

用在晶体管式断电器触发点火系统中的分电器与用在点火线圈点火系统中的功能相同。不同点在初级点火电路的控制上。它不再用断电器触点控制,而是由一个晶体管控制。该晶体管安装在点火触发控制盒里,同时还安装了一个电子辅助装置。在这个系统里,晶体管式断电器触发点火系统的控制电流是通过断电器触点来切换的,因此系统的最终控制仍然是通过触点来完成的。图 3 比较了这两种结构。

图 3:传统点火线圈点火系统与晶体管式断电器触发点火系统的对比

(a) 传统点火线圈点火系统的电路图;(b) 晶体管式断电器触发点火系统电路图

1—蓄电池;2—点火/起动开关;3—串联电阻(镇流电阻);4—起动开关旁路电阻;5—带初级绕组 L_1 和次级绕组 L_2 的点火线圈;6—点火电容;7—触点式触点;8—分电器;9—火花塞;10—分压电阻 R_1,R_2 和晶体管 T 的电路图;A,B,C,D—端子

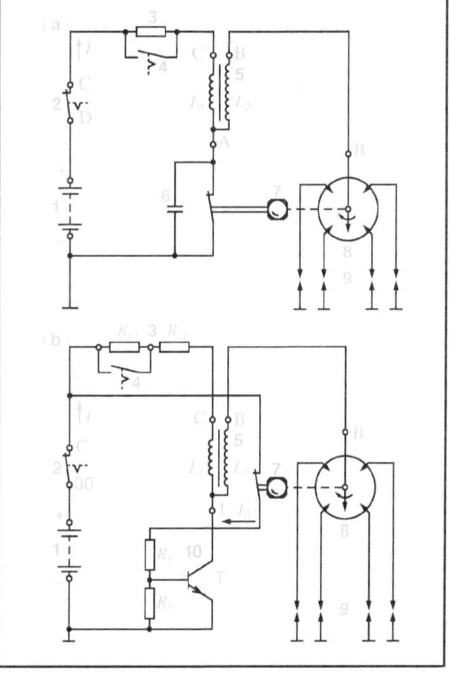

当触点式触点 7 关闭时，控制电流流向晶体管的基极 B，使发射极 E 和集电极 C 之间的路径导通，点火线圈充电。当断电器触点打开时，没有电流流入基极，晶体管切断初级绕组的电流流动。串联电阻 3 限制初级绕组电流流向低电阻，快速充电。该点火系统中的点火线圈在起动时，对蓄电池压降进行补偿是通过与起动机端子 D 连接的几个电阻中的一个旁路电阻实现的。

与线圈点火相比的优点

晶体管式断电器触发点火系统和传统点火线圈点火系统相比有两个优势：一是由于晶体管式断电器触发点火系统只有很小电流流过触点，从而提高其寿命；二是晶体管点火系统能够控制较大的初级绕组电流。这种较大的初级绕组电流增加了点火线圈中储存的能量，从而提高了该点火系统的电压等级、火花持续时间和火花电流值等参数。

Hall 触发式晶体管点火系统

结构

在 Hall 触发式晶体管点火系统中，将断电器触发点火系统里的触点断电器用一个 Hall 效应传感器替代，而 Hall 效应传感器集成在分电器中。当分电器轴转动时，转子挡片 1（图 4）在磁性触发单元的间隙中旋转。挡片与磁性触发单元没有接触。这两个带永磁体的软磁导体 2 一起产生磁场。当这个磁场间隙未被挡住时，这个磁通穿过 Hall IC 3，而当这个挡片进入这个间隙时，它们周围的大量磁通消失，但不影响 Hall IC。这个过程产生一个数字电压信号［图 4(b)］。

由于挡片的数量和发动机气缸数量相对应，所以电压信号和晶体管式断电器触发点火系统中的信号相一致。一种系统通过分电器凸轮轴的凸部确定闭合角；另一种由挡片产生的脉冲系数确定，这个脉冲来自挡片产生的电压信号。

依靠特殊的点火触发盒，每个挡片宽度 b 决定了最大的闭合角，这个闭合角在 Hall 传感器全寿命中保持不变，在系统中至少没有单独的闭合角控制。采用像触点式断电器触点的这种类型的闭合角调节已没有必要（已冗余）。

图 4：点火分电器中的 Hall 效应传感器

(a) 转子结构简图；(b) Hall 效应传感器电压输出；(c) 点火持续时间控制的斜坡电压；(d) 初级绕组电流

1—宽度为 b 的转子挡片；2—带永磁体的软磁导体；3—Hall IC；4—间隙

t_1—断电时间；t_1^*—电流持续时期；t_z—点火点

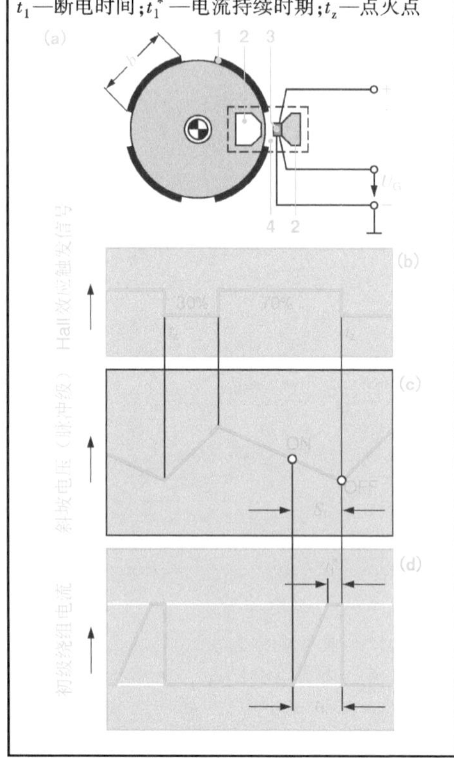

电流和闭合角的控制

快速充电、低阻抗点火线圈能限制初级绕组电流和减少功率损失，相应的功能集成在点火系统触发器盒中。

电流控制

初级绕组电流用以限制点火线圈电流和能量在规定范围内。因为在晶体管电流控制阶段，晶体管进入它的实际工作范围，晶体管电压损失比切换模式时大，从而导致电路中高的功率损耗。

闭合角控制

通过合理调节闭合角可以减小点火系统功率损耗。由于可以利用模拟技术改变电压阈值来进行控制操作，所以 Hall 效应触发的方波信号可通过对电容的充放电形成斜坡电压[图 4(c)]。

通过分电器的调节角度来确定点火点，该调节角度位于挡片宽度的尾部，约占 70%。设定闭合角控制，以提供电流控制时期 t_1^*，这个时期为动态操作的精度提供了所要求的点火相位提前。t_1参数用于产生一个电压，以与斜坡下降的坡度比较。电流在“ON”状态的初级绕组用来激活闭合时期。改变斜坡电压曲线上的交点以改变这个电压，使其在任何工况下都能够调节闭合时期的始点。

感应脉冲式发生器的晶体管点火系统

与带 Hall 传感器的 Hall 触发式晶体管点火相比，感应脉冲式发生器的晶体管点火系统[图 5(a)]的差别不大。感应脉冲式发生器的永久磁铁 1 和在感应脉冲式发生器上带铁芯的感应绕组 2 组成一个定子单元。与这个固定单元(定子)相对布置的转子旋转触发脉冲。转子和铁芯由软磁材料制成，端部为尖状(定子和转子)。

图 5：点火分电器中的感应式触发器
(a) 结构方案；(b) 感应电压曲线
1—永久磁铁；2—带铁芯的感应绕组；3—可变间隙；4—转子
t_z—点火点

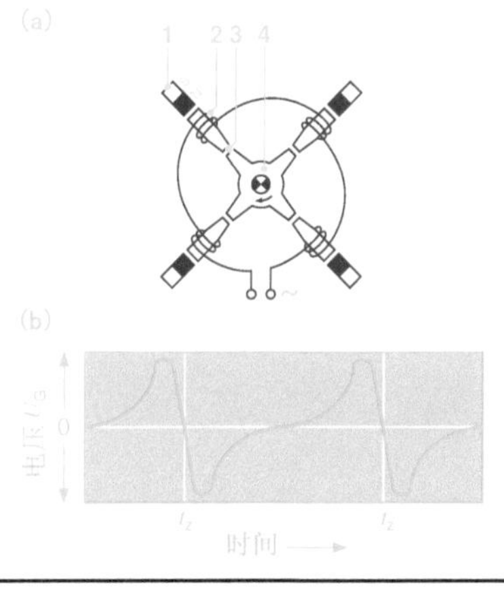

工作时转子和定子尖状端部之间的间隙连续变化，从而引起磁通的变化，变化的磁通使感应绕组产生交流电压[图 5(b)]。峰值电压随发动机转速变化，低转速时电压约 0.5 V，高转速时可达 100 V。频率f是指每分钟火花的数量。

感应脉冲式发生器的晶体管点火系统的电流和闭合角控制与 Hall 触发式晶体管点火系统的电流闭合角控制基本相同。感应脉冲式发生器的晶体管点火系统不需要斜坡电压，可直接用感应的交流电压来控制闭合角。

电子点火系统

随着对发动机管理精度的要求日益提高，采用离心式和真空装置传统分电器的基本点火时间曲线已经难以满足需求。20 世纪 80 年代初期，汽车微控制器的推出为点火系统的设计提供了新的选择。

结构和工作原理

电子点火不需要基于离心或者真空式定时调整装置。代之以传感器来检测发动机速度和负荷参数，将它们转换成电子信号传给点火控制单元。为了完成电子点火的有关功能，微控制器的作用非常重要。

发动机转速由感应脉冲传感器采集，通过扫描安装在曲轴上的磁阻传感器和齿盘来实现。另一种方法是在点火分电器采用 Hall 效应传感器来实现转速。

进气歧管内的大气通过软管传送到控制单元中的压力传感器。如果发动机采用电子燃油喷射，则用由空燃混合气形成的负荷信号进行点火定时控制。

控制单元利用这些数据生成点火线圈驱动器的控制信号驱动，相应的电路可以集成在控制单元，也可以安装在点火线圈的外部。

电子点火最显著的优势是，能够利用程序 MAP 图控制点火定时。MAP 图中包括发动机转速和负荷工作范围的理想点火定时。理想点火定时确保发动机各工况下[图 6(a)]的综合性能指标，对于任何给定的工况，点火定时的选择依据如下：

图 6：理想电子点火提前角 MAP 与机械调节系统 MAP
(a) 电子点火的点火提前角 MAP；(b) 传统线圈点火的点火提前角 MAP

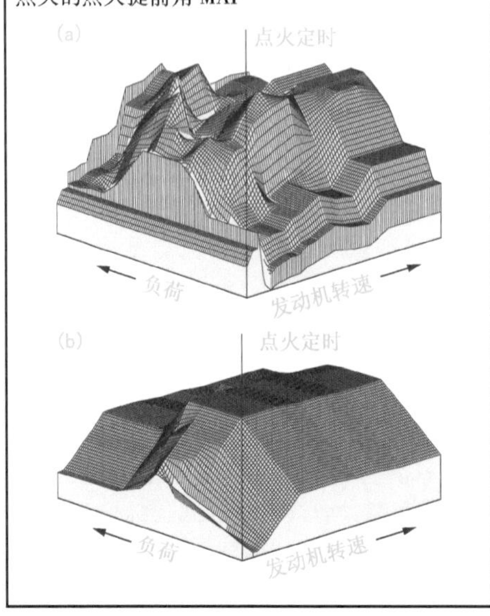

- 扭矩
- 燃油经济性
- 排气成分
- 爆燃极限余量
- 操控性等

基于最优化准则选择各个特征参数，这是为什么电子控制点火系统 MAP 图显示出陡峭和突变的情况，这与机械式定时调整点火系统的光滑坡面不同。

基于发动机转速和蓄电池电压的 MAP 图可以应用于闭合转角上。这样能够确保点火线圈储存的能量准确调节各个闭合角。

一些其他参数对点火角也能起到作用，但需要附加传感器检测，检测参数包括：

- 发动机温度
- 进气温度（选项）
- 节气门节流板孔径（在怠速和 WOT）

即使没有传感器，也可以检测蓄电池电压，这是闭合角的重要修正参数。模数转换器将模拟信号转换成单片机可处理的数字信号。

电子点火定时调整的优点

从机械式点火定时调整到电子控制系统带来如下一系列优势：

- 点火定时适应性提高
- 改善发动机的起动性能，怠速更加稳定，燃油消耗降低
- 扩展了发动机工作参数的监控（如发动机温度）
- 集成了爆燃控制

无分电器（全电子）点火系统

全电子式点火系统包括基本电子点火系统的功能，其主要不同点是，取消了较早的旋转式高压分电的分电器，代以由电控单元控制的固定式高压分电全电子式点火系统，为每个气缸提供一个独立的、专用的控制信号。每个气缸配备它自己的点火线圈。双火花点火使用一个点火线圈供两个气缸用。

系统优点

无分电器式点火系统的优点如下：

- 由于没有暴露的火花，所以可大幅减少系统的电磁干扰
- 没有旋转件
- 低噪声
- 较少的高压接头
- 便于发动机生产厂家设计

感应点火系统

在汽油发动机中,利用火花塞电极间放电产生火花,点火线圈的能量转换成火花并迅速点燃邻近火花塞压缩的可燃混合气,产生火焰前沿并迅速传播,点燃整个燃烧室中的空燃混合气。感应式点火系统在每个做功冲程产生放电所需的高压和点火所需的火花持续时间,取自汽车电气系统蓄电池的能量暂时储存在点火线圈中,用于点火。

感应式点火系统最重要的应用场合是配备汽油发动机的乘用车,最常用的是四缸四冲程发动机。

结构

图1表示感应式点火系统点火电路的基本结构,以无分电器(固定式)电压分配和单火花点火线圈为例。点火电路组成如下:

- 点火驱动级5,它集成在Motronic ECU或者点火线圈中
- 点火线圈3,为笔型点火线圈或紧凑型点火线圈,以产生一个或两个火花
- 火花塞4
- 连接器件和干扰抑制器

带有旋转式高压配电的早期点火系统需要额外高压分电器,以确保点火线圈产生的点火能量加到指定火花塞上。

功能和工作原理

点火系统的功能是点燃压缩的空燃混合气以开始燃烧过程。必须确保空燃混合气的

图1:感应式点火系统点火线圈电路基本结构

1—蓄电池;2—AAS二极管;3—点火线圈;4—火花塞;5—点火驱动级(集成在ECU或点火线圈中);6—发动机ECU(Motronic)

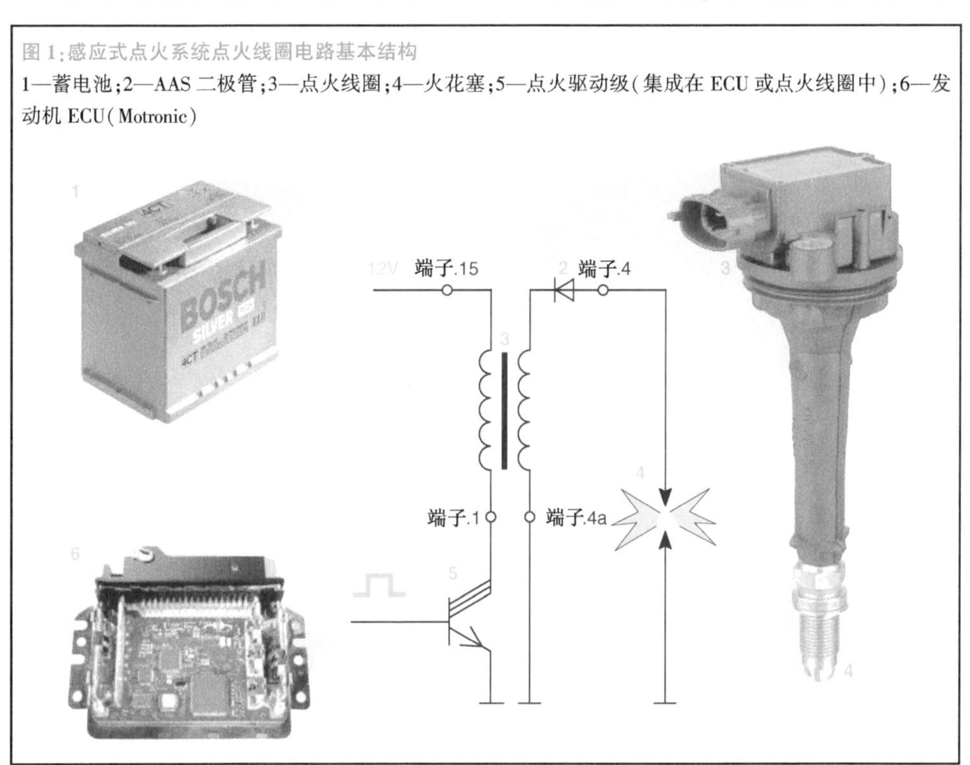

安全燃烧。此后,在下一次点火时刻前点火线圈必须储存足够的能量和正确的点火时刻以形成点火火花。

感应式点火系统所有组件的设计和性能参数必须满足系统总体要求。

点火火花生成

当电流在初级绕组流动时,点火线圈产生磁场,点火所需要的点火能量就储存在这个磁场中。

在点火时刻切断点火线圈电流使磁场消失,磁场的快速变化使点火线圈的次级绕组由于有较大的匝数比(约为 1∶100)而产生一个高电压(图 1)。当达到点火电压时,火花塞放电并点燃压缩的混合气。

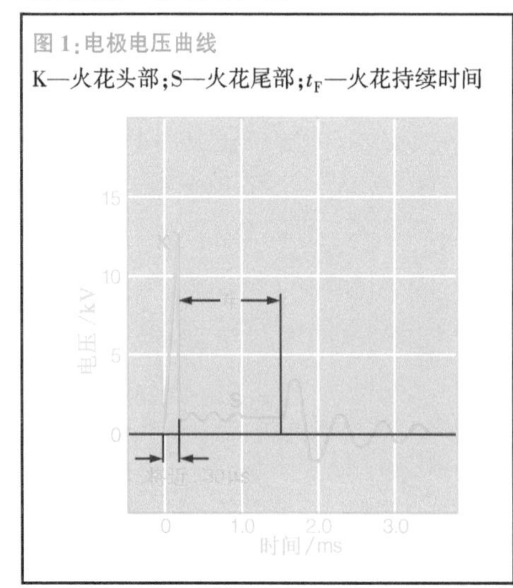

图 1:电极电压曲线

K—火花头部;S—火花尾部;t_F—火花持续时间

由于感应的反电压,初级绕组的电流只逐步达到它的设定值。由于点火线圈中储存的能量取决于电流($E=1/2LI^2$),所以为了储存点火所需要的能量,需要一定的持续时间,这个持续时间取决于汽车电气系统的电压。ECU 程序用持续时间和点火时间计算接通点,通过点火驱动级接通点火线圈和在点火时刻再次断开。

火焰前沿传播

放电后,火花塞电压下降到火花电压(图 1),火花电压取决于火花等离子体长度(电极间隙和流动偏移)和电压范围(一般为几百伏到上千伏)。在点火期间点火线圈能量转换成点火火花,火花持续时间为 100 μs~2 ms。随着火花的分离,电压逐渐衰减。

火花塞电极间的电子火花产生一个高温等离子体。如果火花塞处的空燃混合气被点燃,并且点火系统提供充足的能量,则火焰核形成并发展为能自动传播的火焰前沿。

点火时刻

需要高精度选择火花点燃缸内可燃混合气的时刻,用相对发动机活塞 TDC 的曲轴转角表示。点火角对发动机的运行有很大影响并且决定以下参数:

- 输出扭矩
- 废气排放
- 燃油消耗

点火时刻的选择尽可能满足发动机的所有要求。但是在运行中,要持续避免发动机连续爆燃。

决定点火时刻的主要影响因素是发动机转速和负荷,或者扭矩。其他影响因素如发动机温度等,也决定最佳点火时刻。这些影响因素由传感器检测,然后传输给发动机 ECU(Motronic)。点火时刻可用脉谱图和特性曲线算出,同时产生点火驱动级的执行信号。

爆燃控制

点火过早就会出现爆燃现象(图 2)。一旦开始有规律地燃烧,燃烧室内的工质压力迅速上升,导致火焰前沿还未到达的未燃剩余空燃混合气自燃。未燃的剩余空燃混合气突然燃烧,导致燃烧室内局部压力快速上升。产生的压力波传播敲击气缸壁,并可听到燃烧敲缸声。

如果爆燃持续较长时间,那么由于压力波和过大的热负荷存在,所以发动机将遭受机械损伤。为防止高压缩比汽油机爆燃,不管是进气管喷油还是缸内直接喷射,爆燃控制是当今汽油机管理的标准特征。爆燃控制就是利用爆燃传感器(承载件噪声传感器)检测发动机开始爆燃的气缸,推迟该气缸的点火定时(图 3)。因此,空燃混合气点燃后,压力增长较迟,爆燃趋势减弱。一旦爆燃停止,就分步反向调整点火定时。为了达到发动机最佳效率，基本匹配的点火角（点火脉谱图）直接位于爆燃边界。

图 2：燃烧室的工质压力曲线

1—正确点火时刻 Z_a；2—过分提前的点火时刻 Z_b（爆燃）；3—过分滞后的点火时刻 Z_c

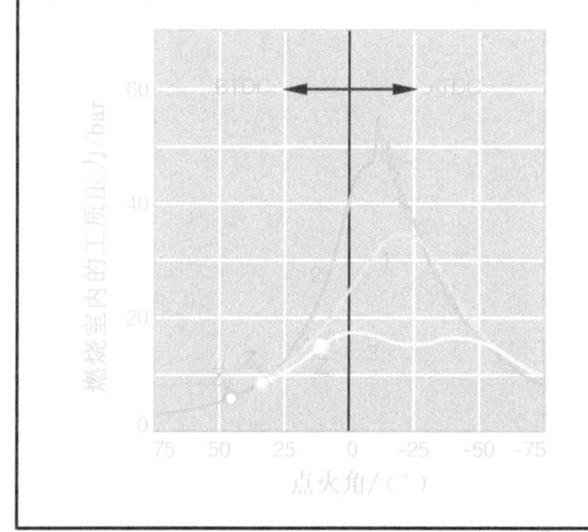

图 3：爆振的控制算法不同点火时刻的缸内工质压力曲线

$K_1 \sim K_3$ 对应气缸 1～3 出现爆燃，气缸 4 没有爆燃

a—点火定时延迟前的点火持续时间；b—点火角下降值；c—反向调整点火角前的点火持续时间；d—点火定时推迟

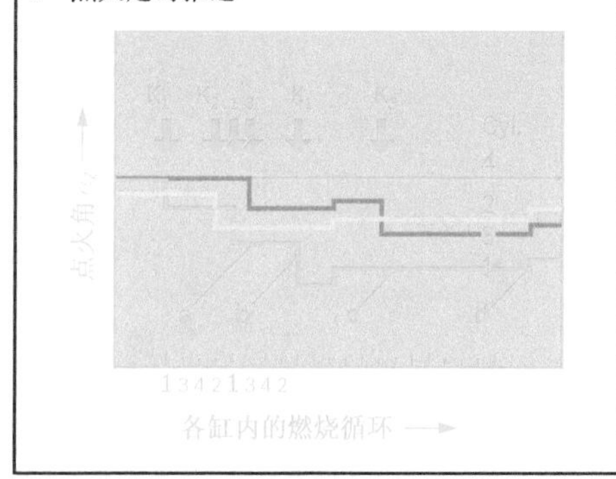

点火参数

点火时刻

发动机转速和负荷的相关性

一旦火花塞触发点火，只需要几秒钟就可以完全燃烧空燃混合气。只要空燃混合气组分不变，这段时间是不变的。点火时刻必须合理选择，使主燃烧和随后出现的压力峰值在活塞上止点后很小一个角度。随着发动机转速增加，点火角必须提前。

气缸充气量对燃烧曲线也有影响。当气缸充气量少时，火焰传播速率低。因此，当气缸充气量少时，点火角需要提前。

在汽油直接喷射分层空燃混合气模式的情况下，受到汽油机喷射结束和压缩冲程期间空燃混合气制备所需的时间限制。

点火提前角基本匹配

在电子控制点火系统中，点火角脉谱图（MAP）（图 1）考虑了发动机转速和气缸充气量对点火角的影响。点火 MAP 存储在发动机管理系统的数据存储区中，并作为点火角的基本匹配。

图 1：点火角脉谱图（MAP）

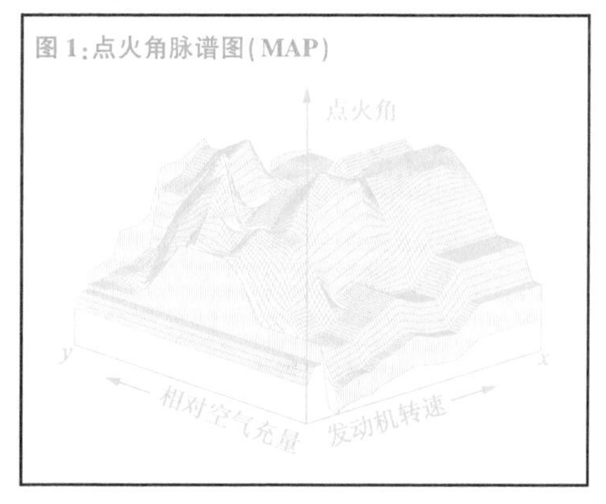

图中 x 轴和 y 轴代表了发动机的转速和相对空气充量，具特性值，典型的为 16，构成了 MAP 的数据点。存储的每对特性值对应一个点火角。MAP 有 256 个可调的点火角。在两组数据间进行线性插值，点火角数目可增加到 4 096。

采用点火角电控的点火 MAP 的意义在于，对应发动机每一个工况可选择最佳的点火角。这些 MAP 在发动机试验台或动态功率分析仪上确定，并考虑噪声、舒适性、零部件保护等情况。

点火角的附加修正

要考虑对点火时刻的不同影响因素，就需要对基本点火角的附加修正，如爆燃控制或起动后的暖机，发动机温度也影响点火角的选择（当发动机为热机时需改变爆燃极限）。

与温度相关的点火角修正是必需的。这些修正以固定值或特征曲线（随温度变化的点火角修正）方式存储在数据存储器中，通过具体的值修正基本点火角，点火角的修正可以提前或延迟。

特殊工况下的点火角

对于如起动或汽油直喷的分层可燃混合气的特殊工况需要偏离点火 MAP 的点火角。在这种情况下，需要从存储在数据存储器中的特殊点火角取得。

点火持续时期

存储在点火线圈中的能量取决于点火时刻最初电流大小（切断电流）和初级绕组的电感。切断电流的大小取决于接通时间（持续时间）和汽车电气系统电压。获得所需的切断电流的持续时间存储在与电压相关的修正曲线和 MAP 程序中。通过与温度相关的点火角修正也可补偿点火持续时间的变化。

为避免点火线圈的过高热负荷，重要的是严格控制点火线圈中产生所需能量的时间。

点火电压

在火花塞电极间出现放电的电压就是所要求的点火电压，它取决于：

- 燃烧室空燃混合气密度和点火时刻
- 空燃混合气成分（过量空气系数 α、空燃比 λ）
- 空燃混合气流速和涡流
- 电极几何尺寸
- 电极材料
- 电极间隙

重要的是，在任何工况下点火系统供给的点火电压总是超过所需的点火电压。

点火能量

切断电流和点火线圈参数决定了点火线圈储存能量的大小，该能量用以产生电火花的点火能量。点火能量的大小对缸内火焰前沿传播具有决定性影响。好的火焰前沿传播可以使发动机具有高的动力性能和低的有害物排放。这对点火系统提出一系列要求。

点火能量平衡

储存在点火线圈中的能量需要在触发电火花时尽快释放，这些能量分为两个独立部分：

火花头部

为在火花塞上产生点火火花，首先必须给点火电路的次级边二次电容 C 充电并再次放电，为此需要的能量随着点火电压 U 呈二次方增加（$E=1/2CU^2$），图 2 为含在火花头部的这部分能量。

火花尾部

放电（电感元件）后保留在点火线圈中的能量在火花持续过程中释放。该能量表示存储在点火线圈的总能量与电容放电期间释放的能量之差。换言之，表示火花头部保留的总能量部分越多，在火花持续时间转换的能量就越少。当要求高的点火电压时，如果火花塞严重磨损，则储存在火花尾部的能量不足以完全点燃空燃混合气，或不足以重新点燃已熄灭的火花。

进一步增加要求的点火电压会导致到达失火边界。这里，可利用的能量不再足够产生放电，相反，它会产生衰减的阻尼振荡（点火失火）。

能量损失

图 2 为简化表示的能量平衡图。点火线圈中的欧姆电阻、带干扰抑制电阻的点火电缆引起的点火能量不能利用的能量损失不在其内。

各分流电阻也会产生能量损失。这些损失可能由高压连接件上的污染所致，主要原因是烟灰和燃烧室内火花塞上的沉积物。

分流损失的大小也取决于所要求的点火电压。供给火花塞的电压越高，通过分流电阻的放电电流就越大。

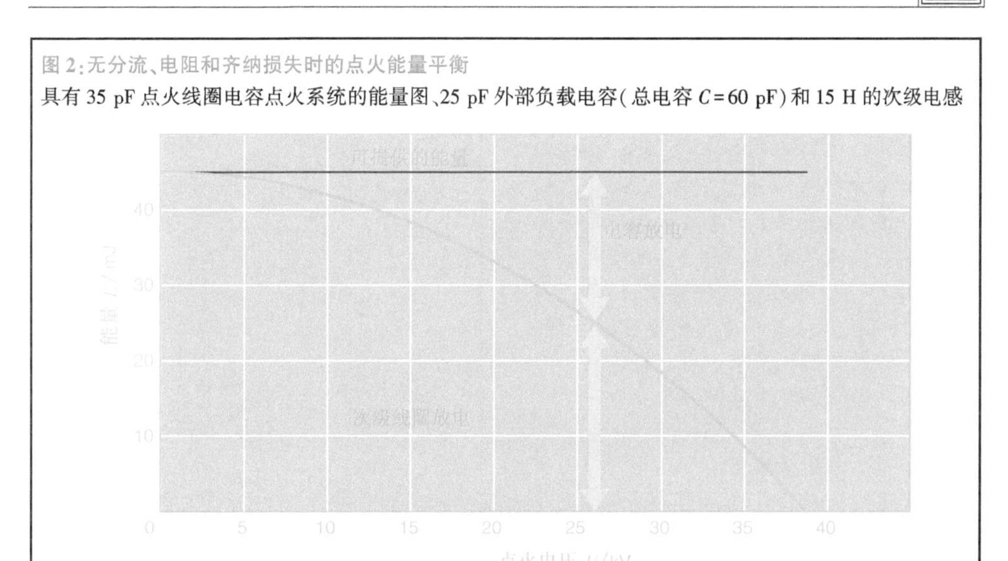

图 2：无分流、电阻和齐纳损失时的点火能量平衡
具有 35 pF 点火线圈电容点火系统的能量图、25 pF 外部负载电容（总电容 $C=60$ pF）和 15 H 的次级电感

空燃混合气点燃

在理想条件下（如实验室），对于每一燃油喷射，用电火花点燃空燃混合气所需的能量约为 0.2 mJ，提供的空燃混合气必须是均质、静止的理论空燃比。对于均质、静止的浓或稀空燃混合气，需要的点火能量超过 3 mJ。

危险防范

所有电子点火系统都是高压系统。为避免潜在的危险，在点火系统工作前，一定要关闭点火系统或断开电源。有如下操作时需要预防措施：

- 更换点火线圈、火花塞和点火电缆等部件
- 连接发动机测试仪，定时频闪观测仪、点火持续时间/车速测试仪、点火示波器等

当检查点火系统时，点火系统工作时一定要记住其有危险的高压。所以所有的测试和检查的人员应是有资质的专业人员。

理论上要求点燃的空燃混合气的能量或实际要求点燃的空燃混合气的能量仅仅是火花中总能量的一部分，在传统点火系统中，在高击穿电压的点火时刻产生高压放电需要超过 15 mJ。对次级边处电容充电也需要能量。维持火花持续时间和补偿火花塞污染的分流损失则还需要能量。这样总的点火能量至少要 30~50 mJ，相应的存储在点火线圈中的点火能量会达到 60~120 mJ。

汽油直喷发动机在分层充气模式工作时，空燃混合气内涡流会使点火火花偏移，甚至熄灭（图 3）。需要有后续的火花来点燃空燃混合气，后续火花的能量由点火线圈供给。

图 3：缸内汽油直喷发动机中的点火火花
（采用高速摄像机在透明发动机上拍摄的点火火花的照片）
1—点火火花；2—汽油喷束

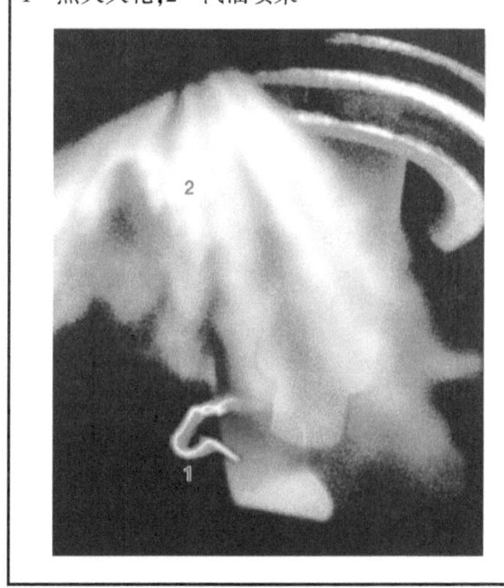

稀空燃混合气的点火性能下降。需要一个特别高的点火,以满足要求的高点火电压和确保足够长的点火持续时期。

如果可用的点火能量不够,则缸内空燃混合气将不能点燃,火焰前沿不能建立起来,出现燃烧失火现象。这就是点火系统需要储存足够点火能量的原因。为保证即使在不利的外部条件下空燃混合气可靠燃烧,可以直接点燃毗邻火花塞的一小部分空燃混合气。点燃的这部分空燃混合气再点燃缸内其余的空燃混合气并开始燃烧过程。

影响点火性能的因素

有效制备空燃混合气和无障碍穿过火花塞可改善点火性能,这与延长点火持续时间、加大火花长度和加大电极间隙的作用相同。空燃混合气的涡流也是一个优势,可以为后续的火花点火提供足够的可用能量。涡流帮助燃烧室中的火焰前沿快速分布,有助于进入整个燃烧室中的空燃混合气完全燃烧。

火花塞的污染也是一个重要的因素。如果火花塞非常脏,在建立高压期间,点火线圈的能量通过火花塞分流(积炭)放电。这不仅会降低高压,也会缩短火花塞寿命。这也将影响发动机排放,甚至在极端情况下,火花塞严重污染或潮湿会导致点火失火。

点火失火导致气缸无法燃烧,从而增加燃料消耗和有害物排放,也会损坏催化转换器。

电压分配

旋转式高压分配

在点火线圈 2 中产生的高压[图 1(a)]必须在点火时刻供给到确定的火花塞上。在旋转式高压分配时,单点火线圈产生的高压通过点火分配器 3 被分配到每个火花塞 5。

分配器与凸轮轴耦合,从而控制分配器转子的转速和位置,并实现点火线圈和火花塞之间的电气联系。

目前,在现代的发动机管理系统中,这种形式的高压分配已无多大价值。

图 1:电压分配概念
(a)旋转分配器;(b)单线圈无分电器(固定式)系统
1—点火锁止;2—点火线圈;3—点火分配器;4—点火线缆;5—火花塞;6—ECU;7—电池

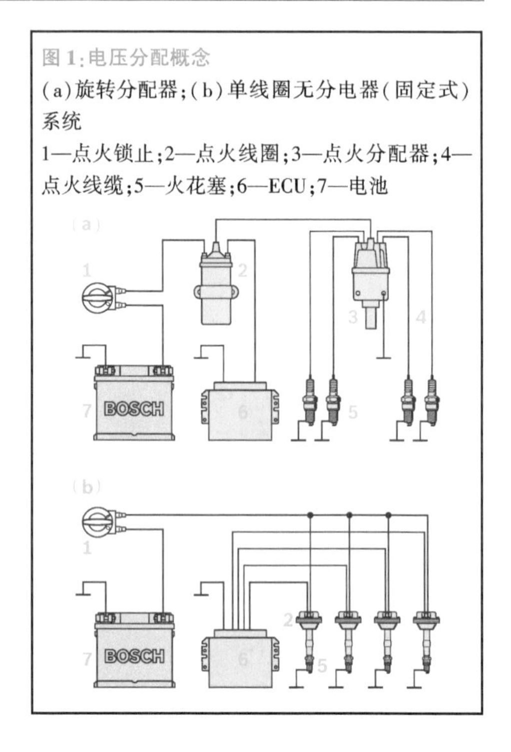

无分电器(固定式)的高压分配

在无分电器或固定式高压分配点火系统中,机械元件已经消失[图 1(b)]。电压分配在点火线圈的初级边,它直接和火花塞相连,从而实现无磨损、无损失的电压分配。这种类型的电压分配有两种形式:

单火花点火线圈点火系统

每个气缸都有一个点火驱动级和一个点火线圈。发动机 ECU 以特定的点火指令激活点火驱动级。

因为没有分电器损耗,点火线圈可以设计得很小,被直接安装在火花塞上。

单火花点火线圈的无分电器高压分配可适用于任何数量气缸的发动机,点火定时调节范围没有限制。在这种情况下,处于点火 TDC 气缸的火花塞是工作火花塞。然而,这种系统必须加装与凸轮轴相连的凸轮轴传感器以保证点火节拍与凸轮轴同步。

双火花点火线圈点火系统

每两个气缸布置一个点火驱动级和一个

点火线圈。次级绕组的两端和不同气缸的火花塞相连。火花塞连接时需要选择两个合适的气缸：一个气缸在压缩冲程；另一个气缸在排气冲程（只用于偶数气缸数的发动机）。在点火时刻，两个火花塞上产生放电。重要的是在排气冲程要防止剩余废气或吸入的新鲜气体被附加的火花点燃，限制双火花点火线圈的点火定时变化范围，它不需要与发动机凸轮轴同步。由于这些限制，双火花点火线圈点火系统没有被推荐。

点火驱动级

功能和工作原理

点火驱动级（图 1）的功能是控制点火线圈的初级电流，它常用双极性（BIP）技术的三极晶体管（BOSCH 公司双极性技术集成的功率模块）。初级电压限制和初级电流限制功能集成在点火驱动级的单个芯片中，并保护点火元件过负荷。

工作时，点火驱动级和点火线圈都会发热。为使它们不超过允许工作温度，需要采用适当措施以确保外部环境温度很高时热量也能散出。为避免点火驱动级的高功能损失，初级电流限制功能仅限制失效时的电流（如短路）。

未来三级断路器将被新的 IGBT（绝缘门双极性晶体管、场效应晶体管与双极性晶体管的混合形式）替代。IGBT 与 BIP 相比具有如下优点：

- 几乎无功耗驱动（电压替代电流）
- 低饱和电压
- 较高的负载电流
- 较短的转换时间
- 较高的钳位电压
- 较高的保持温度
- 12 V 汽车电气系统中的极性反向保护

设计变化

点火驱动级可以分为内部驱动级和外部驱动级两种。前者被组合在发动机 ECU 的电路板上，后者则在发动机 ECU 外的自己的壳体中。基于对成本因素的考虑，外部驱动级在新开发的点火系统中不再被使用。

图 1：点火驱动级框图
(a) 双极性（BIP）点火驱动级（单片集成式）；
(b) IGBT 点火驱动级（单片集成式）
1—基极电阻；2—三级达灵顿管；3—发射极基本电阻；4—发射极电流调节器；5—集电极限压；6—电流检测电阻；7—反向二极管；8—多晶硅保护二极管；9—门极电阻；10—集电极电压限制多晶硅钳位二极管；11—门极发射极电阻；12—IGBT 晶体管；13—电阻（标准 IGBT 省略掉）；
B—基极；E—发射极；C—集电极；G—门极

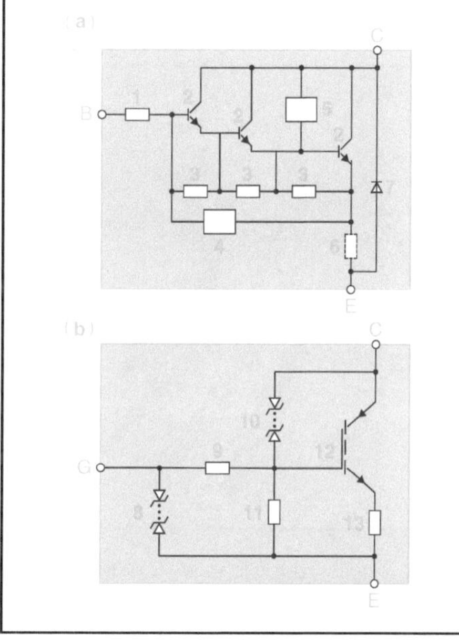

将驱动级集合在点火线圈中的方式越来越普遍，这种解决方案可避免高压电缆处于带有大电流的线束中，而且这种方案在 Motronic ECU 中引起的能量损失较小。组合在点火线圈中的驱动级，对驱动、诊断能力、耐温有严格要求。这些要求源于它直接安装在较高环境温度的发动机上，源于 ECU 和点火线圈之间的接地补偿和包括从点火线圈到 ECU 通过附加电缆或使用智能控制线（包括诊断信息回传）传输诊断信息的额外费用。

连接装置和干扰抑制器

点火电缆

因为在点火线圈中产生的高电压要传输

到火花塞，所以需采用绝缘塑料耐高压电缆（图 1）。为与高元件接触，点火电缆两端使用专门接头，以与没有直接安装在火花塞上的点火线圈（双火花点火线圈）相连。

在这样的点火系统中，每根高压电缆具有容性负载，这会减少可用的次级电压，因此点火电缆要尽可能短。

干扰抑制电阻及屏蔽

由于脉冲放电，所以每一个放电都是一个干扰源。高压电路中干扰抑制电阻器限制了放电时的峰值电流。为了使高压电路干扰辐射最小，抑制电阻的安装应尽可能靠近干扰源。

通常将抑制电阻组合在火花塞接头和点火电缆连接器中，火花塞也可作为组合的抑制电阻。然而增加次级边电阻会导致点火电路中能量的损失，并最终导致火花塞上的能量减少。

通过部分或全部屏蔽点火系统可进一步降低辐射干扰，包括采用屏蔽的点火电缆。这种情况只用在特殊的场合（如官方政府、军事部门车辆、高传输功率的无线电设备）。

图 1：点火电缆
(a) 带直接头的电缆组和无屏蔽的火花塞接头；(b) 带弯形接头的电缆组和特殊屏蔽的火花塞接头

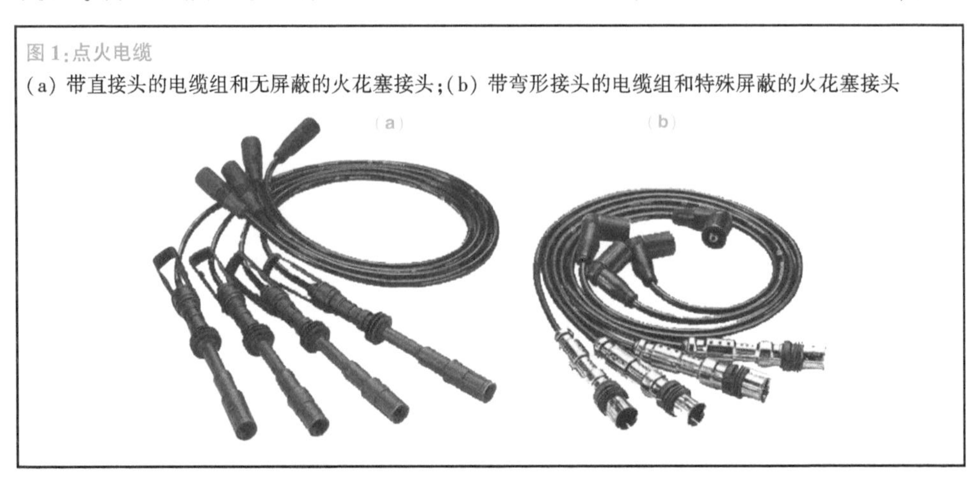

点 火 线 圈

在感应点火系统中,点火线圈是负责将低的蓄电池电压转换为使火花塞放电的高电压的元件。点火线圈是基于电磁感应原理工作的:储存在初级绕组中的磁场能量通过磁感应传递给次级绕组(图 1)。

图 1:BOSCH 公司主要点火线圈类型

(a)带 3 个独立点火线圈的模块;(b)带 4 个独立点火线圈的模块;(c)单点火线圈(紧凑型点火线圈);(d)单点火线圈(笔型点火线圈);(e)双点火线圈(1 个磁路);(f)带双磁路双点火线圈(4 个高压包);(g)双点火线圈模块

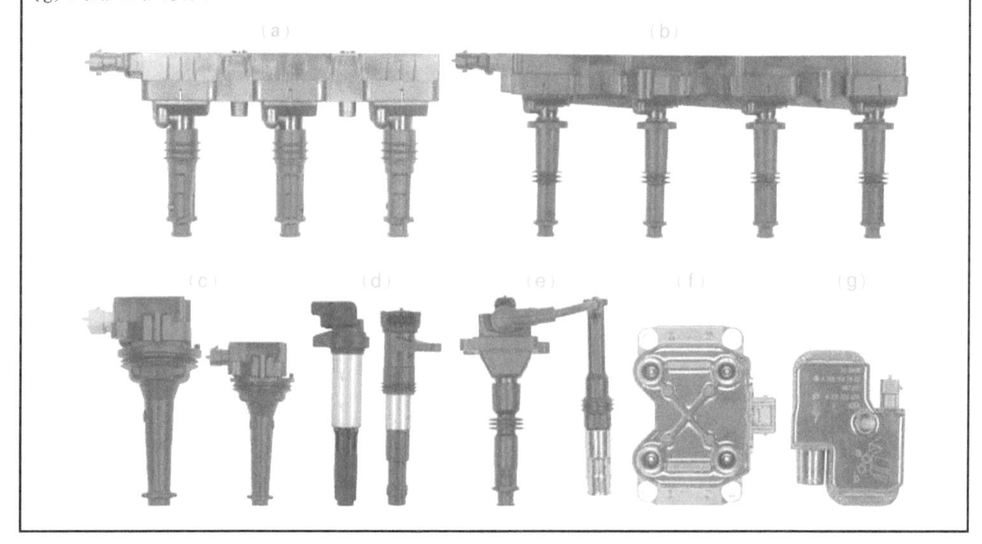

功能

在火花塞放电前必须产生和储存点燃空燃混合气所需要的电压和点火能量。点火线圈具有转换和存储能量的双重功能。线圈储存初级电流建立的磁场能,在点火瞬时切断初级电流,释放点火能量。

线圈必须和点火系统中其他元件(点火驱动级、火花塞)精确匹配,主要参数包括:

- 可用于火花塞上的点火能量 W_{sp}
- 在高压放电时供给火花塞点火电流 I_{sp}
- 火花塞火花延续时间 t_{sp}
- 满足所有工况的点火电压 U_{ig}

在设计点火系统时主要考虑单个系统参数与点火驱动级、点火线圈、火花塞的相互作用,以及与发动机设计的特殊要求。

示例:

- 确保在所有发动机工况下,可安全、可靠地点燃空燃混合气。涡轮增压发动机与进气管燃油喷射发动机相比,需要更高的点火能量,汽油直喷发动机则需要最高的点火能量
- 火花电流对现代火花塞使用寿命的影响有限
- 涡轮增压和超高增压发动机与非增压发动机相比需要更高的点火电压
- 为正确设置工作点,点火驱动级和点

火线圈必须相互匹配(初级绕组电流)

- 点火线圈和火花塞之间的连接必须在所有工况下安全、可靠(不同电压、温度、振动、抗腐蚀)

应用领域

在20世纪30年代,电池点火取代了磁点火系统时,点火线圈在BOSCH公司点火系统中首次亮相。从那时起,点火线圈被不断改进以适应各种新的应用领域。带感应点火系统的所有车辆和机器都采用点火线圈。

要求

排放控制法规限制内燃机污染物排放。必须避免出现失火和混合气不完全燃烧,因为这样会导致HC排放上升。因此,采用整个工作寿命中提供足够的点火能量的线圈至关重要。

除了这些考虑,线圈的几何尺寸和形状也必须适合发动机安装要求。早期旋转式高压分电(分电器、点火线圈、点火电缆)采用安装在发动机或车身的标准线圈。

点火线圈需要满足严格的电气、化学和力学性能要求,而且要在车辆整个寿命中无故障、免维护。点火线圈一般被直接安装在气缸盖上,根据点火线圈在车辆的安装位置,目前的点火线圈必须在以下环境中能够整车工作:

- 工作温度为-40 ℃~150 ℃
- 次级电压高达30 000 V
- 初级电流为7~15 A
- 动态振动负载高达50g
- 对各种物质抗腐蚀(包括汽油、机油、制动液等)

结构和工作原理

结构

初级和次级绕组

点火线圈3(图1)按变压器原理工作,两个线圈共享一个铁芯。

初级绕组由匝数相对较少的粗丝绕成。线圈的一端通过点火开关(端子15)与蓄电池1的正极端子相连;另一端连接至点火驱动级4,以控制初级电流。

图1:点火线圈高压产生原理

1—蓄电池;2—AAS二极管(集成到点火线圈中);3—线圈,包括铁芯、初级绕组和次级绕组;4—点火驱动级(集成在Motronic ECU或点火线圈中);5—火花塞

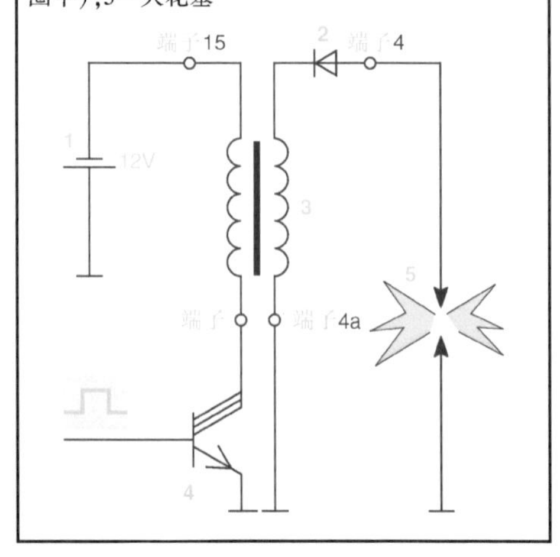

虽然在20世纪70年代末以后,触点断电器仍用于控制初级电流,但这种形式现在已经过时。

次级绕组由匝数相对较多的细丝绕成,与初级绕组的匝数相比通常为1∶50~1∶150。

在经济型初级回路中[图2(a)],初级绕组的一个端子与次级绕组的一个端子相连接,它们都连接到端子15(点火开关)。初级绕组的另一个端子与点火驱动级(端子1)相连,次级绕组的第二个端子(端子4)与点火分电器或火花塞相连。自耦变压器原理的初级、次级绕组由于共用端子15而使线圈价格便宜。但是,由于它们之间没有电气隔离,线圈的电气干扰可以传播到车辆的电气系统中。

初级和次级绕组在图2(b)和图2(c)不连接。在单火花线圈中,二次线圈的一侧接地(端子4a),另一端(端子4)则直接连到火花塞。连接在双火花点火线圈(端子4a和4b)上的两个次级绕组连接到火花塞。

工作原理

产生高压

发动机ECU激活点火驱动级以计算点火

图 2:点火线圈原理

(a)经济型回路中的单火花塞点火线圈(带旋转高压分电点火系统不需要 AAS 二极管);(b)单火花塞点火线圈;(c)双火花塞点火线圈

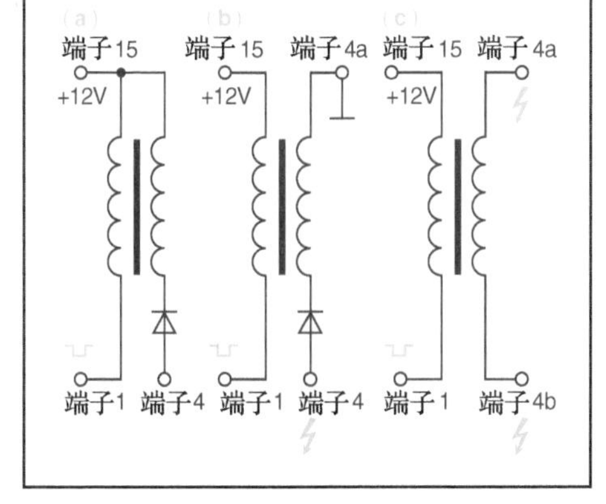

持续时间,在这个期间线圈的初级电流上升到产生磁场的设定值。

初级绕组的电流和电感的大小决定了存储在磁场中能量的多少。

在点火瞬间,点火驱动级阻断初级绕组电流,线圈磁场变化会在次级绕组中产生二次电压。可能的最大次级电压(供给的次级电压)取决于存储在点火线圈中的能量、绕组电容、线圈匝数比、次级绕组负荷(火花塞),以及点火驱动级的初级绕组电压限制(钳位电压)。

在任何条件下,次级绕组电压必须超过火花塞放电所需要的电压,火花能量必须足够高以点燃空燃混合气,即使产生连续火花时也可以。当点火火花被空燃混合气涡流影响甚至出现失火时,也能进行继续点火或二次点火。

当激活初级绕组电流时,在次级绕组中产生 1~2 kV 的电压(闭合电压),它的极性与高压相反,所以必须避免在火花塞上放电(闭合火花)。

在旋转式高电压分配的点火系统中,通过上游分电器火花间隙,有效地抑制闭合火花。在单火花点火线圈的无分电器(固定式)电压分配点火系统中,一个二极管[AAS 二极管,图 2(a)和图 2(b)]用来消除高电压电路中的闭合火花。这个 AAS 二极管可以被安装在火花塞的热端(面向火花塞)或在冷端(背向火花塞)。在双点火线圈系统中,通过在有两个火花塞的串联回路中的高放电电压抑制闭合火花,而不需要采取额外措施。

当初级电流卸载时,会在初级绕组中产生一个几百伏的自感电压。为保护驱动级,需要将这些电压限制在 200~400 V。

产生磁场

一旦驱动级接通初级绕组回路通电,就产生磁场,即初级绕组中的磁通发生变化。按楞次(Lenz)定律,由于初级绕组的自感产生反抗磁通变化的自感电动势,自感电动势的方向与原通电电流方向相反。这就解释了为什么在初级绕组中磁场产生速率较慢(图 3),这与线圈铁芯截面积和绕组(电感)有关。

图 3:初级绕组电流曲线

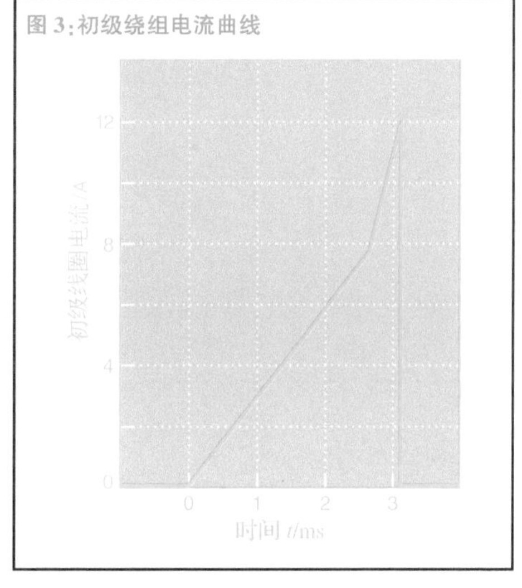

当初级绕组电路保持闭合状态时,初级电流会继续增加。当超过一定的电流值时,在磁路中会出现磁饱和现象,磁饱和电流值取决于铁芯使用的铁磁材料。磁饱和时,电感的下降速度和电流上升速度加快,在点火线圈中的损失也急剧增加。因此,合理的工作点尽可能低于磁饱和值,这是由点火持续时间决定的。

磁化曲线和磁滞

点火线圈的铁芯是由软磁材料(永磁体

是硬磁材料)制成的。软磁材料具有特殊的磁化曲线并定义磁场强度(**H**)和磁感应强度(**B**)的变化关系。一旦磁感应强度达到最大值,进一步提高磁场强度时磁感应强度将小幅增加,即达到饱和。

软磁材料的另一个特性是在磁化曲线中会出现磁滞现象,这种材料的特性是磁感应强度不仅取决于磁场强度的影响,也取决于初始磁场状态。磁化曲线可以在磁场强度增加(磁化)或者减少(退磁)时呈现出不同的形态。材料内的本征损失和磁滞大小成比例,磁滞曲线面积表示软磁材料本征损失的尺度(图4)。

图4:磁化曲线与磁滞曲线

1—新曲线(带退磁铁芯的励磁曲线);2—磁滞曲线

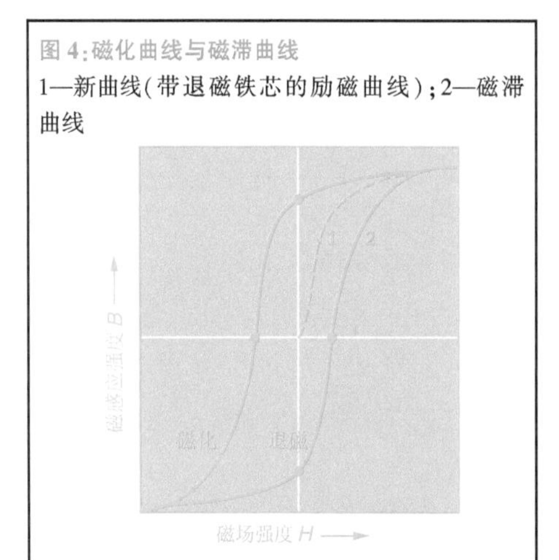

磁路

点火线圈铁芯最常用的材料是不同尺寸和规格的硅钢片。根据需要可选择有晶粒取向(高磁密,价格高)或无晶粒取向(低磁密,价格低)的材料。

厚度为0.3~0.5 mm的硅钢片是常用的规格,片与片之间是绝缘的,这样可减少涡流损失。硅钢片一般被粘接在一起形成所需的厚度和几何形状。

磁路最好的几何形状是在给定的点火线圈几何形状下得到预期的点火线圈电气特性。

为了满足电气性能需求(如火花持续时间、火花能量、次级电压升压率和次级电压值等),在磁路中必须有气隙,其影响是磁路中产生切变1(图5)。在磁路中,较大的气隙(较大的切变)将允许较大的磁场强度,并且能把高的磁能量储存起来,在出现磁饱和前有较大的电流增加。如果没有这个气隙,在电流很小时就会出现磁饱和,电流继续增加,磁能量储存仅少许增加(图6)。

图5:紧凑型O形和I形线圈磁路

1—气隙和永磁体;2—I形铁芯;3—固定孔;4—O形铁芯

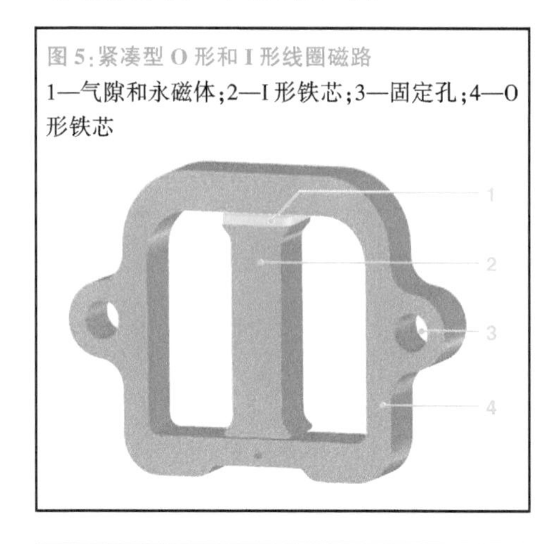

图6:磁线圈的切变

1—无气隙的铁芯磁滞;2—有气隙的铁芯磁滞

H_i—无气隙的铁芯磁场强度偏移;

H_e—有气隙的铁芯磁场强度偏移

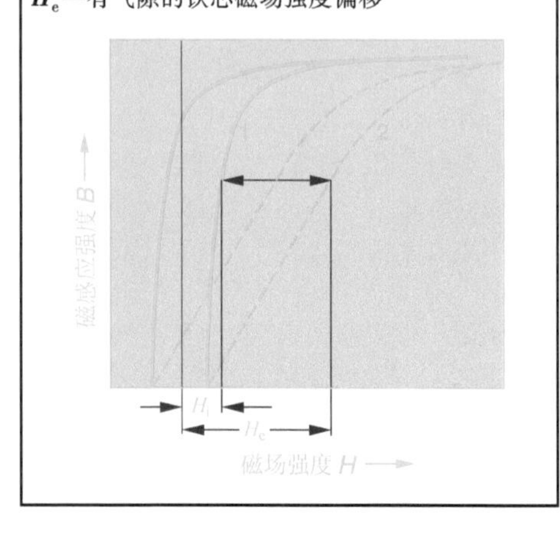

这里,最重要的是绝大部分的磁能量储存在气隙中。

在点火线圈开发过程中,使用FEM仿真确定能提供所需点火线圈电气特性的磁路尺寸和气隙,目标是在给定的电流下获得理想的可储存最大磁能量的铁芯几何尺寸而不产生磁饱和。

采用永磁体 1(图 5)铁芯提高磁能量储存时,铁芯设计必须考虑有限的安装空间,尤其是笔型点火线圈。永磁体的磁极排列要能够产生朝向点火线圈范围的磁场,这种预先磁化的优势是磁路中可以储存更多的能量。

闭合火花

激活初级电流改变初级绕组电流梯度以在铁芯中产生磁通量突变,这将会在次级绕组中产生电压。由于电流变化梯度是正的,当电路切断时,这个电压极性与感应的高压极性相反。由于这个电流变化梯度较初级电流减小时出现的电流变化梯度要小得多,所以,尽管两个线圈匝数很大,但感应电压很低。它的电压范围为 1~2 kV,但足以产生电火花,并在一些条件下点燃空燃混合气。为避免损伤发动机,阻止电路闭合时在火花塞上放电(闭路火花)是至关重要的。

在旋转式高压分电的点火系统中,通过调整上游分电器火花间隙抑制闭合火花。在激活(闭合)时,转子臂触头不直接在分电器盖触头的对面。

在无分电器(固定式)高压分电和单火花点火线圈的点火系统中,一个 AAS 二极管(灭弧电抗器)用来消除高压电路中的闭合火花 2(图 1)。在双火花点火线圈系统中,通过双火花塞的串联电路的高效电压抑制闭合火花,而不需要采取额外措施。

点火线圈发热

次级绕组可利用的能量与初级绕组储存的能量之比被定义为点火线圈能量效率,其值为 50%~60%。在某些边界条件下,特殊用途的高性能点火线圈的能量效率可高达80%。

初级绕组与次级绕组能量差主要转换为线圈中的电阻热损失,以及磁化和涡流损失。

直接集成在点火线圈中的驱动级是另一个热损失源。初级电流引起半导体材料中的电压降,导致效率损失。另一个重要的能量损失是发生在初级电流减小(断开)的切换反应时,尤其在驱动级动态响应慢时。

次级高电压值通常受到初级绕组的驱动级电压限制,储存在线圈中的部分能量变成热量而被耗散掉。

容性负载

点火线圈、点火电缆、火花塞井(安装槽)、火花塞和连接的发动机元件的电容绝对值是较小的,但由于高压和高电压梯度,这些电容不可忽视,增加的电容会减小次级电压的升高。点火线圈中的电阻损耗越高,产生的高电压降幅就越大。此外,所有潜在的二次能量不能用来点燃空燃混合气。

火花能量

在点火线圈内的火花塞可用的电能称为火花能量,这是点火线圈设计的一个重要参数。根据线圈配置,火花能量可决定火花塞点火电流和点火持续时间等因素。

对于自然吸气和涡轮增压的点燃式发动机,火花能量一般为 30~50 mJ。汽油直喷发动机有较高的点火能量(高达 100 mJ)才能保证各工况下安全、可靠地点火。

点火线圈的类型

单火花点火线圈

在单火花点火线圈系统中每个火花塞有它自己的点火线圈。单点火线圈在发动机每个做功行程中通过火花塞产生点火火花,它与发动机凸轮轴转动同步工作。

为清晰定义点火线圈的类型,BOSCH 公司使用的它的名称与符号如图 7 所示。

双火花点火线圈

单火花塞点火(每缸一个火花塞)

双火花点火线圈同时使两个火花塞产生点火电压。电压按如下方式分配到各气缸:

- 一个气缸中的空燃混合气在压缩行程终了时被点燃
- 另一个气缸中的点火火花在排气行程终了气门重叠时产生

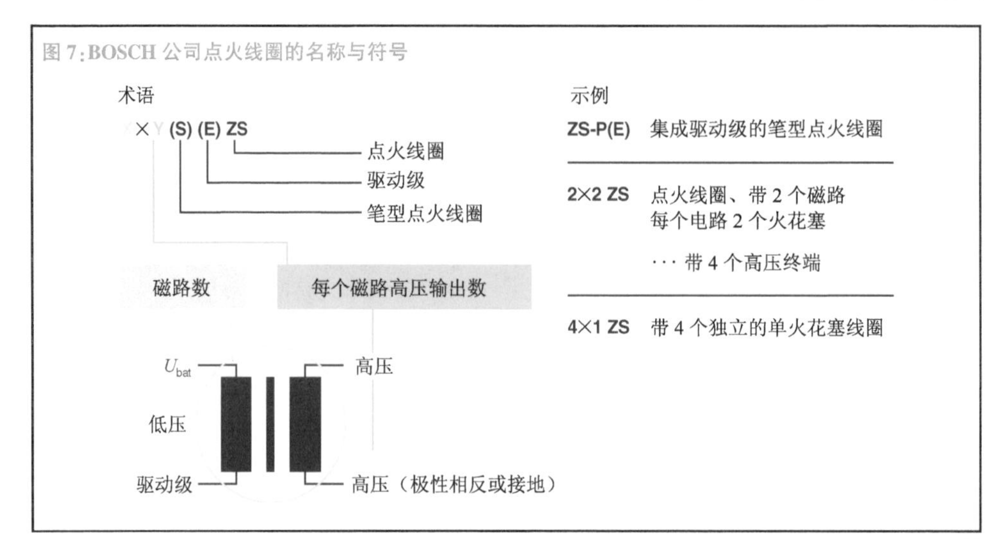

图 7：BOSCH 公司点火线圈的名称与符号

这种双火花点火线圈在凸轮轴每一转产生火花，相当于在每一做功行程点火两次。这就意味着不再需要与凸轮轴同步。然而，这个点火系统只能用在偶数缸发动机上。

当气门重叠时气缸内没有工质压缩，火花塞的放电电压会很低，这个"额外的或维持火花"只需要非常少的放电能量。

双火花塞点火

在每个气缸有两个火花塞的点火系统中，一个点火线圈产生的点火电压被分配到两个不同的气缸中，这种方式的好处如下：

- 排放减少
- 功率少许增加
- 两个火花塞装在燃烧室内不同的位置
- 两个火花塞选择偏移点火实现缸内"柔和"燃烧
- 当一个火花塞失效时，另一个火花塞能很好地应急运行

类型

目前，所有点火系统的点火线圈都设计成以下两种型式：

- 紧凑型点火线圈
- 笔型点火线圈

以下介绍的点火线圈中，有的点火线圈将驱动级集成到点火线圈模块的壳体中。

紧凑型点火线圈

结构

紧凑型线圈的磁路由 O 形铁芯和 I 形铁芯组成（图 1），在其上面缠绕初级绕组和次级绕组，铁芯和线圈安装在点火线圈壳体内。初级绕组（I 形铁芯绕线）以电气和机械方式连到插头上。同样，次级绕组（点火线圈体绕线）的起始端也连接到插头上，次级绕组的火花塞侧也设置在壳体中，并在线圈配合好后建立电气联系。

高压触顶集成在壳体内，它包括火花塞接触的连接部分、外部元件和火花塞井（安装槽）与高压绝缘的胶套。

一旦所有的元件组装完，就将填充树脂真空注压到点火线圈壳体内，树脂将逐渐变硬。这个工艺达到如下效果：

- 点火线圈的高抗机械负荷能力
- 有效地保护环境
- 卓越的抗高压绝缘性能

随后将硅套推向高压触顶以永久连接，点火线圈经过测试达到所有电气性能后就可以应用了。

早期和 COP 版本

紧凑型点火线圈的结构如图 1 所示，这

图 1:紧凑型点火线圈的结构

1—印制电路板;2—点火驱动级;3—AAS 二极管;4—次级绕组元件;5—次级绕组;6—接触板;7—高压针;8—初级绕组插头;9—初级绕组;10—I 形铁芯;11—永磁体;12—O 形铁芯;13—弹簧;14—硅绝缘壳

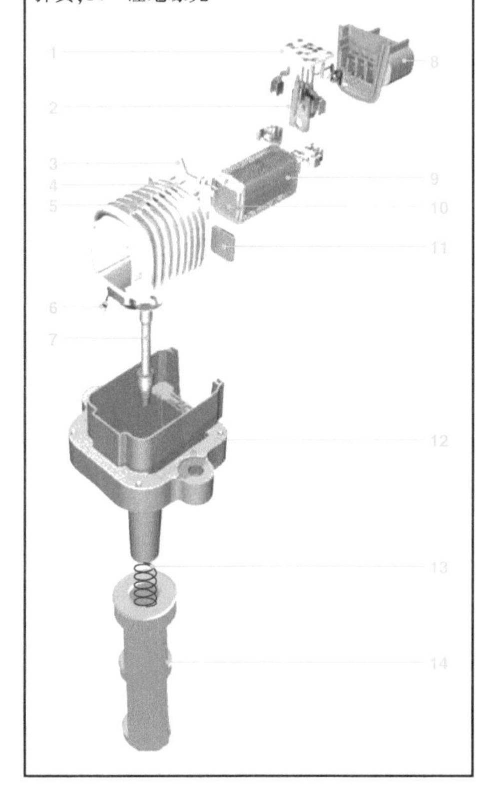

个版本称为 COP(Coil on Plug,火花塞上的点火线圈)。点火线圈直接装到火花塞上,因此高压电缆变得多余了[图 2(a)],也减少了次级绕组的容性负荷,元件数量的减少也增加了火花塞工作的可靠性(高压线不会被啮齿类动物咬坏)。

在不常用的早期版本中,紧凑型点火线圈通过螺纹安装到发动机上,因此,需要提供卡爪或附加支架。采用高压点火电缆将点火线圈与火花塞高压连接。

COP 版本和早期版本在结构上其实是一样的。但由于早期版本对点火系统耐温负荷和振动的要求较低,所以装在车身上。

图 2:单点火线圈

(a) COP 版本的单火花紧凑型点火线圈;(b) 早期版本:两个单火花点火线圈模块,两火花塞通过两个点火电缆连接

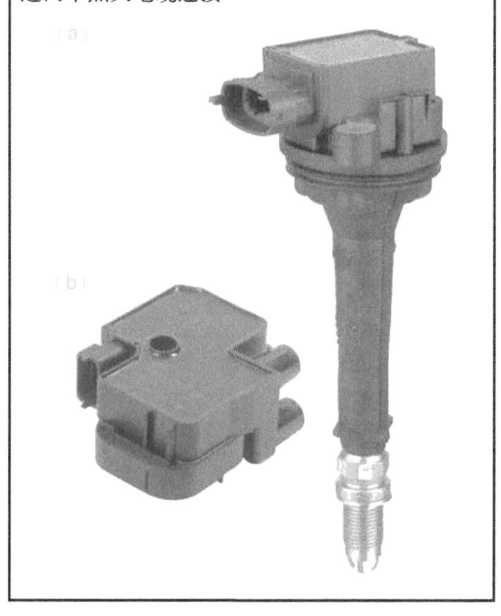

其他点火线圈类型

ZS 2×2 型

旋转式高压分配逐渐被无分电器(固定式)高压分配所取代。

ZS 2×2(图 3)和 ZS 2×3(ZS:为德语点火线圈)型点火线圈提供将发动机旋转式高压分配点火模式转换为无分电器高压分配的一种简便方法。这些点火线圈包含 2 个(或者 3 个)磁路,每个磁路产生 2 次火花,它们能够取代 4 缸和 6 缸发动机上的分电器。这个装置能够安装在发动机室的任何位置,尽管发动机 ECU 需要修改,但发动机厂商的安装改造最小。另一个因素是,在大多数设计中要求带早期点火线圈的高电压点火电缆。

点火线圈模块

点火线圈模块是装于一个壳体中的由多个点火线圈形成的一个组装件(图 4)。这些点火线圈独立工作。

图 3:将早期的旋转式高压分配点火转换成无分电器高压分配的 ZS 2×2 点火线圈

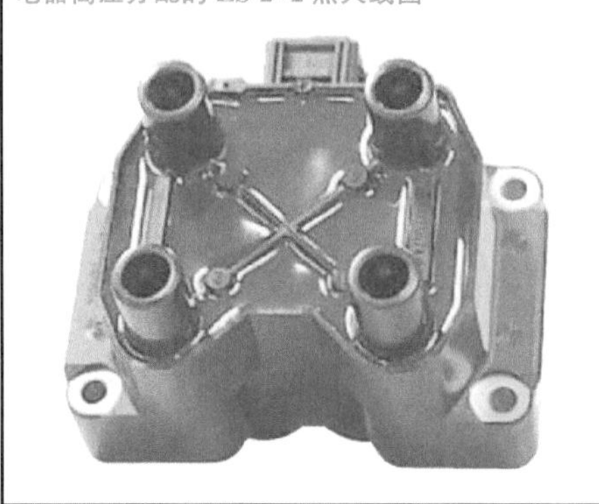

图 4:紧凑型线圈的点火线圈模块
(a) ZS 3×1 M;(b) ZS 4×1 M

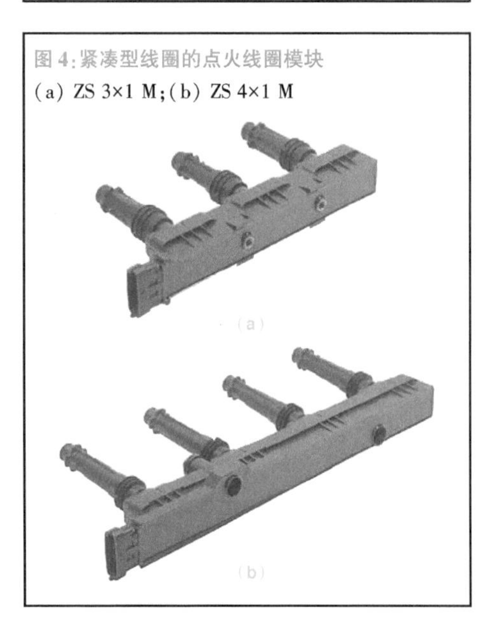

点火线圈模块的优点如下:

- 安装简单(3~4 个点火线圈只需简单操作)
- 较少的螺纹连接
- 只用一个插头就可连接到发动机线束上
- 由于快速的安装和简化的线束,节省成本

点火线圈模块的缺点如下:

- 点火线圈模块的几何尺寸须与发动机匹配
- 必须为每个气缸盖单独设计点火线圈模块,没有通用性

笔型点火线圈

笔型点火线圈可使发动机室内的空间得到最佳利用。它的圆柱形体使它易于将作为附加安装区的火花塞井用作气缸盖上理想的使用空间(图 5)。

图 5:安装相对在火花塞井(槽)中:紧凑型和笔型点火线圈的相对尺寸
1—紧凑型点火线圈;2—笔型点火线圈;3—气缸盖

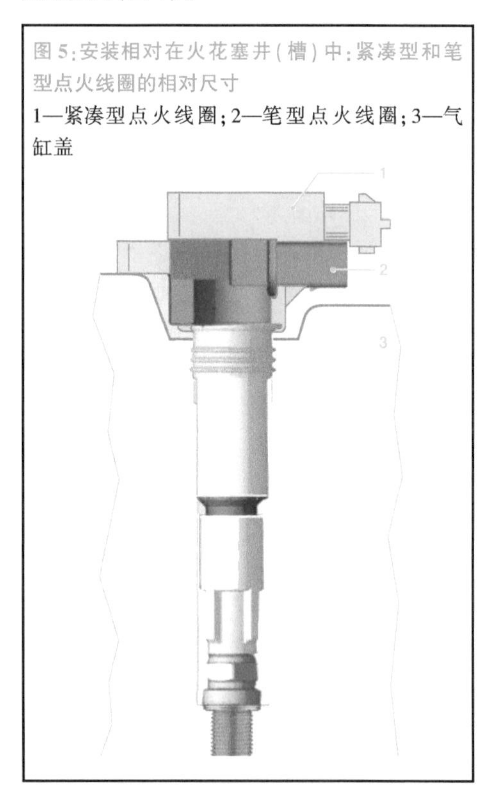

笔型点火线圈直接装在火花塞上,不需要附加的高压连接电缆。

结构和磁路

与紧凑型点火线圈一样,笔型点火线圈按感应原理工作。然而,圆周对称的设计结构是它和紧凑型点火线圈的最大不同点。

尽管磁路由相同材料组成,但中心柱状铁芯 5(图 6)由不同宽度的电工硅钢片堆叠而成。提供磁路的磁轭板 9 是一个卷制和开槽的电工硅钢片,有时用多层的。

与紧凑型点火线圈的另一个区别是初级绕组 7,它的绕组线圈直径较大并在次级绕组

6的上面,绕组体则支撑着柱芯。这样的布置有利于结构布置和操作。

由于几何外形和紧凑尺寸的限制,为改变磁路(铁芯柱、磁轭板)和线圈绕组,笔型点火线圈只用于有限的变动范围。

大多数使用的笔型点火线圈由于结构尺寸的限制而采用永磁体来增加火花能量。

图6:笔型点火线圈结构

1—连接插头;2—带点火驱动级的印制电路板;3—永磁体;4—附件固定臂;5叠片式电工硅钢片铁芯柱(柱芯);6—次级绕组;7—初级绕组;8—壳体;9—磁轭板;10—永磁体;11—高压拱顶;12—硅套;13—附属的火花塞

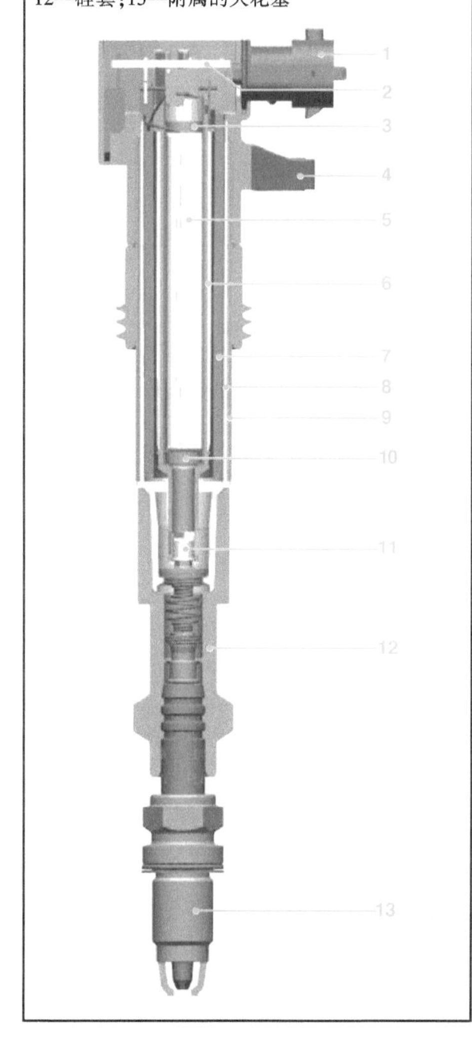

笔型点火线圈和火花塞的电气联系、与发动机线束的连接是与紧凑型线圈的相关联系和连接相类似的。

变型

笔型点火线圈设计通过改变结构尺寸(不同直径和长度)来适应不同的应用场合,点火驱动级也可集成在壳体内。

典型的笔型点火线圈的直径是指柱体中心部分(磁轭板和壳体),一般约 ϕ22 mm。该尺寸是由气缸盖上的火花塞井(槽)导出的,它用于带 ϕ16 mm 配合插口的标准火花塞。笔型点火线圈的长度是由气缸盖的安装空间和所需的或可能的电气性能规范决定的。由于寄生电容和围成的磁路退化,笔型点火线圈点火功能的扩展(转换)受到限制。

电子元件

在早期设计中,点火驱动级通常集成在单独模块中,并附加到点火线圈上或与旋转式高压分配一起附加到汽车发动机室内的分电器上。由传统的分电器点火系统转换到无分电器点火系统和不断的小型化,促进嵌入式集成电路的驱动级的发展适于集成在点火线圈或发动机 ECU 中。

发动机 ECU(如 Motronic)功能的不断增加和新的发动机概念(如汽油直接喷射)提高了热应力(驱动级总体热损失),减少了点火系统的安装空间。鉴于上述因素,有将早期的驱动级置于 ECU 外的趋势。其中一个措施是将驱动级组合在点火线圈中,这样可以使用更短的初级导线,从而减少了导线损失。

结构

驱动级组合在笔型点火外体中。图1为安装在笔型点火线圈上的驱动级,有附加功能的驱动级模块可安装在小块印制电路板上。由于尺寸的限制,采用表面安装(贴装)式(SMD)。

驱动级晶体管7集成在标准化的 TO 壳体中,并连到印制电路板或导电轨上。附加

图1:安装在笔型点火线圈外体中的驱动级
1—主插头;2—SMD 期间;3—点火功能的电子组件;4—初级绕组触头;5—笔型点火线圈变压器;6—附加腿;7—驱动级晶体管

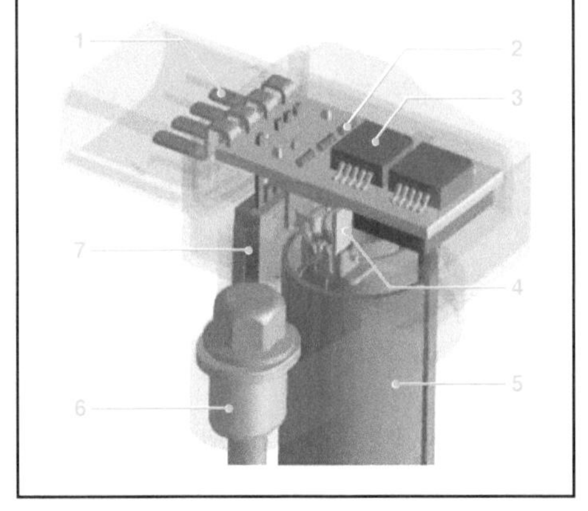

的监控、诊断和其他功能(闭路电流检测、用户指定的输入电路)都可被选择性地组合到电子组件3中。主插头1直接连到印制电路板上。电路板下面是点火线圈初级绕组触头4。

电气参数

电感

电感是一个物理参量,它表示了线圈或导体的电磁效率或自感应能力。

电感是由导磁回路铁芯材料、磁路断面、绕组匝数和铜绕组线的几何尺寸确定。

点火线圈(图1)包括初级和次级电感元件,次级电感元件电感要比初级电感元件电感大许多倍。

电容

点火线圈中有三种类型的电容,分别是固有(本征)电容、寄生电容和负荷电容。点火线圈中的固有电容是由绕组自己产生的,是由次级绕组附近的导线产生的。

在电子系统中寄生电容是“有害”电容。部分可用的能量或产生的能量需要对寄生电容充电或再充电,因此这部分能量在电路中不能利用。在点火线圈中,通过初级绕组和次级绕组之间的气隙产生寄生电容,或者由点火电缆与附近的电子元器件之间的电缆电容产生。

负载电容主要是由火花塞产生,由安装环境[金属火花塞井(安装槽)]、火花塞和高压连接电缆等因素决定。这些因素通常不需要修改,但在设计点火线圈时应予以考虑。

图1:点火线圈参数(系列应用)

I_1——初级电流:6.5~9.0 A

T_1——充电时间:1.4~4.0 ms

U_2——次级电压:29~35 V

T_{sp}——火花持续时间:1.3~2.0 ms

W_{sp}——火花能量:30~50 mJ(汽油直喷高达100 mJ)

I_{sp}——火花电流:80~115 mA

R_1——初级绕组电阻:0.3~0.6 Ω

R_2——次级绕组电阻:5~15 kΩ

N_1——初级绕组匝数:150~200

N_2——次级绕组匝数:8 000~22 000

储存能量

储存的磁能多少取决于线圈设计(几何尺寸、磁路材料、辅助磁铁)和采用的点火驱动级的许多因素。一旦到达某一电流点,初级电流所储存能量的提升幅度就很小了,而能量损失会非线性地增加,最终在短时间内破坏点火线圈。

在考虑所有的偏差时,理想的点火线圈正好工作在磁路的饱和点。

电阻

点火线圈电阻取决于温度敏感的铜电阻。

初级绕组电阻的正常范围为0.4~0.7 Ω,电阻不能太大,因为汽车电气系统在电压低的情况下(冷起动时蓄电池电压下降),点火线圈电流不能达到它的额定值,只能产生较小的火花能量。

次级绕组电阻的正常范围为数千欧,它和初级绕组电阻的差别在于绕组的匝数多(70~100倍),导线的直径细(约为初级绕组电阻的1/10)。

功率损失

点火线圈的功率损失主要有绕组电阻损失、电容损失和再磁化损失（磁滞），以及磁路实际形状和理想形状的偏差。点火电路效率为50%~60%，在发动机高速运行时功率损失较大。通过低损耗优化配置、合理的设计方案和耐高热负荷的材料，可使功率损失尽可能少。

匝数比

匝数比是指初级绕组数和次级绕组数之比。标准点火线圈的匝数比为1∶50~1∶150。确定所用的匝数比是影响驱动级技术要求的因素，如火花电流大小和最大次级电压（某种程度）有关。

高压和火花生成特性

在极短的上述时间内产生尽可能高的电压时，理想的线圈应对负荷没多大影响。这些特性可保证火花塞在所有工况下都能够产生可靠点燃空燃混合气的电火花（放电）。同时，所用的线圈绕组、磁路和驱动级的所有组件都会对性能产生一定影响。

高电压的极性保证了火花塞中心电极保持对底盘的负电位。负极性可阻止火花塞电极趋向腐蚀。

动态内阻

另一个重要参数是点火线圈的动态内电阻（阻抗）。由于阻抗与内外部电容有助于确定电压上升的时间，所以它可作为能量大小的指标，它表示火花塞放电时从点火线圈经旁路电阻元件流过的能量。当火花塞污染或湿润时，为低内阻，内阻取决于次级电感。

基于仿真的点火线圈开发

点火线圈日益严格的技术要求，限制了传统设计和开发方法的效率。采用计算机辅助工程（CAE）的产品开发为性能提高提供了技术手段。CAE是基于计算机进行工程服务的统称，包括计算机辅助设计（CAD）的所有方面和计算程序。

CAE的优势如下：

- 在开发早期阶段做出有信息基础的决定（没有样件）
- 识别适合测试的样品
- 提高对物理相关性的理解

在点火线圈开发中，很多方面都用到了计算程序，包括：

- 结构力学（分析机械和热应力因素）
- 流体力学计算（分析充电的流动过程）
- 电磁学（分析系统的电磁性能）

电磁仿真工具在开发点火线圈中特别重要。这里将会用到两种不同类型的仿真：定位于几何形状的仿真和性能仿真。定位于几何形状的仿真采用有限元法（FEM），基于CAD进行点火线圈的几何形状建模，先提供合适的边界条件（电流密度、电动势等），之后转换成FEM模型，再转换成计算（数学）模型，接着从响应的方程组计算出点火线圈性能，最终给出问题的清晰解答。

这种仿真方法可得到100%虚拟的、基于仿真的点火线圈设计。根据客观分析，还可优化点火线圈的几何形状（磁路的磁优化、电路的静电特性优化）。

定位于几何形状分析后的是性能仿真，通过仿真检验在实际的、真实的工作环境下整个点火系统内的电磁线圈的电气特性。点火系统由实际工作环境下的驱动级、点火线圈、火花塞组成。这一计算方法可得到点火线圈的初始特性参数，也可支持后续的电气参数计算，如火花能量和火花电流。

电磁仿真工具使点火线圈的“虚拟”开发成为可能，仿真结果获得定义的几何形状数据和绕组结构为样品结构提供基础，这些点火线圈样品的电气性能近似仿真结果。在用传统产品开发方法生产的点火线圈时，这种基于仿真的开发方法可大量减少开发循环的时间消耗。

火 花 塞

汽油机或点燃式发动机燃烧室中的空燃混合气是由电点火。为此目的，先将电能从蓄电池取出，并暂时储存在点火线圈初级线圈中，再在点火线圈次级线圈中产生高压，使在汽油机气缸盖上的火花塞电极间跳火，从而点燃燃烧室中压缩的空燃混合气。图 1 是安装在汽油机气缸盖上的火花塞。

图 1：安装在汽油机气缸盖上的火花塞

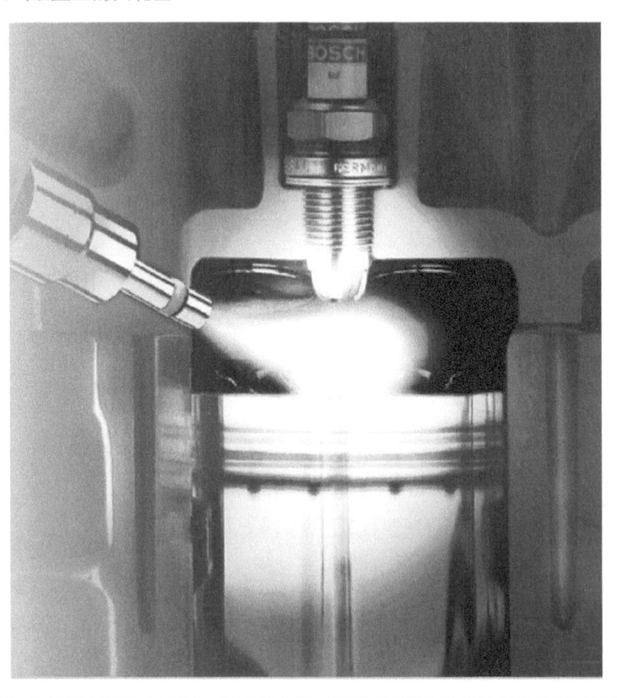

功能

火花塞的功能是将点火能量引入汽油机燃烧室，并在火花塞电极间产生火花，以点燃空燃混合气。

火花塞的设计必须保证它与气缸盖之间的良好绝缘，同时也密封燃烧室。与汽油机的其他部件或系统，如点火系统、空燃混合气形成系统，共同配合，火花塞在确定汽油机工作中起着决定性作用。火花塞必须做到以下几点：

- 帮助汽油机可靠地冷起动
- 在整个使用寿命内不失火
- 在到汽油机标定转速或接近标定转速的整个工况下不过热

为保证火花塞在整个使用寿命内的这些性能，必须在汽油机设计过程中进行火花塞的初步设计。为确定火花塞的初步设计，需要对点火过程进行深入研究，以达到最低的有害物排放标准，并与汽油机工作模式最佳协调。

火花塞的重要性能之一是热值。正确的

热值可避免火花塞过热，并避免借此诱发可能伤及汽油机的自动点火（不受控点火）。

应用

应用范围

早在1902年，BOSCH公司首先在乘用车上使用火花塞，并设置在磁电机点火系统中。火花塞在汽车技术方面一直保持着前所未有的成功。

火花塞用于二冲程、四冲程汽油机驱动的所有汽车和动力机械上，它们遍布于：

- 乘用车（轿车）
- 商用车
- 单车辙车辆（摩托车、小型摩托车、汽油机助力自行车）
- 船舶和小型航空器
- 农用机械和建筑机械
- 动力锯
- 花园应用（如割草机）

为适应广泛的、潜在的应用场合，有超过1 200种不同型式的火花塞可供选用。

由于乘用车配备的多缸汽油机每缸至少有一个火花塞，所以大量火花塞就用于这一领域。

在小型动力机械领域，由于汽油机功率较小，所以通常使用只需一个火花塞的单缸汽油机。

在欧洲，大量商用汽车——至少在重型商用车领域——采用柴油机动力装置，这限制了火花塞在这一领域的广泛应用。而在美国，汽油机也是重型商用车流行的动力装置。

各种类型的火花塞

1902年，使用的排量为1 000 cm^3 的汽油机功率约为6 hp，当前则可达100 hp，赛车用的汽油机则可高达300 hp。在火花塞技术、资金和工程方面的大量投入，使它的性能不断提高。

初期的火花塞点火频率为15～25次/s，当前的点火频率可高达它的5倍。最高耐温极限从600 ℃提高到900 ℃。点火电压从10 000 V提高到30 000 V。目前的火花塞使用寿命至少可保证汽车行驶30 000 km，而当时的火花塞必须每行驶1 000 km修理一次。

在过去100年间，BOSCH公司已设计出超过20 000种不同类型的火花塞（基本方案也稍有变化），可满足各种汽油机的需要。

目前，火花塞在型号配置的应用范围不断延伸，并在以下方面面临苛刻的要求：

- 电气的
- 力学性能
- 耐化学腐蚀性
- 高温热负荷

除满足这些性能要求外，火花塞还要适应各种汽油机限定的条件（如火花塞在气缸盖中的长度）。结合汽油机生产厂家机型的扩展，需要提供众多型号的火花塞。目前，BOSCH公司提供超过1 250种不同型式、型号的火花塞，所有的火花塞可在服务车间/汽车修理厂和商业网点得到。

要求

电气性能要求

在电子点火系统工作时火花塞必须承受30 000 V高压，并且不会击穿绝缘体而放电。要避免在一定的热状态下由于燃烧过程沉积在火花塞上的残留物，如碳烟、炭以及由燃油和机油添加剂产生的灰，可能引起的导电和跳火。

在高达1 000 ℃时绝缘体仍有足够的电阻，且在火花塞整个使用寿命内只有很少的降低。

力学性能要求

火花塞必须承受燃烧室内气体的周期性峰值压力（约高达100 bar）变化，并保持可靠的气体密封。火花塞安装时受到机械负荷的陶瓷绝缘体、火花塞连接体和点火电缆本身应具有的耐高机械应力性能的限制。火花塞外壳承受安装时施加的扭矩，但不能有残留变形。

耐化学腐蚀性能要求

由于火花塞伸入燃烧室内，燃烧室内的高温化学反应气体足以使它的端部发红，并可能形成侵蚀性的残留沉积物而影响火花塞性能。

热性能要求

在汽油机工作时，火花塞必须承受燃烧室内灼热的气体和流入燃烧室的冷新鲜空燃混合气的交替变化。因此，陶瓷绝缘体应具有抗热冲击能力。

火花塞还必须最有效地将从燃烧室吸收的热量耗散到气缸盖，火花塞接线柱应尽可能的冷。

图1是火花塞上的气体温度和压力在汽油机（二冲程和四冲程）不同工作过程时的状况。

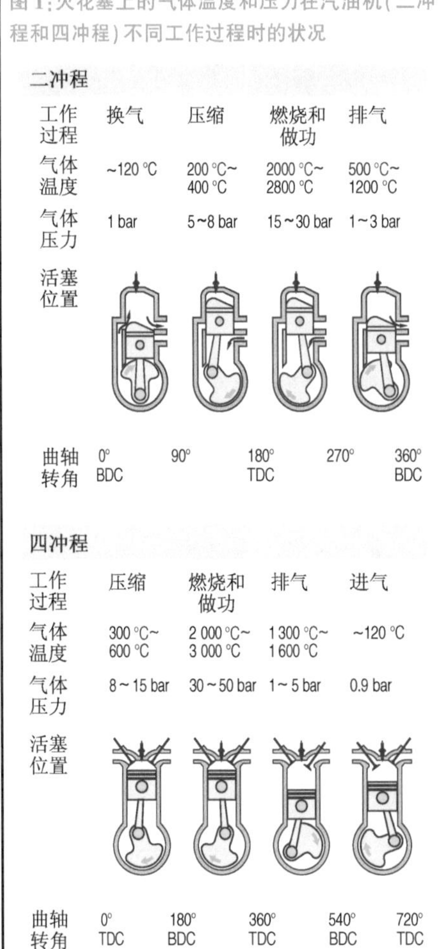

图1：火花塞上的气体温度和压力在汽油机（二冲程和四冲程）不同工作过程时的状况

结构

火花塞主要零部件如下（图1）：

- 接线柱1
- 绝缘体2
- 外壳3
- 密封环6
- 电极8、10

接线柱

用导电玻璃材料将钢质接线柱1气密地安装在绝缘体2中。接线柱端部从绝缘体螺纹部分凸起，作为点火电缆的火花塞接头。接头按ISO/DIN标准设计。将接线螺母（带规定的外轮廓）拧到接线柱螺纹上，或拧到接线柱配备的实心ISO/DIN连接件上。

绝缘体

绝缘体是用特殊的陶瓷物质铸造而成的，其功能是将中心电极和接线柱与外壳绝缘。兼顾优良的导热性和有效的电气绝缘是大多数绝缘物质性能上的巨大反差。BOSCH公司利用 Al_2O_3 与其他的微量物质组成绝缘体。这种特殊的陶瓷满足力学和耐化学腐蚀性能的全部要求，而它的致密的显微结构具有高的电阻以防止放电。

在空气隙火花塞上，也可以修改绝缘体鼻的外轮廓，使其在重复冷起动时改善加热状况。

绝缘体接线端表面涂无铅釉，以防止表面潮湿和污物，并在一定程度上防止留迹电流。

外壳

外壳为钢质、冷压成形，从终模脱出后接着进行有限的机械加工。外壳底部为螺纹7，用它将火花塞安装在气缸盖上，并在一定时间后更换火花塞。根据设计要求，在外壳底部可焊上多达4个接地极。

外壳镀镍（Ni），以防止化学腐蚀和黏在铝气缸盖套筒中。

图 1:火花塞

1—带螺母接线柱;2—三氧化二铝(Al_2O_3)陶瓷绝缘体;3—外壳;4—热收缩区;5—导电玻璃;6—密封环(密封座);7—螺纹;8—中心电极(Ni/Cu 复合材料);9—空气轻微流动空间(空气空间);10—接地电极(Ni/Cu 复合材料)

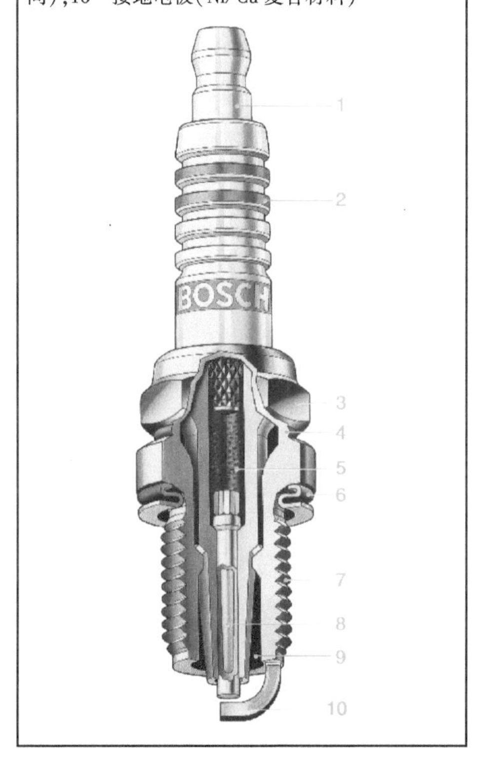

为适应安装火花塞的扳手,在外壳上通常有一个 6 点套筒配件。较新的外壳设计采用 12 点套筒配件,从而可将套筒附件尺寸减小到14 mm,而不需要修改绝缘体头部几何形状,这样可减小火花塞在气缸盖上的空间尺寸,使汽油机设计者在布置气缸盖冷却通道时有更大的自由度。

在插入火花塞芯(包括带可靠安装的中心电极的绝缘体和接线柱)后火花塞顶端翻边呈凸缘状,并保证火花塞芯在正确位置。随后进行收缩(过盈)配合工艺(在高压下感应加热)使绝缘体和外壳之间气密结合,保证良好的导热。

密封垫

按汽油机设计,火花塞和气缸盖之间的密封可采用平面或锥面密封座(图 2)。

用平面密封座时有一个作为密封元件的密封环 1。“系留”密封环永久地附着在火花塞外体上。在安装火花塞时,密封环的特殊轮廓适应于持久但仍具有弹性的密封。在锥面密封时,火花塞外壳密封锥面 2 直接与气缸盖紧密配合,以在没有密封时实现密封。

图 2:火花塞密封座

(a) 平面密封座与密封环;(b) 锥面密封座,没有密封环

1—密封环;2—密封锥面

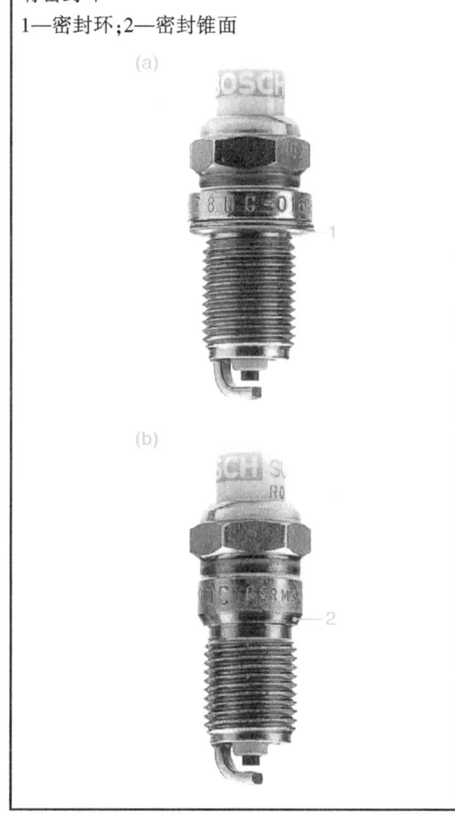

电极

在火花塞跳火以及在高温工作时,电极材料承受很高的热负荷使电极耗损,即电极间隙变大。为了满足延长火花塞更换期的要求,电极材料必须耐侵蚀(火花燃烧)和耐腐蚀(由于侵蚀性的热化学过程而耗损)。使用耐热的镍基合金可以延长火花塞的使用寿命。

中心电极

中心电极包含改善热损耗的铜芯中心电极 8(图 1),被封装在导电玻璃密封装置一端。

在长寿命火花塞中,基本材料为贵金属轴针,利用激光焊接将它焊到基本电极上。其他的火花塞设计是烧结到陶瓷基的单根细铂丝形成的电极,以达到良好的导热性。

接地电极

在外壳上放置的通常为四边形断面的接地电极。常用的布置是前电极和侧电极[图 3(a)、(b)]。接地电极的疲劳强度由它的导电性决定。与中心电极不同,接地电极采用复合材料,以改善热耗散,但它的长度和端面将最终决定接地电极温度和耐耗损。

采用较大端面面积和多个接地电极可延长火花塞的寿命。

图 3:接地电极的形成

(a) 前接地电极;(b) 侧接地电极;(c) 表面间隙火花塞,没有接地电极(专门用于赛车汽油机上)

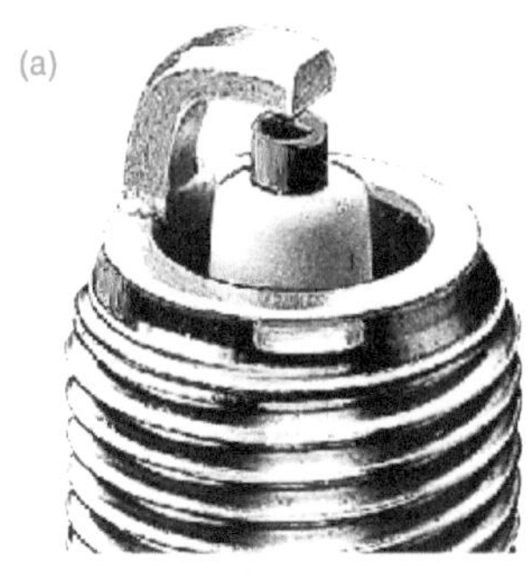

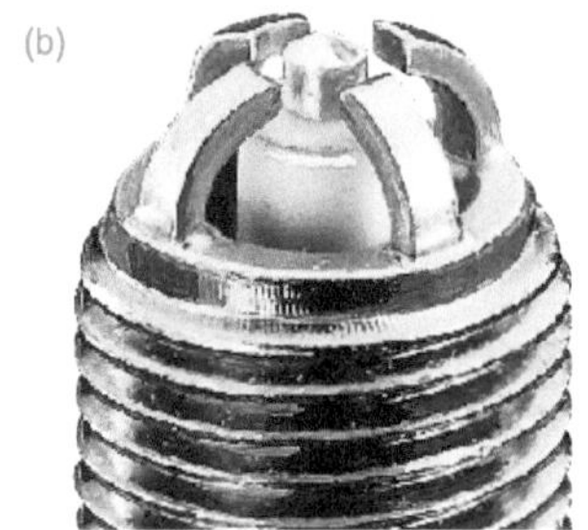

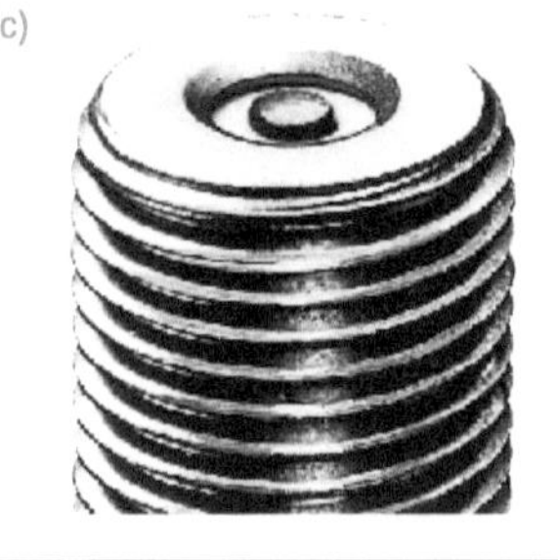

电极材料

按基本规则,纯金属导热要好于合金。但纯金属,如镍,对燃烧气体和燃烧的固体残留物的化学侵蚀更敏感。在镍中添加锰和硅而形成的镍基合金可增强耐化学侵蚀,特别是耐二氧化硫(SO_2)(SO_2 是润滑油和燃料的组分)。添加铝和钇可提高镍的抗积垢和抗氧化性能。

复合材料电极

目前,耐腐蚀的镍基合金广泛用于火花塞制造领域,而使用铜芯可进一步提高电极热耗散。复合材料电极可满足高导热、高耐腐蚀的苛刻要求(图 1)。

图 1:复合材料电极的火花塞

(a) 前接地电极火花塞;(b) 侧接地电极火花塞
1—导电玻璃;2—空气隙;3—绝缘体鼻;4—复合中心电极;5—复合接地电极;6—接地电极

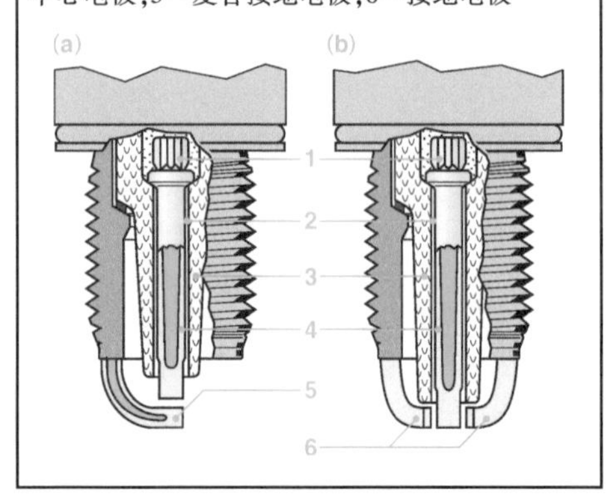

如果设定了电极间隙,易弯曲变形的接地电极也可用镍基合金或复合材料制造。

银中心电极

在所有物质中银具有最好的导电、导热性能。只要中心电极不受到含铅汽油或较少空气的浓空燃混合气的高温影响,就特别耐化学侵蚀。作为中心电极基质的含硅(Si)的特种复合材料可大幅提高耐热性能。

铂中心电极

铂和铂合金具有很高的抗腐蚀性能、抗氧化性能和抗热侵蚀性能,这就是为什么在长寿命火花塞上选其为基质材料。

在一些火花塞型式上,早在制造过程中,就将铂针模铸在陶瓷体中。在下一个烧结工序,陶瓷材料被冷缩(过盈配合)在铂针上,从而将铂针永久性地定位在中心电极芯部。

在其他的一些火花塞型式上,将细铂针焊接在中心电极上(图 2)。BOSCH 公司依靠连续工作的激光器使细铂针与中心电极永久结合。

图 2:激光焊接铂针

1—复合材料(Ni/Cu)中心电极;2—激光焊束;3—铂针

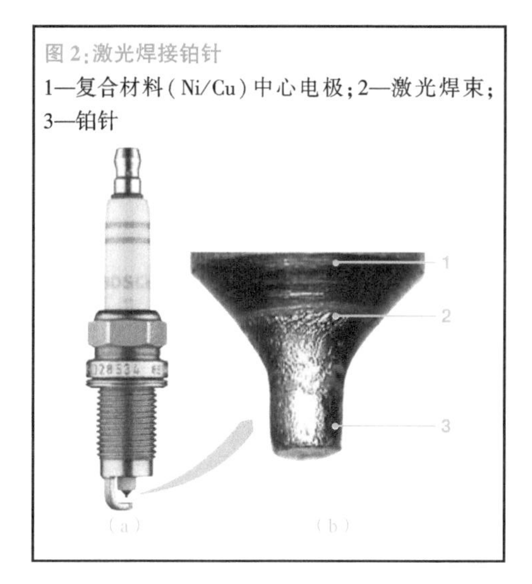

火花塞方案

用中心电极和接地电极的相对布置以及接地电极相对绝缘体的位置确定火花塞方案(图 1)。

空气隙方案

空气隙方案是中心电极和接地电极的相对布置可形成线性火花,以点燃它们之间空间内的空燃混合气。

表面隙方案

由于受接地电极相对陶瓷绝缘体规定位置的影响,在火花穿过充满空燃混合气间隙到达接地电极之前,火花先从中心电极越过陶瓷绝缘体鼻表面移动。因为产生越过陶瓷绝缘体鼻表面放电所需要的点火电压要低于越过相同尺寸的空气隙放电所需要的点火电压,所以在与空气隙点火电压相同时,表面隙火花要比空气隙火花越过更大的电极间隙。这样可以达到更长的火焰核心,建立更有效、更稳定的火焰前沿。

图 1:火花塞方案

(a) 空气隙火花;(b) 表面隙火花;(c) 表面空气隙火花

在汽油机冷起动时表面隙火花有助于火花塞自洁,避免在陶瓷绝缘体上形成烟灰沉积物。表面隙火花可以改善低温时汽油机频繁冷起动性能。

表面空气隙方案

在其他火花塞上,将接地电极布置在离中心电极特定的距离,并位于陶瓷绝缘体端部。这样就产生交替的、有助于空气隙火花和表面隙火花两种形式放电的火花路径和不同的点火电压值。按汽油机的不同工况和火花塞耗损状况,火花路径可以是空气隙火花或表面空气隙火花。

电极间隙

中心电极和接地电极之间最短距离的电极间隙决定火花长度(图 1)。较小的电极间隙产生火花所需要的电压较低。

图 1:电极间隙

(a) 前电极火花塞(空气隙火花);(b) 侧电极火花塞(空气隙或表面空气隙火花);(c) 表面隙火花塞

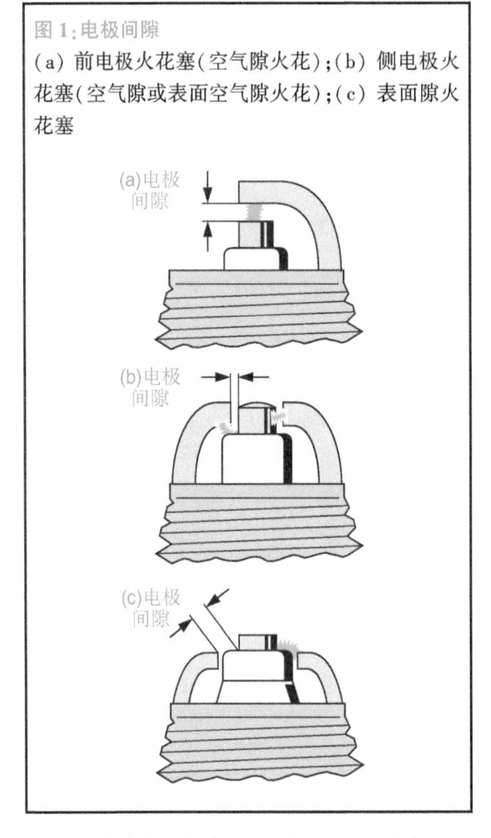

过分小的电极间隙只在电极区域产生小的火焰核心。因为火焰核心接触电极表面而损失能量(淬火损失),所以火焰在该处的传播速度非常慢。在极端状况下,能量损失高到足以使点火失火的程度。

当电极间隙增大时(由于电极耗损),较小的淬火损失可改善点火条件,但较大的点火间隙需要较高的点火电压(图 2),由点火线圈确定的任何点火电压值和提供的相应点火能量储备会减少,并增大点火失火的危险。

图 2:点火电压随电极间隙的变化

U_0—可用的点火电压;U_Z—点火电压;ΔU—点火电压储备

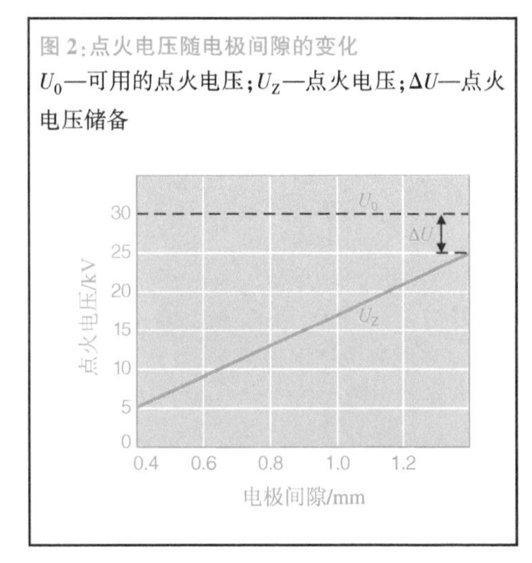

汽油机生产厂家采用各种试验程序确定各种汽油机的理想电极间隙。第一步是在汽油机的特征工作点上进行点火试验,以确定最小电极间隙。这时主要检测汽油机有害物排放、工作稳定性和燃油消耗状况。

接着进行扩展试验、确定火花塞电极耗损性能,以及所需的点火电压。之后,确定到点火失火边界的适当安全距离点的电极间隙。电极间隙技术条件列入汽车手册以及 BOSCH 公司火花塞销售资料中。

在火花塞生产厂家已正确设定好 BOSCH 公司火花塞电极间隙。

火花位置

火花位置[图 1(a)]是火花(隙)相对于燃烧室壁的位置(深入燃烧室中的深度)。火花位置对现代汽油机,特别是燃油直接喷射汽油机的燃烧过程有重大影响。定义燃烧过程质量的判据是汽油机运转的一致性或平稳性,它是基于平均有效指示压力的统计评价。标准偏差范围或变化系数范围[$\mathrm{cov} = s/p_{\mathrm{ime}} \times 100(\%)$]是燃烧过程不均匀性的指数,它也提供有关延迟或失火对汽油机工作的影响的重要信息。cov 的 5%值定义为汽油机工作边界的尺度。

图 1 展示了在两个不同的火花位置时过

量空气系数(即不同的空燃混合气)和点火定时(点火角)对汽油机运转平稳性的影响。右边的曲线[图 1(b)、(c)]是等平稳性线。5%边界用粗线表示,在该曲线上部的曲线(<5%范围)对应汽油机平稳运转,在这个范围汽油机各个工作循环的燃烧过程是均匀的,没有较大的波动。低于粗线的曲线(>5%范围)反映汽油机不平稳运转,在这个范围汽油机燃烧过程不总是均匀的,在极端情况会出现不连续的失火或延迟燃烧。

图 1:在不同火花位置(f)时汽油机运转的平稳性

(a) 定义的火花位置(f);(b) f=3 mm 时运转平稳性图;(c) f=7 mm 时运转平稳性图,曲线表示等 cov 值的汽油机工况 cov=s/p_{ime}×100(%),其中 s 为标准偏差;p_{ime}为平均有效指示压力

5%曲线:汽油机工作边界;<5%范围:运转平稳性好;>5%范围:运转平稳性差

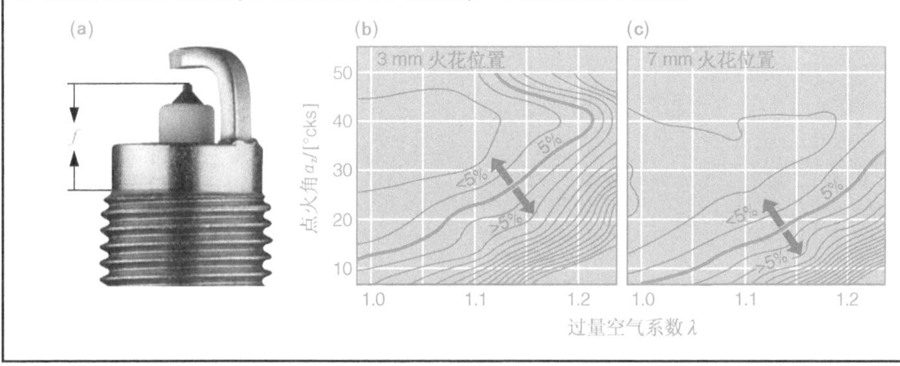

由图 1(b)和图 1(c)可知,在设计汽油机时将火花位置进一步深入燃烧室内可很好地改善点火。这是由于增大了 5%上部曲线的点火定时范围和工作边界趋向更大的过量空气系数方向[图 1(c)]。

而深入燃烧室中的较长的接地电极会承受更高的温度,并导致电极快速耗损。自谐振频率也会下降,使接地电极由于较大振幅而出现裂缝或折裂。为此,当火花位置不断深入燃烧室内时,需要采取多方面措施以保证火花塞的使用寿命:

- 向内延长燃烧室那边的火花塞外壳,火花塞凸缘可降低接地电极折裂的危险
- 在接地电极中嵌入铜芯,将铜芯放在与火花塞外壳直接接触处可降低接地电极温度约 70 ℃
- 采用耐高温接地电极材料

火花塞热值

火花塞工作温度

工作范围

汽油机在冷状态时是在浓空燃混合气模式下工作,从而出现不完全燃烧,并在火花塞上和燃烧室表面形成烟灰沉积物或积炭。这些沉积物污染绝缘体鼻,形成中心电极和火花塞外壳之间部分的导电连接(图 1)。这种“旁通”效应使一部分点火能量作为泄漏电流而逃逸掉,从而减少可用的点火总能量。

图 1:在沉积物的绝缘体鼻上的泄漏电流降低了可用的点火总能量

--- 泄漏电流

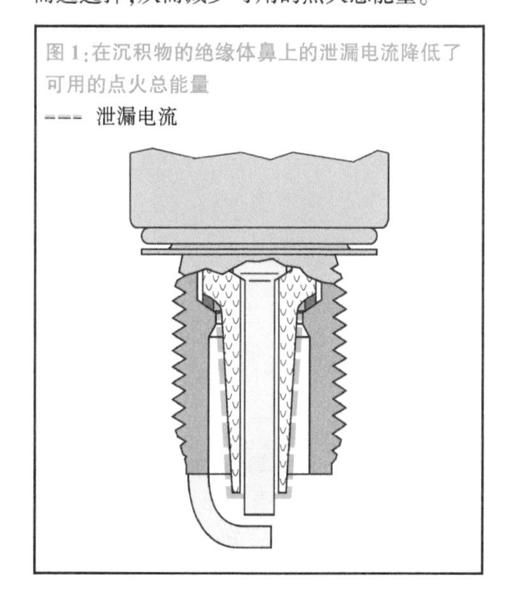

当沉积物增加时,火花塞失火的概率就增大。

燃烧残留物沉积在绝缘体鼻上的趋势主要取决于绝缘体鼻的温度,并在约低于 500 ℃时就会出现这种情况。在较高温度,绝缘体鼻上的炭基残留物被烧掉,即火花塞能自清洁。

因此,加热绝缘体鼻到工作温度的目标是超过约 500 ℃的“自清洁边界”温度,并在汽油机起动后在短时间内达到目标值(图 2)。

绝缘体鼻不应超过约 900 ℃的工作温度边界上限。超过此温度边界,电极由于氧化和热燃气腐蚀而严重耗损。

如果绝缘体鼻的工作温度进一步升高,就无法排除自动点火的危险。在这种情况下,灼热的火花塞组件热点点燃空燃混合气而出现不受控的点火事件,从而危及甚至损坏汽油机。

图 2:火花塞工作温度范围

1—正确热值代码号的火花塞;2—太低热值代码号的火花塞(冷型);3—太高热值代码号的火花塞(热型)

火花塞在汽油机不同功率时的工作温度范围为 500 ℃~900 ℃(在绝缘体鼻上)

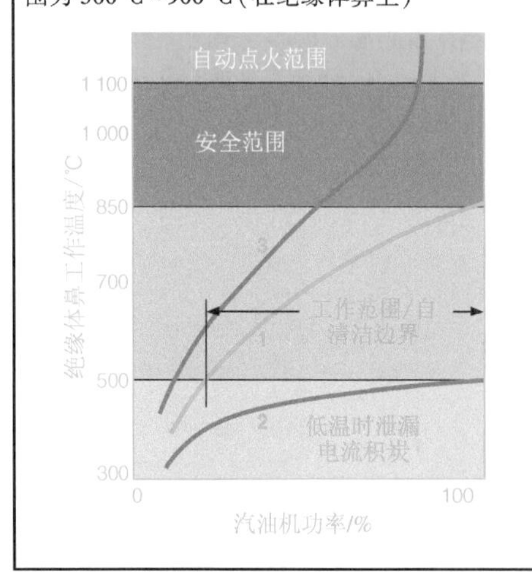

承受热负荷能力

汽油机运转时火花塞被燃烧过程的高温气体加热。被火花塞吸收的部分热量耗散到新鲜空燃混合气中,大部分热量经中心电极和绝缘体传到火花塞外壳,并从外壳再耗散到气缸盖(图 3)。火花塞最终工作温度是火花塞从燃烧室高温气体吸收的热量和它耗散到气缸盖的热量达到平衡状态时的平衡点温度。

图 3:火花塞中的传热路径

从燃烧室高温气体吸收的大部分热量由热传导耗散掉(小部分约 20%由新鲜空燃混合气进气流冷却的热量不包括在内)

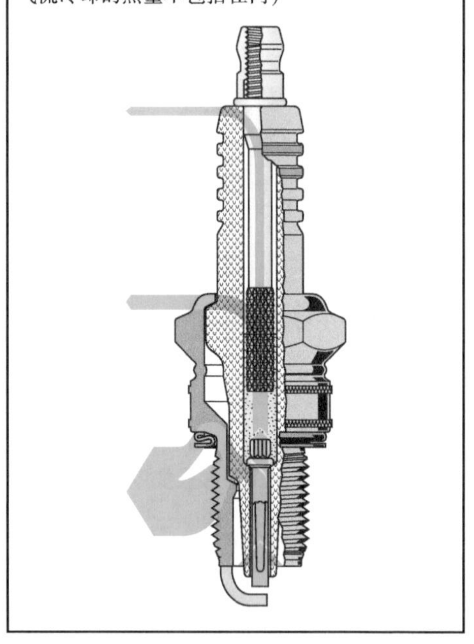

从燃烧室高温气体吸收的大部分热量与汽油机工况有关。高比功率输出汽油机燃烧室高温气体温度通常高于低比功率输出汽油机燃烧室高温气体温度。

绝缘体鼻的设计主要由热耗散决定。绝缘体鼻表面尺寸决定从燃烧室高温气体中吸收的热量,而它的横截面面积和中心电极影响热耗散。

因此,火花塞的吸热能力必须与各汽油机型式相匹配。表示火花塞承受热负荷能力的指数是它的热范围(热值)。

热值和热值代码号

火花塞热值是与定标火花塞比较确定,并用热值代码号表示。低热值代码号(如 2~5)表示“冷型”火花塞,它通过短绝缘体鼻吸热。

高热值代码号（如 7~10）表示"热型"火花塞，它通过长绝缘体鼻吸热，这些代码号是火花塞标记的组成部分，易于辨认，并对各汽油机型式有所规定。

火花塞正确的热值是由汽油机全负荷工况测量确定，因为火花塞在这些工况下热负荷最大。在汽油机工作时火花塞温度不应高到成为自动点火的热源。推荐的火花塞热值常用相对于自动点火边界的一个安全界限（距离）来规定，以适应火花塞和汽油机产品变化。考虑到汽油机在整个使用期内的热性能变化状况，这个安全界限也是十分必要的。一个实际情况是汽油机压缩比由于燃烧室表面的积炭或沉积物而引起压缩比的潜在增加，并导致火花塞温度升高。在随后用推荐的热范围火花塞进行汽油机冷起动试验时，如果火花塞没有由于沉积物而出现故障，则可确定汽油机所用的火花塞热范围是正确的。

因为车用汽油机在很宽的范围工作，即不同的工作负荷、工作模式、压缩状况、转速、冷却状况、所用燃油等，所以所有的汽油机不可能只用一种火花塞。火花塞在一种汽油机上过热，在另一种汽油机上可能较冷。

火花塞匹配

BOSCH 公司与汽油机生产厂家联合工作以确定每一汽油机用的理想火花塞。

温度测量

为监控火花塞温度，特别设计和制作的热电偶式火花塞（图 1）提供了有关正确选择火花塞的原始信息。热电偶套管 2 铠装在火花塞中心电极 3 中，以检测汽油机在不同转速和负荷时各气缸温度。这种检测是识别汽油机中最热气缸的一种简单、有效的方法，并为汽油机以后在不同工况和特殊应用场合工作时的火花塞提供可靠性设计依据。

离子流测量

利用 BOSCH 公司测定汽油机燃烧过程离子流的方法可确定所需的汽油机火花塞热值，测定火花塞火花隙导电性能后，则可判定燃烧过程中的火焰离子效应（图 2）。由于电点火火花在火花塞火花隙产生大量电荷粒子，因此，在点火瞬间离子电流突然上升。虽然在点火线圈放电、火花塞点火后离子电流下降，但在燃烧过程仍维持不少的电荷粒子，足以对它连续监控。在监控过程中会发现燃烧室中燃气压力不断增加，并在点火 TDC 后达到峰值的正常燃烧状况。如果在检测时改变火花塞热值，则燃烧过程的燃烧特性随作为火花塞热值函数的火花塞热负荷而变化（图 4）。

燃烧室火花塞测量法的优点可直接反映点火概率，它不仅与火花塞温度有关，而且与汽油机和火花塞的设计参数有关。

图 1：热电偶式火花塞

1—绝缘体；2—热电偶套管；3—中心电极；4—温度测点

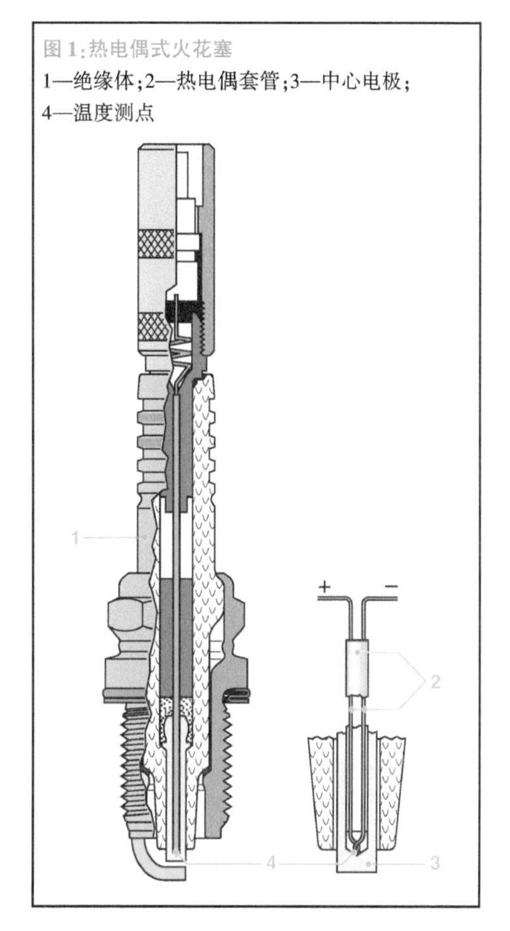

图 2:离子流测量简图

1—来自点火线圈的高压;2—离子流适配器;2a—导通二极管;3—火花塞;4—离子电流仪;5—示波器

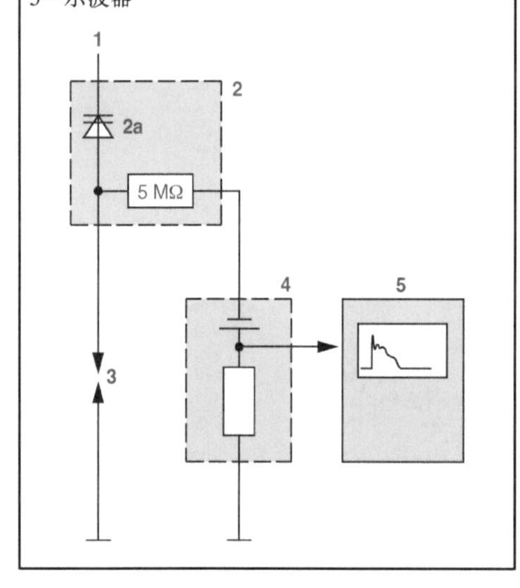

术语定义

为匹配火花塞热值,不受控地点燃空燃混合气的术语和定义已在国际标准(ISO 2542—1972)里作了规定(图 3)。

图 3:匹配火花塞热值术语

AI—热自动点火;TDC—上止点;PrI—过早点火;PoI—后点火;HRR—热值储备,以曲轴转角计;MoI—点火瞬时,以上止点前曲轴转角计;α_Z—点火角

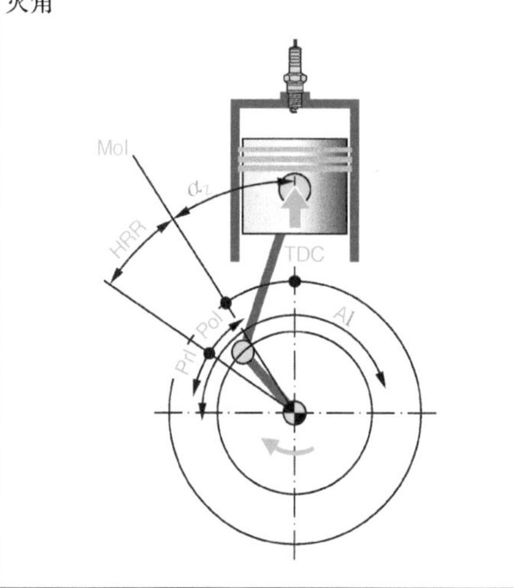

图 4:燃烧特性和离子电流特性随汽油机曲轴转角的变化

(a) 正常燃烧;(b) 后点火燃烧;(c) 过早点火燃烧

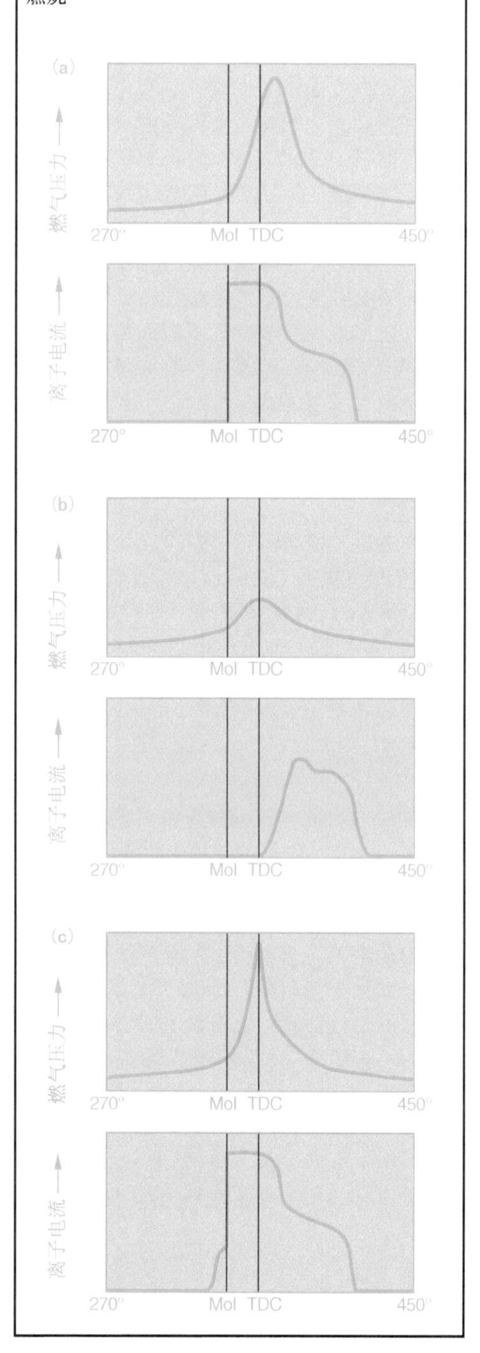

热自动点火

没有火花塞的点火火花而使空燃混合气点火的状况称为热自动点火。这种点火通常出现在热表面上(在过高热值的火花塞绝缘体鼻表面上)。热自动点火事件按出现点火瞬间的时间点,可分为后点火和过早点火两种状况。

后点火

后点火出现在电点火瞬时以后。在汽油机实际工作时常常要提前点火,所以后点火不是严重问题。这时测量离子电流就可判定热自动点火(后点火)的火花塞是否隐含了电点火。如果出现后点火,则在点火瞬时前不会出现离子电流急剧增加的现象。但是,因为后点火点燃燃烧过程,所以燃烧室内的燃气压力和相应的汽油机扭矩增加[图4(b)]。

过早点火

过早点火出现在电点火瞬时前[图4(c)],并且不受控的燃烧过程会使汽油机受到严重损伤。过早点燃燃烧过程使燃烧室内的燃气压力峰值移至TDC,且燃气压力峰值也增大,从而导致燃烧室各部件和曲柄连杆出现附加机械负荷和热负荷。因此,与汽油机匹配的火花塞要确保不会出现过早点火的状况。

测量结果评价

BOSCH公司离子电流测量法可检测后点火和过早点火这两种热自动点火状况。为检测后点火状态,必须将电点火火花隐藏在特定的时间间隔中。将点火瞬时出现的后点火点与相对于扫描(收搜)频率的后点火百分率结合起来就可以提供有关火花塞在汽油机燃烧室中承受的热应力和机械应力的信息。因为加长绝缘体鼻的火花塞(热型火花塞)从燃烧室中的高温燃气吸收更多热量而耗散较少热量,所以它们与短绝缘体鼻火花塞更容易引发后点火,甚至过早点火。为各种汽油机选择正确的火花塞热值而进行的配机测量,可对它们(不同热值的火花塞)做相应比较,并分析可能产生的过早点火或后点火趋势。

火花塞配机测量的良好环境是在汽油机试验台上和汽车转鼓试验台上进行,使汽油机在全负荷、长时间周期下运转,以得到最热的工作点。但是,不允许在高速公路上进行火花塞配机测量。

火花塞选择

火花塞配机测量的目标是选择不会出现过早点火和有一定热值储备的火花塞,也就是至少在两个火花塞热值靠近的不是较高热值的火花塞不应出现过早点火。正如前面所述,选择使用火花塞是一个细调过程。选择满意的火花塞程序(方法)通常包括火花塞生产厂家和汽油机生产厂家的密切合作。

图5是BOSCH公司火花塞产品目录;图6是BOSCH公司火花塞产品100年演变情况。

图5:BOSCH公司火花塞产品目录

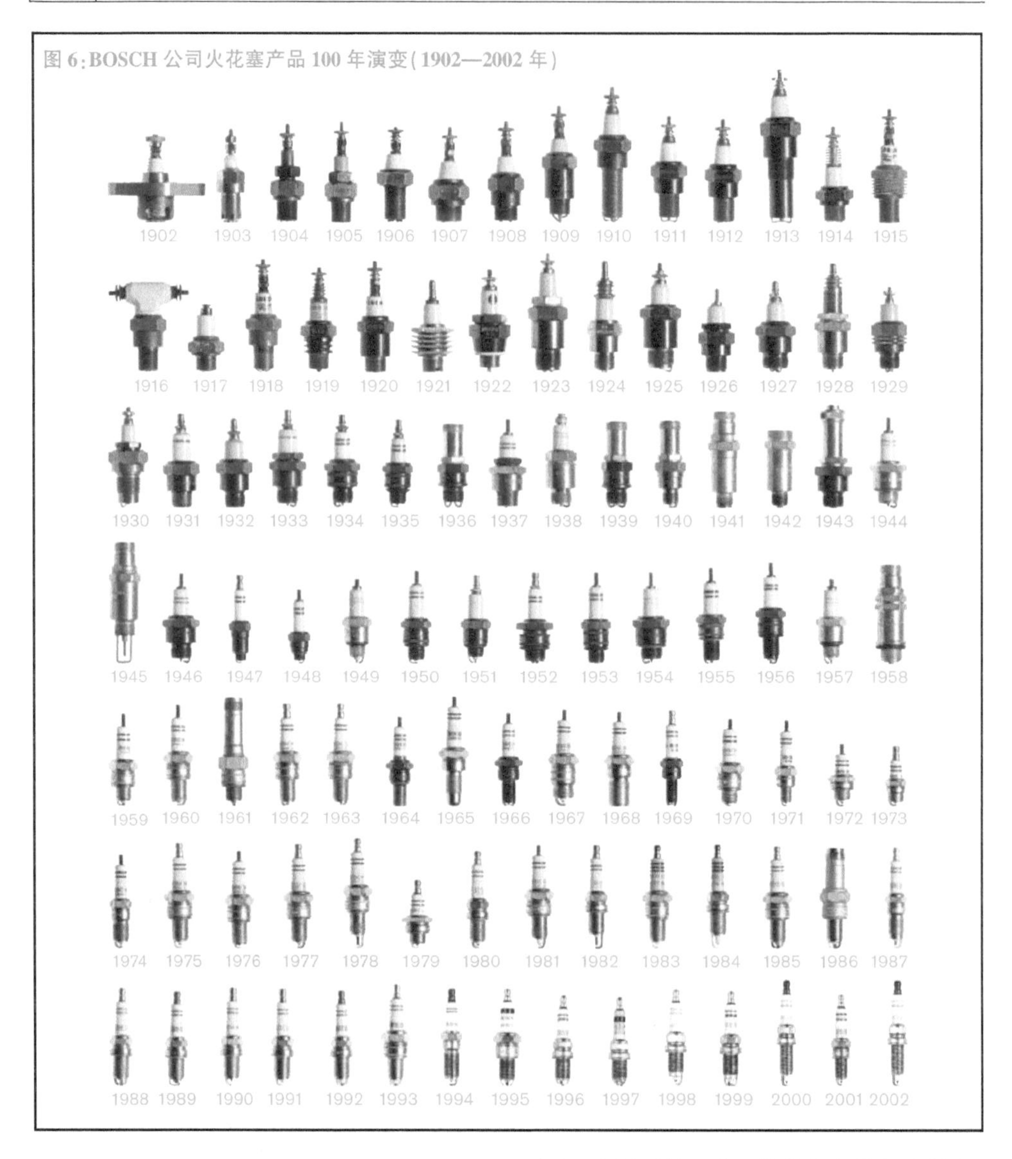

图 6:BOSCH 公司火花塞产品 100 年演变(1902—2002 年)

火花塞性能

在使用寿命中的变化

由于火花塞是在侵蚀性气体中,且有时在非常高的温度环境工作,所以电极受到耗损而需要提高点火电压。当最终的点火线圈电压不能满足所需要的点火电压时,就会出现点火失火的情况。

火花塞工作也会受到汽油机变旧(老化)和脏污物的不利影响。汽油机变旧使燃烧室窜气和漏气增加、进入燃烧室中的机油增多,从而使火花塞上的烟灰、油泥、积炭等沉积物聚集,形成泄漏电流、点火电压下降、点火失火,并在极端状况出现热自动点火。影响火花塞性能的另一因素是在汽油中使用抗爆燃添加剂,它易于形成沉积物,且在高温时具有导电性,形成热泄漏电流,从而最终导致点火失火、有害排放物增加,并对催化转化器产生潜在损伤。这就是要定期更换火花塞的原因。

电极耗损

电极耗损与电极侵蚀的词义相同，它是火花塞被使用过程中由电极物质损失引起的电极间隙增大。发生这种现象的主要原因有两个：

- 火花侵蚀
- 燃烧室中燃气腐蚀

火花侵蚀和燃气腐蚀

电火花放电使电极温度达到它的熔点，沉积在电极表面的微粒与氧或燃烧气体的其他成分发生化学反应而使电极侵蚀、电极间隙增大，并要求提高点火电压（图1）。采用耐高温的电极材料（如铂和铂合金）可减小电极耗损。在没有限定火花塞使用寿命时，采用合适的电极几何形状（如直径较细的电极）和改变火花塞设计（如表面隙火花塞）就可降低电极侵蚀。

导电玻璃密封材料电阻也可降低电极侵蚀和耗损。

图1：中心电极和接地电极损耗
(a) 前接地电极火花塞；(b) 侧接地电极火花塞
1—中心电极；2—接地电极

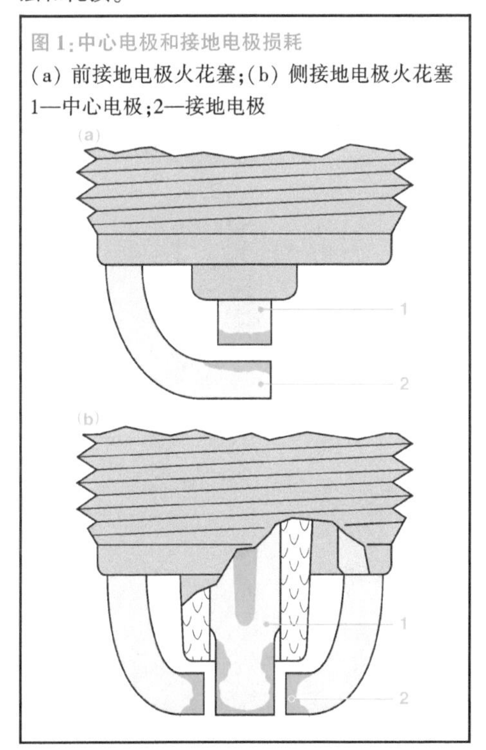

非正常工作状况

非正常工作状况会损伤火花塞和汽油机。非正常工作状况包括：

- 热自动点火
- 爆燃
- 高机油消耗（烟灰和积炭）

不正确的点火系统调整、与汽油机匹配的火花塞热值不符，以及使用不合格的燃油都会损伤汽油机和火花塞。

热自动点火

热自动点火是由于提高燃烧室工质温度而引起的不受控点火事件，它会严重地损伤火花塞和汽油机。

汽油机在全负荷工作时，能产生局部的灼热点，并在下列区域产生热自动点火：

- 在火花塞绝缘体鼻处
- 在排气门上
- 在气缸盖、气缸垫凸出部分
- 在裂开的沉积物上

爆燃

爆燃是一种不受控的、燃气压力急剧增加的燃烧过程。爆燃是由电点火点燃的正在扩展的火焰前沿尚未到达的那个区域的空燃混合气自行点燃的情况。爆燃速率要比正常燃烧速率快得多。爆燃时燃烧室内高频燃气压力脉动和特高的燃气压力峰值随曲轴转角的变化与正常燃烧时燃气压力随曲轴转角的变化的对比情况见图2。爆燃时陡峭的燃气压力增加使气缸盖、气门、活塞和火花塞等部件承受很高的机械负荷和热负荷，并使其中一个或多个部件损伤。

图2：爆燃和正常燃烧时缸内燃气压力随曲轴转角变化的对比

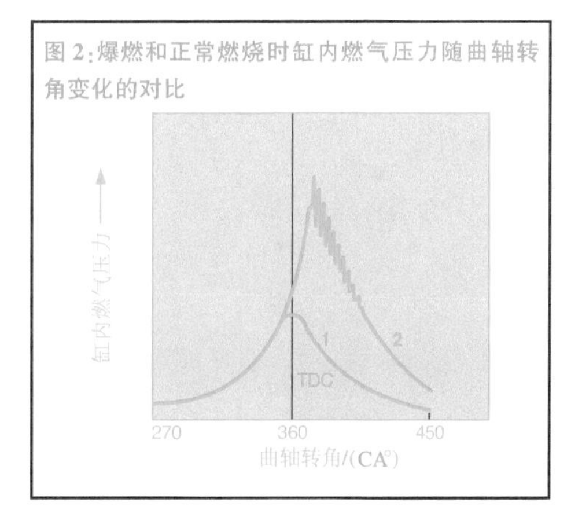

部件的爆燃损伤与超声波气流造成的部件侵蚀损伤相似。在火花塞上接地电极出现的表面凹坑是爆燃的前兆信号(图 3)。

图 3:严重爆燃引起的接地电极损伤

火花塞类型

SUPER 火花塞

BOSCH 公司的大部分火花塞是 SUPER 火花塞,它们是各种衍生火花塞和不同火花塞设计方案的基础火花塞。各种实际使用的汽油机都能找到适用的火花塞热值并精确匹配。

图 1 为 BOSCH 公司 SUPER 火花塞剖视图(见《设计》部分),其主要特征如下:

- 采用由 NiCr 合金和铜芯组成的复合中心电极

图 1:BOSCH 公司 SUPER 火花塞
1—铜芯 NiCr 合金中心电极

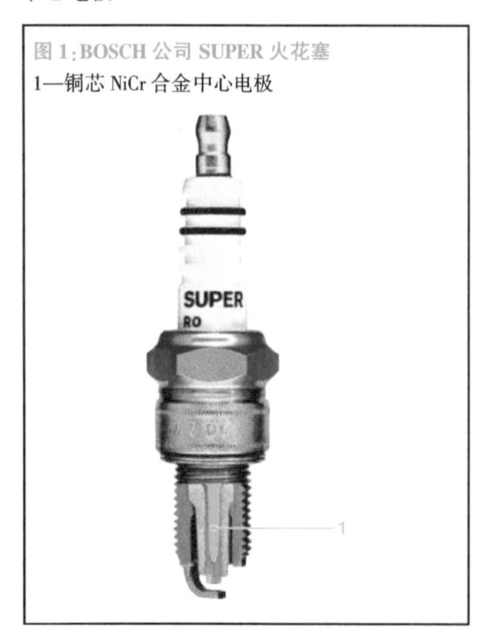

- 可选用复合接地电极降低该处的最高温度,减少损耗
- 对一些重要的汽油机可在工厂预设定火花塞电极间隙

为满足汽油机的不同使用要求或配机要求,要采用不同的火花塞电极形状。

图 2(b)中表示的火花塞是当前流行的 SUPER 火花塞电极形状,在很多细节上有别于图 2(a)中表示的经典的 SUPER 火花塞电极形状。火花位置伸入燃烧室内,连同优化的绝缘体鼻几何形状和较细的中心电极可改善汽油机反复冷起动性能。

图 2(c)中表示的火花塞电极形状为激光焊接的贵金属针,由于其直径很细,所以它既能延长使用寿命,又可改进点火和火焰传播性能。

图 2:SUPER 火花塞电极形状
(a) 前电极;(b) 前电极和向前火花;(c) 前电极和 Pt 中心电极

SUPER 4 火花塞

结构

BOSCH 公司 SUPER 4 火花塞(图 3)与常规的 SUPER 火花塞的区别在于:

- 4 个对称分布的接地电极
- 镀银中心电极
- 在火花塞使用寿命内不要调整预设定的电极间隙

图 3:BOSCH 公司 SUPER 4 火花塞电极

工作原理

4 个接地电极由圆形断面制成,以保证良好的点火和火焰传播性能。它们与中心电极分开形成一定的火花塞电极间隙。根据汽油机工况,火花可直接到达接地电极(称为空气隙火花),也可越过绝缘体鼻表面到达接地电极和直接到达接地电极(称为表面空气隙火花)的路径交替跳动,从而形成 8 个潜在的火花间隙。究竟是哪一种火花间隙,则与汽油机工况、点火瞬时、当地空燃混合气密度和电极耗损有关。

均匀的接地电极耗损

由于火花跳动的路径概率对所有的接地电极是一样的,所以所有越过绝缘体鼻表面的火花平均分配。这样,4 个接地电极的耗损也就均匀分布。

热值范围

镀银中心电极可有效散热,从而降低由于过热而引起热自动点火的风险,并扩大火花塞的安全热值范围。这意味着每一种 SUPER 4 火花塞的热值相当于常规 SUPER 火花塞至少两个型号的热值范围。这样,在工况变化大,即火花塞热值变化大的汽油机上可改用较少的 SUPER 4 火花塞型号。

火花塞效率

SUPER 4 火花塞的细接地电极从点火火花中吸收的能量要比常规的 SUPER 火花塞的接地电极从点火火花中吸收的能量少,所以它能以超过 40% 的点火能量点燃空燃混合气,具有更高的火花塞效率(图 4)。

图 4:火花塞效率

1—SUPER 火花塞;2—SUPER 4 火花塞

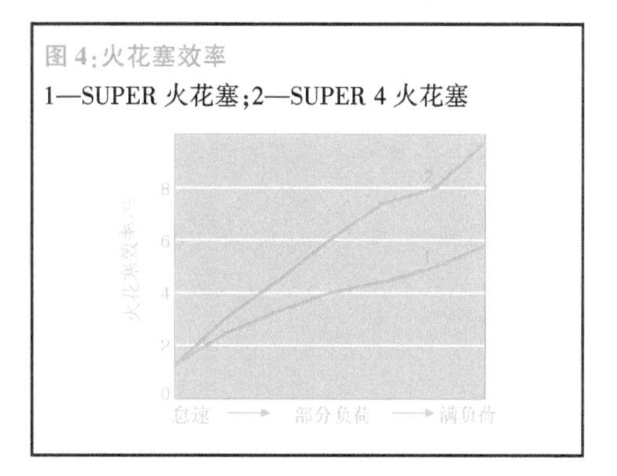

点火概率

对过量空气系数大($\lambda>1$)的稀空燃混合气,足以可靠点燃它的点火概率小。实验室试验显示,SUPER 火花塞能可靠点燃过量空气系数 $\lambda=1.55$ 的空燃混合气,但在同样条件下使用常规的 SUPER 火花塞,其点火概率不足 50%(图 5)。

图 5:空燃混合气组分(过量空气系数)对点火概率的影响

1—SUPER 火花塞;2—SUPER 4 火花塞

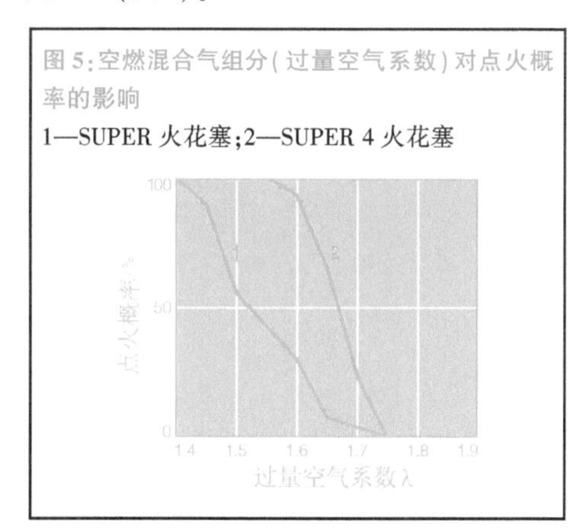

重复冷起动性能

SUPER 4 火花塞表面间隙火花甚至在低温时仍能有效地保证电极自洁。这表示,与 SUPER 火花塞相比,重复冷起动(没有暖机的起动)可达到 3 次。

环境和催化转化器保护

在汽油机的各种工况,包括暖机阶段,冷

起动性能的改善和更可靠地点火可以减少一定量的未燃烧的燃油，因而可减少 HC 的排放。

特点

与 SUPER 火花塞相比，SUPER 4 火花塞性能的改进源于它自身的特点：

- 8 个潜在的火花间隙增加了点火的可靠性
- 采用表面间隙技术使 SUPER 4 火花塞具有自洁能力
- 扩大了热值范围

Pt+4 火花塞

结构

Pt+4 火花塞（图 6）是为延长火花塞更换间隔而设计的表面间隙火花塞。它与 SUPER 火花塞的区别在于：

图 6：Pt+4 火花塞结构

1—接线柱；2—绝缘体；3—外壳；4—热收缩区；5—密封环；6—导电玻璃密封材料；7—触针；8—Pt 针中心电极；9—接地电极（4 个，图示为 2 个）

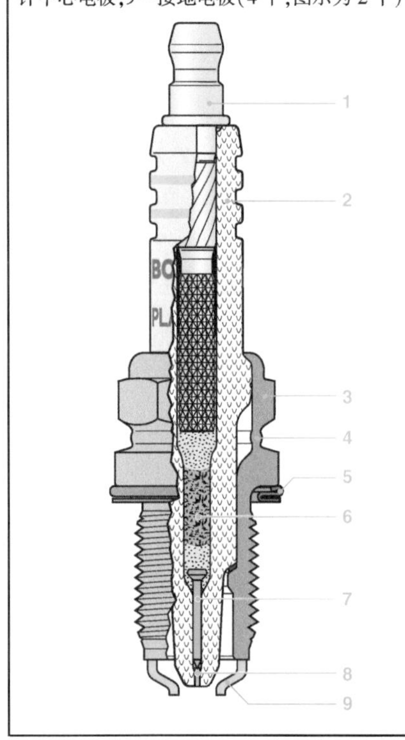

- 4 个对称布置、带双弯曲面的接地电极 9
- 烧结的细 Pt 针中心电极 8
- 由特殊合金制成、做了几何形状改进的触针 7
- 耐击穿的陶瓷绝缘体
- 重新设计了绝缘体鼻，改进了性能

工作原理

点火可靠性

扩大到 1.6 mm 电极间隙的 Pt+4 火花塞由于具有卓越的点火可靠性，再加上处于燃烧室理想位置的 4 个接地电极，所以能保证点火火花自由穿越空燃混合气，火焰核可以在不受干扰、确保完美点燃混合气的情况下在燃烧室中传播。

对重复冷起动的响应

表面间隙火花塞极大地改善了空气间隙火花塞的重复冷起动性能。

电极耗损

由于采用了耐腐蚀的 Pt 针中心电极和改进材料的 4 个接地电极，所以电极耗损减少。另外，导电玻璃密封材料电阻可抑制火花塞电容放电，从而有助于进一步减少电极火花腐蚀。

图 7 是 SUPER 空气隙火花塞（间隙为 0.7 mm）和 Pt+4 表面隙火花塞（间隙为 1.6 mm）分别在汽油机台架试验时工作 800 h

图 7：需要的最大点火电压随汽油机工作时间的变化

1—SUPER 空气隙火花塞；2—Pt+4 表面隙火花塞

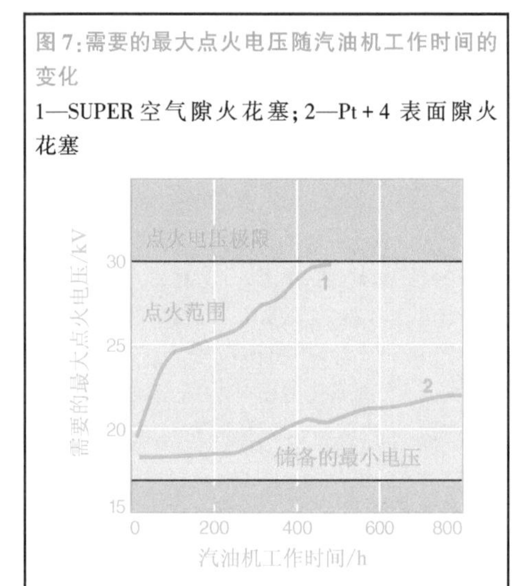

(相当于汽车高速公路行驶 100 000 km)需要的最大点火能量(用点火电压表示)的对比试验情况,与 SUPER 空气隙火花塞相比,Pt+4 表面隙火花塞较少的电极耗损可较大地减少对点火电压的要求。图 8 和图 9 是新的 Pt+4 表面隙火花塞和在汽油机 800 h 台架试验后电极形貌变化对比。由图可见,在 800 h 耐久性试验后电极耗损是最少的。

图 8:新 Pt+4 表面隙火花塞电极形貌

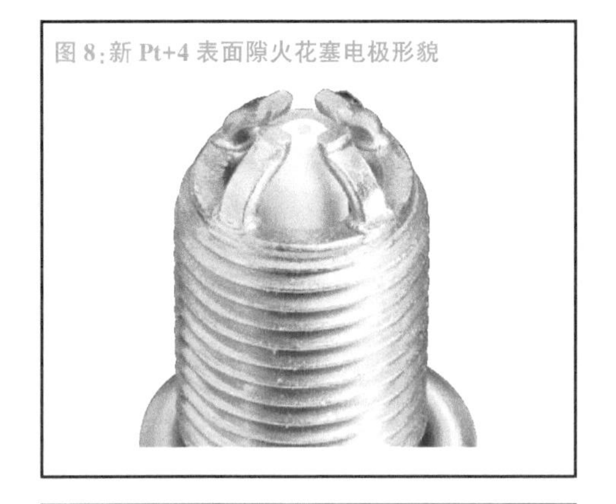

图 9:汽油机 800 h 台架试验后 Pt+4 表面隙火花塞电极形貌

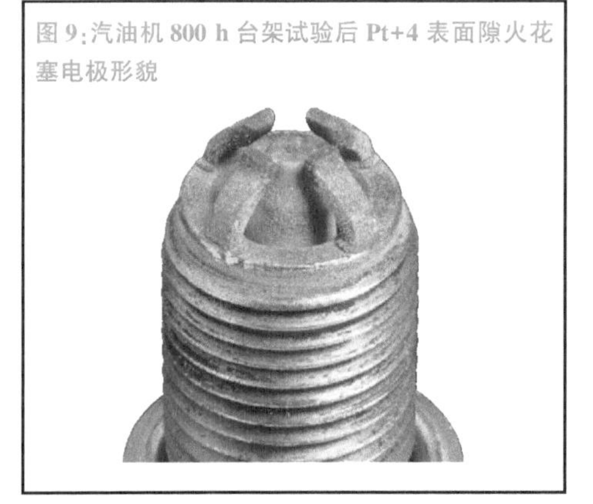

Pt+4 火花塞特点

Pt+4 火花塞具有延长使用的一些特点:

- 耐用的电极和陶瓷部件使火花塞的更换间隔延长到 100 000 km 的汽车里程
- 可较多次地重复冷起动
- 很好的点火性能和通畅的火焰前沿传播改善了汽油机的运转平稳性

汽油直接喷射发动机火花塞

在汽油直接喷射发动机压缩行程,汽油由高压喷油泵以分层充量模式直接喷入燃烧室。进气歧管和活塞顶面凹坑结构产生一个能将喷入的汽油输送到火花塞的充量的涡流或滚流运动。由于充量运动的质量和方向随汽油机工况而变,所以要将火花塞的火花位置伸入燃烧室中,以利于点燃空燃混合气,但这样的方案提高了接地电极的温度,以至需要采取降低接地电极温度的一些措施。将火花塞外壳伸入燃烧室,可进一步缩短接地电极长度,所以这成为实用的火花塞方案。

火花间隙有多种方案,表面间隙方案具有防止点火失火的较高可靠性,还改进了火花塞的自洁性能。表面间隙火花塞用于壁导和气导燃烧过程的汽油机上。

如果火花处的气流速度不是太快,则使用空气间隙火花塞仍能很好点火。这是因为:

- 火花不是突然地偏移
- 避免火花消失和需要再次点火
- 可传输点火能量以得到稳定的火焰核

图 10 是汽油直接喷射发动机火花塞。

在壁导和气导燃烧过程中,分层空燃混合气形成与活塞行程紧密相关,这样就不能保证将燃烧过程一直调整到最佳效率状态。另外,燃油喷束与气缸壁和活塞的密集接触会形成积炭。对此,经过多方研究,最近几年已掌握了没有这些缺点的燃烧过程。在进气行程喷射燃油时可以调节空燃混合气的过量空气系数 $\lambda=y$,这样汽油机就在均质空燃混合气模式下工作。汽油直接喷射均质燃烧对火花塞点火性能的要求与进气管燃油喷射对火花塞点火性能的要求相似。汽油直接喷射发动机为达到更高功率,常装备废气涡轮增压器,在点火瞬时空燃混合气密度较高,需要较高的点火电压。使用贵金属针的中心电极空气间隙火花塞能满足汽车行驶 60 000 km 或更长的使用寿命要求。

图 10:汽油直接喷射发动机火花塞
(a) 中心电极不是贵金属的表面间隙火花塞;(b) Pt 针中心电极表面间隙火花塞;(c) Pt 针中心电极空气间隙火花塞

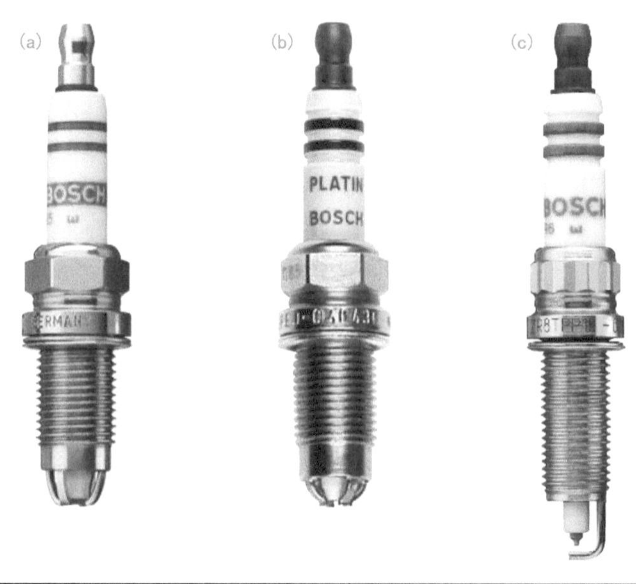

喷导燃烧过程

与壁导燃烧过程不同,喷导燃烧过程对火花塞提出的要求在最近发生了较大的变化。由于火花塞紧邻喷油嘴,优先采用的细长火花塞可在火花塞和喷油嘴之间容纳下附加的冷却通道。火花塞相对喷油嘴的布置需经广泛的试验确定。这样,利用燃油喷束气流(输送气流)将火花引入燃油喷束的外围区域,从而保证点燃空燃混合气。

在喷导燃烧过程,特别重要的是火花塞火花始终要在相同的位置跳动。利用火花塞在燃烧室端的造型可避免火花塞空气空间中的火花消失(火花塞外壳和燃烧室端的绝缘体之间的空气空间,见《设计》一节),以保持点火。颠倒电极极性(中心电极为阳极,接地电极为阴极)是为避免表面间隙火花进入火花塞外壳的另一种方法(图 11),但要检验是否需要限制喷油嘴和火花塞的轴向/径向位置公差,以便减少它们之间的相互影响。

如果火花塞太靠近喷油嘴,则燃油喷束的外围区域还没有充分舒展开,以致由于空燃混合气过浓而无法点燃;如果火花塞离喷油嘴过远,则燃油喷束外围区空燃混合气变稀而不能达到稳定点火的目标。

图 11:喷导燃烧过程中的空气间隙火花和表面间隙火花
1—高压喷油嘴;2—燃油喷束;3—浓空燃混合气区;4—稀空燃混合气区;5—表面间隙火花;6—空气间隙火花;7—火花塞

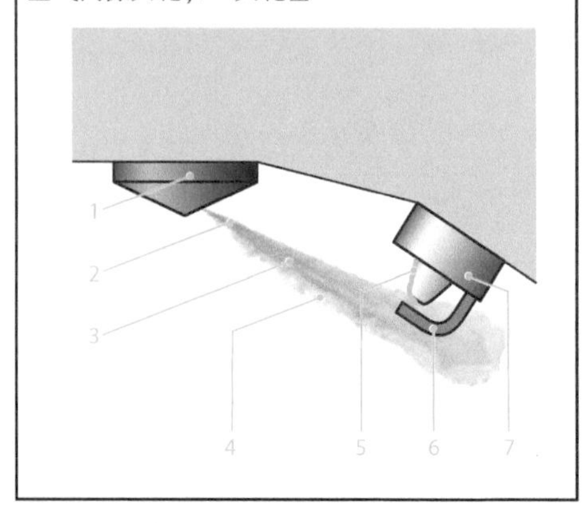

在保持精准的燃油喷束核公差条件下,还需要保持火花位置不变。如果火花位置太深,则火花塞较多地伸入燃油喷束中,并被燃

油浸湿，从而在绝缘体上形成烟泥、积炭，甚至损坏火花塞；如果火花位置离燃烧室壁太近，则可能进入由燃油喷束引导的空燃混合气中而使点火失火。

因此，为保证喷导燃烧过程可靠进行，需要承担火花塞开发的工程师和承担燃烧过程设计的工程师通力合作和配合。

特殊用途火花塞

应用

特殊用途火花塞用于某些特定场合，按汽油机的使用环境和工作条件需要有独特结构（设计）。

赛车用火花塞

满负荷工作的赛车汽油机承受严重的热负荷。为了满足这样恶劣的工作条件，所生产的火花塞通常采用贵金属电极（Ag、Pt）和短绝缘体鼻。这种火花塞通过绝缘体鼻吸收的热量非常少，但通过中心电极耗散的热量多（图 12）。

图 12：赛车用火花塞

1—Ag 中心电极；2—短绝缘体

带电阻的火花塞

将电阻安装在连到火花塞火花间隙的馈电线中，可抑制干扰脉冲被传输到点火电缆而诱发干扰辐射。在点火火花的电弧过程中减少的电流也可以减少电极腐蚀。电阻来自位于中心电极和接线柱之间的专用导电玻璃密封材料，适当的添加剂可使导电玻璃密封材料的电阻达到所要求的值。

完全屏蔽的火花塞

对抑制干扰有特别要求的领域（无线电设备、车载电话）需要使用完全屏蔽的火花塞。

完全屏蔽的火花塞采用金属屏蔽套将绝缘体包住，点火电缆接头在绝缘体内部，连接螺母将屏蔽的点火电缆固定在金属屏蔽套上。完全屏蔽的火花塞也能防水（图 13）。

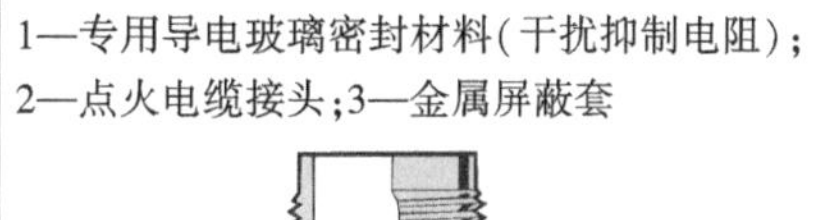

图 13：完全屏蔽的火花塞

1—专用导电玻璃密封材料（干扰抑制电阻）；2—点火电缆接头；3—金属屏蔽套

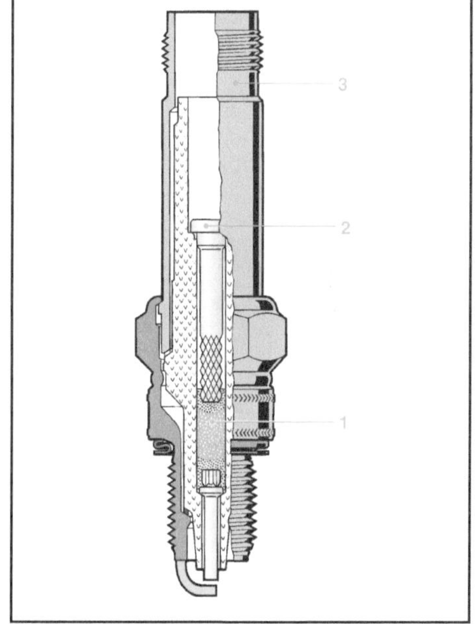

BOSCH 公司火花塞类型标记

BOSCH 公司火花塞类型由类型标记识别（图 14），类型标记包括除电极间隙外的火花塞的所有材料，火花塞电极间隙标准贴在包装上。适用于汽油机的火花塞由汽油机制造厂家和 BOSCH 公司共同指定或推荐。

图 14:BOSCH 公司火花塞类型标记指南

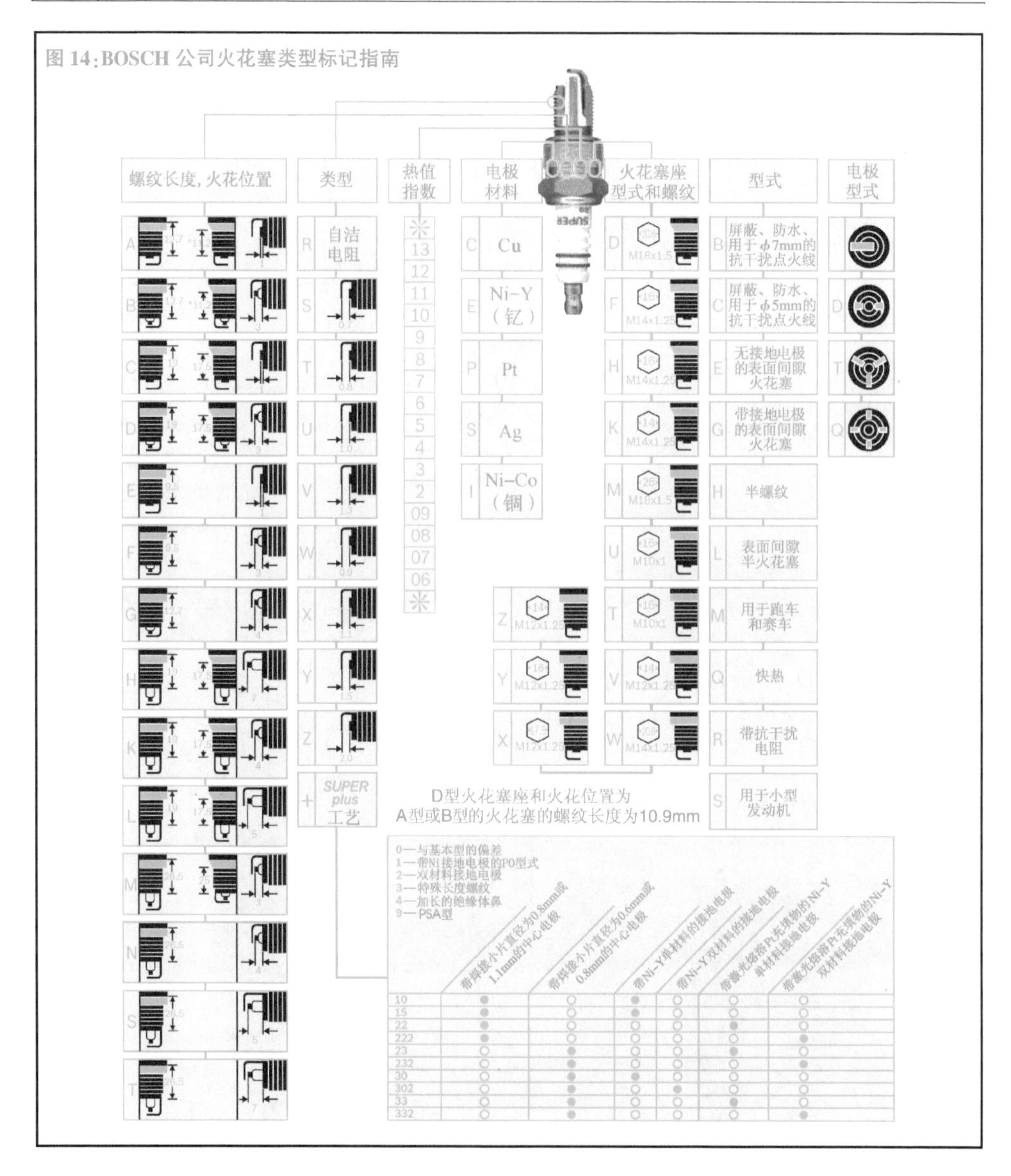

火花塞制造

每天约有 100 万只火花塞从我们的 Bamberg 工厂生产出来,这仅是 BOSCH 公司生产设备在欧洲生产的火花塞量。利用 BOSCH 公司生产设备在印度、巴西、中国和俄罗斯市场生产的火花塞也是按照统一的 BOSCH 公司质量标准执行。目前,BOSCH 公司已生产了超过 70 亿只火花塞。

针对装配成火花塞的各个部件建立了 3 个平行的制造工艺流程(图 1)。

绝缘体

优质陶瓷绝缘体使用的基础材料是 Al_2O_3。另外还有填料和黏结剂,并很好搅匀。再将这些颗粒物注入铸模,在高压下加工成具有内部形状的铸件毛坯。磨削铸件毛坯外部轮廓得到软塞芯,它与以后的塞芯极其相似。下一道工序包括将长度只有几毫米的 Pt 针机械固定在软塞芯中。绝缘体铸件通过温度接近 1 600 ℃的烧结炉得到最终的绝缘体形状,

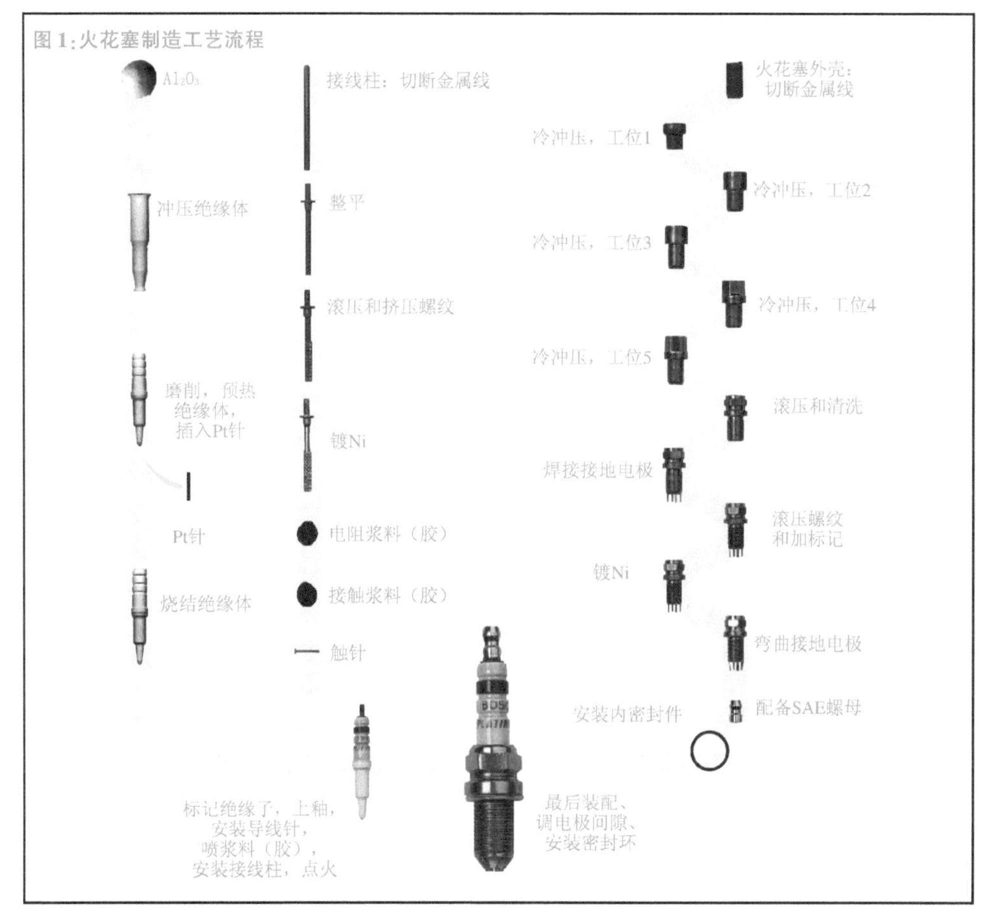

图 1:火花塞制造工艺流程

而且 Pt 针也已牢靠地固定在绝缘体中。必须制造软塞芯,以补偿在烧结工序中产生的约 20%的收缩量。

绝缘体烧结完成后在其上做标记，以涂覆无铅釉。

塞芯

利用后端压扁的触针实现塞芯与 Pt 针的电气接触。中心电极插入绝缘体后将浆料充入空腔中。浆料为玻璃颗粒和导电颗粒,在随后的加热冷却工序中与接线柱形成电气连接。改变浆料细分可以控制它的电阻,电阻值可高达 10 kΩ。

接线柱是由导线、整平和边缘滚花制成。接线柱表面镀 Ni,并插入塞芯中。塞芯穿过 850 ℃以上高温的加热炉,使浆料熔化。熔化的浆料沿中心电极四周流动,之后再将接线柱压入熔化的浆料中。塞芯冷却后形成中心电极和接线柱之间的气体密封和电气连接。

外壳

外壳由钢挤压成型。从金属线上切下几厘米长的线段,经几个冲压工位直至最终的外壳轮廓,之后经有限次数的机械加工工序(形成收缩部分和螺纹部分)。在将接地电极(与火花塞类型有关,最多 4 个接地电极)焊到外壳上和滚压螺纹后,整个外壳镀 Ni,以抗腐蚀。

火花塞装配

在装配时将密封环和塞芯装入火花塞外壳中。挤压外壳上部呈凸圆状,以定位塞芯。随后的收缩工序(利用感应加热将外壳加热到

900 ℃以上)可保证外壳与塞芯之间的气体密封。外部密封环固定在火花塞平面密封座上,以成为“系留”垫片(永久性垫片)。当火花塞安装在气缸盖上时该垫片能有效地密封燃烧室。

在一些火花塞上,必须将 SAE 螺母可靠地固定在接线柱的 M4 螺纹上,在螺纹端部冲几个小坑,以防丢失。

按汽油机生产厂家的技术条件,调整好电极间隙后火花塞装配就算完成。包装后发往市场销售。

基于仿真的火花塞开发

有限元法(FEM)是有关描述物理系统状态和性能的各种方程式的数学近似解的方法,它需要将工程结构构件划分很多小块或称有限元。

在火花塞设计中应用有限元法计算温度场、电场和结构力学问题。在没有过多试验基础上,有限元法可预先确定火花塞几何形状、结构构件材料的改变和环境状况的变化产生的影响。有限元计算是生产火花塞试验样品的基础。

温度场

在燃烧室中的火花塞绝缘体和中心电极的最高温度是火花塞热值的决定因素。图 1(a)是火花塞与部分气缸盖的轴对称模型。用黑白颜色表示的温度场说明最高温度出现在绝缘体鼻。

电场

若在点火瞬时往火花塞上施加高压电,则在电极间隙跳火。绝缘体破损或绝缘体与外壳之间的电压击穿使空燃混合气燃烧延迟、点火失火。图 1(b)是火花塞中心电极和外壳的轴对称模型和它们之间相应的电场强度矢量。

电场穿过绝缘的陶瓷物质和中间气体。

结构力学

燃烧时燃烧室中的高压燃气形成外壳和绝缘体之间必不可少的气体密封整体。图 1(c)是外壳挤压和热收缩后火花塞的轴对称模型。从中可以度量火花塞外壳上的保持力和机械应力。

图 1:有限元法在火花塞上的应用

(a) 在绝缘体和中心电极上的温度分布;(b) 与中心电极和外壳毗连的电场强度;(c) 在外壳上的保持力和机械应力

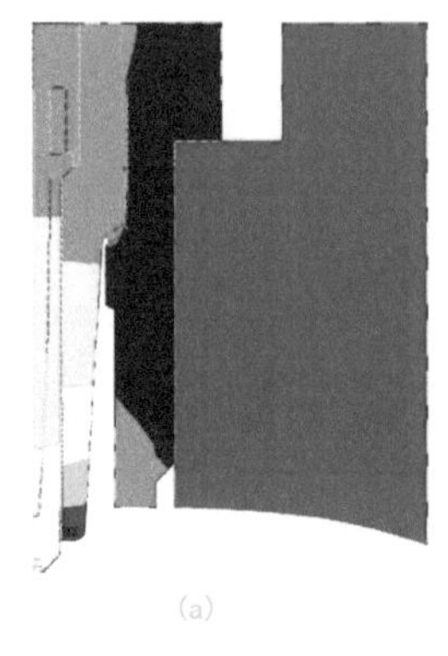

(a)

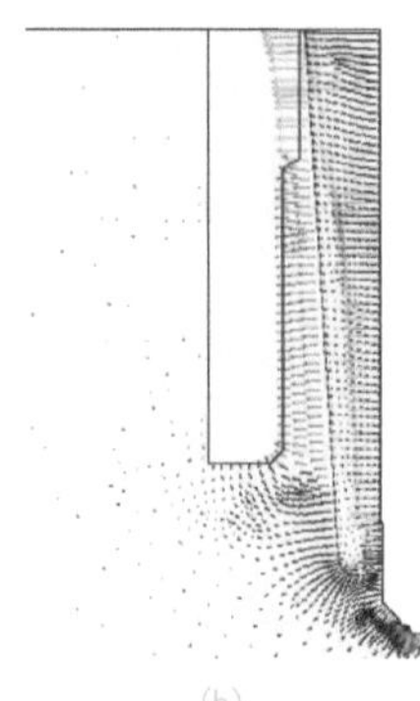

(b)

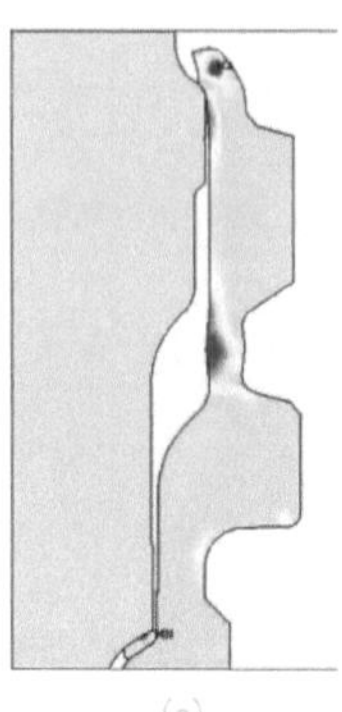

(c)

火花塞使用

火花塞安装

正确选择和安装火花塞是整个点火系统的重要一环。

建议只对前接地电极火花塞进行电极间隙的重新调整,不应对表面间隙火花塞和表面空气间隙火花塞的接地电极间隙重新调整,不然会改变这两类火花塞方案。

拆卸

先将火花塞从气缸盖上旋出几圈,之

后用压缩空气或刷子清洁火花塞以防残留的脏物颗料落入气缸盖螺纹孔中,或掉入燃烧室中。最后才完全拧出、取下火花塞。

为防止损伤气缸盖螺纹孔,在拧出火花塞时由于黏附只有很少松动,这时要在螺纹处滴入机油或含机油的溶剂,并将火花塞旋回。待机油渗入后再将火花塞完全拧出。

安装

将火花塞安装在汽油机上时要注意下述两点:

- 火花塞和气缸盖的结合面必须清洁,没有脏污物
- BOSCH 公司火花塞已涂防腐机油,不需再用其他润滑剂。由于螺纹表面镀 Ni,受热时不会与气缸盖螺纹孔黏附(咬死)

如果可能,应当采用扭力扳手拧紧火花塞。拧紧力矩由火花塞上的六角螺母传递到密封座和螺纹上,拧紧力矩过大或扳手与六角螺母对中不好会使火花塞外壳受到附加应力而变形,绝缘体松动,进而破坏火花塞热特性(热值)而导致汽油机损伤。这就是火花塞的拧紧力矩不允许超过规定值的原因。

在实际的"场"条件下(不在车间),常常是在没有扭力扳手的情况下安装火花塞,其结果是安装火花塞的拧紧力矩过大。为此,BOSCH 公司建议采用下列操作过程:

第一步:用手将火花塞拧入清洁的气缸盖螺纹孔中,直到拧不动为止。随后用火花塞扳手按三种情况操作:

- 新的平面密封座火花塞在用手拧不动(开始感到转动阻力)后,再用扳手将火花塞转动约 90°
- 用过的平面密封座火花塞在用手拧不动后,再用扳手将火花塞转动约 30°
- 锥面密封座火花塞在用手拧不动后,再用扳手将火花塞转动约 15°

第二步:在拧紧或松开火花塞时不允许套筒扳手相对火花塞倾斜,不然会给绝缘体施加过大的垂直力或横向力而使火花塞不能再使用。

第三步:对于带自由芯棒的套筒扳手要保证芯棒开口高于火花塞顶部,使芯棒从套筒扳手中取出。如芯棒开口太低,芯棒碰到火花塞上部而不能完全进入芯棒开口,只是进入一部分,那么在拧动火花塞时会使套筒扳手倾斜而损伤火花塞。

使用错误及其后果

安装的火花塞必须是汽油机生产厂家指定的或由 BOSCH 公司推荐的。汽车驾驶员应向 BOSCH 公司服务中心专业人员咨询,以免选择不正确的火花塞。可利用火花塞产品目录中的销售指南、有参考图表的销售陈列品,并可预约火花塞配机指导者。

使用错误类型的火花塞会导致汽油机损伤。常见的错误如下:

- 不正确的火花塞热值代码号
- 不合适的螺纹长度
- 密封座变形

不正确的火花塞热值代码号

重要的是火花塞热值要符合汽油机生产厂家的技术规范,或 BOSCH 公司推荐的火花塞热值。利用不同于为汽油机规定的火花塞热值代码号可能会产生热自动点火。

不合适的螺纹长度

火花塞螺纹长度必须精确地符合气缸盖上螺纹孔深度。如过长,火花塞就会太多地伸入燃烧室中,其可能的后果如下:

- 损坏活塞
- 火花塞螺纹中烧硬的炭残留物使火花塞无法拆卸,或火花塞过热

火花塞螺纹太短,火花塞不能完全伸入燃烧室,其可能的后果如下:

- 点火困难,火焰难以传播到空燃混合气中
- 火花塞不能达到它的自洁温度
- 气缸盖螺纹孔底部螺纹会被烧硬的炭残留物堵塞

密封座变形

锥面密封座火花塞不允许另外安装密封环、垫片或垫圈。平面密封座火花塞上只安装已装在火花塞上不能卸下的“系留”密封环，且不能用其他型式的垫片或垫圈更换它。

“系留”密封环防止火花塞伸入燃烧室过长，从而达到从火花塞外壳到气缸盖的传热效果，并保证火花塞在粗糙表面的有效密封。

安装附加密封环使火花塞不能完全伸入气缸盖螺纹孔中，这会减少火花塞外壳到气缸盖的传热效果。

火花塞电极和绝缘体形貌

火花塞电极和绝缘体形貌提供了有关汽油机和火花塞工作性能的信息，即火花塞的工作状态、空燃混合气制备状况和汽油机燃烧过程等方面信息。图1、图2和图3为火花塞电极和绝缘体形貌第一、二、三部分。

图1：火花塞电极和绝缘体形貌（第一部分）

(a)正常的形貌：绝缘体鼻呈灰色、浅灰色、黄色到赤褐色之间的颜色。汽油机工作正常，火花塞热值正确，空燃比调整和点火定时正确，没有点火失火，冷起动装置功能正常，没有出现来自含铅燃油添加剂中或机油允许的成分中的残留物，无过热。

(a)

(b)烟垢（积炭）形貌：绝缘体鼻、电极和外壳布满黏结状的暗黑色烟垢。

原因：空燃比不正确（化油器、燃油喷射）。空燃混合气过浓，空气滤清器太脏，自动阻风门或阻风门电缆故障，汽车仅短途行驶，火花塞过冷，火花塞热值代码号太小。

后果：点火失火，冷起动困难。

解决措施：调整空燃比和起动装置，检查空气滤清器。

(b)

(c)机油污结形貌：绝缘体鼻、电极和外壳布满发亮的烟垢或炭机油层。

原因：燃烧室内机油过多，机油液面过高，活塞环、气缸和气门导管严重磨损。二冲程汽油机：汽油中掺入机油太多。

后果：点火失火，起动困难。

解决措施：大修汽油机，使用正确的空燃比，更换火花塞。

(c)

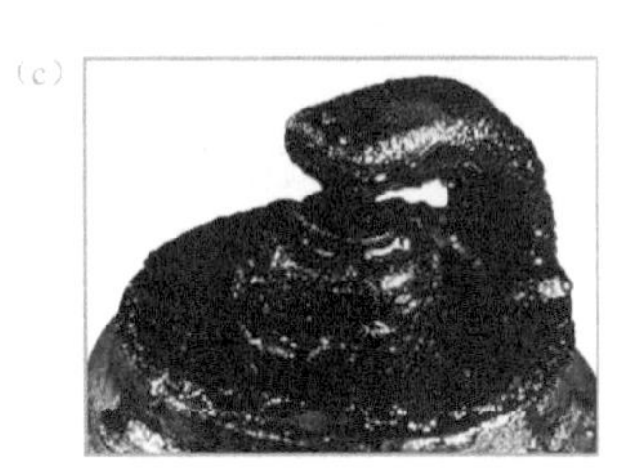

(d)铅黏污形貌：在绝缘体鼻上形成棕黄色釉面，可能带有绿色光泽。

原因：燃油添加剂中含有铅，汽油机持续部分负荷工作后大负荷工作就会在绝缘体鼻上形成釉面。

后果：在较大负荷工作时绝缘体鼻上形成的釉面导电，使点火失火。

解决措施：铅黏污的火花塞无法清洁，换新火花塞。

(d)

图 2:火花塞电极和绝缘体形貌(第二部分)

(a)严重的铅污浊形貌:在绝缘体鼻上形成厚的、棕黄色釉面,可能有绿色光泽。

原因:燃油添加剂中含铅;汽油机持久部分负荷工作后再大负荷工作就会在绝缘体鼻上形成釉面。

后果:在较大负荷工作时绝缘体鼻上厚的棕黄色釉面导电,使点火失火。

解决措施:铅污浊火花塞无法清洗,换新火花塞。

(b)灰渣残留物形貌:在绝缘体鼻上、呼吸空间(环形间隙)和接地电极上沉积着来自机油和燃油添加剂的严重的灰渣残留物,它们是疏松的残留物或鳞片状灰渣残留物。

原因:来自燃油添加剂,特别是机油添加剂中的物质会在燃烧室中和火花塞上留下灰渣残留物。

后果:热自动点火,汽油机功率下降(汽油机损伤)。

解决措施:汽油机在符合要求的工况下工作,更换火花塞,按说明书要求更换机油。

(c)中心电极熔化形貌:中心电极熔化,绝缘体鼻多孔、松软呈海绵状。

原因:热自动点火使中心电极过热,点火定时过分提前,在燃烧室中有残留物,气门、分电器有故障,劣质燃油,火花塞热值代码号太小。

后果:点火失火,汽油机功率下降(汽油机损伤)。

解决措施:检查汽油机、点火系统和空燃混合气制备系统,安装正确热值的火花塞。

(d)中心电极严重的热侵蚀形貌:中心电极和接地电极严重的热侵蚀。

原因:热自动点火使中心电极过热,点火定时过分提前,在燃烧室中有残留物,气门、分电器有故障,劣质燃油。

后果:点火失火,功率下降,汽油机可能损伤,绝缘体鼻可能由于中心电极过热而破裂。

解决措施:检查汽油机、点火系统和空燃混合气制备系统,换新火花塞。

评估火花塞电极和绝缘体形貌是汽油机诊断的重要内容。为获得准确的评估结果,要按如下要点进行:在评估火花塞电极和绝缘体形貌前汽车必须行驶一定的路程;不要延长汽油机怠速运转时间,不然会在火花塞上形成炭残留物,这样就不能对火花塞电极和绝缘体形貌进行准确评估。具体的评估规范是,汽车首先应在汽油机的各种转速和中等负荷下行驶 10 km(6 英里),并在停机前不要延长怠速运转时间。

图 3：火花塞电极和绝缘体形貌（第三部分）

(a)中心电极和接地电极熔化形貌：中心电极和接地电极熔化形成菜花图形，沉积物可能来自其他物质。
原因：热自动点火使中心电极过热，点火定时过分提前，在燃烧室中有残留物，气门、分电器有故障，劣质燃油。
后果：汽油机故障使功率下降。
解决措施：检查汽油机、点火系统和空燃混合气制备系统，换新火花塞。

(a)

(b)中心电极严重热侵蚀形貌：
原因：超过火花塞更换期。
后果：点火失火，特别是在汽车加速时（点火电压不足，与电极间隙不匹配），起动困难。
解决措施：换新火花塞。

(b)

(c)接地电极严重侵蚀形貌：
原因：侵蚀性的燃油和机油添加剂、沉积物或受燃烧室中气流形式干扰的其他因素，汽油机爆燃，没有出现过热。
后果：点火失火，特别是在汽车加速时（点火电压不足，与电极间隙不匹配），起动困难
解决措施：换新火花塞。

(c)

(d)绝缘体鼻破裂形貌：
原因：机械损坏（如撞击、火花塞掉落或由于错误操作使中心电极受压）。在极端情况绝缘体鼻被中心电极和绝缘体鼻之间的沉积物分裂开，或被中心电极的腐蚀物分裂开（特别是不按更换间隔更换火花塞）。
后果：点火失火，局部跳火，不能可靠地穿越新鲜的空燃混合气。
解决措施：换新火花塞。

(d)

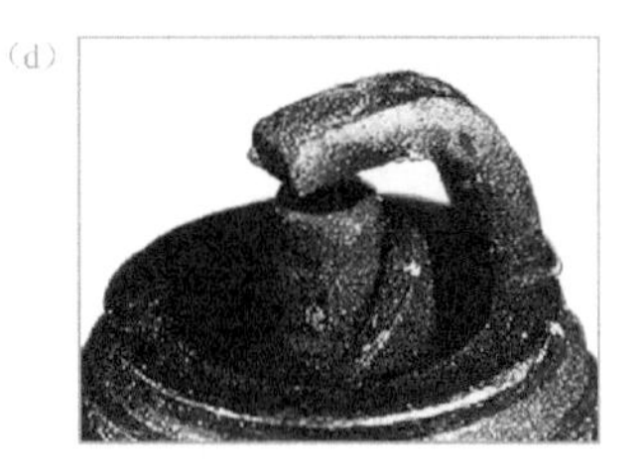

电 子 控 制

“Motronic”是发动机管理系统的名字,通过 ECU 对发动机进行开环和闭环控制。第一款 Motronic 系统是 BOSCH 公司 1979 年开始大批量生产的,它的主要功能是控制燃油喷射和电子点火。随着微电子技术的发展,Motronic 系统的功能得到持续扩展,以满足各种新的需求,Motronic 系统的复杂程度也在不断增加。

尽管早期由于价格原因,Motronic 系统主要应用于豪华轿车上,但是随着汽车环保法规的日益严格,这套系统也广泛用于其他车辆上。从 20 世纪 90 年代中期开始,所有由 BOSCH 公司参研的新型发动机都应用了这套系统。

开环和闭环控制

Motronic 系统包含了汽油机控制的所有部分(图 1),驾驶员对扭矩的需求通过执行机构或者转换器来执行。主要部件包括:

- 电控节气门:控制进入气缸的空气质量流量
- 喷油器:给气缸充量供给正确的燃油
- 点火线圈和火花塞(点火系统):为缸内空燃混合气提供准确的点火定时

目前对发动机又提出新的要求,包括:

- 废气排放性能
- 动力输出
- 燃料消耗
- 故障诊断能力
- 舒适性/使用者的友好性

为此目的,可根据需要在发动机上安装附加部件。按 Motronic ECU 预设的控制算法计算所有控制变量,根据这些变量产生执行器驱动信号。

运行数据采集

传感器和设定值

Motronic 控制系统通过传感器采集或读取设定值来进行发动机开环和闭环控制(图 1)。

设定值(如开关信号)由驾驶员设置,包括:

- 点火钥匙的位置(端子 15)
- 空调开关位置
- 巡航速度控制设置

传感器检测物理和化学变量,以提供 ECU 发动机当前的运行状态信息。这些传感器包括:

- 发动机转速传感器,以检测曲轴位置计算发动机转速
- 相位传感器,以检测相位角(发动机工作循环)和凸轮轴的位置
- 发动机冷却水温和进气温度传感器,以计算温度变化
- 爆燃传感器,以检测发动机爆燃现象
- 空气质量流量计
- 进气管压力传感器,以采集气缸充量
- λ 传感器,以实施 λ 闭环控制

ECU 中的信号处理

由传感器产生的信号包括数字信号、脉冲信号和模拟信号,ECU 中的输入接口电路或者传感器输入电路(未来将增多)处理这些输入信号,这些输入电路转换成 ECU 中微控制器要求的电压值。

微控制器可直接读取数字输入信号,并以数字信息储存。模拟信号则需通过模/数(A/D)转换器转换成数字信号。

运行数据的处理

发动机 ECU 根据输入信号可以检测发动机当前的运行状态,并结合辅助系统和驾驶员(加速踏板行程传感器和操作开关)的要求计算出的执行机构控制命令。

发动机 ECU 执行任务可细分成很多功能,作为软件的控制算法存储在 ECU 的程序存储器中。

图 1:用于 Motronic 系统开环和闭环电子控制的各组件(系统图)

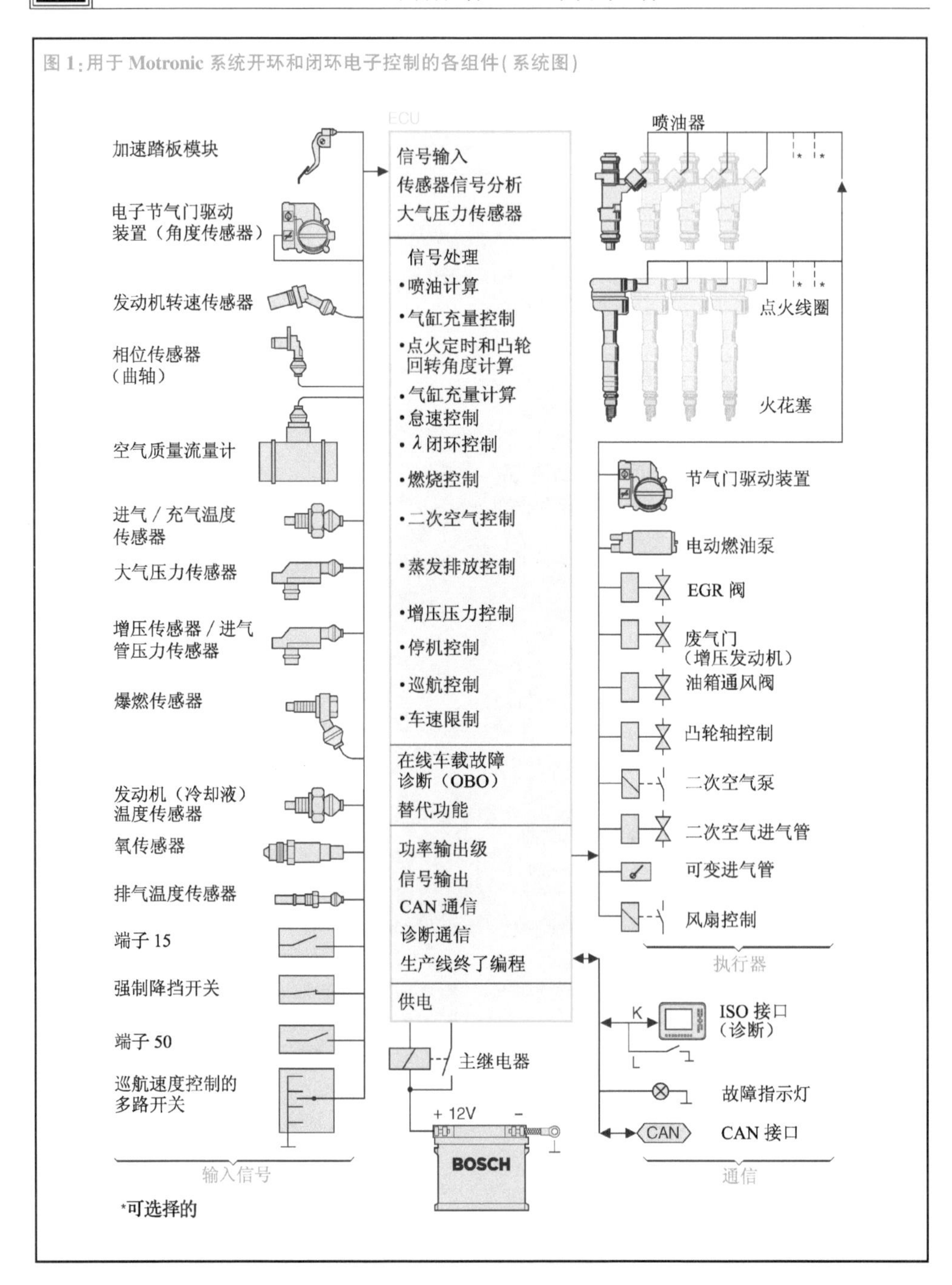

<u>ECU 的功能</u>

Motronic 电控系统有两个基本的功能。第一,根据吸入发动机缸的空气量计量正确的燃油量;第二,在最佳的时刻点火。通过这种方式实现燃油喷射和点火的最优配合。

Motronic 系统中微控制器可进一步集成开环和闭环控制功能,日益严格的排放法规加速了发动机排放和后处理的改善。具有重大贡献的功能包括：

- 怠速控制
- λ 闭环控制
- 燃油蒸发排放控制（炭罐净化）
- 爆燃控制
- 减少 NO_x 排放的废气再循环控制
- 二次空气喷射控制系统使催化转换器很快到达全工作状态

针对汽车动力系统的高要求，电控系统还要扩展以下功能：

- 涡轮增压器废气控制
- 增加发动机功率和扭矩的可变进气管控制
- 减少排放和燃油消耗，增加功率的凸轮轴控制
- 保护发动机和汽车的扭矩和速度限制功能
- 减少排放和燃油消耗、增加功率的汽油直接喷射控制

甚至在汽车设计和开发中，驾驶员的舒适性和操纵方便性变得越来越重要。这些要求影响发动机管理系统。典型舒适性和操纵方便性功能如下：

- 巡航速度控制（车速控制器）
- 自适应巡航速度控制（ACC）
- 自动变速器换挡时的扭矩控制
- 负载反向阻尼控制（降低驾驶员控制命令中断）

执行器触发

ECU 的上述功能由储存在 Motronic ECU 程序存储中的控制算法执行，由执行器设定的参数（如喷油器定义的触发时间）ECU 计算出控制变量（如确定要喷射的燃油量），并向执行器输出执行的电信号。

扭矩结构

基于系统扭矩的结构首次引入 ME7 - Motronic 中，将发动机所有性能需求的功能（图 2）都转换成扭矩需求。扭矩协调器按重要性分为内部载荷、外部载荷、用户要求以及发动机效率。将计算得到的所需目标扭矩分配到进气、燃料和点火系统。

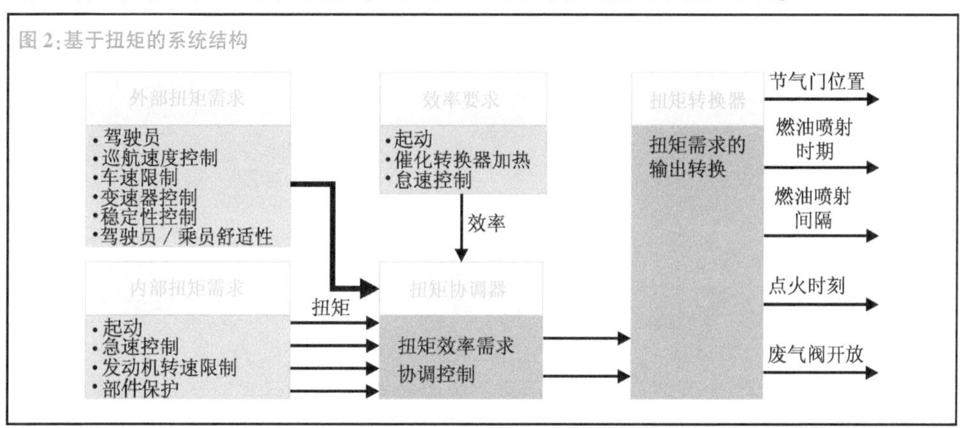

图 2：基于扭矩的系统结构

进气系统充量部件由改变节气门开度控制，涡轮增压发动机则由废气门控制。燃料部件基本上是由燃料喷射来控制，并考虑炭罐净化（燃油蒸发排放控制系统）。

扭矩通过两个通道调节。

一个是空气通道（主通道），包括从要转换的扭矩计算所需的气缸充量，从气缸充量计算节气门所需的开度。所要求的喷油量直接与气缸充量有关，因此设定固定的 λ 值。空气通道只允许逐渐改变扭矩（怠速控制集成部件）。

另一个是曲轴同步通道。使用当前气缸充量计算该工况下可能的最大扭矩，如果所希望的扭矩小于最大扭矩，则通过延迟点火或单缸多缸熄火（喷油为零，如当发动机超速时干预牵引力控制 TCS）迅速减少扭矩（如怠速控制差速器部件、换挡降扭、振动阻尼）。

早期 M-Motronic 系统中没有扭矩结构，扭矩降低(如在自动变速器换挡时的要求)是通过相关的功能实现的，如通过延迟点火角。在各个需求之间或它们与执行命令之间没有协调器。

监测

当汽车在行驶时，如果驾驶员不想让汽车加速，则汽车不能随意加速，这是对电控系统的强制性要求。为此，发动机电子控制系统监测必须满足一些严格的要求。ECU 系统中除主处理器外需要增加附加监测控制器，两处理器彼此监测。

电子故障诊断

集成在 ECU 中的诊断功能监测 Motronic 系统(包括 ECU、传感器和执行机构)，以检测故障和错误，将检测到的任何故障和错误信息存储在数据存储器中，并在必要时起动替代功能。诊断指示灯可在仪表板上显示，以提醒驾驶员出现了故障。

在维修车间，系统测试仪(如 KTS650)通过诊断接口与 ECU 相连，读取存储在 ECU 中的错误信息。

诊断功能最初只是在维修车间协助机械师对汽车进行检查和维修服务。然而，随着加州车载故障诊断(OBD)废气排放法律的颁布，诊断功能要求检查整个发动机与废气排放相关的故障，并用故障指示灯显示这些故障。这些诊断功能包括催化转换器、λ 传感器诊断和失火诊断。故障诊断功能后来又经过适应性修改以立法的形式成为欧洲的车载故障诊断(EOBD)。

汽车管理

Motronic 通过总线可与汽车其他电子系统的 ECU 通信，如 CAN 总线(控制器区域网络总线)。图 3 所示为 Motronic 系统应用实例。ECU 中的控制算法可处理来自其他系统 ECU 的数据并作为输入信号(如为保证换挡时汽车平顺，Motronic 可以及时降低发动机扭矩)。

图 3：Motronic 系统中的数据通信

1—发动机 ECU(Motronic)；2—ESP ECU(电子稳定性程序)；3—变速器 ECU；4—A/C ECU；5—带车载计算机的仪表组模块；6—停车 ECU；7—起动机；8—交流发电机；9—A/C 压缩机

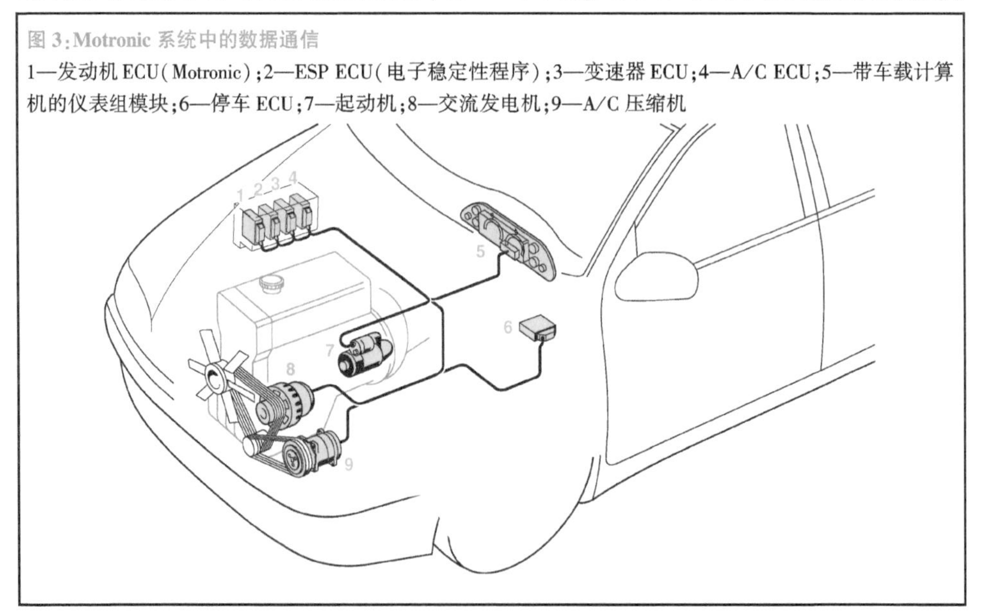

附页:用于赛车上的 Motronic 系统

汽车上用 Motronic 系统的同时,改进版本的 Motronic 系统也用到了赛车上。虽然汽车量产版的开发目标是舒适性、安全性、可靠性、排放限值和经济性,但现代赛车主要关注的是短时动力性,有关零部件材料、尺寸、生产成本的选择是次要的。

Motronic 系统的生产和赛车版的仍基于同样的原理,因为都是对照目标确定功能,如系统的过量空气系数和爆燃控制。

日益严格的环保法规对赛车提出同样的要求,如德国巡回赛冠军汽车也安装了三元催化转换器。噪声和油耗越来越受限制。量产汽车降低油耗的开发技术用于赛程中,进站加油的次数减少或缩短加油时间会影响胜利和失败的结果。例如,2001 年勒芒(Le Mans)在 24 h 汽车比赛中,采用 BOSCH 公司汽油直喷系统的赛车获得胜利。

赛车发动机的高转速缩短了每个工作循环的时间间隔,大量的数据处理需要高时钟频率,因此赛车采用了多微处理器系统。

ECU、点火和喷油系统部件都必须在高速工作。这要求点火线圈快速充电、燃油系统部件能尽快通过燃油并建立较高压力,以快速喷油。小螺纹直径的火花塞的材料要适应高压比下的缸内工作温度。

比赛中,数据通过电子信息系统的车载电台传送到车库,如大家知道的遥测技术可连续监测压力、温度等工作参数。

2001 年勒芒 24 h 汽车比赛

Motronic 版本

Motronic 系统包括控制汽油机所需的所有部件。根据发动机功率(如排气涡轮增压)、油耗和要满足的排放法规[加州大气资源局(CARB)]确定系统版本类型。加州排放控制与诊断法规对 Motronic 的诊断系统有严格要求。只有借助于增加附加部件(如燃油蒸发排放控制系统)才能对与排放相关的系统进行故障诊断。

在 Motronic 系统的发展历程中,系列的 Motronic 系统(如 M1、M3、ME7)的不同主要在硬件设计上。基本差别在微控制器家族、外设模块和输出级模块(芯片组)等方面。硬件的变化是为应对不同汽车厂商的不同要求而开发的,它由厂商规定的识别号(如 ME7.0)区分。

下面说明的另外一些版本就是集成变速器管理的 Motronic 系统版本(如 MG-Motronic 和 MEG-Motronic)。由于硬件要求比较苛刻,这些版本未能广泛使用。

M-Motronic

M- Motronic 是一种进气管汽油喷射的汽油机管理系统,它的特点是空气通过机械可调的节气门供给。

加速踏板通过一个连杆或操纵拉索连接到节气门。加速踏板的位置决定了节气门的开度,控制从进气管到气缸的空气质量流量。

怠速执行器允许定义的空气质量流量绕过节气门进入旁通道,在发动机等速运行时提供额外的空气量,如怠速运转(怠速控制)。为此,发动机 ECU 控制旁路通道开启截面积。

在欧洲和北美市场上,新开发的发动机不再采用 M-Motronic 系统,代之以 ME-Motronic 系统。

ME-Motronic

ME-Motronic 的特点是发动机功率的电子控制(图 1),该系统不再采用加速踏板和节气门之间的机械连接,驾驶员的命令通过加速踏板位置传感器输出,位置传感器是连接在加速踏板的电位计器(加速踏板模块中的踏板行程传感器。发动机 ECU12 读取加速踏板传感器输出的模拟信号,ECU 根据加速踏板位置输出控制节气门到一定的开启位置的信号,使发动机达到所需的扭矩。

这种调节发动机功率的系统在 1986 年首次由 BOSCH 公司推出。除了原发动机 ECU 外,系统还采用了一个独立的 ECU 以控制发动机功率。

随着汽车电子系统集成度的不断提高,将 Motronic 功能和发动机功率控制功能整合在一个 ECU 中(1994 年)。尽管如此,该项功能仍由 ECU 中另一个独立的微控制器负责。接下来是 1998 年推出的新一代 Motronic ME7。在这个版本中,发动机的全部管理功能由一个微控制器执行。微控制器不断增强的处理能力使综合控制成为可能。

DI-Motronic

汽油直接喷射需要既能满足均质充量工作模式,又能满足分层充量工作模式的控制方法。

在均质充量工作模式下,控制喷油嘴使其在燃烧室内产生均匀空燃混合气分布。为此喷油嘴在进气冲程喷射燃油。在分层进气工作模式下,喷油嘴燃油喷射延迟到接近点火的压缩冲程,在火花塞附近形成有限的空燃混合气云。

除了具有满足均质充量工作模式和分层充量工作模式的系统外,Motronic 系统也有单一均质充量模式的系统。这种模式使发动机在整个工作范围的空燃混合气均为当量空燃混合气(过量空气系数 $\lambda=1$)。这种单一功能系统结合超高增压的实际应用越来越多。

图 2 为 DI-Motronic 系统实例。在 2000 年 DI-Motronic 系统的第一批产品已在大众公司 Lupo 汽车上使用。

图 1:ME-Motronic 系统中开环—闭环电子控制的组成(EOBD 要求的车载故障诊断系统布置)

1—炭罐;2—集成温度传感器的热膜空气质量流量计;3—节气门装置(ETC);4—炭罐清洁阀;5—进气压力传感器;6—油轨;7—喷油器;8—凸轮轴控制执行器和传感器;9—点火线圈和火花塞;10—凸轮轴相位传感器;11—初级催化转换器上游 λ 传感器;12—发动机 ECU;13—EGR 阀;14—车速传感器;15—爆燃传感器;16—发动机温度传感器;17—初级催化转换器(三元催化转换器);18—初级催化转换器下游 λ 传感器;19—CAN 总线;20—故障指示灯;21—故障接口;22—ECU 停机接口;23—带踏板行程传感器的加速踏板;24—油箱;25—油箱单元(包括电动燃油泵、油压调节器);26—主催化转换器

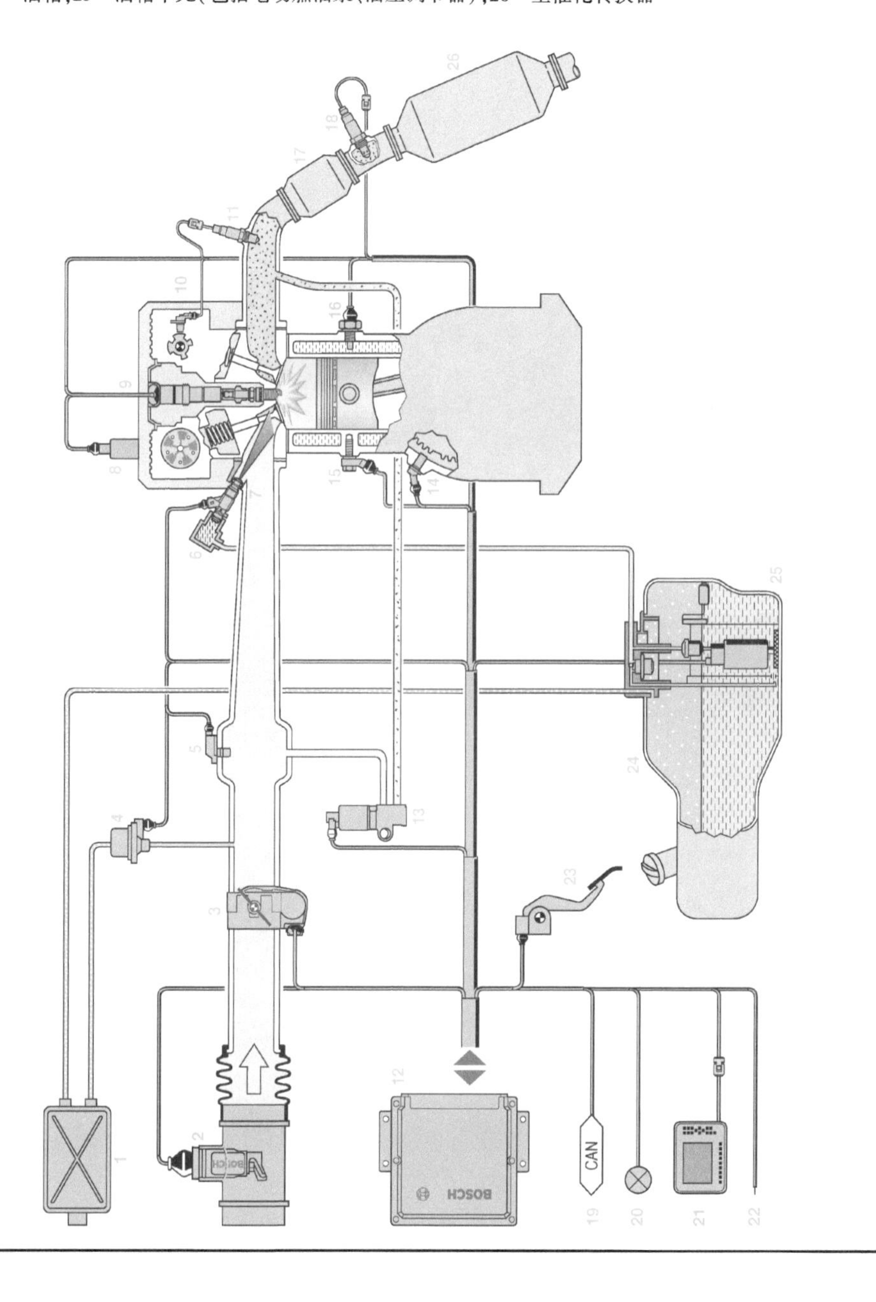

图 2：用于 DI-Motronic 开环—闭环控制系统的元件组成(系统图)

1—炭罐；2—组合温度传感器的热膜空气质量流量计；3—节气门装置(ETC)；4—炭罐净化阀；5—进气管压力传感器；6—充量流量控制阀；7—高压油泵；8—带高压喷油嘴的油轨；9—凸轮轴调节器；10—点火线圈和火花塞；11—凸轮轴相位传感器；12—λ 传感器(LSU)；13—Motronic ECU；14—EGR 阀；15—转速传感器；16—爆燃传感器；17—发动机温度传感器；18—初级催化转换器(三元催化转换器)；19—λ 传感器；20—排气温度传感器；21—NO_x 储存式催化转换器；22—λ 传感器；23—CAN 接口；24—故障指示灯；25—诊断接口；26—停机 ECU 接口；27—加速踏板模块；28—燃油箱单元；29—带电动输油泵的燃油供给模块

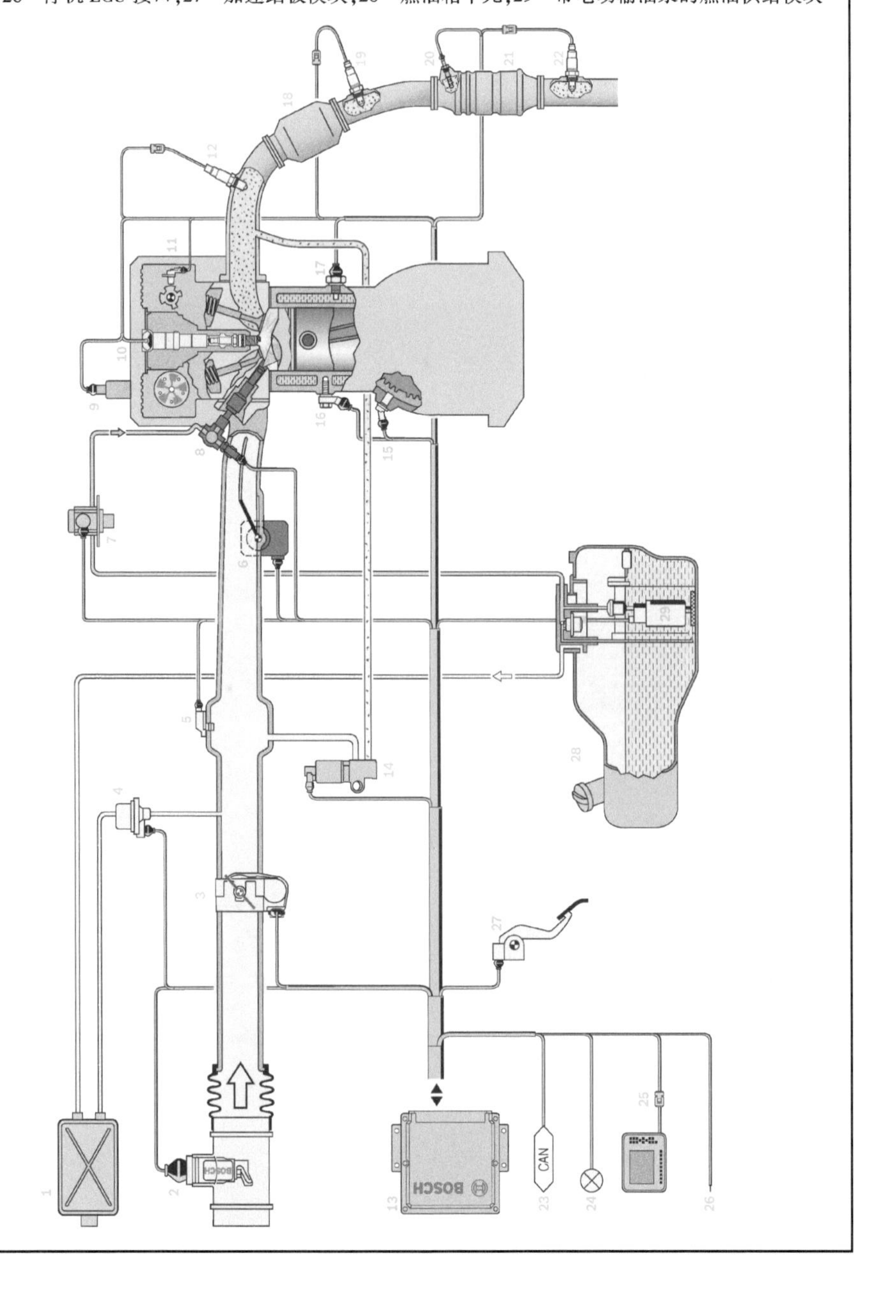

工作模式的协调与转换

除了均质充量工作模式、分层充量工作模式外，还有另一种工作模式，即在进气冲程喷入基本油量，在压缩冲程顺序喷油形成在火花塞附近被充满整个燃烧室的均质稀空燃混合气保卫的分层充量。还有其他的工作模式，如大幅度延迟燃油喷射和点火时刻，以加快热催化转换器。

DI-Motronic 系统有一个工作模式协调器，可根据发动机工作需求切换不同的工作模式。选择的基础是工作模式脉谱图(MAP)，它给出了发动机转速和扭矩的工作模式。在优先级列表(图 3)中进行工作模式偏差评估，确定所需要的工作模式。在点火和燃油喷射前可以转换到新的工作模式，控制功能，如 EGR、油箱通风(炭罐净化)、进气流量控制和节气门位置，则根据需要设置在初始状态，之后系统等待确认。

图 3：运行模式优先级选择

在 $\lambda>1$ 的分层充量模式下，节气门完全打开，空气实际上可无节流地进入发动机。扭矩正比于喷射的燃油量。

当切换到均质充量模式时，必须快速减小在很大程度上确定扭矩的空气量和达到所希望的设定的 λ 值，即 $\lambda=1$ 的当量空燃混合气(图 4)。发动机输出的扭矩随加速踏板位置而变，但驾驶员不会察觉到它的变化。

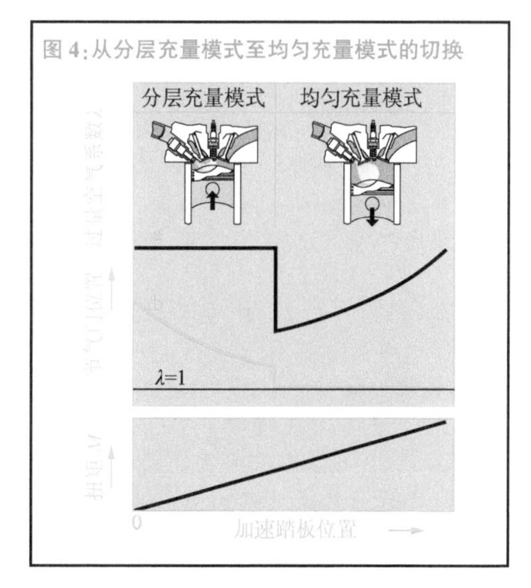

图 4：从分层充量模式至均匀充量模式的切换

真空制动助力控制

发动机在进气不节流条件下运转时，进气管的真空度不足，无法提供真空助力器所需要的真空。采用真空开关或压力传感器检测制动助力器的真空是否足够。如果有需求，必须将发动机转换到另一个不同的工作模式，一维真空制动助力器提供所需的真空。

Bifuel(双燃料:天然气/汽油)-Motronic

Bifuel-Motronic 是在 ME-Motronic 的基础上开发的,因此它包含了所有进气管燃油喷射的 ME-Motronic 系统零部件。Bifuel-Motronic 还包含天然气系统零部件(图 5)。

在改造系统时,利用一个外部单元控制天然气工作,具有 Bifuel-Motronic 的 CNG 功能集成在发动机管理系统中。所需的发动机扭矩和表征工作状态的变量由 Bifuel ECU(双燃料 ECU)生成。基于发动机管理系统的物理结构可以比较容易地专门为天然气工作组合一些参数。

功能转换

根据发动机的设计,在高负荷需求时自动转换到可以提供最大发动机功率的燃料品种,而且还可以使用自动转换,如为实施优化排气策略和较快加热催化转换器,或主要为影响燃料控制管理。然而,重要的是自动转换需要在无扭矩情况下完成,也就是说,不能被驾驶员察觉而干预。

单个 ECU 方法能够以不同的方式进行燃料转换,其一是与传统开关转换方式不同的直接转换。转换时,燃料喷射不能中断,因为在工作时会增加失火风险。然而,与汽油喷射相比,突然喷射天然气会引起体积置换加大,从而使进气管压力增加,且转换时气缸充量减少约 5%。这种置换的现象必须由较大节气门开启角度补偿。为使发动机扭矩在有负荷情况下在切换期间保持恒定,有必要进行点火角的附加干预,以利于扭矩的快速过渡。

转换的另一个选项是从汽油模式转换到天然气模式。为转换到天然气工作模式,汽油喷油量按比例减少,天然气喷射按比例增加,这种方式避免了空气充量的跳跃。还有一种转换方式是在转换过程中用闭环控制修正天然气量。使用这种方法,即使在高负荷下进行转换,扭矩也没有明显变化。

改造的双燃料系统在协调情况下往往不能提供汽油和天然气工作模式转换的选项。由于这一原因,很多系统只在超速阶段进行转换,以避免扭矩跳跃。

欧洲车载诊断系统

当前的 EOBD 法规规定在汽油或 CNG 工作期间要分开检测、处理和传输故障,这时故障存储器的内存需增加一倍。另一种方案是独立检测不同燃料的故障,但故障的处理与燃料无关(如转速传感器故障)。对天然气工作状态,可添加天然气特有故障的新故障路径,以将故障存到存储器中,并从中读出。

系统结构

几年前还可以说 Motronic 系统的系统和功能可用“简单”来说明。现在,汽油发动机的开环和闭环控制已变得非常复杂,需要说明系统结构。

发动机的所有扭矩需求都由 Motronic 系统作为具体的扭矩值处理并进行扭矩协调。通过以下工作计算和设置所需扭矩:

- 电控节气门(空气系统)
- 点火角(点火系统)
- 在汽油直接喷射时的喷油量(燃油系统)
- 使用零喷射(blank-outs)
- 控制废气涡轮增压发动机上的废气门

图 1 为新的 Motronic 系统和子系统的结构。图中,Motronic 是指整个系统,系统的不同区域为子系统。有些子系统只是 ECU 中的软件(如扭矩结构),其他的子系统也嵌入一些硬件(燃油系统和喷油嘴)。各子系统通过定义的接口在内部连接。

Motronic 发动机管理系统结构按功能顺序描述。该系统包括 ECU(硬件和软件)和通过电气连接到 ECU 的外部部件(执行器、传感器和机械部件)。

图 5:用于 Bifuel-Motronic 系统开环和闭环电子控制的各组件(系统图)

1—炭罐;2—热膜式空气质量流量计;3—节气门装置(ETC);4—炭罐净化阀;5—进气管压力传感器;6—油轨;7—汽油喷油器;8—凸轮轴调节器;9—点火线圈和火花塞;10—凸轮轴相位传感器;11—λ 传感器;12—初级催化转换器;13—λ 传感器;14—加速踏板模块;15—天然气压力调节器;16—组合温度和压力传感器的天然气气轨;17—天然气喷嘴;18—发动机温度传感器;19—爆燃传感器;20—转速传感器;21—主催化转换器;22—双燃料 Motronic ECU;23—CAN 接口;24—故障诊断灯;25—诊断接口;26—停机 ECU 接口;27—油箱;28—带电动输油泵的燃油供给模块;29—汽油和天然气过滤管;30—气瓶切断阀;31—天然气瓶

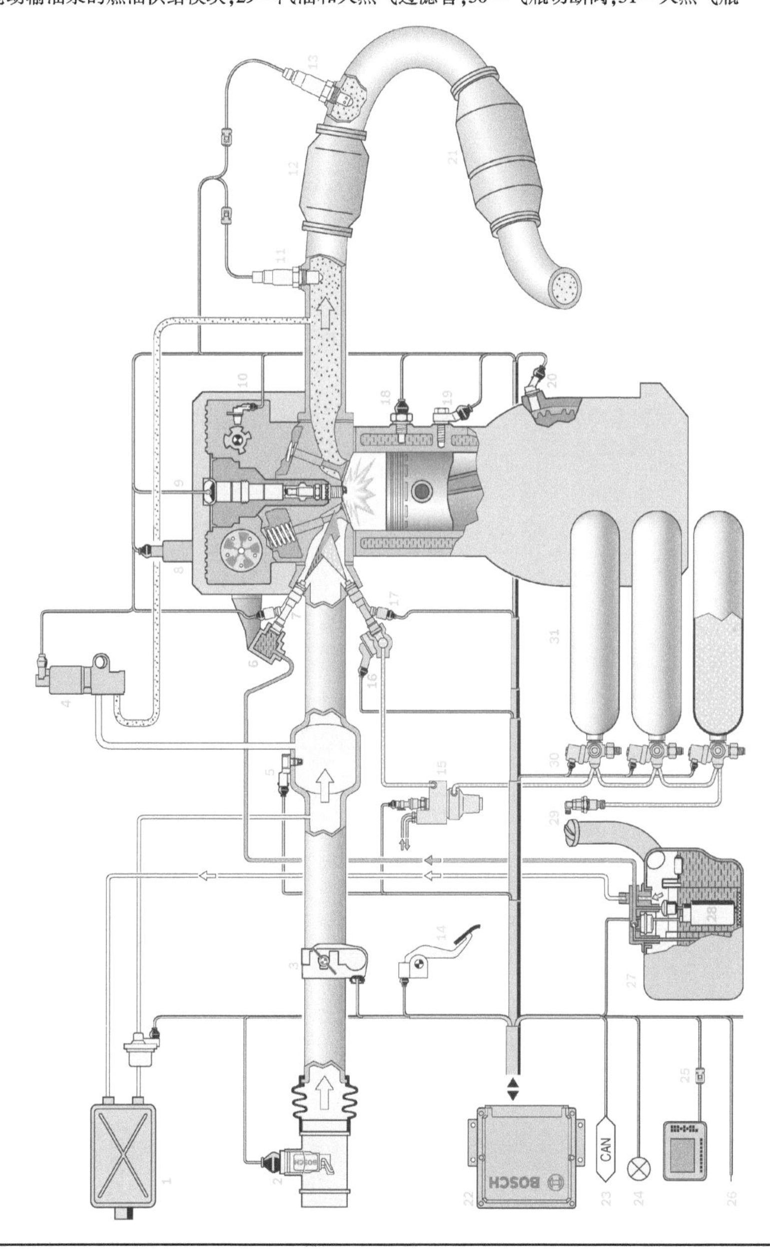

图 1:Motronic 系统架构

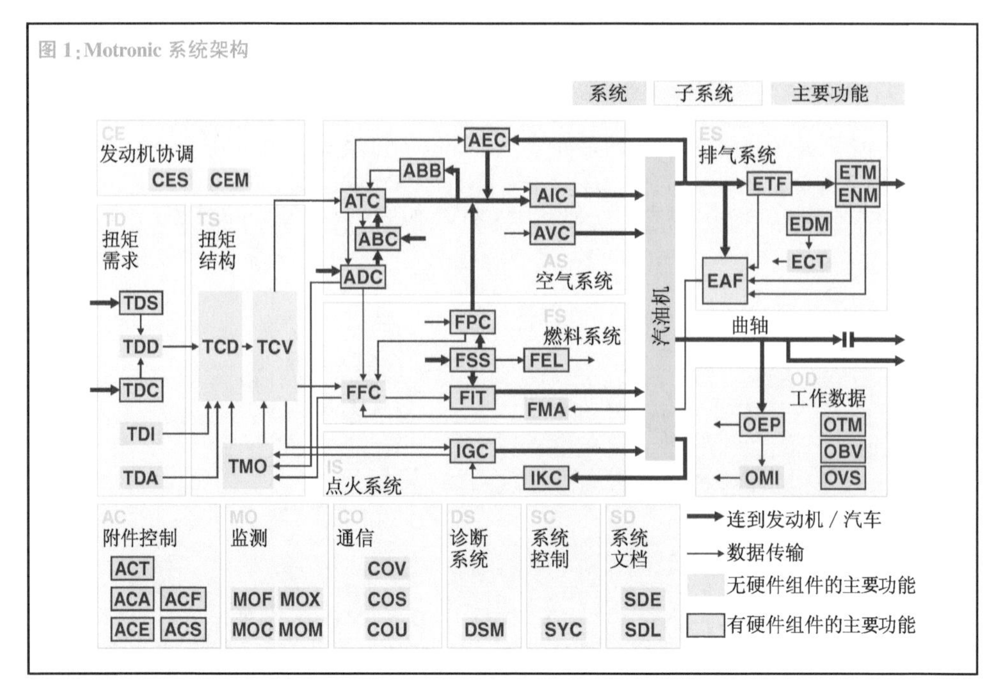

根据功能标准把这种机电系统分为 14 个子系统(如空气系统、燃油系统等),且可细分为总共 52 个主要功能(如增压压力控制、λ 闭环控制等)(图 2)。

图 2:选自结构图:标识扭矩需求和扭矩结构主要功能和它们的子系统

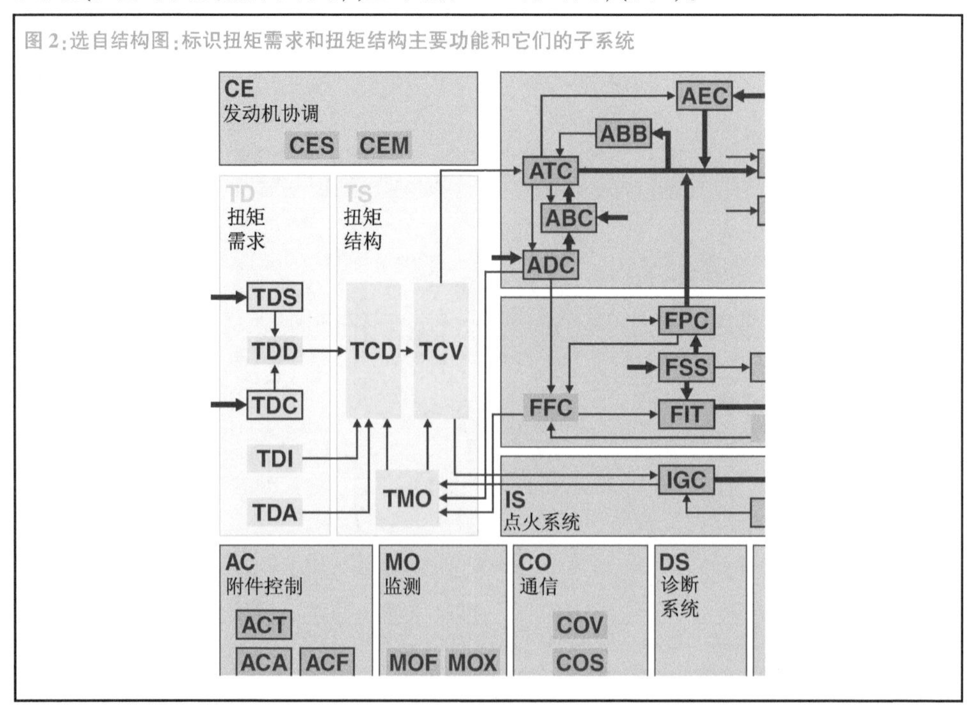

自在 ME7 系统中采用电子节气门控制(ETC)以来,对发动机的扭矩需求已在扭矩需求和扭矩结构子系统中集中协调。电控节气门的气缸充量控制是由驾驶员通过加速踏板(驾驶员命令)来调节扭矩需求。同时,来自汽车工作时的其他扭矩需求(如空调压缩机接通时)也可在扭矩结构内部协调。

子系统和主要功能

这里就 Motronic 系统实施的主要功能的基本特点进行概括性描述。

系统文档(SD)

系统文档包括描述客户项目(如对 ECU、发动机、汽车数据的描述,配置说明等)的技术文件。

系统控制(SC)

控制计算机的功能综合成为系统控制。系统控制的主要功能是定义微控制器的状态:

- 初始化(系统起动)
- 运行状态(正常工作)——主要功能执行状态
- ECU 的运行(如风扇运行、硬件测试)

发动机协调控制(CE)

无论是发动机状态还是发动机运行数据的协调都将在发动机协调控制模块中。这是一个关键模块,根据协调情况,在整个发动机管理中的许多其他功能会受影响。

发动机协调状态(CES)的主要功能包括发动机各种状态,如起动、运行和停机,以及喷油驱动(超速断油/新起动)和起动/停机系统的协调功能。

发动机协调工作模块(CEM)的主要功能是协调和改变汽油直接喷射工作模式(DI-Motronic)。在工作模式协调中,基于定义的优先级协调各种功能要求。

扭矩需求(TD)

在 ME-Motronic 和 DI-Motronic 系统结构中,所有发动机扭矩需求在系统的扭矩水平上连续协调。扭矩需求子系统检测所有的扭矩需求,并将它们作为输入变量用到扭矩结构(TS)子系统上。

信号调理扭矩需求(TDS),它的主要功能是监测加速踏板位置。加速踏板位置由两个独立的角度位置传感器检测,并转换成标准的加速踏板角度。进行一系列可信度检查,在单个故障的情况下,确保加速踏板角度不能选定高于实际加速踏板的位置。

驾驶员扭矩需求(TDD),它的主要功能是计算发动机在设定加速踏板位置时的扭矩值,它也定义了加速踏板特性。

巡航速度控制扭矩需求(TDC,车辆速度控制器)在不踩踏加速踏板情况下,设定发动机可提供需要的扭矩,保持汽车等速行驶。该功能最重要的解除条件包括驾驶员控制杆上的按钮在“off”位置、踩制动或松开离合器,或者达不到所要求的最低车速。

怠速控制扭矩需求(TDI)在不踩加速踏板时调节发动机转速在怠速状态。定义设定怠速值以在任何时候发动机都能平稳运转。因此,有些工况,设定怠速转速要高于通常转速(如发动机在冷态时)。当需要加热催化转换器、增加空调压缩机输出功率、蓄电池充电电压低时,需要较高的怠速转速。

辅助功能的扭矩需求(TDA),它的主要功能为内部扭矩限制和需要(如发动机转速限制、缓冲发动机纵振)。

扭矩结构(TS)

扭矩结构子系统是协调所有的扭矩需求。所需的扭矩由空气系统、燃料系统和点火系统需求设定(图 1)。

扭矩协调(TCD)是协调所有的扭矩需求。根据当前工作模式,各种要求(如来自驾驶员、发动机转速限制等)按优先级排列,并转换为各控制通道的设定点扭矩。

图 1:选自结构图:空气系统和燃料系统主要功能和它们的子系统

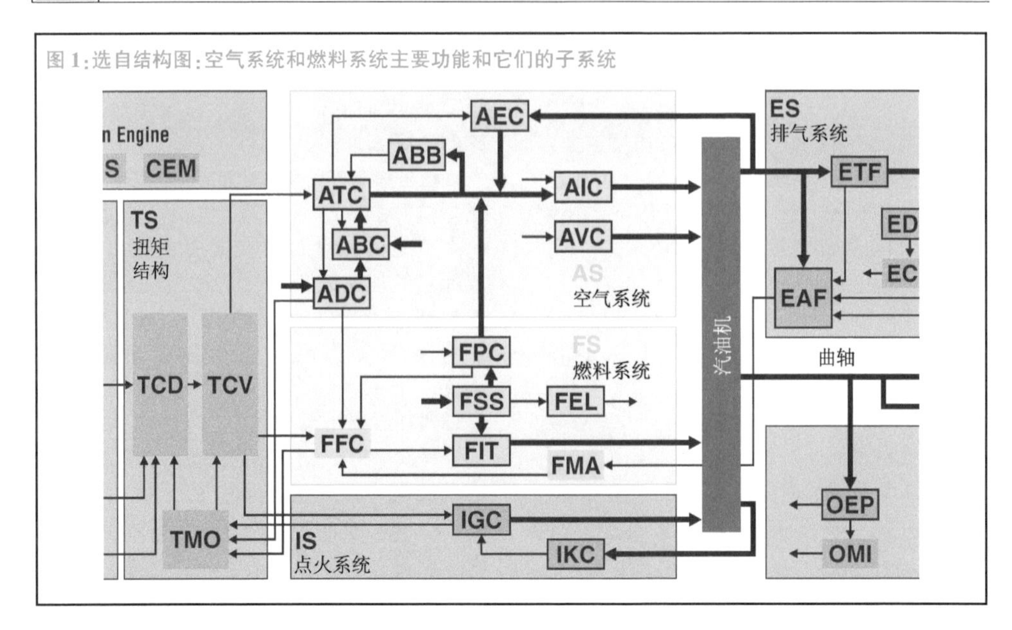

扭矩转换(TCV)从所希望的扭矩输入变量计算包括空气质量流量、空燃比、点火角、零燃油喷射(如超速断油)的设定值。计算空气质量流量的设定点,以便采用规定的氧含量和规定的点火定时的精确时刻来获得空气质量流量/扭矩的设定点。

扭矩建模(TMO)从当前的计算气缸充量值、氧含量、点火定时、降低阶段和发动机转速等方面来计算理论上发动机的最佳指示扭矩。实际的指示扭矩是由一个效率链确定的,效率链由三个不同的效率组成:熄火油效率(正比于点火气缸数)、点火定时效率(由实际点火角对最佳点火角的偏移引起的),以及氧含量效率(从效率特性随空燃比变化曲线获得)。

空气系统(AS)

空气系统子系统的功能是实现设定的扭矩所需的气缸充量。此外,空气系统的功能还包括废气再循环、增压压力控制、可变进气管几何形状、充量运动控制和气门定时功能。

在进气节气门控制(ATC)中,确定进入进气管的空气质量流量的节气门位置的设定点由空气质量流量产生。

空气系统确定充量(ADC)在负荷传感器的辅助下确定由新鲜空气和惰性气体组成的气缸充量。空气质量流量用于建立进气管压力条件下的模型(进气管压力模型)。

空气系统进气管控制(AIC)计算进气管和充量流量控制阀的设定点位置。进气管的真空使废气再循环,在空气系统废气再循环(AEC)中计算和调整。

空气系统气门控制(AVC)计算进排气门位置设置值并控制设置值。它影响内部废气再循环的缸内残余废气量。

空气系统增压控制(ABC)负责计算废气涡轮增压发动机中的空气充量压力并控制该系统的执行机构。

汽油直接喷射汽油机在低负荷、节气门全开的状态下以分层充量模式运转。因此,这时进气管的空气压力实际上就是大气压力。空气系统制动助力器(ABB)通过请求流量限制,保证在制动助力器中有足够的真空。

燃料系统(FS)

燃料系统的子系统为燃料喷射系统计算相对曲轴位置的输出变量,也就是燃料喷射点和喷射的燃料量。

燃料系统前馈控制(FFC)用气缸充量设定点、氧含量设定点、辅助修正(如动态补偿)或多重修正(如发动机起动、预热和再起动修正等)计算燃料质量。其他修正包括 λ 闭环控制、炭罐净化、空燃混合气调整等。在直喷系统中,还要考虑不同工作模式(如进气冲程燃料喷射或压缩冲程燃料喷射、多次燃料喷射)的修正值。

燃料系统喷油定时(FIT)计算燃料喷射持续时间和燃料喷射位置。它确保了喷油器在正确的曲轴转角开启。基于早先计算的燃料质量和状态参数(如进气管压力、蓄电池电压、油轨压力、燃烧室压力等)计算出当前的燃料喷射持续时间。

燃料系统空燃混合适应(FMA)通过调整长期的、相对于中值的 λ 控制器偏差盖上氧含量控制器控制精度。对于较小的气缸充量,使用 λ 控制器误差计算辅助修正值。在热膜式空气质量计的系统中,通常可反映出少量的进气管泄漏。在采用进气管压力传感器的系统中,λ 控制器校正压力传感器中残余废气带来的误差或偏移误差。对于较大的气缸充量,计算乘法修正因子。修正因子本质上反应了热膜式空气质量计增益误差、燃料轨压力调节器误差(对直喷系统)和喷油嘴特性梯度误差。

燃料供给系统(FSS)具有将燃料以需求的压力和需求的数量从燃料箱输送到燃料轨的功能。在需求控制系统中,压力可调到 200~600 kPa,采用压力传感器反馈实际压力。

汽油直接喷射时,燃料供给系统还包括一个 HDP1 型高压泵和一个压力控制阀(DSV)的高压回路,HDP2 和 HOPS 型需求控制的高压泵以及燃料供应控制阀(MSV)。高压回路的燃料压力取决于发动机工作点,可在 3~11 MPa 调节。设定值的计算取决于发动机工作点和由高压传感器检测的实际压力值。

燃料系统净化阀控制(FPC)控制炭罐再生。发动机工作时,从燃料箱蒸发的燃料被收集在蒸发排放控制系统的炭罐中。根据控制炭罐净化阀的特定的开/关时间比和根据压力情况计算实际通过净化阀的总的质量流量;还需要考虑空气系统节气门控制(ATC)功能,计算实际的燃料含量值,并从设定的燃料质量中减掉。

燃油系统的蒸发泄漏检测(FEL)根据加州 OBD Ⅱ 法规检查燃料箱气密性。诊断系统的设计和工作原理将在《诊断》中描述。

点火系统(IS)

点火系统子系统计算点火输出变量和驱动点火线圈(图 2)。

图 2:选自结构图:点火系统和排气系统主要功能和它们的子系统

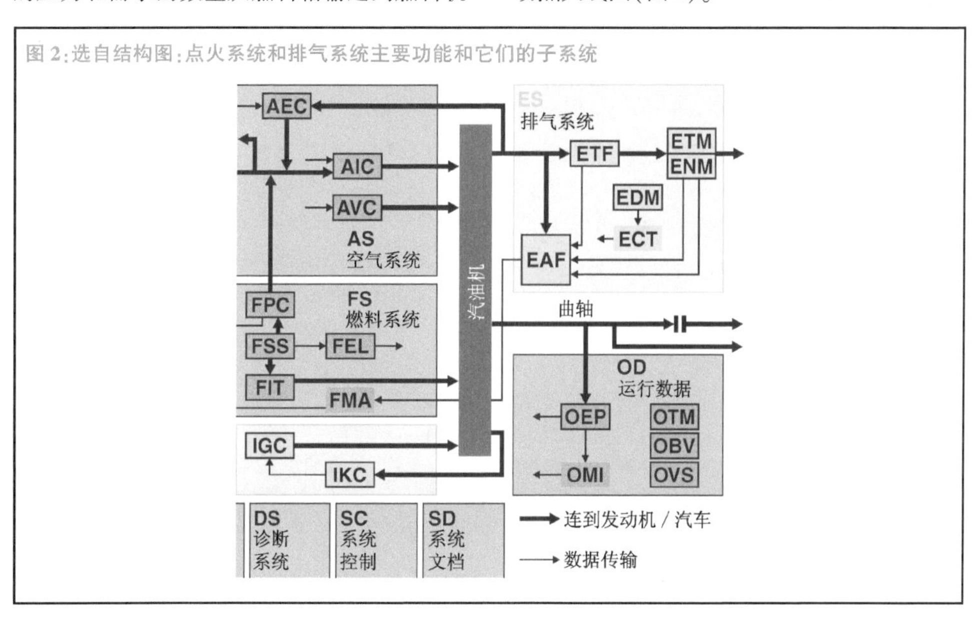

点火控制(IGC)根据发动机工况,考虑扭矩结构的干预计算当前点火角设定值。在要求的时刻,火花塞电极产生点火火花。合成点火角是从基本点火角、与工况有关的点火角修正和需求的点火角计算得到。在确定发动机转速和与负荷有关的基本点火角时,要考虑凸轮轴控制、充量控制阀、气缸排分配、特殊的燃油直接喷射工作模式等的影响。为计算可能的最大点火提前角,要根据发动机预热、爆燃控制、EGR 的提前角修正基本点火提前角。点火驱动级触发点计算则考虑从当前点火提前角、点火线圈需充电时间,计算需触发点火驱动级的触发点。

点火系统爆燃控制(IKC)是获得发动机在最佳效率的爆燃极限,但要防止发动机潜在的爆燃损坏。利用爆燃传感器监测发动机所有气缸中的燃烧过程,由传感器检测出的发动机缸体结构噪声值与各气缸从先前的燃烧冲程通过低通滤波得到的参考噪声值比较,参考值代表发动机运转时无爆燃的基础噪声。比较分析当前燃烧噪声超过基础噪声的幅度,超过一定阈值时,就认为发动机出现了爆燃。参考的基础噪声和检测的发动机爆燃噪声要根据工况而变(发动机转速、发动机动态转速、发动机动态负荷)。

爆燃控制功能计算每个气缸的点火定时的调整,计算时考虑当前点火角(点火延迟)。当检测到发动机爆燃时,点火定时要适度延迟。如果在这一段运转时期发动机不发生爆燃,则延迟定时稍许减少。

如果检测出硬件故障,则触发安全功能(安全的点火定时延迟)。

排气系统(ES)

排气系统子系统干预空燃混合气形成系统、调节过量空气系数和控制催化转换器有效利用。

排气系统主要功能描述和建模(EDM)排气系统的主要功能是建立排气系统物理参数模型、分析信号和诊断排气温度传感器(如果存在),为测试仪输出提供关键的排气系统数据。建模的物理参数是温度(为保护零部件)、压力(主要为检测残余废气)和质量流量(为控制 λ 闭环和诊断催化转换器)。此外,要计算排气中的过量空气系数(为控制和诊断 NO_x 储存式催化转换器)。

排气系统空气燃料控制(EAF)使用在催化转换器上游的 λ 传感器将过量空气系数调节到指定值。最大限度降低有害物排放,可防止发动机扭矩波动,并保持废气组分在稀空燃混合气极限范围内。主催化转换器下游的 λ 闭环控制系统输入信号可进一步减少有害排放物。

排气系统前三元催化转换器系统(ETF)的主要功能是使用前催化转换器(如果已安装)下游的 λ 传感器。其信号是排气中的含氧量测定,它可作为参考值调整和催化转换器诊断的依据。参考值调整可明显提高空燃混合气控制质量,并优化催化转换器的转换响应。

排气系统主三元催化转换器(ETM)的主要功能与上述 ETF 的功能基本一样。调整参考值时,根据系统的不同可能采取不同的形式。在 $\lambda=1$ 工作的 NO_x 储存式催化转换器在特定的氧累计含量时有最佳转换响应。基准值调整功能设置在该累计含氧值,通过补偿元件对偏离修正。

排气系统 NO_x 主催化转换器(ENM)利用空燃混合气自适应控制 NO_x 储存式催化转换器的要求,确保 NO_x 排放限值,特别是发动机在稀空燃混合气工作时,模块控制混合气空燃比达到 NO_x 储存式催化转换器的要求。

根据催化转换器的存储状况,停止 NO_x 存储,发动机转换到 $\lambda<1$ 的工作模式,在这时,累计的 NO_x 被排空并转换为 N_2。根据 NO_x 储存式催化转换器下游的传感器信号变化,NO_x 储存式催化转换器再生结束,在带有 NO_x 储存式催化转换器的系统中,切换到一个特殊的工作模式,以对 NO_x 催化转换器脱硫。

排气系统温度控制(ECT)控制排气系统温度。其目的是在发动机起动后,加快催化转换器(催化转换器加热),使其达到工作温度,防止催化转换器工作时冷却(催化转换器的温度保持),为脱硫加热 NO_x 储存式催化转换器，防止排气系统组件热损伤（组件保护）。为TS（扭矩结构）子系统储备扭矩需要根据温度升高的热流确定，如通过推迟点火提高温度。当发动机怠速运转时，可通过提高怠速转速增加排气热流量。

运行数据（OD）

运行数据的子系统采集所有重要的发动机工作参数、检查它们的合理性，并根据需要提供替代数据。

运行数据发动机位置管理（OEP）根据曲轴和凸轮轴传感器处理的输入信号计算曲轴和凸轮轴位置，也可从该信息中计算发动机转速。在发动机运转时，利用曲轴信号盘（少两个齿）和凸轮轴特征信号使发动机和ECU同步，并监控同步过程。

为了优化发动机起动时间，需要分析凸轮轴信号图形和发动机停止位置，这样可快速同步。

运行数据温度测量（OTM）处理读取的温度传感器数据、进行数据合理性检查并在出现错误时提供替代数据。除了发动机温度和进气温度外，需要检测环境温度和发动机机油温度。读取与温度有关的输入电压信号值，再由电压－温度根据特征曲线得到温度值。

运行数据蓄电池电压（OBV）的功能是负责提供供电电压信号和执行诊断操作。可在端子15上或根据需要从主继电器上检测原始电压信号。

失火检测异常运行（OMI）监控发动机点火和燃烧失火过程（见《诊断》部分）。

运行数据车速（OVS）负责检测、调节、诊断车速信号。车速检测对于巡航速度控制、最大车速限制v_{max}以及手动换挡的挡位识别非常必要。根据配置，可以选择通过仪表的CAN提供该变量或者通过ABS/ESP的ECU提供。

通信（CO）

通信子系统包括所有的Motronic与其他系统通信的主要功能。

通信用户接口（COU）为诊断（发动机分析仪）和标定设备提供连接。通信有K线和CAN接口两种。对于不同的应用，要采用不同的通信协议（如KWP2000，McMess等）。

通信汽车接口（COV）用来与其他ECU、传感器和执行器通信。

通信安全通道（COS）提供闭锁式通信并根据选项进行通道控制以实现对Flash－EPROM的重新编程。

附件控制（AC）

附件控制空调（A/C）压缩机工作并分析来自空中压力传感器信号。如当收到驾驶员或A/C ECU的请求时，则开启A/C压缩机开关。A/C ECU发送信号到Motronic系统，通知需要开启空调，随后空调开关开启。发动机怠速时，发动机管理系统有足够的时间提供所需的扭矩储备。

很多情况（如空调达到临界压力、压力传感器故障、环境温度低）都可以触发空调关闭。

附件控制风扇控制模块（ACF）根据要求和检测的故障控制散热器风扇，在有些情况下，在发动机还没有运转时可能要求风扇运行。

附件控制热管理（ACT）根据工况要求调节发动机温度，根据发动机功率、转速、发动机工作状态和大气温度确定所需的发动机温度，它帮助发动机快速达到它的工作温度并在之后充分冷却。计算通过散热器的冷却液体积流量和发动机温度设定值，MAP控制的节温器按相应的MAP工作。

附件控制电动机（ACE）负责控制电动机，也就是控制起动机和发电机。

附件控制转向（ACS）控制动力转向泵。

监测（MO）

监测功能（MOF）监测所有影响发动机扭矩和速度的Motronic元件，核心功能是扭矩比较。它将根据驾驶员请求算出的允许扭矩和由发动机数据算出的实际扭矩进行对比。如果实际扭矩过大，则采取适当措施以保证可控状态。

监测模块（MOM）组合所有监测功能，帮助或完成处理器和监测模块的循环监测。功能处理器和监测模块是ECU的功能部件，通过连续的问答通信方式实现它们之间的循环监测。

微控制器监测(MOC)组合了所有监测功能,它可检测处理器中的微控制器外设故障和失效状况。包括:

- A/D 转换器测试
- RAM、ROM 存储器测试
- 程序运行监测
- 命令测试

监测扩展(MOX)包括扩展功能监测,以确定发动机能输出的最大扭矩。

诊断系统(DS)

通过子系统的主要功能进行部件和系统诊断。诊断系统负责协调各种诊断结果。

诊断系统管理(DSM)功能如下:

- 详细储存故障和相关的环境条件
- 接通故障指示灯
- 建立与诊断测试仪通信
- 协调实施各种诊断功能(考虑优先级和状态),验证故障

传 感 器

传感器采集汽车工作状况信息(如发动机转速)及指示设定值/期望值(如加速踏板位置)信息。传感器将物理量(如压力)或化学量(如排气中氧浓度)转换为电量。

传感器在汽车上的应用

传感器和执行器是作为处理单元的 ECU 和汽车各功能(如汽车动力装置、制动系统、底盘系统和车身系统)之间的接口(如发动机管理系统、电子稳定性程序和空调系统)存在的。通常,传感器适配电路(预处理电路)将采集的信号转换为 ECU 可处理的信号。

机械、电子和各数据处理组件相互联系、紧密协调的机电一体化在传感器工程领域的重要性与日俱增。这些数据处理组件集成为各种功能模块[如曲轴中既是曲轴径向密封件,又是转速传感器的(CSWS,Composite Seal with Sensor)模块]。

传感器输出信号不仅直接影响发动机输出功率、扭矩和排放,而且还影响汽车的操控性和安全性。尽管传感器越来越小型化,但它仍满足采集信号的响应更快、精度更高的要求。这只能借助于传感器工程领域的机电一体化才能实现。

根据集成等级,信号预处理、模/数转换和自动校准功能都可集成在传感器中(图 1)。在未来,进一步处理信号的微计算机也会集成到传感器中。这样处理的优点如下:

- 降低 ECU 中的计算能力
- 统一、灵活和总线兼容的接口可适用于所有的传感器
- 通过数据总线可使一个传感器达到多种场合使用的目的
- 可采集更小的信号值
- 简单的传感器校准

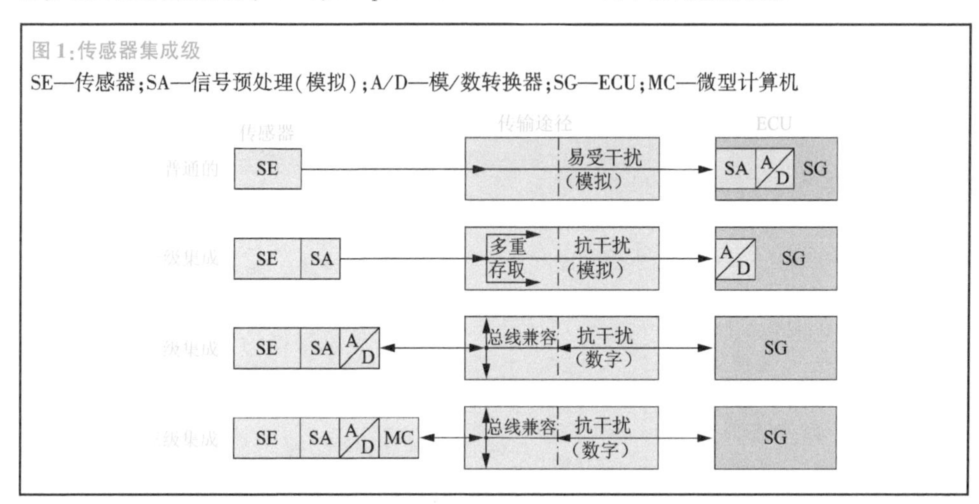

图 1:传感器集成级

SE—传感器;SA—信号预处理(模拟);A/D—模/数转换器;SG—ECU;MC—微型计算机

温度传感器

应用

发动机冷却液温度传感器

发动机冷却液温度传感器被安装在冷却液回路中(图 1),以控制冷却液温度,其测温范围为 -40 ℃ ~ 130 ℃。

进气温度传感器

进气温度传感器检测发动机进气行程时的进气温度,依据进气温度传感器和进气压

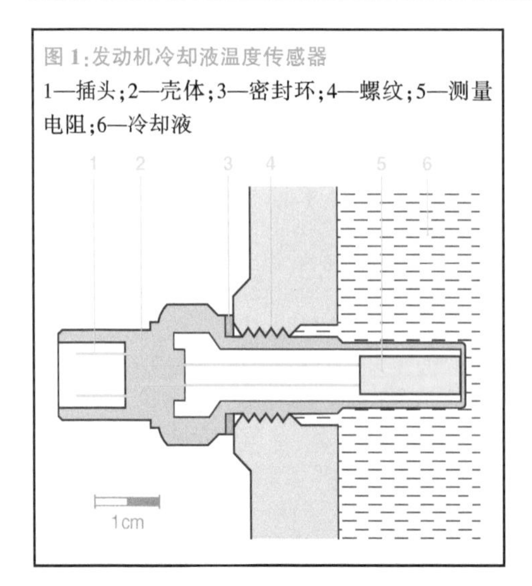

图 1:发动机冷却液温度传感器

1—插头;2—壳体;3—密封环;4—螺纹;5—测量电阻;6—冷却液

力传感器检测的进气温度和压力可算出进气的空气质量。此外,调节系统(如 EGR 系统和进气压力调节系统)的设定值要与进气温度相适应,其测温范围为-40 ℃~120 ℃。

发动机机油温度传感器

在考虑发动机保养时要使用发动机机油温度的数据,其测温范围为-40 ℃~170 ℃。

燃油温度传感器

传感器被安装在柴油供油系统的低压油路中,根据燃油温度可以精确地算出喷射到发动机气缸内的燃油量,其测温范围为-40 ℃~120 ℃。

废气温度传感器

废气温度传感器被安装在排气系统的临界温度外,它用于废气后处理的调节系统中。废气温度传感器大多为 Pt 电阻式温度传感器,其测温范围为-40 ℃~1 000 ℃。

结构和工作原理

温度传感器按使用范围不同,有不同的结构型式。由半导体材料制成的随温度变化的测温电阻被安装在壳体内,测量电阻大都为负温度系数(NTC)系统(图 2);少数为正温度系数(PTC)系统,即测量电阻随温度升高而急剧减小 NTC 或增大 PTC。

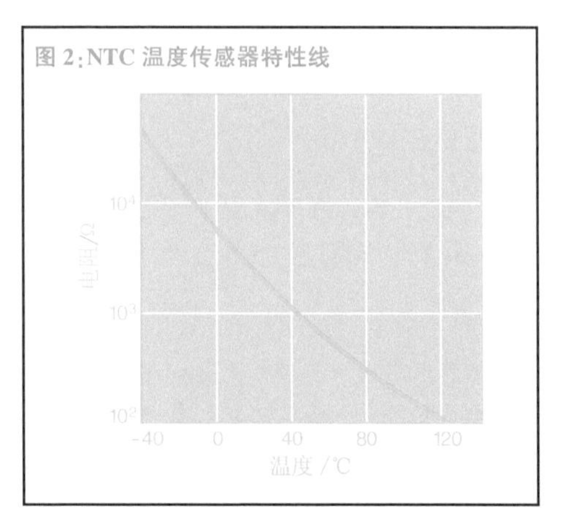

图 2:NTC 温度传感器特性线

测温电阻是分压电路的一部分,电路供给 5 V 电压。在测温电阻上测得的电压随温度而变。测量电压被输入 A/D 转换器,转换成数字信号。该数字信号是温度的一个尺度,在发动机 ECU 中存储温度传感器的特性线对应每一个电阻值或电压值就有一个温度值。

发动机转速传感器

应用

在发动机管理系统中发动机转速传感器(杆式传感器)用于:

- 测量发动机转速
- 检测发动机曲轴位置,即活塞在气缸内的位置

有传感器测得的信号时间就可算出转速。

感应式转速传感器

结构与工作原理

传感器被直接安装在脉冲轮(转子)对面。它们间有一个空气间隙(图 1)。在传感器软磁铁芯,即极柱 4 的外面是感应线圈 5,而极柱 4 与永久磁铁 1 相连。磁场通过极柱进入脉冲轮。通过感应线圈的磁通密度取决于在工作时传感器对面的脉冲轮是在齿的

空隙位置还是在齿的位置。齿使磁场集中，磁通密度就大；齿间隙使磁场在该处减弱，磁通密度就小。磁场的变化在线圈中感应出与转速成比例且类似于正弦形的电压信号(图 2)。电压变化的幅值随转速增加而加大，幅值从几毫伏到超过 100 V。最低转速超过 30 r/min 时就可达到足够大的电压幅值。

图 1：感应式转速传感器

1—永久磁铁；2—传感器壳体；3—发动机体；4—极柱；5—感应线圈；6—空气间隙；7—有基准信号的脉冲轮

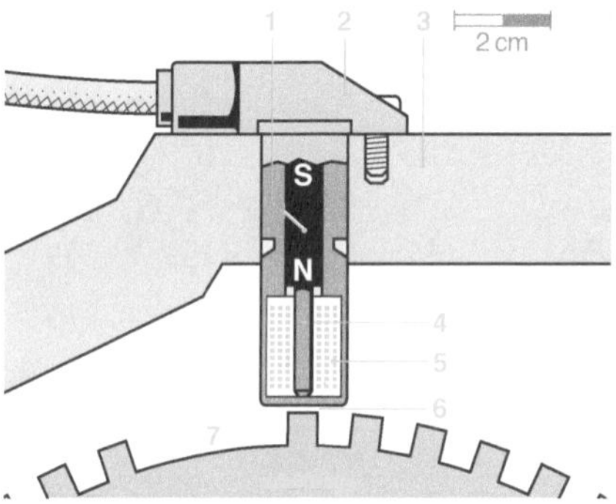

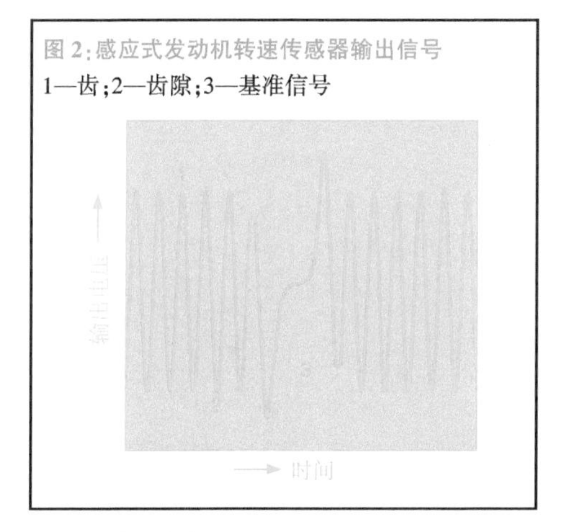

图 2：感应式发动机转速传感器输出信号

1—齿；2—齿隙；3—基准信号

脉冲轮齿数与使用情况有关。在电磁阀控制的发动机管理系统中，可使用 60 个齿的脉冲轮，其中两个齿空缺(图 1)，实际为 58 个齿。用特别大的空隙作为基准信号，以确定曲轴位置，该基准信号为 ECU 提供同步信号。

齿和极柱的形状要相互匹配。ECU 中的信号处理电路将有很大幅值变化的、类似正弦波的电压信号转换为等幅的矩形电压，然后再在 ECU 的微处理器中进行处理。

有源转速传感器

有源转速传感器按静磁原理工作。输出信号的幅值与转速无关，这样即便转速很低时也可检测转速(准静态转速)。

差动 Hall 传感器

若在垂直于磁通密度 $\boldsymbol{B}$ 的半导体小薄片上通电，则在电流方向的横向两边会产生一个与磁通密度成正比的电压 U_H，即 Hall 电压(图 3)。差动 Hall 传感器上的磁场是由永久磁铁 1(图 4)产生的。两个 Hall 传感器 2 和 3 位于永久磁铁 1 和脉冲轮 4 之间。通过 Hall 传感器的磁通密度取决于相对传感器元件的是齿还是齿隙。

建立两个传感器信号差可以降低磁场干扰信号和改善信噪比。

传感器信号不需要数字化，可直接在 ECU 中处理。

图 3：Hall 传感器 Hall 元件

I—Hall 元件电流；I_H—Hall 电流；I_V—供电电流；U_H—Hall 电压；U_R—Hall 元件纵向电压；B—磁通密度；α—由磁场引起的电子偏移

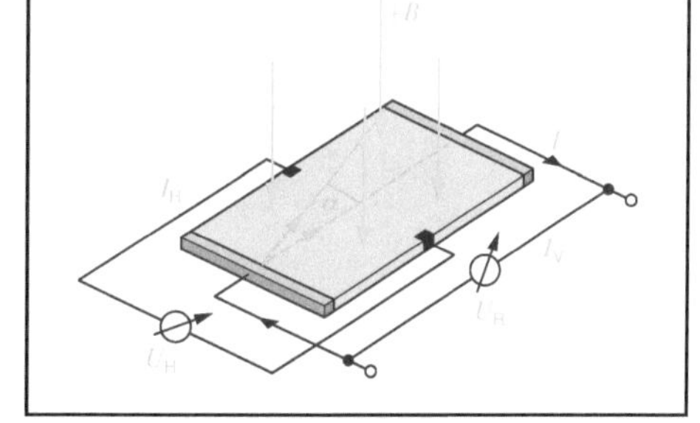

可以采用多极性轮替代铁磁的脉冲轮。将可磁化的塑料涂在非磁性的金属架上就可交替磁化。S 极和 N 极扮演了脉冲轮齿的功能。

图 4:差动 Hall 传感器原理

(a) 布置;(b) Hall 传感器信号:小空气隙时电压信号幅值大,大空气隙时电压信号幅值小;(c) 输出信号

1—磁铁;2—Hall 传感器 1;3—Hall 传感器 2;4—脉冲轮

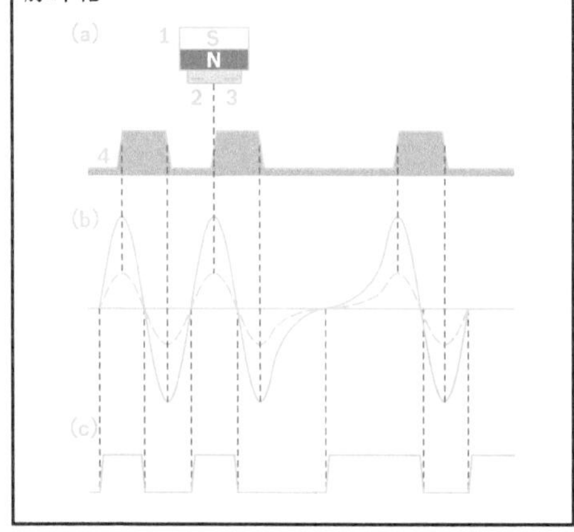

AMR 传感器

各向异性磁阻(AMR)材料的电阻是各向不同的,即电阻与施加在它上面的磁场方向有关,AMR 传感器正是利用这种特性。传感器放在磁铁和脉冲轮之间,脉冲轮转动时磁力线的方向改变(图 5)。由此可得到正弦状的电压信号,此信号在传感器的信号预处理电路中被放大,并转换成矩形电压信号。

图 5:AMR 传感器检测转速的原理

(a) 各时间点的位置;(b) AMR 传感器信号;(c) 输出信号

1—脉冲轮;2—传感器元件;3—磁铁

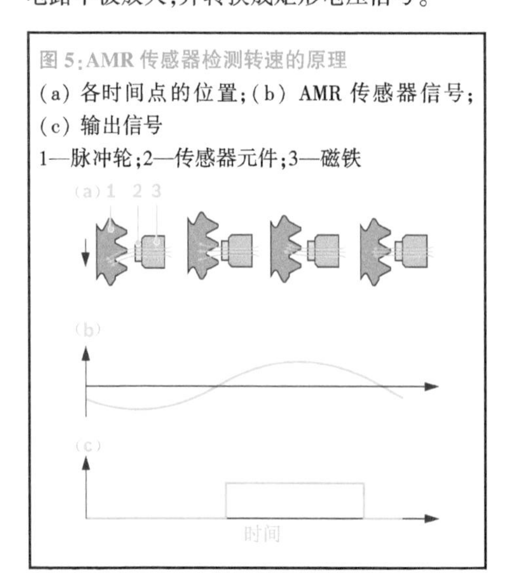

Hall 相位传感器

应用

发动机凸轮轴与曲轴的转速比为 1∶2。凸轮轴的位置可指出在上止点运动的发动机活塞到底是压缩冲程还是排气冲程。凸轮轴上的相位传感器就是将相位信息传输给发动机电控单元。有单独火花塞的点火线圈的点火系统和顺序喷油(SEFI)需要 Hall 相位传感器。

结构和工作原理

杆式 Hall 传感器

杆式 Hall 传感器利用 Hall 效应。传感器由永久磁铁 5(图 1)、Hall 传感器 6 和集成在一起的信号处理电路、发动机壳体 3 等组成,见图 1(a)。带有齿(或扇区或孔板)的脉冲轮随凸轮轴一起转动,Hall 传感器就处于转子与 Hall 元件垂直的磁场中。如果转子上的齿 Z 扫过通有电流 I 的杆式 Hall 传感器的 Hall 元

图 1:杆式 Hall 传感器结构

(a) 结构图;(b) 矩形信号

1—插头;2—传感器壳体;3—发动机壳体;4—密封圈;5—永久磁铁;6—带信号处理电路的 Hall 传感器;7—带齿(或扇区)Z 和窄隙 L 的脉冲轮;

a—空气间隙;ϕ—转角

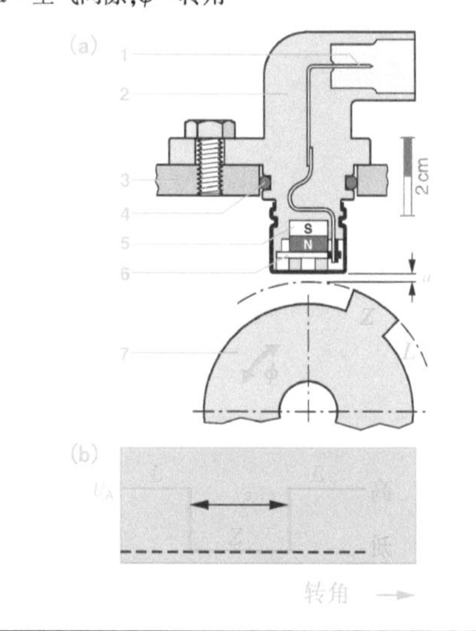

件,则齿轮改变了垂直于 Hall 元件的磁场的磁通密度 $\boldsymbol{B}$,从而在 Hall 元件的横向方向产生信号电压的变化,即 Hall 电压 U_H 的变化,其电压值约为毫伏级。Hall 电压大小与传感器和脉冲轮间相对速度大小无关。与传感器一起集成在芯片中的信号处理电路将信号处理成矩形输出信号 U_A,见图 1(b)。相位传感器的技术进步情况见图 2。

图 2:几代凸轮轴传感器(相位传感器)

TIM(Twist Intensive Mounting)准确安装,传感器可绕它的轴线任意转动而不影响它的精度,重要的是实现各型号的凸轮轴传感器小型化。

TPO(True Power On)精确定位,在接通时传感器可识别出它是否位于齿或齿隙前,重要的是它能在曲轴信号与凸轮轴信号间很快同步。

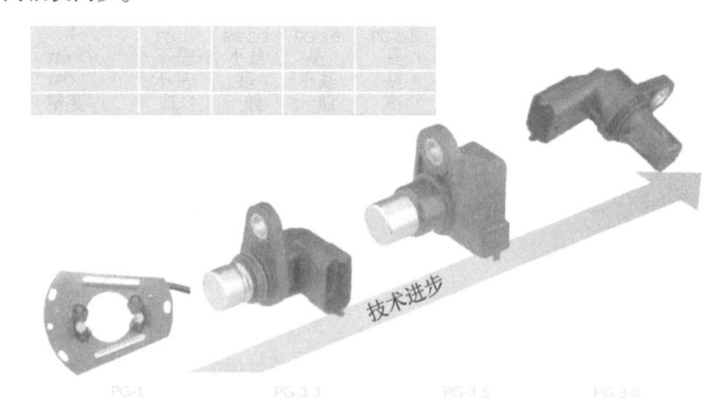

热膜式空气质量流量计

应用

精确地预先控制空燃比的前提是发动机在任何工况都能够供入精确的空气量。热膜式空气质量流量计能非常精确地测量通过空气滤清器的空气或测量管内流动、实际空气质量流量中的部分流量。它考虑了由于进、排气门的开启和关闭引起的气流脉动和回流。进气温度或压力的变化对流量测量没有影响。

HFM5 的结构

热膜式空气质量流量计 HFM5 连同它的壳体 5 插入测量管中(图 1),根据发动机的不同排量,测量管有不同的直径规格,覆盖的测量流量范围为 370~970 kg/h。

测量管通常有一个气体流动整流器,使测量管内的气体均匀流动。整流器为导向的塑料网格和金属线网格的复合型或单独的金属线网格型。测量管被安装在进气空气滤清器后面。还有接插式流量计,它们被安装在空气滤清器中。

图 1:热膜式空气质量流量计简图

1—插头;2—测量管壁或空气滤清器外体壁;3—信号处理电路(混合电路);4—流量计测量室;5—流量计壳体;6—分流测量通道;7—分流空气质量流量 Q_M 出口;8—分流空气质量流量 Q_M 入口

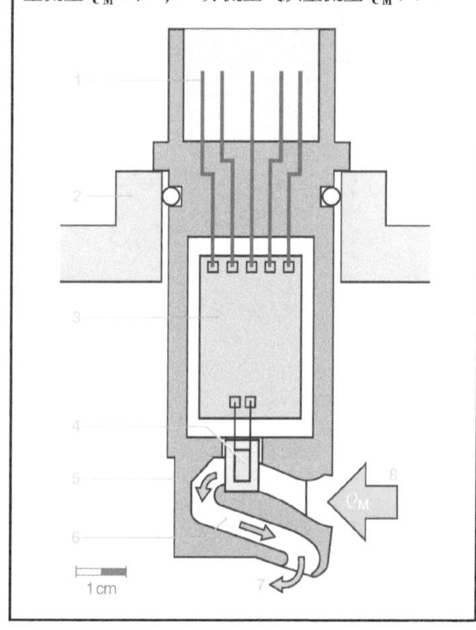

附页:微型器件

微机械使传感器在最小的尺寸内完成其功能,其典型的尺寸为微米级。在这方面,具有特殊性能的硅是制造非常小的、常带花纹的机械结构的一种有效材料,加之与电气特性相关的弹性,硅又几乎是生产传感器的理想物质。随着半导体技术的发展,传感器的机械功能和电气功能可以集成到一块芯片上或集成到另外的一种方式中。

1994 年,BOSCH 公司首批生产了一种能测定汽车发动机负荷的、带有微机型测量元件的进气压力传感器。新的微型器件的例子是在汽车行驶安全性系统中为保护乘员安全而使用的微机械加速传感器和转速传感器,以及行驶动态调节。

从图 1 可以很形象地看到微型器件的微小尺寸。

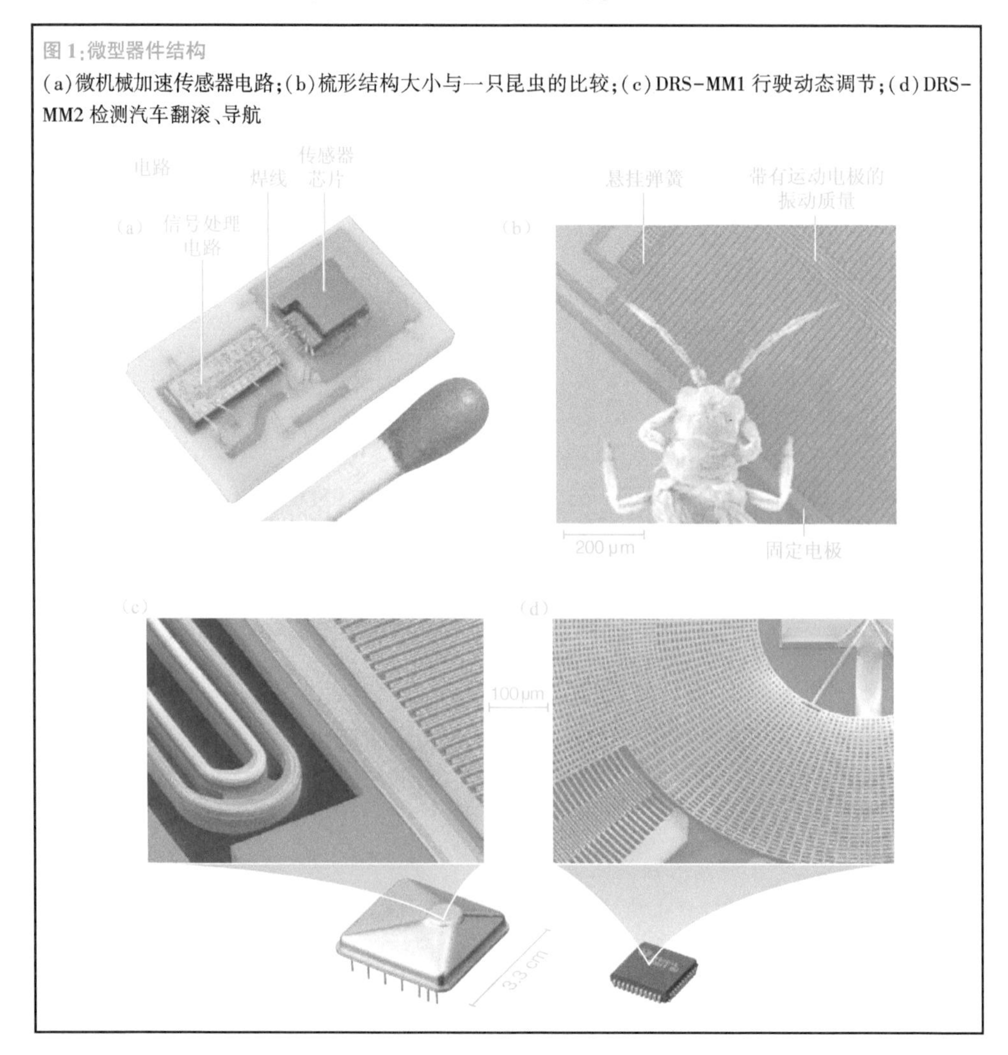

图 1:微型器件结构

(a)微机械加速传感器电路;(b)梳形结构大小与一只昆虫的比较;(c)DRS-MM1 行驶动态调节;(d)DRS-MM2 检测汽车翻滚、导航

流量计的主要部件是一个被进气测量分流的气体测量室 4 和一个集成的信号处理电路(混合电路)3。

流量计测量室有一个半导体基质。流量计膜片为感受空气流量的感受面,膜片采用微机械法制造。在膜片上涂覆热敏电阻,将信号处理电路(复合电路)元件涂覆在陶瓷基质上,这样可使流量计的体积变得很小,信号处理电路通过电气插头 1 与 ECU 相连。

分流测量通道 6 的形状应使空气无涡流地流过测量室,并经出口 7 流回到测量管。分流测量通道的进、出长度和位置的确定应保证在强烈进气脉动气流下还有良好的传感器性能,它可识别流动方向(图 2)。

图 2:热膜式空气质量流量特性线

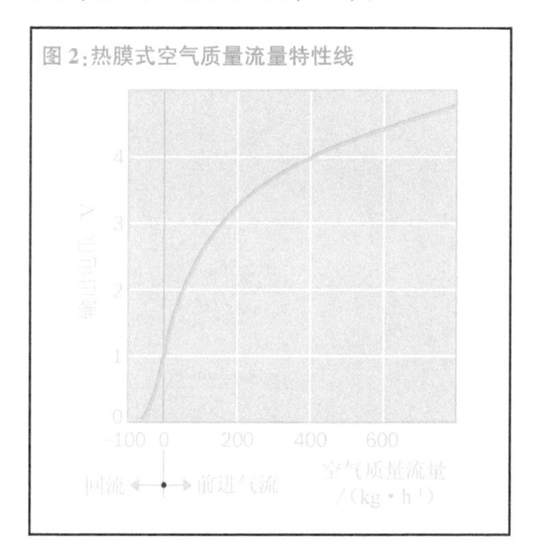

工作原理

热膜式空气质量流量计是热型流量计(图 3)。其工作原理如下:

在测量室 3 上,中央放置的加热电阻加热微机械流量计的膜片 5,并使它保持在一定的温度,可调节的热区 4 将膜片两边的温度降低。与加热电阻对称的是放在膜片上游和下游气流中的、随温度变化的电阻,它测量电阻 M_1 和 M_2,检测膜片 5 上的温度分布。在没有迎面气流时,膜片两边的温度变化线 1 相等,$T_1=T_2$。如果空气流过测量室,则在膜片 5 上均匀变化的温度线发生移动。在上游气流的进气侧温度变化变陡,因为这部分被空气冷却。在下游气流面对发动机的另一侧,流量计的测量室先冷却,随后又被加热电阻加热的空气加热。膜片上温度分布的变化,使得两个测点 M_1 和 M_2 处产生温差 ΔT。

图 3:热膜式空气质量流量计原理

1—没有迎面气流时的温度变化线;2—有迎面气流时的温度变化线;3—流量计测量室;4—热区;5—流量计膜片;6—带流量计的测量管;7—进气气流(或上游气流);8—金属线网格;M_1,M_2—测量点;$T_1=T_2$—在测量点 M_1 和 M_2 处的温度;ΔT—温差

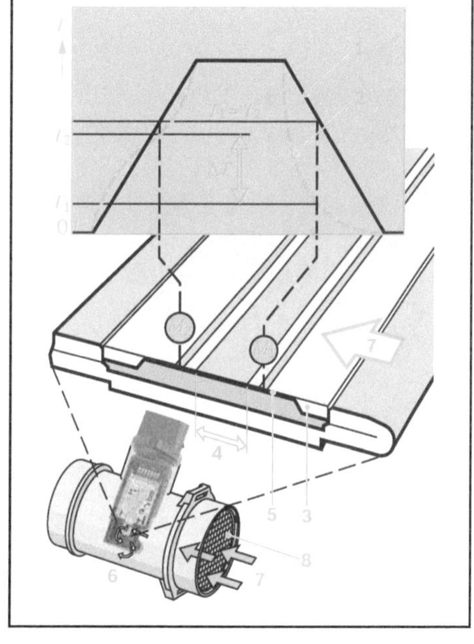

传给空气的热量和在测量室处的温度变化与空气的质量流量有关。温度差(与流过的空气绝对温度无关)是空气质量流量的一个尺度;此外,它还与空气流动的方向有关。所以,热膜式空气质量流量计不但可测量空气质量流量的大小,还可识别流动方向。

流量计膜片是极薄的微机械膜片,对温度的变化,即流量的变化响应很快(<15 ms),因而在强烈的脉动气流中测量时特别有利。

在测点 M_1 和 M_2 处的温度差经集成在流量计中的信号处理电路处理后转换为与 ECU

匹配的 0~5 V 模拟电信号。利用存储在发动机 ECU 中的流量计特性线将测量的电压信号换算成空气质量流量。

ECU 中的故障诊断系统可识别流量计的故障,如导线折断。热膜式空气质量流量计 HFM5 还集成 1 个供信号处理用的温度传感器,确定空气质量流量时并不需要它。

流量计膜片上的黏污灰尘、脏水或机油将导致空气质量流量计指示误差。为提高 HFM5 型热膜式空气质量流量计的耐用性,开发了一个保护装置。它用一个分支网格,使脏水和灰尘远离流量计元件(HFM5-CI 型的后缀 C 为 C 形旁通,而 I 表示内管。它们与分支网格一起保护流量计)。

热膜式空气质量流量计 HFM6

HFM6 采用 HFM5 型流量计的元件和基本结构。它们间的区别主要有两点:

- 集成的信号处理电路为数字电路,以达到高的测量精度
- 分流测量通道在结构上做了改变,以防脏物进入流量计元件上游(与 HFM5-CI 的分支网格相似)

数字电路

根据电桥电路原理,当测量点 M_1 和 M_2(图 3)处的电阻变化时就产生一个电压信号,该电压信号是空气质量流量的尺度。为进一步处理信号,需将电压的模拟信号转换为数字信号。

在确定空气质量流量时,HFM6 型流量计也考虑了进气温度,因而可显著提高空气质量流量的测量精度。

利用热敏电阻测量进气温度。热敏电阻被集成在控制热区温度的控制回路中,通过 A/D 转换器可将热敏电阻上的电压降转换为进气温度的数字信号。由空气质量流量信号和进气温度信号可得到空气质量流量随温度变化的特性场,在特性场中还存储有空气质量流量的校正值。

改进的流量计脏污保护

为改进流量计的脏污保护,将分流通道设计成两部分(图 4)。流过流量计元件的通道有一个空气必须绕流的锐棱边。空气中的重颗粒和污染的水滴由于气流转向而不能跟随空气一起流动,它们从空气中被分离出来,并通过第二通道 5 离开流量计。只有很少的脏污颗粒和水滴到达流量计元件,从而降低空气的脏污程度,并提高空气质量流量计的寿命。即便在脏污的空气下工作,也可延长空气质量流量计的寿命。

图 4:改进的 HFM6 型流量计脏污保护
1—绕流的锐棱边;2—分流测量通道(第一通道);3—流量计元件;4—空气出口;5—第二通道;6—颗粒和水出口

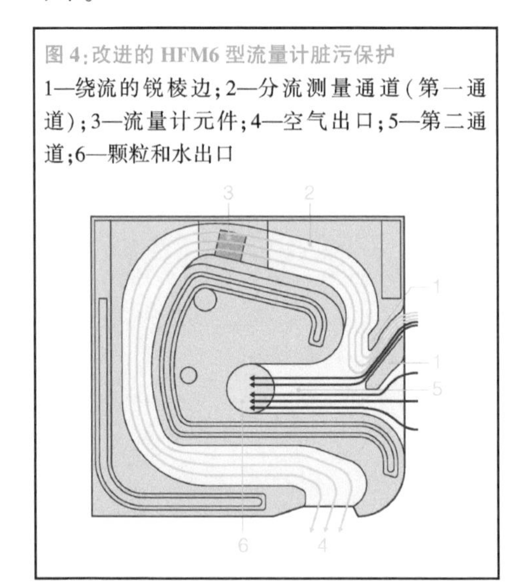

压电式爆燃传感器

应用

爆燃传感器实质就是振动传感器。它可以检测物体的振动声波,如点燃式发动机出现不正常的爆震燃烧。爆燃由传感器检测并转换成压电信号(图 1),然后被输入 ECU。ECU 通过调整点火提前角防止发动机爆燃。

结构和工作原理

传感器内的振动质量 2(图 2)在振动的激励下由于惯性而产生压力,并作用在传感器的环形压电陶瓷片 1 上,使陶瓷片内部发生电荷移动,在其上下端面形成电压,通过接触片 5 输入 ECU。

图 1：爆燃传感器的压电信号

a—缸内气体压力；*b*—滤波的压力信号；*c*—爆燃传感器的压电信号

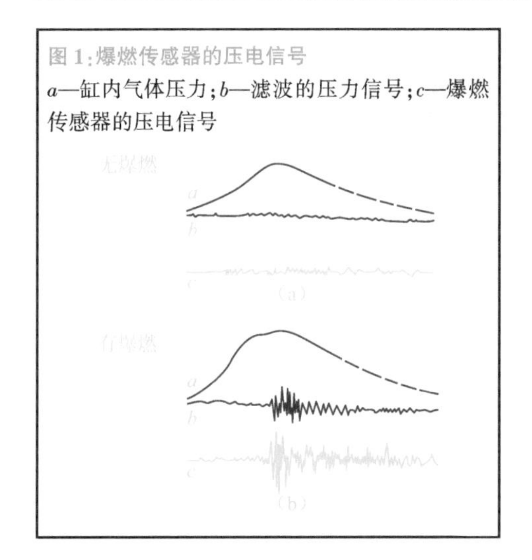

图 2：爆燃传感器的结构与安装

1—压电陶瓷片；2—振动质量；3—壳体；4—螺钉；5—接触片；6—插头；7—发动机体；*v*—振动速度

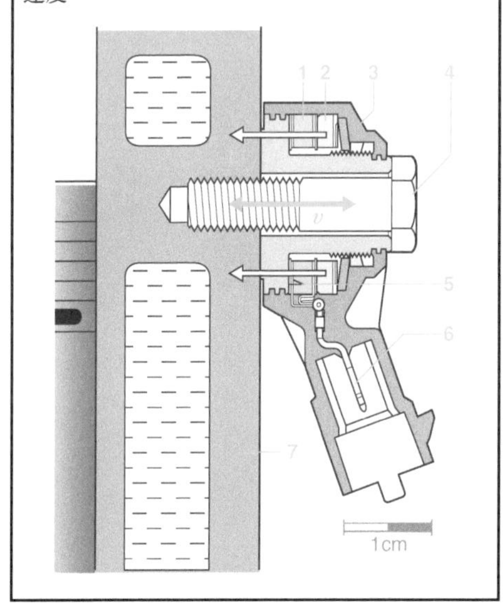

安装

为检测所有气缸的爆燃信号，在 4 缸发动机上只需要 1 个爆燃传感器，更多的气缸则需要 2 个或多个爆燃传感器。在发动机上安装爆燃传感器应保证能识别到每一个气缸的爆燃。传感器大都被装在发动机缸体的宽侧。发动机缸体测点处产生的信号（固体声音振荡）应该没有谐振地进入爆燃传感器。为此，需用螺钉将传感器紧固在缸体上，并满足下列要求：

- 固定螺钉要按规定扭矩拧紧
- 发动机支承面和螺纹孔要符合标准
- 不允许有垫片或弹簧垫圈

微机械压力传感器

应用

压力是一个出现在气体与液体中、作用在各个方向上、没有指向的作用力。微机械压力传感器检测汽车上不同介质的压力，例如：

——在发动机管理系统中为检测发动机负荷而测量进气管气体压力。

——为控制增压空气压力检测增加压力。

——在增压控制中为考虑空气密度检测环境压力。

——在发动机维修时为检测发动机负荷需测量机油压力。

——为监控燃油滤清器的脏污程度检测燃油压力。

利用测量相对基准真空的压差，可检测液体和气体的绝对压力。

基准真空位于结构侧面的压力传感器

结构

测量室是微机械压力传感器的核心部分。它由硅芯片 2、基准真空 3、DMS 应变片组成的惠斯登电桥 5 等组成（图 1）。在硅芯片风蚀刻微机械薄膜上扩散 4 个 DMS 应变片 R_1—R_1，R_2—R_2。在机械应力作用下薄膜变形，使应变片的电阻变化。外盖 6（图 2）将测量室密封并在芯片外部和外盖空腔之间形成基准真空。压力传感器壳体上还有 1 个组合的温度传感器 1（图 3）。温度信号与压力传感器的信号处理无关。

图1:基准真空在芯片外部的压力传感器

1—膜片;2—硅芯片;3—基准真空;4—派莱克斯(Pyrex)玻璃(一种耐烧玻璃);5—惠斯登(Wheatstone)电桥;p—测量压力;U_0—供电电压;U_M—测量电压;R_1—应变片(缩短);R_2—应变片(伸长)

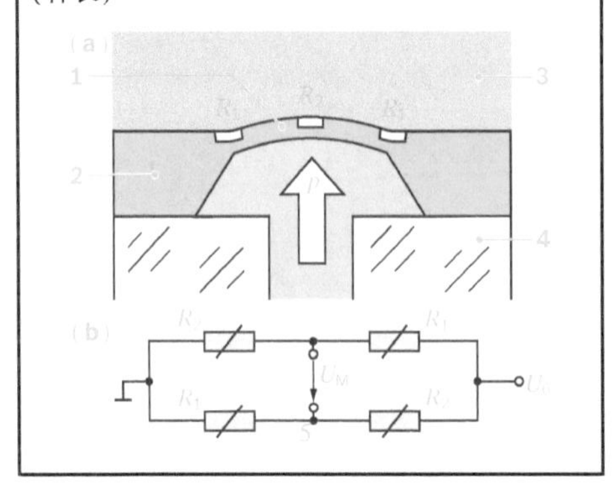

图2:在芯片外部带有外盖与基准真空的压力传感器测量室

1,3—有玻璃填充物的插头;2—基准真空;4—带有信号处理电路的测量室(芯片);5—玻璃座;6—外盖;7—测量压力 p 的接口

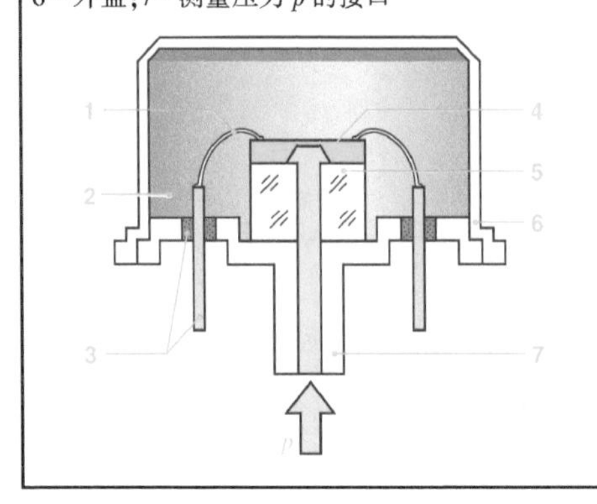

图3:在芯片外部带有基准真空的微机械压力传感器结构

1—NTC温度传感器;2—壳体上部;3—进气管壁;4—密封环;5—插头;6—壳体外盖;7—测量室及基准真空室

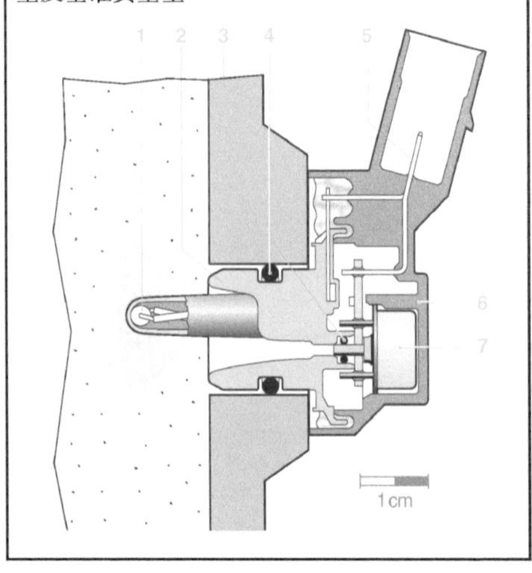

工作原理

传感器测量室内的膜片随作用的外部压力而发生不同程度的弯曲(薄膜片中心移动10~1 000 μm)。在机械应力作用下,膜片上的4个应变片电阻发生变化(压阻效应)。

4个应变片是这样被安排在硅芯片上的:在膜片变形时2个应变片电阻增大,另2个则减小。4个应变片电阻接成惠斯登电桥5(图1)。电阻的变化使电桥上的电压,也即测量电压 U_M 变化。测量电压 U_M 的大小反映作用在膜片上的压力大小。

桥式电路得到的电压要高于单一电阻变化得到的电压,而惠斯登电桥又能提高传感器的灵敏度。

信号处理电路被集成在硅芯片上,其作用是:放大测量电压,补偿温度的影响,并使压力-输出电压变化线性化。传感器测量电压经信号处理后的输出电压范围为0~5 V,并通过插头5(图3)传输到ECU中。ECU根据内存的压力-输出电压的变化关系,由输出电压值得到压力。

基准真空在硅片孔穴内的压力传感器

结构

作为进气管空气压力和增压的基准真空在芯片洞穴内的压力传感器(图4)要比基准真空在芯片外部的压力传感器简单。它由一个蚀刻膜片的硅芯片和扩散的连成桥式的4个应变片构成测量室,并被放在玻璃座上。

图 4：基准真空在芯片洞穴内的压力传感器结构

1—进气管壁；2—壳体；3—密封环；4—NTC 温度传感器；5—插头；6—壳体盖；7—测量室

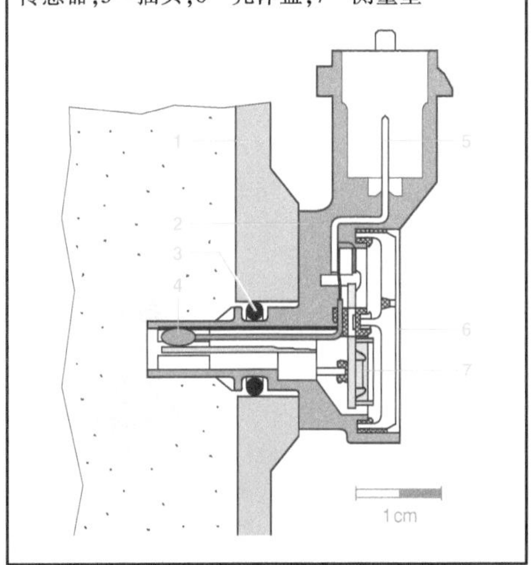

如图 5 所示，这种压力传感器的玻璃座 3 是整体的，没有压力测量通道与芯片相通。它与芯片 6 下部的洞穴构成基准真空室 5。芯片 6 的上部表面除 4 个扩散的应变片外，还有集成的信号处理电路。它们被一起放在复合陶瓷板 4 上。在陶瓷板和芯片间有连接导线，以构成测量室。测量室内灌有专门的凝胶 1，以保护芯片表面免受外部环境的影响。测量压力 p 通过凝胶作用在芯片表面。

图 5：基准真空在芯片洞穴内的压力传感器结构

1—保护用凝胶；2—凝胶壁；3—玻璃座；4—复合陶瓷板；5—基准真空室；6—有信号处理集成电路的芯片；7—连接线；p—测量压力

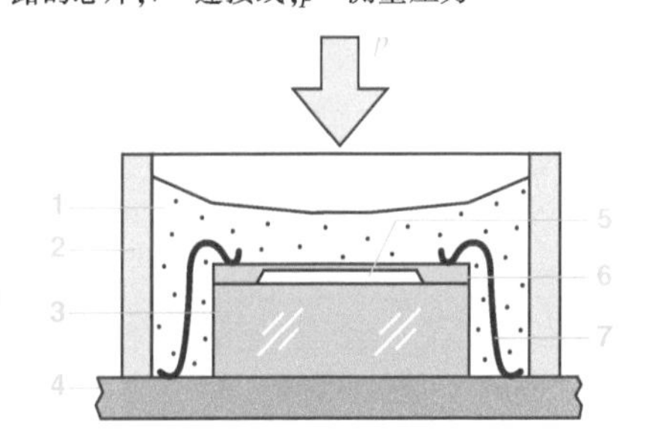

在压力传感器的壳体上还有组合的温度传感器 4（图 4）。温度传感器 4 伸出管壁 1，插入气流中，以尽快反映气体的温度变化。

工作原理

其工作原理、信号放大、处理和线性化与基准真空在芯片外部的压力传感器一样，唯一的区别是两者的膜片变形方向相反。所以，桥式应变片的变形也相反。

高压传感器

应用

汽车上的高压传感器（图 1）用于测量燃油和制动液的压力，例如：

图 1：高压传感器

1—插头；2—信号处理电路；3—带有应变片的钢质膜片；4—压力接头；5—固紧螺纹

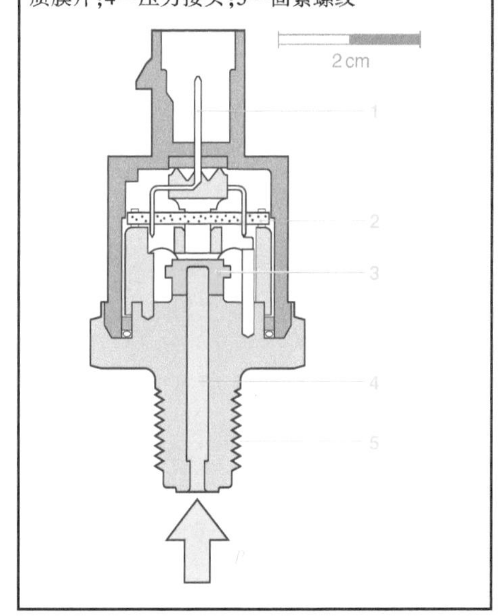

——汽油直接喷射轨压传感器（压力达 20 MPa）。

——柴油共轨喷射系统轨压传感器（压力达 200 MPa）。

——电子稳定性程序（ESP）的液压调节器中的制动液压力传感器。

附页：微机械

微机械是利用半导体技术，用半导体［通常为硅（si）］制成机械元件的统称。除硅的半导体性能外，还利用硅的机械性能，使其在最小的空间实现半导体的传感器功能。

经常使用下列技术：

1. 体积微机械

用各向异性（碱性的）蚀刻（带或不带电化学腐蚀剂）的方法，在整个深度范围加工硅晶片。图 1 是要把从硅晶片 2 反面到硅层内部没有放掩膜 1 的材料蚀刻掉。按此方法可为压力传感器、加速传感器制成典型厚度为 5~50 μm的薄膜，见图 1（a），开口见图1（b），梁形薄片见图 1（c）。

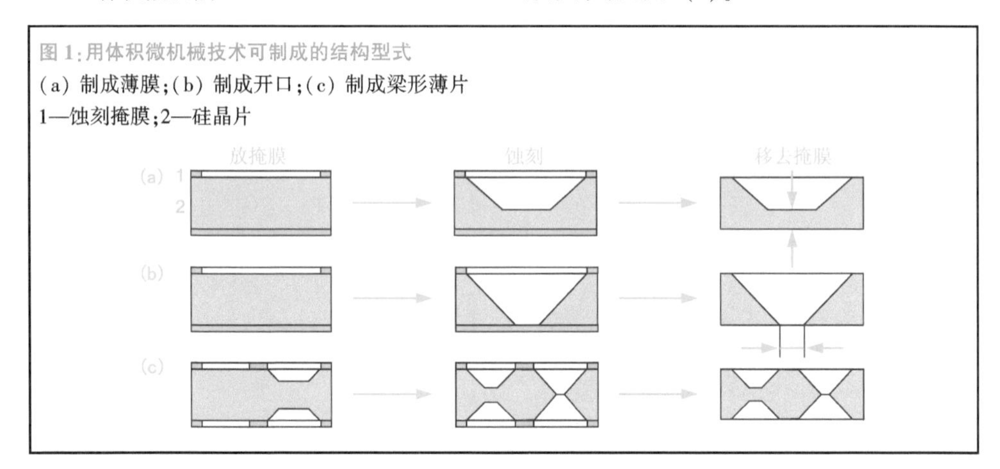

图 1：用体积微机械技术可制成的结构型式

（a）制成薄膜；（b）制成开口；（c）制成梁形薄片

1—蚀刻掩膜；2—硅晶片

2. 表面微机械

载体材料是硅晶片，在它表面刻成很小的机械结构（图 2）。先在表面沉积一层“硅质溶层”，用半导体工艺（如蚀刻）成型［图 2（a）］；在“硅质溶层”上面再沉积约 10 μm 厚的多晶硅层［图 2（b）］；用漆掩膜垂直蚀刻表面直至所要的形状［图 2（c）］；最后用气态的氟化氢吹去多晶硅下面的“硅质溶层”［图 2（d）］。这样就露出了如加速传感器上的活动电极结构（图 3）。

3. 晶片连接

在阳极连接和密封玻璃连接时，在电压和热量或热量和压力作用下将两个晶片牢固地结合起来，以形成一个密闭的基准真空或用罩盖加固的方法保护传感器结构的灵敏部位。

图 2：表面微机械工艺步骤

（a）硅质溶层的沉积与结构；（b）多晶硅沉积；

（c）多晶硅结构；（d）吹去硅质溶层

(a)

(b)

(c)

(d)

图 3：表面微机械显微结果

1—固定电极；2—缝隙；3—活动(弹性)电极

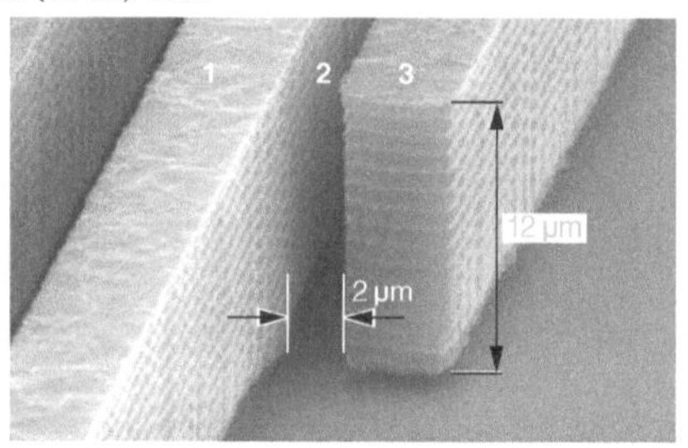

结构和工作原理

钢质膜片是传感器的核心，在膜片上蒸发沉积有 4 个桥式应变片。传感器的测量范围与膜片的厚薄有关，高压用较厚的膜片，低压用较薄的膜片。只要测量压力通过压力接头 4 作用在钢质膜片 3 下面，膜片就弯曲变形，使膜片上面应变片的电阻发生变化，膜片在 150 MPa 的压力下约弯曲 20 μm。

电桥上产生的电桥电压（0 ~ 80 mV）经导线输入传感器上的信号处理电路 2 中。处理电路将电桥电压放大至 0 ~ 5 V 的输出电压，再输入 ECU。ECU 利用存储的压力-输出电信号的变化关系算出压力值。

两点式 λ 传感器

应用

在有两点 λ 调节的汽油机上使用两点式 λ 传感器。它插入汽油机排气管和催化反应器之间，检测所有气缸的废气流动。因为 λ 传感器是加热的，所以要装在离汽油机较远的地方，这样在汽车连续、满负荷行驶时不会发生问题。λ 传感器 LSF4 也适用于装有多个 λ 传感器的废气装置和车诊断 OBD Ⅱ。

两点式 λ 传感器将废气中剩余的氧气与基准大气（传感器内的周围空气）中的氧气含量进行比较，可指出废气中是浓混合气（$\lambda<1$），还是稀混合气（$\lambda>1$）。λ 传感器的信号电压 U_s 随过量空气系数 λ 变化的跳跃特性线可将混合气调节存在 $\lambda=1$ 上（图 1）。

工作原理

两点式 λ 传感器的工作原理实质上是氧离子浓度与固体电解质（陶瓷）组成的氧离子浓度电池，即能斯特（Nernst）原理。陶瓷温度超过 350 ℃氧离子就可通过陶瓷（良好的、可靠的工作还要远高于 350 ℃）。因为在过量空气系数 $\lambda=1$ 附近，排气侧会出现电压信号的阶跃式变化。如氧气的体积含量 $\phi(O_2)=9\times10^{-15}$时 $\lambda=0.99$ 和 $\phi(O_2)=0.2\%$时 $\lambda=1.01$，传感器两面不同的含氧量会导致电压信号的阶跃变化。这样，排气中的氧气含量多少就是过量空气系数大小的一个尺度。集成在传感器内的热体可保证低排气温度时 λ 传感器就能工作。

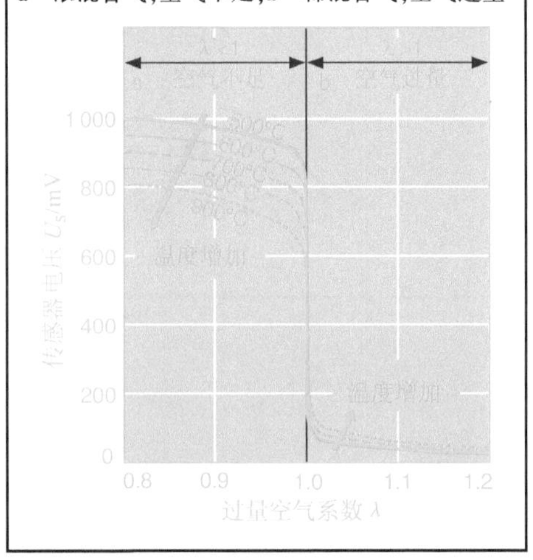

图 1：不同工作温度时两点式 λ 传感器的电压特性线

a—浓混合气，空气不足；b—稀混合气，空气过量

根据排气中的氧气含量，λ 传感器测出的电压 U_s 在浓混合气（$\lambda<1$）中可达 800 ~ 1 000 mV，在稀混合气（$\lambda>1$）中只有 100 mV。在混合气由浓变稀的过渡过程中，输出电压 $U_{reg}=450\sim500$ mV。

陶瓷体的温度，即固体电解质的温度影响氧离子的导电能力；同时 λ 传感器的输出电压与过量空气系数 λ 有关。图 1 中的 λ 传感器输出电压随过量空气系数的变化只适用于陶瓷体工作温度为 600 ℃的情况。此外，在混合气成分变化时，电压变化的响应时间主要取决于陶瓷体的温度。在陶瓷体温度低于 350 ℃时，电压变化的响应时间为秒级。在最佳工作温度为 600 ℃时，电压变化的响应时间小于 50 ms。在发动机起动后，陶瓷体达到最低工作温度约 350 ℃时，λ 传感器开始工作，发动机的排放受到 λ 传感器的闭环控制。

结构

指形 λ 传感器 LSH25

有保护管的陶瓷传感器

固体电解质是一个不透气的陶瓷体。它是一个由氧化锆和氧化钇(Y_2O_3)组成的一端密封的管子(指形)。固定电解质陶瓷体的管子内外表面装有薄的、带微孔的 Pt 层电极。管子及其外层的 Pt 电极伸入排气管内。Pt 电极起着小催化反应器的作用,废气在外层 Pt 电极处被催化处理,并达到化学当量平衡($\lambda=1$)。另外,在接触废气的外表面涂覆多层微孔陶瓷保护层(尖晶石层),以防脏污和腐蚀损伤 Pt 电极。再则,还有金属管保护陶瓷体,使其免遭机械和热冲击。金属保护管的多槽结构对防止过大的热负荷和化学腐蚀特别有效,还可阻止当废气温度较低时传感器陶瓷体受到强烈冷却。背对废气的陶瓷体内部敞开的空间与作为基准气体的外部大气相通(图 2)。

图 2:指形 λ 传感器在汽油机排气管上的安装

1—λ 传感器陶瓷体;2—Pt 电极;3—触头;4—壳体触头;5—排气管;6—微孔陶瓷保护层;7—废气;8—大气;U_s—λ 传感器电压

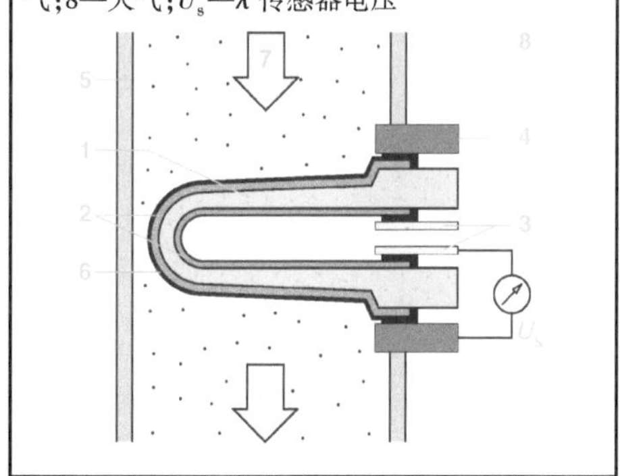

有加热元件和接头的 λ 传感器

陶瓷支承管 2(图 3)和弹簧片 10 将 λ 传感器的活性、活性陶瓷 5 保持在 λ 传感器壳体 1 中,并将它们密封。在支承管 2 和活性陶瓷 5 之间的接触件 6 将内电极引到连接电缆 3 上。金属密封环将外电极与传感器壳体 1 相连(图中未标出)。金属护套 7(它同时也是弹簧片 10 的支座)将传感器内部各零件紧固并防止内部脏污。连接电缆 3 在向外引出的接触处压紧。耐温的套管防止传感器受潮并免受机械损伤。

图 3:带加热的指形 λ 传感器 LSH25 的视图和剖面图

1—传感器壳体;2—陶瓷支承管;3—连接电缆;4—有槽的保护管;5—活性陶瓷;6—接触件;7—护套;8—加热元件;9—加热元件的夹紧接头;10—弹簧片

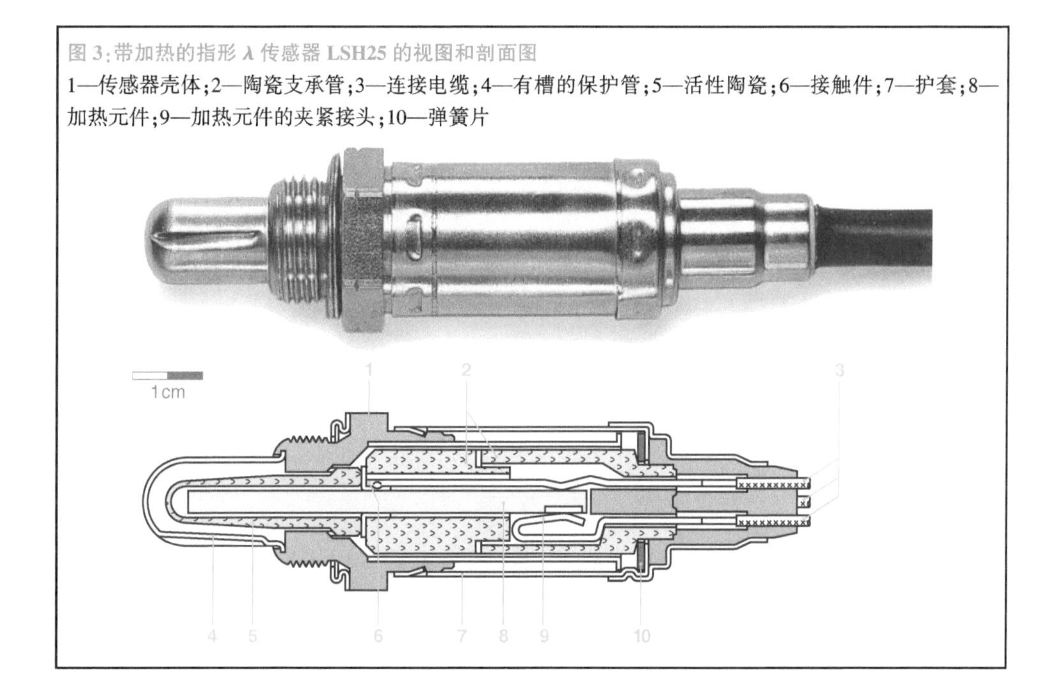

指形 λ 传感器有一个电加热元件 8，在发动机低负荷工作时，也即排气温度低时，活性陶瓷 5 的温度由加热元件 8 的加热功率决定。在高负荷时，则由发动机排气温度决定。排气温度在 150 ℃～220 ℃时，加热元件的加热功率能使活性陶瓷达到足够的工作温度。发动机起动后加热元件加热 20～30 s 就可使 λ 传感器达到工作温度。活性陶瓷加热的最佳工作温度高于 350 ℃，这样可保证发动机具有很低的、稳定的有害气体排放。

平面型 λ 传感器 LSF4

平面型 λ 传感器的功能与加热的指形 λ 传感器功能一样，在 $\lambda=1$ 时都有阶跃式的特性线。固体电解质是由各个陶瓷薄片叠成的(图 4)双壁保护管，防止固体电解质受到热和机械影响。传感器的平面陶瓷(测量室和热体在一起)有一个加长的矩形小板。

图 4：平面型 λ 传感器功能层

1—微孔保护层；2—外电极；3—探头薄膜；4—内电极；5—基准空气通道薄膜；6—绝热层；7—热体；8—热体薄膜；9—连接触头

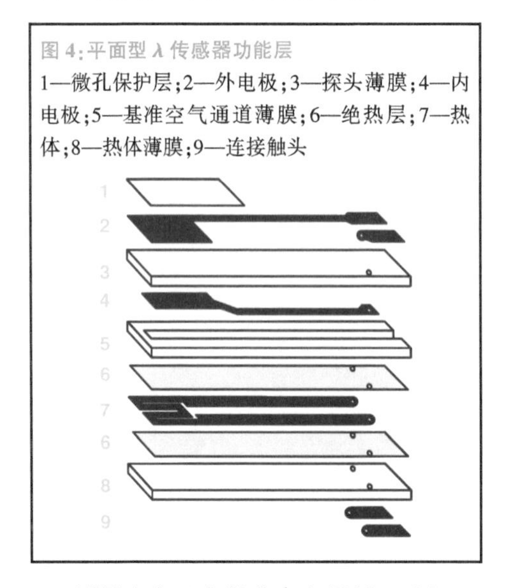

测量室表面有微孔贵金属层 3(图 5)。在正对排气侧还有一层微孔陶瓷保护层 2，以防排气中的残留物腐蚀贵金属层。热体呈回形状(图 4)，含有贵金属材料，并绝热地集成在陶瓷底板上，保证在低消耗功率时能快速加热。

在平面型 λ 传感器 LSF4 的内部基准空气通道(图 5 和图 6)有一个与外界空气相通的入口。λ 传感器 LSF4 通过通道，将排气中的剩余氧气与基准大气中的氧气，即传感器内的周围空气中的氧气进行比较，在过量空气系数 $\lambda=1$ 时，传感器输出电压产生阶跃式变化。

图 5：平面型 λ 传感器 LSF4 简图

1—排气；2—微孔陶瓷保护层；3—带微孔贵金属保护层的测量室；4—基准空气通道；5—热体；U_A—输出电压

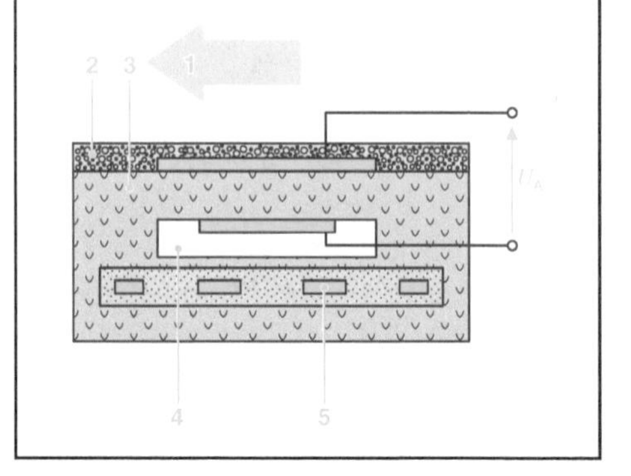

平面型宽带 λ 传感器 LSU4

应用

使用平面型宽带 λ 传感器可在很大范围内确定排气中氧气的浓度和在燃烧室内的过量空气系数。λ 传感器插入排气管内，可检测各气缸总的排气质量流量。它可精确测量燃料与空气的化学当量点，即过量空气系数 $\lambda=1$；也可精确测量稀混合气 $\lambda>1$ 和浓混合气 $\lambda<1$ 的情况。与 λ 传感器调节系统一起，可测出 $0.7<\lambda<\infty$（空气中的 $\phi(O_2)=21\%$）范围内的连续电流信号(图 1)。这样，宽带 λ 传感器不仅可用在两点式调节($\lambda=1$)的发动机闭环控制的管理系统中，还可用在浓混合气与稀混合气的调节概念中。它适用于汽油机稀薄燃烧、柴油机、气体发动机和煤气机的 λ 调节系统中，所以也被称为通用的 λ 传感器。

为精确控制有害气体的排放，在一个系统中也可使用多个 λ 传感器，如在催化反应器前后，或是在各个排气歧管上。

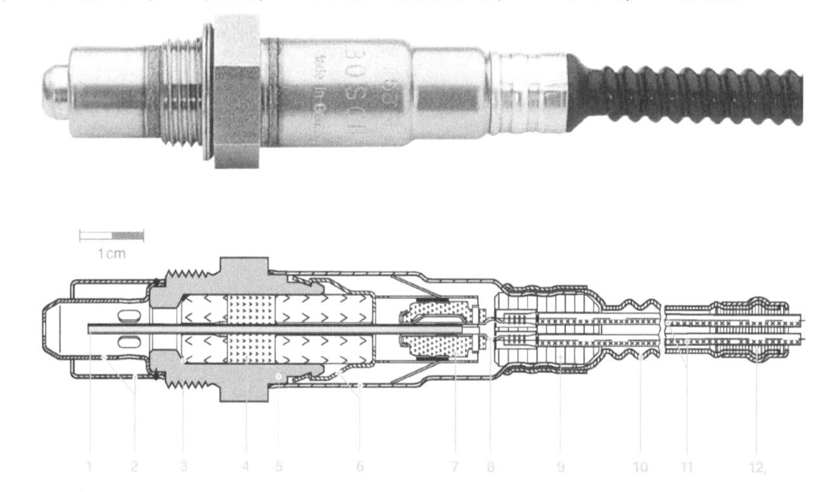

图 6：平面型 λ 传感器 LSF4 的视图和剖面图

1—平面测量室；2—双保护管；3—密封环；4—密封包；5—传感器壳体；6—保护套；7—接触支座；8—接触夹片；9—聚四氟乙烯（PTFE）套管；10—聚四氟乙烯成型软管；11—5 芯导线；12—密封垫

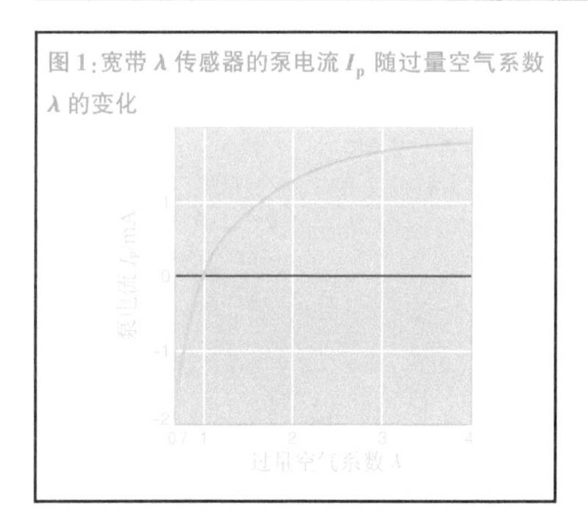

图 1：宽带 λ 传感器的泵电流 I_p 随过量空气系数 λ 的变化

结构

宽带 λ 传感器 LSU4（图 2）是一个平面型的两室边界电流传感器。它的测量室（图 3）是用二氧化锆（ZrO_2）制作的陶瓷体。测量室内有能斯特（Nernst）浓度室 7 和氧气泵室 8。能斯特浓度室就是传感器室，其作用同两点式 λ 传感器。氧气泵室是输送氧气。氧气泵室的安排应使两个扩散室形成 10～50 μm 的间隙。在间隙内有两个微孔的 Pt 电极，即一个泵电极，一个能斯特测量电极。扩散室间隙通过排气入口 10 与所排尾气发生联系。微孔扩散阻挡层 11 限制排气中的氧分子通过。

能斯特浓度室的一边通过基准空气通道的开口与外界空气相通，能斯特浓度室的另一边与扩散室间隙 6 中的排气接触。

λ 传感器有一个调节电路 4，它可以产生输出信号并调节 λ 传感器温度。

集成在 λ 传感器中的热体 3 用以加热传感器，使传感器尽快达到 650 ℃～900 ℃的工作温度，也可减小由于排气温度变化对输出信号的急剧影响。

工作原理

发动机排气通过氧气泵室 8 的入口 10 进入能斯特浓度室 7 的测量空间，即扩散室间隙 6。能斯特浓度室将扩散室间隙中的排气与基准空气通道中的外界空气进行比较，就可在扩散室间隙中调节过量空气系数 λ。调节过程如下：

利用在氧气泵室 8 上的 Pt 电极建立的泵电压 U_p，通过扩散阻挡层 11 进入的排气中的氧气泵入或泵出扩散室间隙 6。在 ECU 中的电路，利用能斯特浓度室调节在氧气泵室 8 的 Pt 电极上的泵电压 U_p，使扩散室间隙 6 中的排气成分不变，即 λ = 1。在稀混合排气中，氧气泵室从扩散室间隙 6 中

图 2：平面型宽带 λ 传感器 LSU4 视图和剖面图

1—测量室，由能斯特浓度室和氧气泵室组成；2—双保护管；3—密封环；4—密封包；5—传感器壳体；6—保护套；7—接触支座；8—接触夹片；9—聚四氟乙烯（PTFE）套管；10—聚四氟乙烯成型软管；11—5 芯导线；12—密封垫

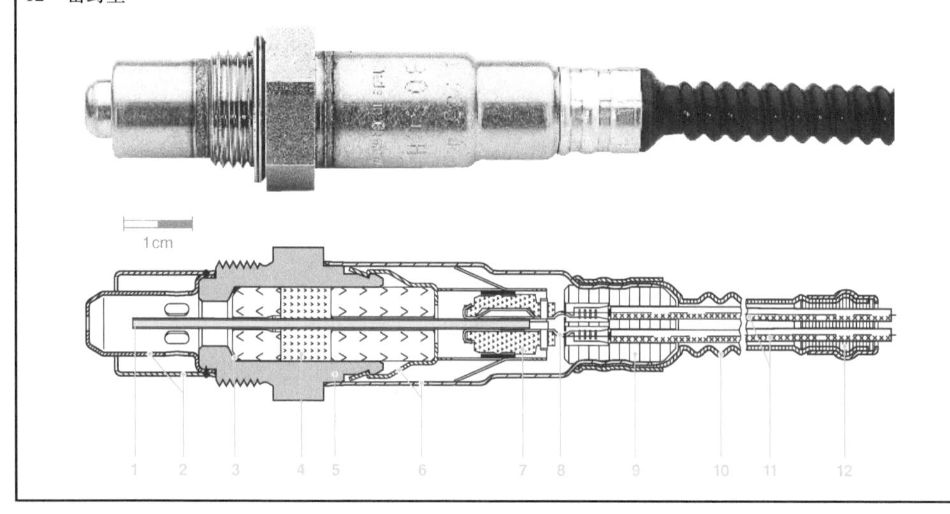

图 3：平面型宽带 λ 传感器测量室结构和在排气管上的安装

1—排气；2—排气管；3—热体；4—调节电路；5—带有基准空气通道的基准室；6—扩散室间隙；7—带有能斯特测量电极（在扩散室间隙侧）和基准电极（在基准室侧）的能斯特浓度室；8—带有氧气泵电极的氧气泵室；9—微孔保护层；10—排气入口；11—微孔扩散阻挡层；I_p—氧气泵电流；U_p—氧气泵电压；U_H—热体电压；U_{Ref}—基准电压，$\lambda=1$ 时 $U_{Ref}=450$ mV；U_s—传感器电压

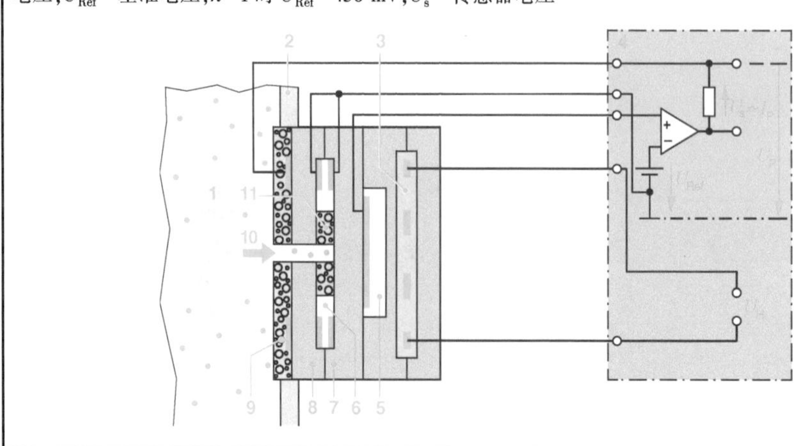

向外泵出氧气，此为正的泵电流；在浓混合排气中，将周围排气中的氧气泵入扩散室间隙 6，此为负的泵电流；在 $\lambda=1$ 时没有氧气输送，泵电流为零。泵电流与排气中的氧浓度成正比，而且是过量空气系统 λ 的一个尺度，但不是线性尺度（图 3）。

电 控 单 元

数字化技术为汽车电子系统的开环和闭环控制提供了基础，使汽车各电子系统参数的优化成为可能。电控单元(ECU)收到传感器传输来的信号后，进行数据处理，然后生成执行器需要的控制信号。包含闭环控制算法的软件程序存储在ECU的内存中，程序由微控制器执行。ECU壳体、接插件和电子相关元器件称为硬件。Motronic ECU具有用于发动机管理过程控制(包括点火、进气、混合等过程)的开环和闭环算法。

工作条件

ECU应保证在特别严酷的环境条件下正常工作，包括：

- 不同温度环境(正常工作温度范围 -40 ℃~125 ℃)
- 温度突变
- 受环境影响(机油、燃油等)
- 潮湿环境
- 机械应力，如发动机振动等

发动机管理系统ECU必须在供电电压波动条件下正常工作，包括起动时的低电压和产生浪涌时的高电压情况。

ECU还要满足其他的需求，如电磁兼容性(EMC)，它既能防止自身产生电磁干扰，又能抵抗外界电磁干扰。

结构

图1为装于金属或塑料壳体中的带电子元器件的电路板，多芯的接插件将ECU连到传感器、执行器和电源上，控制执行器的高压驱动电路需专门集成在壳体中以确保有效散热。

ECU电路板的大部分元器件为面贴装式器件(SMD)，既节省空间又减轻重量，只有部分功率器件和接插件采用插接技术。

根据不同结构紧凑性和耐热冲击性，BOSCH公司设计了多个版本的ECU，它们可被直接固定在发动机上。

图1：用于ME-Motronic发动机管理系统的ECU结构示例(上盖打开)

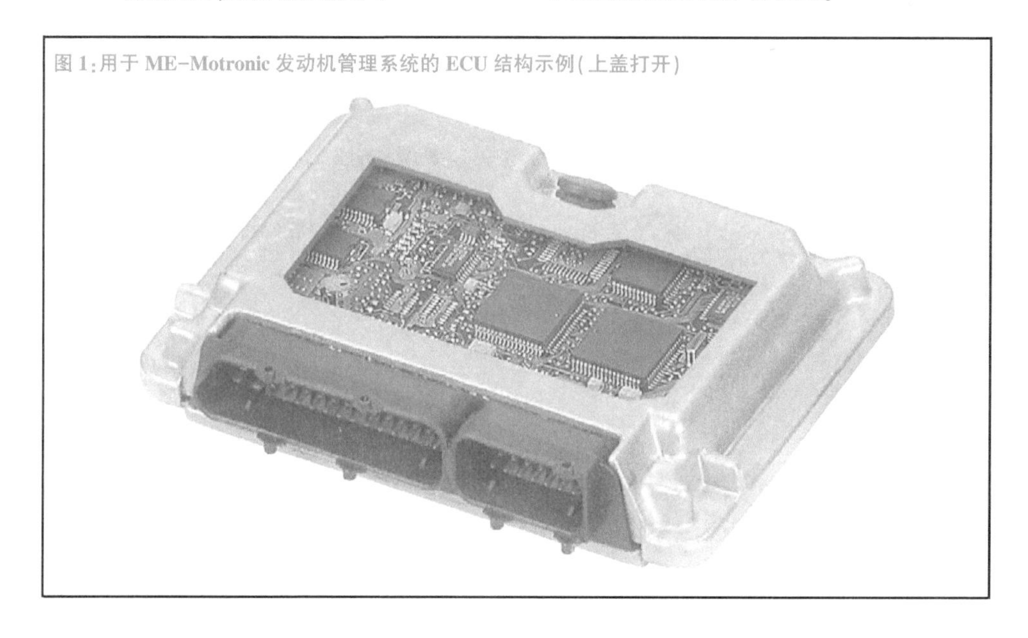

数据处理过程

输入信号

传感器和执行器作为外围设备连接到中央处理单元 ECU 上。传感器的电子信号通过线束和插座进入 ECU,信号的形式包括:

模拟输入信号

模拟输入信号的电平需在一个指定的范围。模拟量输出的物理信号包括进气质量、蓄电池电压、进气管压力(包括增压压力),以及冷却水温度和进气温度等。微控制器的 A/D 转换模块将模拟信号转换为 CPU 可接收的信号,模拟信号的最大分辨率为 5 mV。0~5 V 的模拟信号转换为数字信号的范围为 1~1 000。

数字输入信号

数字信号输入包括两种信号,即高电平(逻辑 1)和低电平(逻辑 0)。数字输入信号为 0/1 开关信号,如测试转速的霍尔效应的转速脉冲和磁阻传感器的输出信号。微控制器可直接读取该类信号,不需要预先处理。

脉冲输入信号

感应式传感器传输具有转速信息和基准信号的脉冲输入信号,在 ECU 中进行专门的调理电路,调理电路将脉冲信号调理成方波信号。

信号调理

采用保护电路将输入信号的电压限制到适合调理的数值范围,采用滤波电路消除有用信号中的叠加干扰信号。必要时,有用信号需要放大到微控制器要求的输入电压(0~5 V)。

根据集成度的不同,部分或全部的信号预调理也在传感器中完成。

信号处理

ECU 是发动机管理系统中所有功能调节和命令顺序执行的核心,ECU 中的微控制器负责控制算法。来自传感器的信号和与其他系统(如 CAN 总线等)相连的其他信号作为输入参数。微处理器支持检查这些数据合理性的运行,ECU 程序计算用于控制执行器的输出信号。

微控制器

微控制器是 ECU 的核心部件,它可控制 ECU 的工作顺序(图 1)。除 CPU 外,微控制器不仅包括输入/输出通道,还包括定时器单元、RAM、ROM、串口和外设接口电路,所有这些功能部件集成在一个芯片上。控制时间的晶振元件用于为微控制器提供时间基准。

程序和数据存储器

微控制器需要一个程序以执行计算任务,这个程序就是软件。该程序以二进制数的形式储存在 ECU 中的程序存储区内。

这些二进制数由 CPU 读取并转换成命令,并一个接一个地执行。这个程序存储在只读存储区内(ROM、EPROM 或 FLASH 中),该区域包含各种形式的数据[单独的数值、特征曲线、脉谱图(MAP)]。这些数据是不变的,汽车工作时不能改变,用于实现开环和闭环过程控制。

根据特定的应用要求,程序存储区可集成在微控制器中,也可采用一个扩展的独立芯片(如外扩 EPROM、FLASH 等)。

只读存储器(ROM)

程序存储器可采用 ROM,ROM 中的程序由厂商写入并在工作过程中保持不变。微控制器中的 ROM 为一定容量的存储空间,对于复杂的大程序,可能需要外扩 ROM。

电可擦除只读存储器(EPROM)

EPROM 的数据可采用紫外(UV)光线擦除,可采用可编程装置写入新数据。EPROM 一般都是独立的器件,CPU 通过地址/数据总线读取 EPROM 内容。

闪存(FLASH-EPROM)

FLASH-EPROM 的内容可用电擦除。在使用中,ECU 可通过外设连接到再编程单元进行数据读取和擦除。

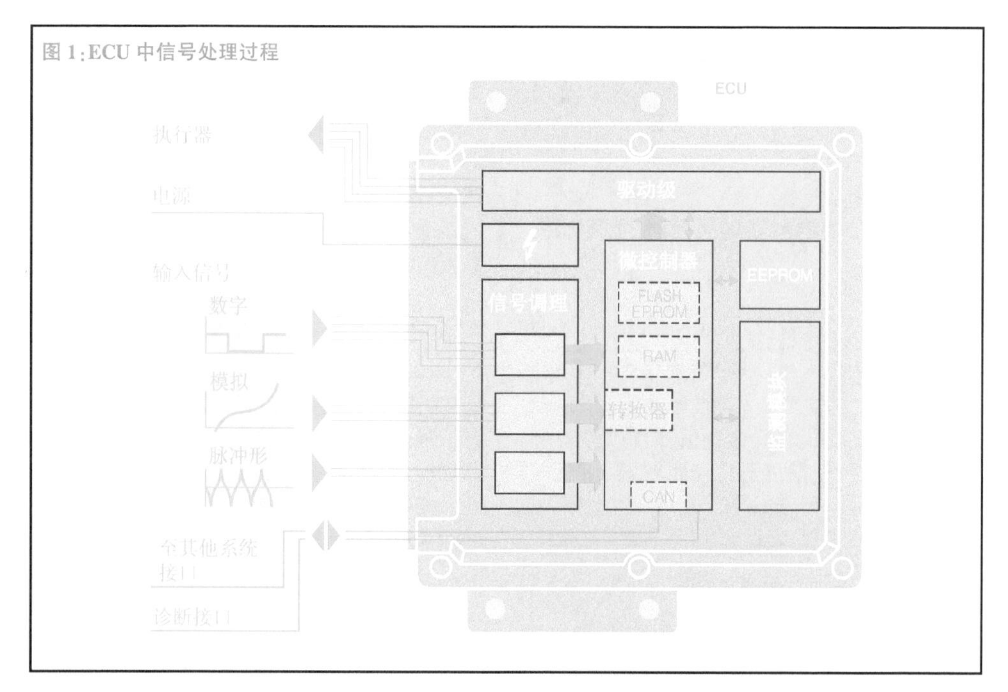

图 1:ECU 中信号处理过程

如果控制器带有 ROM,则需要一个 FLASH 编程的程序。一般 FLASH 与微控制器结合在一起,集成在一个芯片上。

采用 FLASH 代替传统的 EPROM 是一个巨大的进步。

可变数据和主存储器

这是一个存储可变数据和信号值的存储区域。

随机存储器(RAM)

临时的数据存储在可自由读/写的 RAM 中,如果应用程序功能比较复杂,则需要较大的 RAM 容量,需要对微控制器的 RAM 进行扩展。RAM 通过地址和数据总线与微控制器相连。

当 ECU 断电时,RAM 中的所有数据都将消失(易失性存储器),而下一次起动发动机时,微控制器必须读取上次存储的数据记录(有关发动机工况和状态的学习数据),因此这些数据不能在汽车断电时丢失。为避免数据丢失,RAM 需要连接一个恒定的电源(持续供电),即使车上蓄电池断开,RAM 中的信息也不会丢失。

电可擦除只读存储器(EEPROM)

必须将要求断电也不丢失的数据存储在非易失、不可擦写的存储器内。

专用集成电路(ASIC)

ECU 功能的日益增加意味着标准微控制器的计算功能不能满足需求。解决的方法是采用所谓的 ASIC 模块。这些芯片根据 ECU 的数据需求进行专门设计和生产,可带扩展 RAM、输入/输出电路等,也可产生和传输脉冲宽度调制(PWM)信号。

监控模块

ECU 带有监控模块,采用问答循环模式工作。微控制器和监控模块彼此监督,一旦检测出错误,就触发独立的备份功能。

输出信号

输出信号电路中,微控制器触发功率足以直接驱动控制器的驱动电路。对于功耗高的驱动(如风扇等)部件,单片机需要驱动继电器。

驱动电路设计要可靠,不能对地或蓄电

池高压端短路，也要注意由电和热负荷产生的破坏。驱动级集成电路将采集的如误动作、开路和传感器故障等信息传输给微控制器。

开关信号

开关用于切断和开启执行器（如发动机风扇等）。

脉宽调制（PWM）信号

数字输出信号可以是 PWM 信号的形式。PWM 信号是方波信号，其频率是不变的，占空比是可变的（图 2）。这些信号可以驱动执行器（如 EGR 阀、增压器执行器）达到所要求的位置。

图 2：PWM 信号

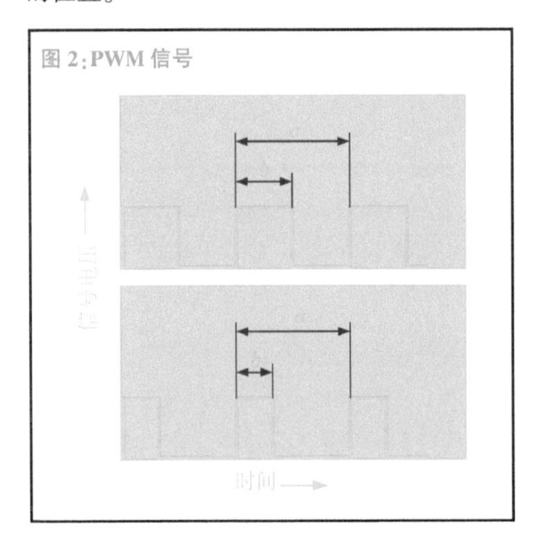

ECU 内部通信

为保证微控制器正常工作，外围设备需要与微控制器通信。通信是通过地址和数据总线实现，如微控制器与 RAM 进行数据读取通信，数据总线用于相关的数据传输。在早期的汽车应用中，8 位数据总线是足够的，8 位数据总线包括 8 根线，它们一起可同时传输 256 个值。当系统需要读取 65 535 个地址时，一般采用 16 位地址总线。目前，更复杂的系统要求 16 位或者 32 位数据总线。为了节省元器件的引脚，数据和地址总线可组合成复用总线。

通过同一总线不同时间切换，可实现地址和数据总线的调度。

串行接口只有一根数据总线，该总线用于传输速率不高的数据传输（如故障存储数据）。

生产线终端编程（EOL）

随着汽车种类和变型的增多，ECU 控制程序和数据记录种类也增多。汽车控制系统需要有一个支持系统以供生产厂商应对不同的需求，并减少 ECU 硬件种类。这样，ECU 的整个闪存区可以在生产线的终端进行，包括应用程序和数据参数的编程（Eol 或 Eol Programming，即 End of Line，生产线终端编程）。

减少 ECU 种类的进一步方法是将一系列的数据变量（如变速器参数）存储在内存中，可以在生产线终端进行编码。这些编码一般储存在 EEPROM 中。

附页:ECU 和存储器

ECU 的特性

发动机 ECU 的性能发展取决于微控制器的性能。第一代汽油机燃油喷射系统采用模拟技术,只能完成简单的控制功能,功能的实现也受硬件能力的限制。

数字时代的到来和微控制器的发展带来 ECU 巨大的发展,发动机管理系统由通用半导体芯片取代原来的模拟电路。在以微控制器为基础的系统中,实际控制逻辑的实现由半导体存储芯片的程序来实现。

目前,陆续推出各类系统,从最初简单的燃油喷射控制系统到复杂的发动机管理系统。ECU 不仅是燃油喷射控制,还包括爆燃控制的点火系统、EGR 和系统的其他控制功能。未来 10 年开发过程将持续推进,功能集成度和系统的复杂度也将持续增加。只有微控制器得到广泛应用,这种开发模式才能够实现,并将持续发展。

从最早的 Intel 8051 系列微控制器的应用,直到 20 世纪 80 年代末期被带有可处理时间信号的扩展输入/输出接口和集成 A/D 转换电路的 Intel 80515 系列所替代,实现了相对强大的控制系统。图 3 所示为燃油喷射系统 LH3.2 和采用 80C515 的点火系统 EZ129K 的 ECU 性能对比。带有40 MHz 的时钟速度,ME7 有接近 40 倍的 LH/EZ 系列控制器的处理能力。随着新一代微控制器的应用,ME9 的处理能力增加了 50 倍。

未来,微控制器将处理更多数字控制序列。微控制器将有它们的集成信号处理器,以直接处理信号,如直接处理发动机的爆燃信号等。

半导体存储芯片的发展也不容忽视。复杂控制程序需要较大的存储空间。芯片的存储能力在 20 世纪 80 年代只有 8 kB。ME7 现在采用 1 MB 的存储芯片,不久将增加到 2 MB。下图给出了 ECU 和存储器的发展过程和未来趋势。

ECU 和存储器的发展

说明:

- 发动机管理系统性能
- ECU 接插件针数
- 程序存储器容量
- 数据存储器容量

通过比较可见,最新发动机管理系统的性能远超过“阿波罗”(Apollo)13 号飞船的性能

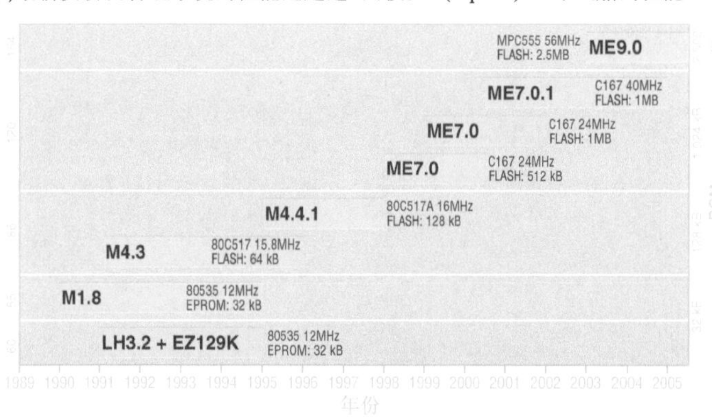

排　放

目前，汽车通过采用一系列技术措施，使其有害排放物大幅度减少。对于汽油机汽车，通过加装三元催化转换器实现了有害排放物的有效控制。

图 1 为轿车排放物的年度减少情况，从中可知，只是二氧化碳没有明显减少。这是因为二氧化碳的减少与油耗的降低相对应。因此，只有通过降低油耗或者采用如天然气等的低碳燃料，才能实现二氧化碳排放的降低。

在包括工业、交通、家庭和电站在内的所有排放物中，汽车的百分比贡献率依据不同的有害物而有所不同，数值如下：

- 氮氧化物 52%
- 一氧化碳 48%
- 二氧化碳 19%
- 非甲烷挥发性烃类 18%

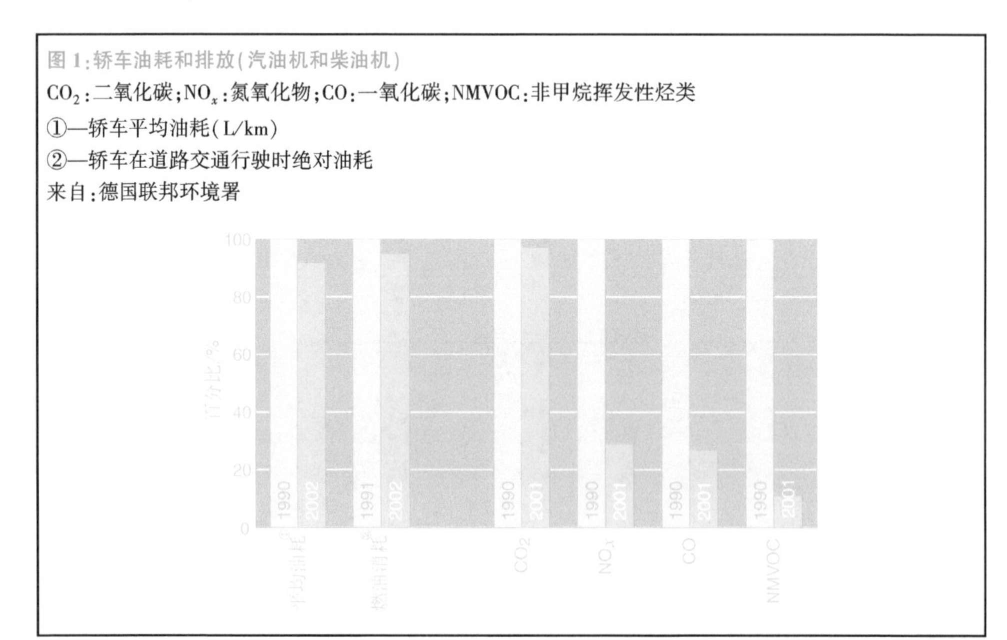

图 1：轿车油耗和排放(汽油机和柴油机)

CO_2：二氧化碳；NO_x：氮氧化物；CO：一氧化碳；NMVOC：非甲烷挥发性烃类

①—轿车平均油耗(L/km)

②—轿车在道路交通行驶时绝对油耗

来自：德国联邦环境署

空燃混合气燃烧

燃油在理想条件下可完全燃烧生成水蒸气(H_2O)和二氧化碳(CO_2)，反应方程式如下：

$$n_1C_xH_y+m_1O_2 \rightarrow n_2H_2O+m_2CO_2$$

由于在发动机燃烧室中达不到理想条件(有未蒸发的油滴)和燃油的其他组分存在(如硫等)，燃烧过程中除了产生水蒸气和二氧化碳外，还会产生其他有害排放物。

有害排放物的产生量可通过优化燃烧过程和提高燃油品质来有效减少。然而，二氧化碳的排放量即使在理想的条件下也取决于燃油的含碳量，它不受燃烧过程的影响。

排气中的主要成分

水(H_2O)

燃料中化学结合的氢在燃烧时与氧结合生成水蒸气，大部分水蒸气遇冷凝结。这就是寒冷冬天可见到排气的原因。水蒸气占发动机燃烧总排放量的13%。

二氧化碳(CO_2)

燃烧时燃料中化学结合的碳与氧生成二氧化碳,其量约占总排放量的14%。

二氧化碳是一种无色、无味、无毒气体,自然存在于空气中。在汽车尾气中二氧化碳没有被列为有害污染物。然而,二氧化碳是一种会引起温室效应和全球温度变化的气体。自工业化以来,大气中的二氧化碳含量增加了30%,大气的二氧化碳浓度达到了今天的367×10^{-6}。通过减低燃料消耗而减少二氧化碳排放的要求日趋紧迫。

氮气(N_2)

氮气是空气的主要成分,氮气占空气的78%。氮气在燃烧中不产生作用,汽车排放物中71%是氮气。

有害排放物

燃烧中,空燃混合气产生一定数量的伴生物。随着发动机预热到正常工作温度,在理论空燃比($\lambda=1$)时,未经处理的排放物中(在后处理装置之前的燃烧废气)伴生物质的比例占总排放量的1%。

燃烧的伴生物(图1)主要包括:

- 一氧化碳
- 碳氢化合物
- 氮氧化物

发动机在正常工作温度下,催化转换器可以将这些有害物质的99%转换成为无害物质。

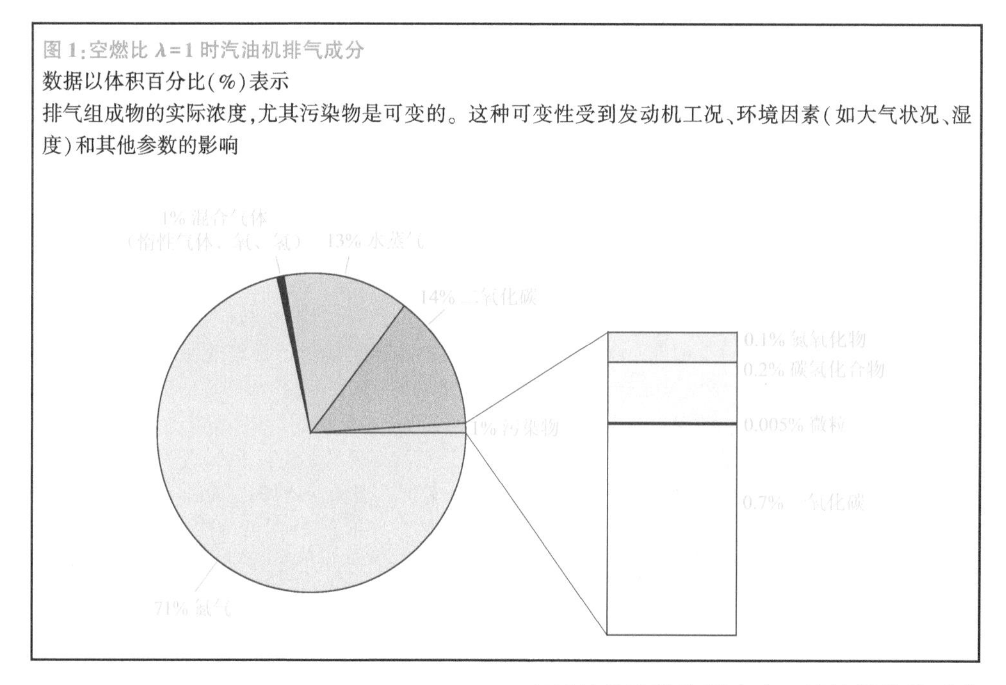

图1:空燃比$\lambda=1$时汽油机排气成分

数据以体积百分比(%)表示

排气组成物的实际浓度,尤其污染物是可变的。这种可变性受到发动机工况、环境因素(如大气状况、湿度)和其他参数的影响

一氧化碳(CO)

一氧化碳是由于浓空燃混合气燃烧造成的,也就是由于缸内空气不足造成的。虽然一氧化碳也会在空气较多时产生,但此时的含量较少,这是由于局部空燃混合气过浓导致燃烧不完全。油滴没能及时蒸发使区域燃油过多,空燃混合气不能完全燃烧。

一氧化碳是一种无色、无味的气体,它抑制血液对氧吸收的能力,因此会导致中毒。

碳氢化合物(HC)

碳氢化合物是一种碳和氢的化学复合物,碳氢化合物是由于缺少氧气的空燃混合气不完全燃烧造成的。燃烧过程会产生新的碳氢化合物(通过裂解外部分子链)、脂肪烃(包括烷烃、烯烃和它们的循环产物),它们都是无味的。环状芳烃(如苯、甲苯、多环烃)散发出可辨的气味。

有些碳氢化合物与人长时间接触会致癌。部分氧化的碳氢化合物(如醛、酮)产生令人不愉快的气味。这些化学产物在阳光下达到一定的浓度也会使人致癌。

氮氧化物(NO_x)

氧化氮是氮气与氧的化合物通称。所有在含氮空气的二次反应的燃烧过程都会产生氧化氮。内燃机排气中的主要物质形态是一氧化氮和二氧化氮,也有少量的一氧化二氮。

一氧化氮是无色无味的气体,在空气中可以慢慢转换为二氧化氮。纯二氧化氮是有毒的、有刺激性气味的红褐色气体。当空气受到严重污染时,其中的二氧化氮可引起黏膜刺激。

氮氧化物可以通过产生雾障(酸雨)破坏树木和森林。

二氧化硫(SO_2)

汽车排气中的硫化物主要是二氧化硫,它产生于燃料中含的硫。汽车中二氧化硫的排放量较少,不受排放法规的限制。

然而,硫化物的排放量需要控制,因为二氧化硫黏附在催化转换器(三元催化转换器、氮氧化物储存式催化转换器)上,使它们中毒,从而降低它们的反应能力。

微粒(Particulates)

汽车排气中的固体以微粒形式存在,源于不完全燃烧。排气成分随着燃烧过程和发动机工况发生变化,这些微粒主要是不同尺寸和表面积的碳粒链(碳烟)。没有燃烧和部分燃烧的碳氢化合物聚集在醛微粒上,具有强烈刺激性味道;悬浮微粒(微小扩散的固体与气体中的液体混合)和硫酸盐聚集到碳粒上,其中硫酸盐源于燃料中含的硫。

排气中的固态微粒主要存在于柴油机中,汽油机的微粒排放量较少,可忽略不计。

影响未处理的有害物排放因素

空燃混合气燃烧的初级产品是氮氧化物、一氧化碳和碳氢化合物有害排放物。这些污染物(后处理装置之前排气管内)的数量随工况不同而变化。过量空气系数 λ 和点火时刻对污染物的形成有较大影响。

催化转换器最大限度地将有害排放物转换,使汽车最后排到大气的有害排放物远远低于未处理的发动机有害排放物。为了降低有害物排放,控制发动机未处理的有害排放量越少越好。

影响因素

空燃混合气

影响发动机有害排放物的另一个主要因素是空燃比(过量空气系数 λ)。为使三元催化转换器获得最大转化率,进气管燃油喷射应在理论空燃比($\lambda=1$)条件下工作。

对于缸内燃油直接喷射发动机,有分层充量和均质充量两种模式,可根据工况选择。在均质充量模式中,与进气管燃油喷射类似,在进气冲程喷射燃油以响应在高速大扭矩工作要求。这时设置过量空气系数 λ 等于或者接近 1。

在分层充量模式中,整个燃烧室内的燃油是不均匀分布的。直到压缩行程才喷射燃油。燃烧室中部形成的空燃混合气应尽可能是过量空气系数 $\lambda=1$ 的均质空燃混合气。实际上在燃烧室的边缘会出现纯空气或者极其稀薄的空燃混合气,它们使整个燃烧室总的过量空气系数 $\lambda>1$(稀空燃混合气)。

空燃混合气形成

为优化燃烧效率,要燃烧的燃油应该完全扩散,与空气形成尽可能均匀的空燃混合气。对于进气管燃油喷射汽油机,均质空燃混合气充满整个燃烧室,而燃油直接喷射汽油机分层充量的均质空燃混合气云在燃烧室中部。

附页：温室效应

太阳短波辐射穿过大气层继续到达地面，并被地面吸收，这一过程使地面变热，之后地面辐射长波热能（热辐射）或红外热能。部分的热辐射被大气反射，使地球变热。

如果没有温室效应，地球将不适合生存，地表平均温度就会下降到 -18 ℃。大气中的温室气体（包括水蒸气、二氧化碳、甲烷、臭氧、氯氟烃和颗粒物）使大气温度升高到平均温度 +15 ℃。尤其是水蒸气保持着相当数量的能量。

100 年前开始工业革命以后，大气中的二氧化碳浓度显著增加，这主要是燃烧煤炭和石油产品的结果。在这一过程中，燃料中的碳生成二氧化碳。

地球温室效应的影响过程十分复杂。一些科学家认为，人类活动的排放是地球温度变化的主要原因，这一理论遭到其他专家的质疑，他们认为大气温度的变暖是由于太阳活动的加剧。

然而，大家一致认为减少能源使用、降低二氧化碳排放可以减小“温室效应”。

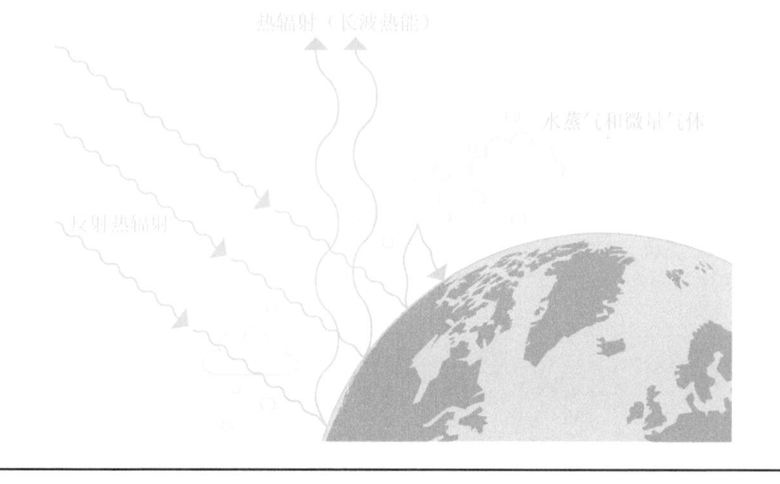

空燃混合气均匀地分配到各缸对于保证发动机低排放十分重要。专门输送空气的进气管路燃油喷射系统依靠将燃油喷入气门前的进气口(进气管燃油喷射)或直接喷入燃烧室(汽油直接喷射)以保证协调空燃混合气分布。这类系统的空燃混合气获得与化油器或单点燃油喷射系统获得的空燃混合气相比有不可靠性,因为燃油会在进气道壁面产生凝结。

发动机转速

较高发动机转速导致较大的摩擦损失,以及增加附件系统功率消耗(如水泵等)。在高速条件下,发动机单位油耗的功率输出降低,发动机的工作效率会随转速的提高而降低。

在相同输出功率时,高速时的燃油消耗要比低速时的燃油消耗高,从而也会导致较高的有害气体排放。

发动机负荷

发动机负荷或发动机扭矩对有害排放物中的一氧化碳、未燃碳氢化合物和氮氧化物的影响不同,具体影响在后面讲述。

点火时刻

空燃混合气的点火时刻是指从火花塞放电到形成稳定火焰前沿的时间间隔,它对燃烧有决定性的影响。特征可用火花塞放电、点火能量和火花塞附近的空燃混合气组分表示。应能最大限度地传输点火能量以形成稳定的点火,并对保持连续稳定的燃烧循环和排气成分都有积极影响。

未处理的碳氢化合物排放

扭矩的影响

扭矩增大,燃烧室温度增高,火焰区深度更接近火焰熄灭的燃烧室壁。因此,扭矩增大时燃烧室温度范围缩小,燃烧更完全,产生的未燃碳氢化合物较少。

另外,在大负荷工况下伴随着高燃烧室温度的高排气温度,使碳氢化合物在排气系统中进行二次反应,产生二氧化碳和水。因为高扭矩工作等同于燃烧室和排气的高温度,在产生相同功率情况下,未燃碳氢化合物排放会减少。

转速的影响

汽油机的碳氢排放随着发动机转速提高而增加,这是由于随着转速的提高空燃混合气的制备和燃烧时间变短。

空燃比的影响

对于浓空燃混合气($\lambda<1$ 时),不完全燃烧导致未燃碳氢化合物的形成。浓空燃混合气产生更高的未燃碳氢化合物的浓度,如图 1 所示。在浓空燃混合气区域内,过量空气系数降低,产生的碳氢化合物排放物增加。

图 1:未燃烧的碳氢化合物排放随过量空气系数 λ 和点火提前角 α_z 的变化而变化

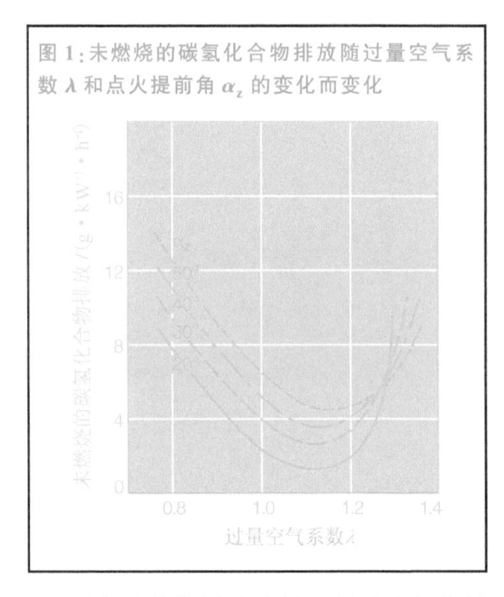

碳氢化合物排放在稀空燃混合气条件下也会增加。当 $\lambda=1.1\sim1.2$ 时,碳氢化合物排放最少。稀空燃混合气时碳氢化合物排放增加是由于稀空燃混合气导致燃烧室边缘的不完全燃烧。特别稀的空燃混合气浓度使燃烧推迟,最终导致失火,于是不完全燃烧的碳氢化合物排放大幅度增加。这个现象是由于空燃混合气在燃烧室内不均匀混合,使在燃烧室内空燃混合气稀的地方点火条件变差。汽油机的稀空燃混合气燃烧限制主要取决于点火时火花塞附近空燃混合气的过量空气系数和缸内空燃混合气的过量空气系数（整个燃烧室的空燃比）。为了确保可靠点火，我们可以通过控制燃烧室中充量的分布状态，来获得更均匀的空燃混合气，同时加快火焰前沿的传播速度。

并不是致力于在整个燃烧室获得均匀的混合气，汽油直接喷射可采用分层充量模式在临近火花塞顶部区域形成易于点火的空燃混合气。这一方法比均质空燃混合气有更高的过量空气系数。分层充量模式的碳氢化合物排放主要取决于空燃混合气的形成过程。

燃油直接喷射的一个关键是避免在燃烧室壁和活塞上出现液体油滴，因为壁面上的油膜通常不能完全燃烧，从而导致较高的碳氢化合物排放。

点火时刻的影响

增加点火提前角 α_z 会导致碳氢化合物排放增加，而排气温度的降低会对膨胀、排气冲程的二次氧化反应产生不利影响（图 1）。只有在特别稀的空燃混合气时这一过程是不可逆的。它导致火焰传播速率很低，从而使得当排气门开启时燃烧过程还在持续。当点火时刻推迟，过量空气系数 $\lambda>1$ 时，发动机会提早达到稀薄燃烧极限。

未处理的一氧化碳排放

扭矩的影响

伴随着大扭矩高燃烧温度促进膨胀冲程时的一氧化碳的二次反应，一氧化碳氧化为二氧化碳。因此大扭矩会降低未处理的一氧化碳排放量。

转速的影响

一氧化碳排放受转速的影响与碳氢化合物一致。

空燃比的影响

在浓空燃混合气范围内，一氧化碳的排放和过量空气系数呈线性关系（图 2）。这是由在缺少空气的条件下空燃混合气不完全燃烧造成的。

在稀空燃混合气范围内，一氧化碳的排放量很低。在这个范围内，过量空气系数的变化对一氧化碳的排放几乎没有影响。因此影响到一氧化碳排放的唯一因素是不均匀空燃混合气的不完全燃烧。

点火时刻的影响

点火时刻对一氧化碳的排放几乎没有影响（图 2），一氧化碳排放只是过量空气系数的函数。

图 2：未燃烧的一氧化碳排放随过量空气系数 λ 和点火提前角 α_z 的变化而变化

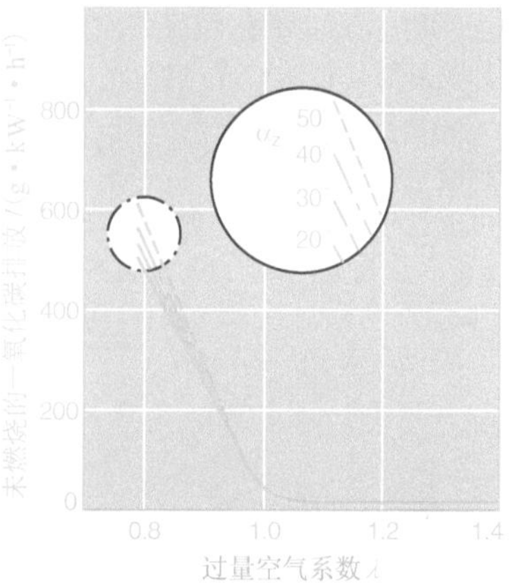

未处理的氮氧化物排放

扭矩影响

伴随扭矩增加带来的较高的燃烧室温度，促进氮氧化物的形成。扭矩增加，未处理氮氧化物排放呈非线性增加。

转速的影响

当高转速时形成氮氧化物的反应时间缩短，氮氧化物的排放量会随转速增加而降低。而且，需考虑燃烧室残留气体成分，因为它会影响燃烧峰值温度。由于发动机转速增高，缸内燃烧废气会减少，因此会部分抵消上述氮氧化物的减少。

空燃比的影响

在过量空气系数略大时($\lambda = 1.05 \sim 1.1$),氮氧化物的排放量达到最大值。在稀和浓空燃混合气区域,因燃烧最高温度降低,氮氧化物排放也随之降低。

汽油直接喷射发动机的分层工作模式的过量空气系数大,与在过量空气系数 $\lambda = 1$ 相比,氮氧化物排放要低,因为只有部分气体参与了燃烧过程。

点火时刻的影响

在过量空气系数的整个区域内,随点火提前角增大而氮氧化物排放增加(图 3)。点火提前角较早、燃烧温度较高,不仅使化学反应向产生较多的氮氧化物的方向变化,还会明显加速氮氧化物的形成过程。

图 3:未燃烧氮氧化物排放随过量空气系数 λ 和点火提前角 α_z 的变化而变化

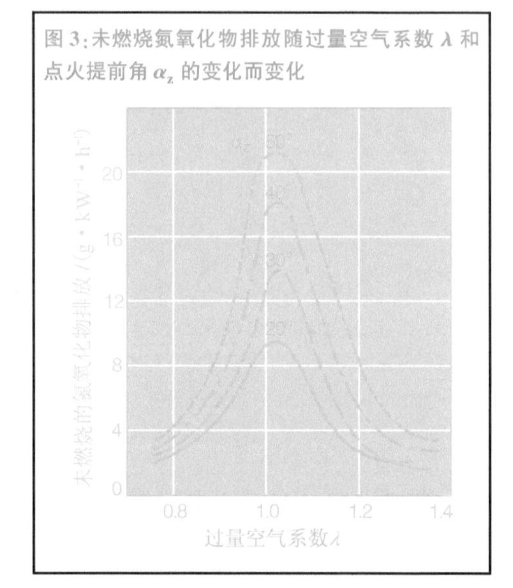

碳烟排放

汽油机在当量空燃比时,碳烟排放较少。然而,在汽油直接喷射分层充量模式工作时会产生碳烟,因为局部区域的特别浓的空燃混合气以及油滴会加速碳烟排放的形成。为保证有足够的时间形成空燃混合气,分层模式一般被限于低负荷和中等发动机转速工况。

装催化转换器的排放控制

排放控制法规为汽车的有害排放物规定了限值，当发动机内净化措施不足以满足这一限值时，需要借助于外部装置。在汽油机中，用于转换有害物的排气催化后处理装置得到应用。发动机排出的废气经过一个或多个装在排气管末端的催化转换器，将排气中的有害物在催化转换器表面通过化学反应转换成无害物质。

综述

带三元催化转换器的排气催化后处理是目前汽油机排放控制最有效的方式。三元催化转换器是排放控制系统的组件，适用于进气管燃油喷射和缸内燃油直接喷射发动机（图 1）。

图 1：排气管，带紧靠发动机安装的 λ 传感器和三元催化转换器

1—发动机；2—λ 传感器；3—催化转换器上游的 λ 传感器（根据系统需要安装两级传感器或宽带氧传感器）；4—三元催化转换器；5—催化转换器下游的 λ 传感器（只对带双 λ 传感器控制的系统）

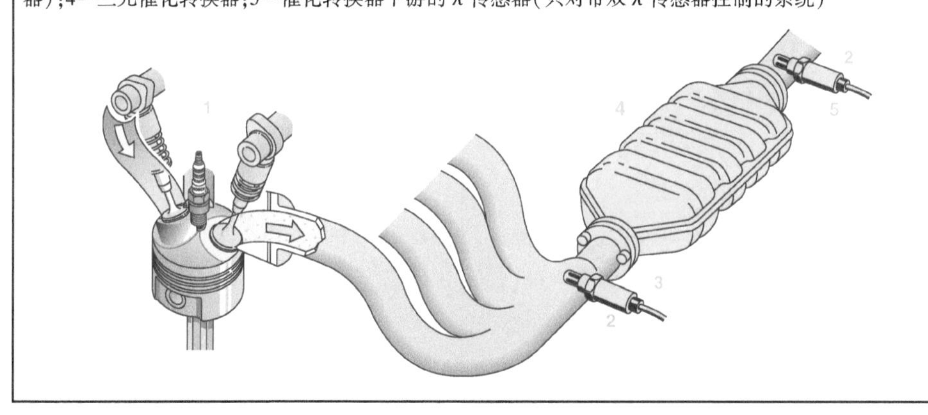

对于当量空燃比均质空燃混合气，在正常工作温度时三元催化转换器几乎能全部转换以下有害排放物：一氧化碳；碳氢化合物和氮氧化物。然而，为获得当量空燃比，需要采用电控汽油喷射。目前这一电控汽油喷射系统已经完全替代化油器，化油器是在三元催化转换器引入前主要的空燃混合系统。精确的 λ 闭环控制监控空燃混合气组分，并将其调节到 $\lambda=1$。虽然在所有工况条件下不能常常保持这样的理想条件，但总体上发动机的有害排放物通过三元催化转换器可以减少 98%以上。

由于三元催化转换器不能在稀空燃混合气条件下转换氮氧化物，所以在稀空燃混合气发动机模式下需要一个额外的氮氧化物催化转换器。在 $\lambda>1$ 时，降低氮氧化物的方法是采用选择性催化转换器（SCR）。这一过程早已在柴油商用车上得到应用，而且正在向轿车用柴油机上推广。目前，还很难预测选择性催化器是否会被用到汽油发动机上。

开发目标

鉴于不断严格的排放限制，减少有害排放物是发动机设计和开发中面临的重要课题。催化转换器在正常工作温度时具有接近 100%的转换率，但是大量的有害排放物会在冷起动和暖机阶段出现。在欧洲和美国测试循环（NEDC，FTP75）中，起动和随后的暖机阶

段的实际排放占总排放量的 90%。为了减少有害排放物,重要的是既要保证催化转换器快速加热,又要在起动阶段在催化转换器加热中使发动机产生很少的未处理有害排放物。所以氧传感器的快速检测准备也很重要。

催化转换器分类

催化转换器分为以下两类:

- 连续式催化转换器
- 间歇式催化转换器

连续式催化转换器不停地转换有害排放物,而不干预发动机工作。下列系统归为连续工作系统:三元催化转换器、氧化催化转换器、选择性催化转换器(主要用于柴油机上)。

间歇式催化转换器在不同阶段工作,通过主动改变催化转换器的边界条件触发系统工作,如氮氧化物储存式催化转换器为间歇式工作。当排气中有多余的氧、氮氧化物开始累积和系统切换到浓空燃混合气模式(缺氧)时,系统就进入再生阶段。

三元催化转换器

工作原理

在空燃混合气燃烧时三元催化转换器将下列物质转换为无害物质:碳氢化合物、一氧化碳和氮氧化物。最终产物是水蒸气、二氧化碳和氮气。

有害物转换

有害物转换可分为氧化反应和还原反应。如一氧化碳和碳氢化合物按下面方程式进行氧化反应:

$$2CO+O_2 \rightarrow 2CO_2 \qquad (1)$$

$$2C_2H_6+7O_2 \rightarrow 4CO_2+6H_2O \qquad (2)$$

氮氧化物按下面方程式进行还原反应:

$$2NO+2CO \rightarrow N_2+2CO_2 \qquad (3)$$

$$2NO_2+2CO \rightarrow N_2+O_2+2CO_2 \qquad (4)$$

氧化碳氢化合物和一氧化碳所需要的氧直接从废气中,或从废气中的氮氧化物得到,它与空燃混合气成分有关。

在 $\lambda=1$ 时,氧化反应和还原反应达到平衡状态。在 $\lambda=1$ 时,废气中的残余氧量(约 0.5%)和氮氧化物中的氧使得碳氢化合物和一氧化碳完全氧化,氮氧化物同时得到还原,这样,碳氢化合物和一氧化碳可作为氮氧化物的还原剂。催化转换器可以补偿空燃混合气的轻微波动。系统有能力积累和释放氧,基体表面含有氧化铈(CeO_2),它可通过下面平衡反应式产生氧:

$$2Ce_2O_3+O_2 \longleftrightarrow 4CeO_2 \qquad (5)$$

当过量空气系数大($\lambda>1$)时,碳氢化合物和一氧化碳与废气中的氧进行氧化反应。因此没有多余的碳氢化合物和一氧化碳为氮氧化物的还原反应提供催化剂,氮氧化物不能还原而被排放出去。当过量空气系数小($\lambda<1$)时,作为催化剂的碳氢化合物和一氧化碳与氮氧化物进行还原反应。但多余的碳氢化合物和一氧化碳由于缺少氧不能进行氧化反应而被直接排放出去。

转换率

排除的有害排放物量可由未处理的废气中的有害排放物的浓度得出[图 1(a)],进

图 1:排气中的污染物

(a) 催化转换器处理之前排放;

(b) 催化转换器处理之后排放;

(c) 两级 λ 传感器电压曲线

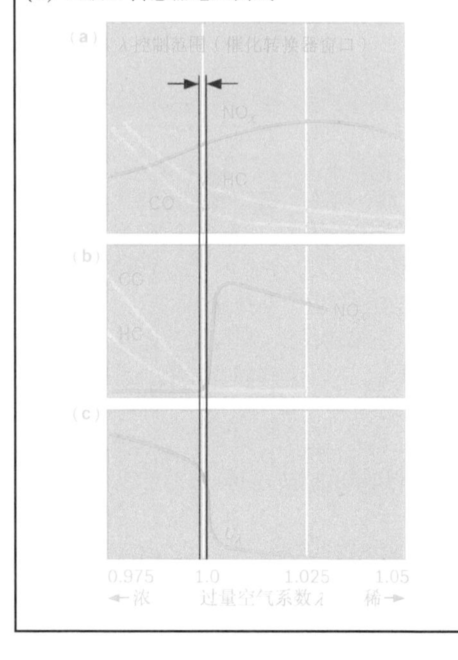

而计算出在催化转换器中的转换率。两个参数都取决于设定的过量空气系数 λ。

要使这三种有害排放物获得最大转换率,需要空燃混合气的过量空气系数 λ=1。窗口(空燃比控制范围)非常狭窄,因此,必须对空燃混合气的形成进行闭环控制。碳氢化合物和一氧化碳持续转换率随着过量空气的增加而增加,排放降低[图1(b)]。当过量空气系数 λ=1 时,未处理的有害排放物全部处于较低状态。当过量空气系数高(λ>1)时,有害排放物还处于较低的水平。

氮氧化物的转换在浓空燃混合气(λ<1)时较好,即使排气中氧含量从 λ=1 有较小的增加,氮氧化物的还原过程会产生突变,导致氮氧化物浓度剧增。

结构

三元催化转换器(图2)主要包括铁皮的壳体6、基质5、基质涂层(洗涂料)和活性催化贵金属涂层4。

图2:三元催化转换器和氧传感器

1—λ 传感器;2—膨胀垫;3—隔热双层外壳;4—涂层(又称洗涂层,带贵金属的三氧化二铝基质涂层);5—基质;6—壳体

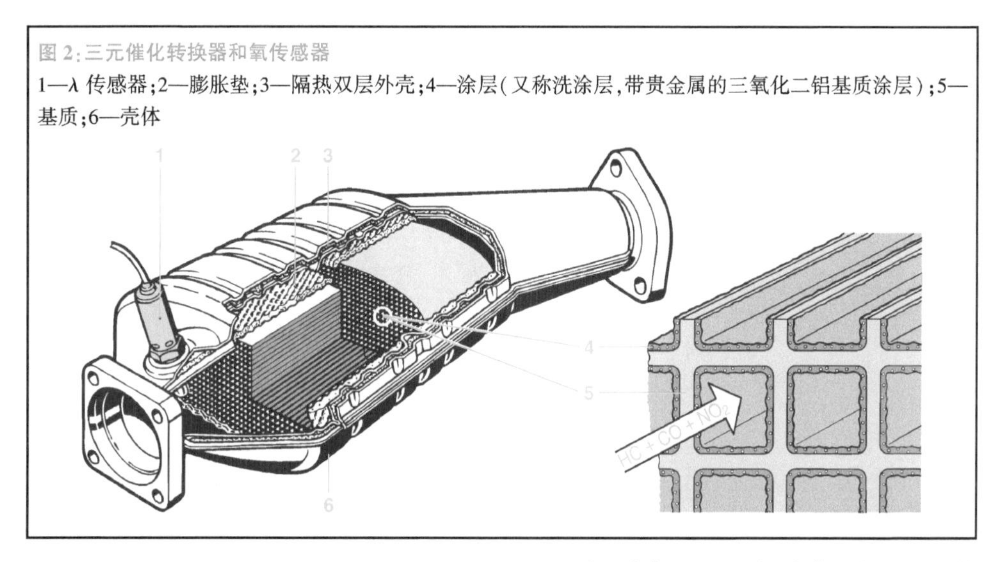

基质

主要有两种基质。

陶瓷体

陶瓷含有几千个窄的通道,废气从它们中流过。陶瓷是耐高温的硅酸镁铝。对机械应力高度敏感的陶瓷体,通过矿物膨胀垫2固定在金属壳体内。膨胀垫高温时膨胀,将基质固定在壳体中。同时,膨胀垫保证100%的气体密封。目前大多数催化转换器采用陶瓷体。

金属体

金属体是陶瓷体的替代品。金属体由厚度为0.03~0.05 mm的薄的、细的波纹状金属箔组成,由于壁薄,单位面积有很多通道,所以可减少废气流通阻力,为高性能发动机优化带来好处。

涂层

陶瓷体和金属体需要基质三氧化二铝(AL_2O_3)的基质涂层(洗涂层)。涂层可将三元催化转换器有效面积增加7 000倍。因此1 L容积基质的展开面积可达到一个足球场大小。

有效的催化涂层包括贵金属铂、钯和铑。铂和钯加速碳氢化合物和一氧化碳的氧化,铑加速氮氧化物的还原反应。

三元催化转换器中贵金属的含量为1~5 g,按发动机排量和要满足的排放标准不同对这个含量进行调整。

工作条件

工作温度

为能进行有害排放物的氧化和还原反应,必须向催化剂提供足够的活化能。这一能量是通过加热三元催化转换器获得的。

降低三元催化转换器的起燃温度(50%有害排放物被转换的温度)会减小活化能(图3)。活化能和起燃温度在很大程度上取决于反应催化转换器的特性。对于三元催化转换器,工作温度必须超过300 ℃才能转换有害排放物。为保证三元催化转换器的高转换率和长的使用寿命,工作温度400 ℃~800 ℃最为合适。

图3:活化能

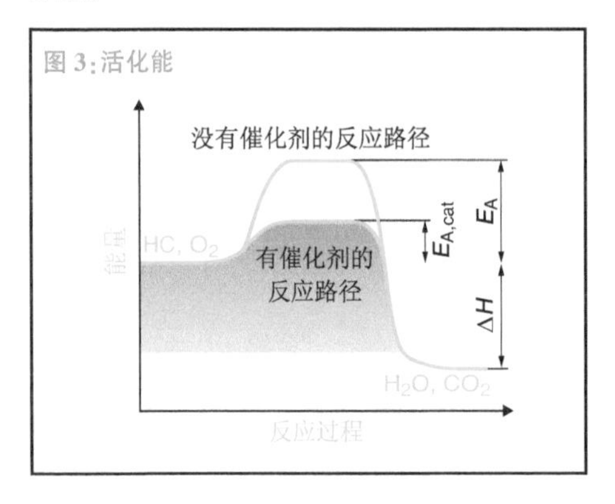

在800 ℃~1 000 ℃范围,烧结的贵金属和三氧化二铝基质涂层的热老化加速活性表面积减小。在此温度范围内对有害排放物转换也有较大影响。温度超过1 000 ℃时,三元催化转换器的基质涂层的热老化急剧加快,使大部分催化剂失效。

在发动机出现故障时(如失火等),如果未燃燃油进入排气管燃烧,则三元催化转换器的温度将高达1 400 ℃。该温度会使基质熔化,并彻底损坏催化剂,为此要求点火系统高度可靠地阻止这种情况发生。现代发动机管理系统可检测出失火现象,切断相关气缸的燃油喷射,避免未燃燃油进入排气管中。

催化转换器中毒

为使三元催化转换器正常工作,还要求发动机燃用无铅汽油。否则,铅化合物会吸附在活性催化涂层的表面或者堵塞基质通道。

发动机机油的残留物也会“毒害”三元催化转换器,使三元催化转换器失效。

氮氧化物储存式催化转换器

功能

在发动机稀空燃混合气工作时,三元催化转换器不能转换氮氧化物。由于较高的氧含量使得碳氢化合物和一氧化碳被尽数转换,所以没有可作为氮氧化物转换的可用的还原剂。氮氧化物储存式转换器(NSC-NO_x Storage Catalyst)采用不同的方式转换氮氧化物。

结构和专用涂层

氮氧化物储存式转换器在结构上与三元催化转换器相似。除了铂、铑、钯等贵金属涂层外,氮氧化物转换器还需要能够累积氮氧化物的特殊添加剂。通常的添加剂包括钾、氧化钙、锶、锆、镧或钡等氧化物。

工作原理

当$\lambda=1$时,由于有贵金属涂层,氮氧化物的转换与三元催化转换器一样,在稀燃的废气中它能转换未还原的氮氧化物。然而,其转换过程与碳氢化合物和一氧化碳连续转换过程不同,代之以三个不同的阶段:

- 氮氧化物累积(储存)阶段
- 氮氧化物去除阶段
- 转换阶段

氮氧化物累积(储存)阶段

在发动机稀燃烧工作条件下($\lambda>1$),氮氧化物在铂涂层表面被催化氧化成二氧化氮(NO_2)。之后,二氧化氮与特殊添加剂及氧氧化生成硝酸盐,如二氧化氮与氧化钡(BaO)发生反应生成钡酸盐[$Ba(NO_3)_2$]化合物:

$$2BaO+4NO+3O_2 \rightarrow 2Ba(NO_3)_2$$

氮氧化物转换器累积发动机稀燃烧时产生的氮氧化物。

有两种方法确定氮氧化物转换器饱和和

累积过程结束的时间：

- 考虑三元催化转换器温度，根据模型计算氮氧化物累积量
- 在三元催化转换器下游安装氮氧化物传感器 6（图 1），通过采集废气中氮氧化物的浓度获得

图 1：排气管，带三元催化转换器作为初级催化转换器、下游氮氧化物储存式转换器和 λ 传感器

1—带有 EGR 系统的发动机；2—λ 传感器；3—三元催化转换器；4—温度传感器；5—氮氧化物储存式转换器（主催化转换器）；6—两级氧传感器（也可选用组合的氮氧化物传感器）

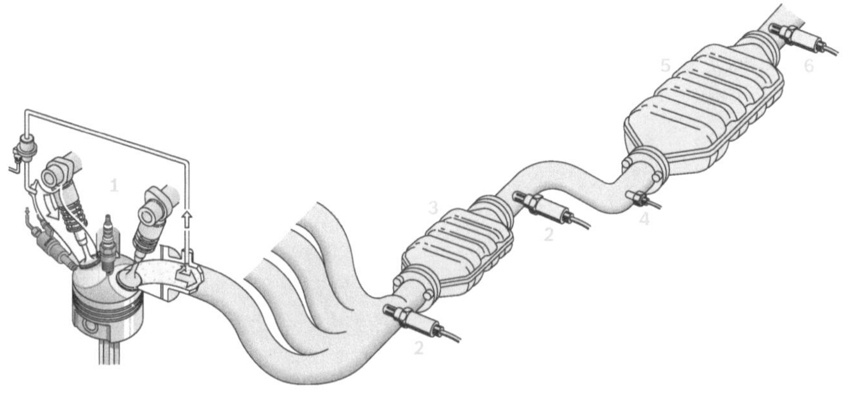

氮氧化物去除和转换阶段

随着硝酸盐氧化物累积量的增加，持续吸附氮氧化物的能力将减退。只要累积量达到一定水平，必须进行去除和转换累积的硝酸盐氧化物。这时发动机短时间切换到浓均质空燃混合气模式（$\lambda<0.8$）。去除氮氧化物的过程和把它转换为硝酸盐和二氧化碳的过程是分开进行的，氢气、碳氢化合物和一氧化碳都可用作还原剂。碳氢化合物的还原反应最慢，氢气的还原反应最快。采用一氧化碳作为还原剂的去除过程如下：一氧化碳还原硝酸盐［如 $Ba(NO_3)_2$］生成氧化物（如 BaO），产生二氧化碳和一氧化氮：

$$Ba(NO_3)_2+3CO \rightarrow 3CO_2+BaO+2NO$$

随后，采用一氧化碳和铑涂层还原氮氧化物为氮气和二氧化碳：

$$2NO+2CO \rightarrow N_2+2CO_2$$

有两种方法检测去除阶段是否完成：

- 根据模型计算还留在转换器中的氮氧化物量
- 在下游安装氧传感器 6（图 1）以检测废气中的氧浓度和当去除阶段结束时输出从稀到浓的电压跳跃

工作温度和安装点

氮氧化物转换器的累积和储存氮氧化物的能力与温度有很大关系。在 300 ℃～400 ℃ 范围，累积可达到最大值。也就是说，氮氧化物转换器的最佳工作温度远低于三元催化转换器的工作温度。由于氮氧化物转换器允许的最高工作温度较低，所以为催化排放控制必须安装两个独立的三元催化转换器。

上游的三元催化转换器 3 作为初级转换器（图 1），下游的氮氧化物储存式转换器作为主转换器（装在汽车底板下的催化转换器）。

硫负荷

汽油中的硫含量会给氮氧化物储存式转换器带来问题。稀燃烧空燃混合气中的硫会与氧化钡（储存器材料）发生氧化反应而生成硫酸钡。经过一段时间后，用于氮氧化物储存的特殊添加剂会逐步减少。硫酸钡特别耐高温，在氮氧化物再生时只能少量去除。

当发动机使用含硫燃油时，三元催化转换器必须持续去硫。为此，必须将三元催化

转换器加热到 600 ℃ ~ 650 ℃ 交替以浓（$\lambda = 0.95$）和稀（$\lambda = 1.05$）排气几分钟，使硫化钡还原成氧化硫。

催化转换器配置

边界条件

设计排气系统时要考虑各种边界条件：冷起动时的加热能力、全负荷工况时的热负荷、汽车上的空间状况，以及发动机的扭矩和功率发展等。

三元催化转换器工作温度限制是安装处的选择。上游的三元催化转换器在起动阶段迅速达到它的工作温度，但在大负荷和高转速会忍受特别高的热负荷。

下游的三元催化转换器热负荷要低一些，如果不采取加热催化转换器的优化控制策略，则需要更长的预热时间才能达到工作温度。

严格的排放控制法规要求发动机起动时采用专门的三元催化转换器加热方法。为改善三元催化转换器的热性能，没有附加的加热措施，将三元催化转换器靠近发动机就可达到较少的加热三元催化转换器热流，达到较低的排放限值的效果。另外，常采用空气隙隔热的排气管，减少达到三元催化转换器的废气热损失，以获得较多的热量加热三元催化转换器。

初级和主三元催化转换器

三元催化转换器的广泛应用配置是分开布置的，即上游布置一个初级催化转换器和装在汽车底板外的三元催化转换器（主催化转换器）。优化上游催化转换器（靠近发动机）的涂层，使其具有高温稳定性。另一方面，对汽车底板外的三元催化转换器，需优化“低起燃”（低的转换温度）特性和好的氮氧化物转换特性。为较快预热和转换有害排放物，初级催化转换器通常需要较小和较高单元密度，且具有较多的贵金属量。

由于允许的最高工作温度较低，氮氧化物储存式三元催化转换器通常被安装在汽车底板区域。

作为传统催化转换器分开式壳体和安装位置的替代，还有两级式催化转换器配置（串联式），两个三元催化转换器在一个壳体中串联布置。两个基体在三元催化转换器壳体中相互分开，中间有较小的气隙间隔。在串联式催化转换器中，由于空间相近，第二个三元催化转换器的热负荷与第一个接近。但这种布置能独立优化两个三元催化转换器贵金属用量、单元密度和壁厚等参数。一般第一个三元催化转换器具有较大的贵金属量和高单元密度，以保证冷起动时有较好的起燃特性。两个基质之间可安装 λ 传感器用于控制和监控废气处理。

即使采用一个整体的三元催化转换器，也可以用现代涂层方法在三元催化转换器的前后部位采用不同的贵金属量，这种配置可小范围地改变设计，但会带来成本的变化。如果空间允许，三元催化转换器越接近发动机越好。然而，如果采用高效催化转换器加热措施，那么它可被布置在较远位置（排气管下游气流位置）。

多流动配置

每个气缸的排气管在三元催化转换器前合并或部分合并。4 缸发动机经常采用短排气管将各缸气管并起来，将三元催化转换器放在上游气流中[图 1(a)]，以达到好的热性能。

为优化发动机动力性，4 缸发动机常常采用 4 根排气管并为两根的方式，这样发动机就有两个排气管。将排气管合并后再布置三元催化转换器，则不利于热量的利用。理想的布置是采用两个上游三元催化转换器和一个下游三元主催化转换器[图 1(b)]。类似的情况还会出现在多于 4 缸的发动机中，尤其对于发动机具有多于一个缸排（如 V 形发动机）的情况。初级和主催化转换器可在每一个气缸排安装。这样就采用两套后处理系统，后处理系统完全设计成双流道布置方式[图 1(c)]，或者采用 Y 形汇总到一个总管的一个后处理系统。这样，在 Y 形连接时可以用两个初级催化转换器和一个主催化转换器[图 1(d)]。

图1:三元催化转换器配置
(a) 四变一排气管;(b) 四变二排气管;(c) 双支排气系统;(d) Y形排气系统
1—初级催化转换器;2—主催化转换器

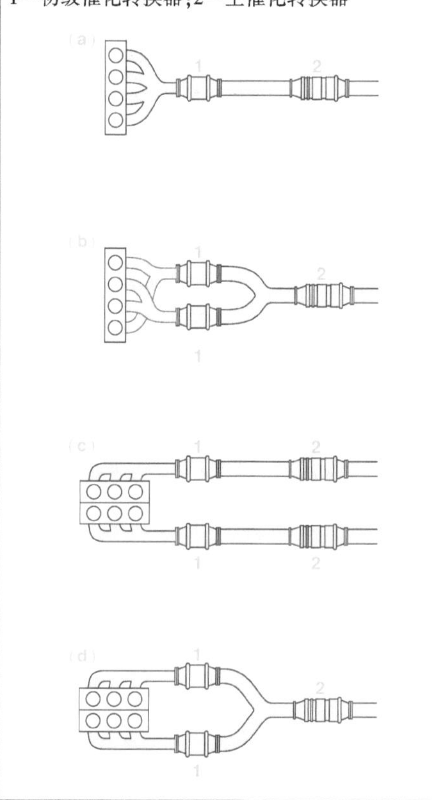

三元催化转换器加热

三元催化转换器必须达到最低温度300 ℃(起燃)才能够转换有害排放物。对于使用时间较长的三元催化转换器,这个温度阈值会较高一些。当发动机和排气系统初始为冷态时,三元催化转换器必须尽快加热到它的工作温度。为此,需要短时间加热的各种方法。

仅靠发动机的加热措施

为采用发动机加热措施来保证三元催化转换器有效工作,需要增加排气温度和排气流量。这可用很多方法来实现,但会降低发动机效率,提高排气热量。

对发动机排气热量的要求取决于三元催化转换器的位置和后处理系统的配置,因为若排气管壁系统温度低,则废气在从排气口流到三元催化转换器的过程中被冷却。

点火定时

增加排气温度的主要措施是推迟点火定时。燃烧初始点尽可能晚,并在膨胀冲程燃烧,使得膨胀冲程终了有较高的排气温度。推迟燃烧对发动机效率有不良影响。

怠速

另一个措施是提高发动机怠速,进而增加废气质量流量。增加发动机怠速允许较大的推迟点火定时,但为确保可靠点火,点火角应限制在上止点后10°~15°曲轴转角,但在这样的限制条件下热量输出并不总是能达到当前的排放限制。

排气凸轮调整

增加排气热量的另一个方法,如需要,是排气门凸轮调整。排气门尽可能早开,终止后期燃烧过程,这样会减少发动机动力输出。相应的能量用以加热排气系统。

分层充量/三元催化转换器加热和分段均质空燃混合气

在汽油直接喷射时,可在不需要增加辅助措施的前提下快速加热三元催化转换器。在分层充量/催化加热和分段均质空燃混合气工作模式下,在有较多过量空气的分层充量工作时,可在燃烧结束后再喷油。部分燃油先在排气管中燃烧,产生的额外热量传给三元催化转换器。分段均质空燃混合方法初始产生均质、稀空燃混合气,随后的分层燃油喷射使点火时刻延迟以产生较高的废气温度。这些方法使得汽油直接喷射发动机中可免除二次空气喷射过程。

二次空气喷射

未燃燃油后燃提高了排气系统的排气温度。为此目的,设定的基本空燃混合气从浓空燃混合气($\lambda=0.9$)到极浓空燃混合气($\lambda=0.6$)。二次空气泵将氧气供入排气系统,以产生更稀的废气组分。由于基本的空燃混合气非常浓($\lambda=0.6$),所以未燃燃油组分超过一定温度阈值开始氧化。为达到氧化温度,一方面可推迟点火时间提高温度;另一方面可在排气门附近二次喷入空气。排气系统的放热反应产生热量加热三元催化转换器,因此缩短了加热时间。与单独靠发动机方法增加排气温度相比,这种方法的碳氢化合物和一氧化碳排放在进入催化转换器之前就较少。

当空燃混合气略有点浓($\lambda=0.9$)时,在三元催化转换器之前没有明显的反应。未燃燃油在三元催化转换器中氧化,从内部加热三元催化转换器。因此,通过采用传统的方法(如点火定时推迟)可实现在三元催化转换器的端面首先达到起燃温度。

实际上经常采用两种方法的结合。图 1 所示为根据 FTP75 循环测试,在有/无二次空气喷射条件下,初始几秒钟三元催化转换器下游的碳氢化合物和一氧化碳曲线图。

图 1:二次空气喷射影响

1—无二次空气喷射;2—带二次空气喷射

v—车速

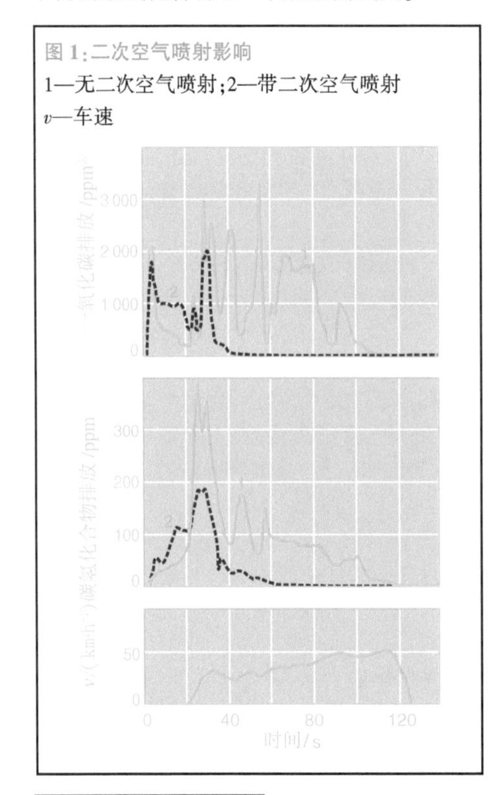

① 1 ppm = 10^{-6}。

二次空气喷射采用电动二次空气泵 1(图 2),根据压力需求用继电器控制。由于二次空气阀 5 可阻止废气回流到二次空气泵中,所以空气泵不工作时处于常闭状态。它可以是被动的单电控阀或电控气动阀 6。当控制电控气动阀 6 时,按进气管真空度二次空气阀 5 开启。二次空气系统的控制集成在发动机 ECU 中。

图 2:二次空气系统

1—二次空气泵;2—进气;3—继电器;4—发动机 ECU;5—二次空气阀;6—电控气动阀;7—蓄电池;8—进入排气管的位置;9—排气门;10—连接到进气管

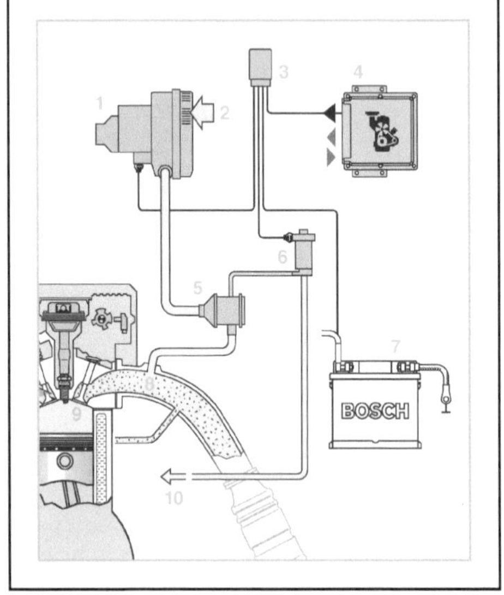

主动加热法

三元催化转换器主动加热法不采用以发动机为热源或者不采用以发动机为唯一热源进行。该法的好处是热量可以局部提供,不需要通过排气系统到达三元催化转换器,采用不同于过时的传统上游催化转换器加热策略。

电加热催化转换器

在电加热催化转换器系统中,废气首先流入约 20 mm 厚的催化剂基质盘外,用约 2 kW 功率进行电加热。二次空气系统作为辅助,在加热的基质盘中的废气/二次空气空燃混合气转换时的附加放热反应(热释放)加速了加热过程。

与使用发动机措施高达 20 kW 的加热流相比,在需要时采用 2 kW 电功率输出的二次空气喷射加热的功率似乎低得多。但这是直接加热催化剂基质,而不是加热排气温度,这是由三元催化转换器工作时决定的。直接加热基质更高效且排放较低。

在传统 12 V 的轿车中,要对汽车电气系统较大的加热电流加以限制,必要时需要一个发电机或者大容量的蓄电池。因此,这类三元催化转换器加热系统更适用于混合动力汽车,因为其有更强大的电力支持。电加热三元催化转换器以前曾用于小规模产品的项目中。

燃烧器系统

局部加热三元催化转换器的另一个方法是采用燃油的燃烧器。供给三元催化转换器上游的热燃烧废气进入发动机排气管(图 3)。燃烧器采用与二次空气系统相同的管路,并有自己的点火装置和燃油计量装置。为控制低排放,燃烧器在燃烧时,特别是在起动时,要有好的燃油雾化并形成好的空燃混合气。

图 3:加热三元催化转换器的燃烧器

1—喷嘴;2—点火电极;3—燃烧室;4—燃油切断阀;5—燃油供给,经压力调节器;6—来自二次空气泵的空气;7—到三元催化转换器;8—到控制系统

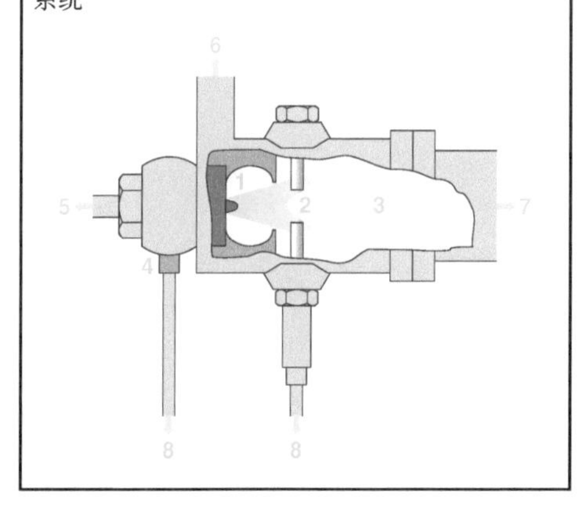

燃烧器可实现 15 kW 的热量输出。然而,对比催化剂基质电加热系统,燃烧器对催化剂基质是间接加热。

发动机排气和燃烧器气流混合会产生问题(由于温度上的较大差异)。然而,如同局部加热一样,燃烧器系统具有一定的先进性。发动机排气中的未燃成分在进入三元催化转换器之前在热的燃烧器废气中氧化,从而会减少有害排放物的初始温度。

燃烧器系统之前仅用在样机上,还没有用在量产产品上。

λ 闭环控制

功能

为实现三元催化转换器对有害物质组分碳氢化合物、一氧化碳和氮氧化物的高效转化,要求的空燃比是当量空燃比。因此,空燃混合气的过量空气系数应等于 1($\lambda=1$),也就是说,要非常精确。仅靠燃油计量不能达到精度要求,所以应采用 λ 闭环控制。

工作原理

在 λ 闭环控制时,可检测出当量空燃比的偏离,并可通过喷油量调整。氧传感器通过检测废气中氧的浓度来检测空燃比。为实现 $\lambda=1$ 的两级控制,将两级氧传感器 3a(图 1)安装在初级催化转换器 4 的上游位置。但采用宽域氧传感器闭环控制也可连续控制偏离 $\lambda=1$ 的值。

两级控制可以得到更好的控制精度,系统中第二个氧传感器 3b(图 1)被安装在主催化转换器 5 的下游。

两级 λ 控制

两级 λ 控制的目标是保持空燃混合气的过量空气系数为 1。采用两级氧传感器检测排气管中空燃混合气是浓还是稀。传感器输出值位于高电压(大于 800 mV)表示空燃混合气浓,位于低电压(小于 200 mV)表示空燃混合气稀。

附页：催化剂

为起动化学反应，要先打开初始基质键，然后分开。这就需要少量的能量（活化能），所以必须提供能量给初始基质，如以热量的方式提供。许多热动力学反应都是在无法观察的速度下发生，由于活化能很高，所以只由极少的分子突破能量障碍。

三元催化转换器有两种方式加速反应：首先是降低反应活化能，使能量障碍被较多数量的分子克服；其次，在三元催化转换器上吸收反应催化剂，降低它们间的距离，这样它们间的相互吸引作用就增大了碰撞概率。

三元催化转换器表面的反应依据不同的反应机理。例如，在 Pt 金属催化剂的表面根据朗谬尔-里迪尔（Langmuir Hinshelwood）反应机理进行一氧化碳氧化反应，两种反应剂（一氧化碳，氧气）吸附在催化剂表面，氧分子键被打开，一氧化碳的反应性增强。最后氧分子破裂成氧原子，与吸附的一氧化碳反应，产生的二氧化碳又被吸附成为气相。

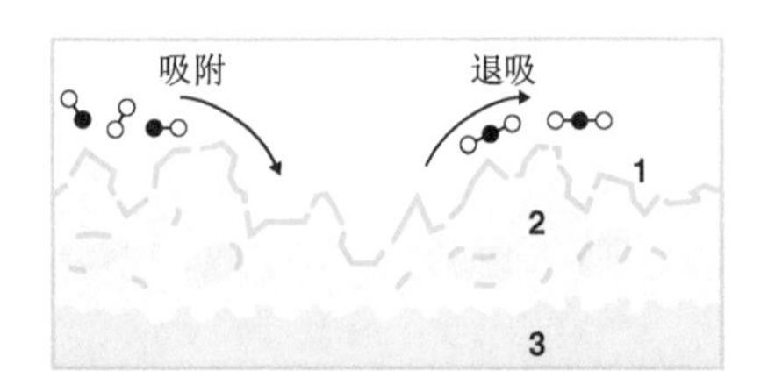

○氧 ●碳

1—催化剂层；2—基质涂层；3—基质

图 1:λ 闭环控制原理

1—空气质量传感器;2—发动机;3a—初级催化转换器上游的 λ 传感器(两级 λ 传感器或宽带 λ 传感器),3b—氧传感器(主催化转换器下游的两级 λ 传感器(如需要;汽油直接喷射:带组合氮氧化物传感器);4—初级催化转换器;5—主催化转换器(进气管喷射:三元催化转换器;汽油直接喷射:氮氧化物储存式催化转换器);6—燃油喷嘴;7—发电机 ECU;8—输入信号

U_s—传感器电压;U_V—阀门控制电压;V_E—输入燃油量

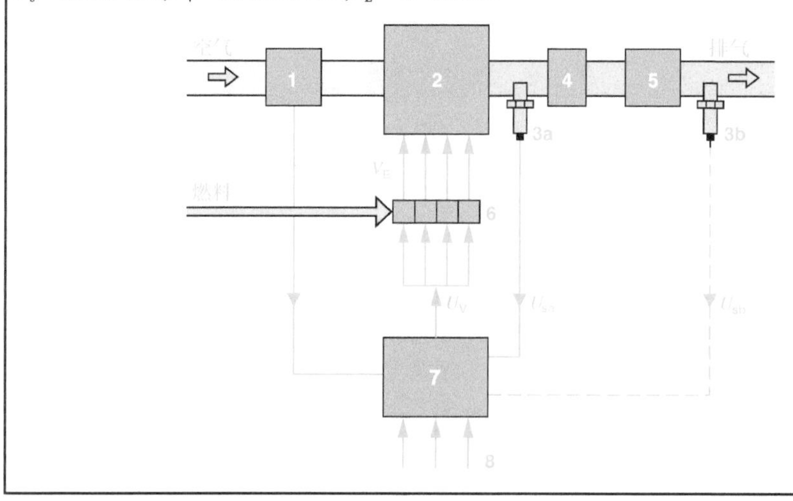

在浓到稀或稀到浓转换时,传感器输出的信号表示为电压跳跃,这个跳跃可通过控制电路检测出来。控制变量随每一次电压跳跃改变它的控制方向:λ 控制器延长或缩短触发喷油嘴开启时间,从而增加或减小喷油量。

控制变量(燃油喷射持续时间的延长或缩短因素)包括跳跃和斜坡信号(图 2)。换言之,当传感器输出信号跳跃时,首先立刻通过特别的值(跳跃)改变空燃混合气,以尽快进行空燃混合气修正。然后控制参数跟随着一个调整函数(斜坡),直到另一个传感器信号电压出现跳跃。空燃混合气在绕过过量空气系数的狭窄区域内不断变化。

图 2:控制 λ 移动的作用变量

t_v—传感器跳跃后停留时间

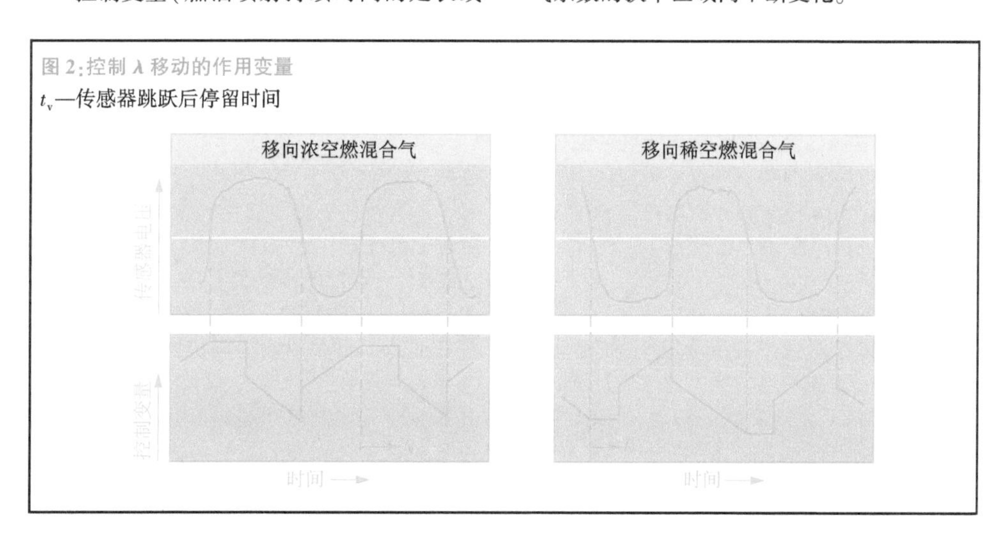

典型的氧浓度为零的跨越转换(理论上$\lambda=1$)和由排气组分变化引起的λ传感器输出电压信号跳跃可以用控制变量曲线的非对称形状予以补偿(浓/稀转换)。较好的选择是在传感器跳跃后的控制停留时间t_z内保持传感器输出电压信号的斜坡值(图2):在转换到"浓混合气"时,控制变量在"浓"的位置保持一个保留时间t_v,即使传感器电压信号已跳跃到"浓"的方位,当保留时间已到时,传感器电压信号跳跃跟随控制变量斜坡进入"稀"的方位。如果传感器电压信号之后跳跃到"稀"的方位,就可以直接地进行反方向(跳跃和斜坡)控制控制变量而不保持在"稀"位置。

在转换到"稀混合气"时,控制是相反的:如果传感器电压信号表示稀混合气,控制变量在"稀"的位置保持一个保留时间t_v,之后只控制在"浓"的方位。另外,当传感器电压信号从"稀"到"浓"跳跃时,要马上加以反控制。

连续作用的λ控制

连续作用的λ控制使受控的空燃混合气组分回到偏离的当量空燃比值。这样可影响受控的浓混合气($\lambda<1$)(也就是保护后处理部件)和受控的稀混合气($\lambda>1$)(也就是在催化剂加热时为较稀混合气预热)。宽带λ传感器输出连续电压信号U_{sa},也就是说,不仅可检测过量空气系数λ的范围(浓、稀),也可检测偏移$\lambda=1$的值。这样,λ控制可以更快反映空燃混合气的偏离,提高系统的动态性能。

采用宽带λ传感器(与两级λ传感器相比)可以影响对偏离当量空燃比($\lambda=1$时)的混合气组分控制。测量范围从$\lambda=0.7$到纯空气。根据具体应用情况限制主动的λ控制范围。连续作用的λ控制适合"稀"和"浓"混合气工作。

双传感器控制

当λ传感器位于三元催化转换器上游时,它要承受较高的热负荷和未处理废气的影响,这限制了λ传感器的精度。λ传感器装在三元催化转换器下游时,这类影响大大削弱3b(图1)。然而,装在三元催化转换器下游的传感器的空燃比控制由于废气传输时间而影响动态响应,因此空燃混合气变化的响应要慢很多。

采用双传感器可以获得较高的控制精度。这里将较慢的修正环叠加在两级λ控制上或通过附加的两级λ传感器连续作用以实现λ控制。

汽油直接喷射的λ闭环控制

汽油直接喷射的λ闭环控制与上面均质工作($\lambda=1$)的控制策略没有区别。系统在稀燃控制($\lambda>1$)基础上需要额外增加一个氮氧化物储存式催化转换器控制。氮氧化物储存式催化转换器具有双重功能。在发动机稀燃工作时,必须进行氮氧化物储存和碳氢化合物、一氧化碳发生氧化。另外,在$\lambda=1$时需要稳定的三元催化转换功能,使氧的储存最少。催化转换器上游的λ传感器监测空燃混合气的当量组分。除双传感器控制外,氮氧化物储存式催化转换器下游的两级传感器还检测氧气和氮氧化物储存特性(氮氧化物去除阶段结束时检测)。

三传感器控制

为满足超低排放(美国加州排放法规的超低排放要求)的汽车,需进行两个三元催化转换器(分开检测初级催化转换器和主催化转换器)的诊断和排气的稳定性,还推荐在主催化转换器的下游使用第三个传感器(图3)。双传感器λ控制系统扩展到包括一个特别慢的在主催化转换器下游的第三个传感器的λ控制,用第二个传感器进行快速的λ控制。

各气缸控制

所有在初级三元催化转换器上游气流中的控制都无法保证每个气缸的排出废气在进入初级三元催化转换器前充分混合。实际上,通过三元催化转换器的废气,视各缸排出废气偏离$\lambda=1$的状况分隔成绳股状(一条一条的),因而在催化转换器中不能充分转换。各缸λ协调控制可明显降低排放,这个控制过程包括单独调整各缸的空燃混合气使$\lambda=1$。特别高的要求是λ传感器具有高的动态响应,可从测量的λ信号得到各缸的λ值。

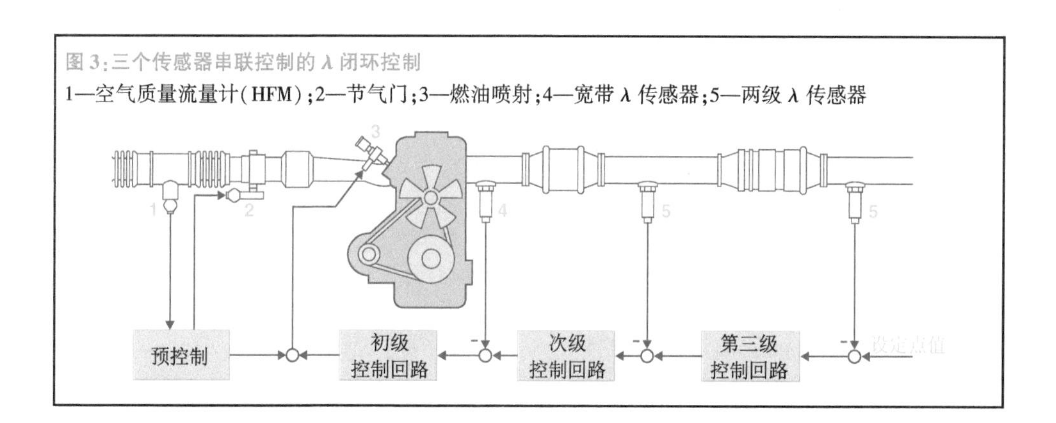

图 3:三个传感器串联控制的 λ 闭环控制

1—空气质量流量计(HFM);2—节气门;3—燃油喷射;4—宽带 λ 传感器;5—两级 λ 传感器

附页：臭氧和烟雾

暴露的阳光辐射可以分解二氧化氮，产物是一氧化氮和氧原子。氧原子(O)与空气中的氧分子(O_2)结合生成臭氧(O_3)。

通过包括碳氢化合物等的挥发性有机化合物也可促进臭氧的形成。这是只有在空气中含有高污染物时的高温、无风的夏天才会出现高的臭氧浓度的原因。

自然出现的臭氧浓度对人类生存必不可少，但较高臭氧浓度可导致咳嗽、喉咙刺痛和鼻窦炎、眼睛刺激等症状，并对人的肺部产生不利影响，降低肺部功能。

在地面形成不希望的臭氧和减少太阳紫外线辐射的同温层臭氧之间没有直接接触或相互运动。

烟雾(smog)产生于冬天大气逆温层和低风速区。大气层的逆温层阻止高污染的冷空气上升或驱散。

烟雾导致眼睛和呼吸系统黏膜受到刺激，也会影响视觉。这就是烟雾词的来源，即烟(smoke)和雾(fog)两词的组合。

排 放 法 规

美国加利福尼亚州(以下简称美国加州)在用法规形式限制机动汽车有害排放物方面起着先驱作用。加州排放法规付之行动绝不是偶然的。由于洛杉矶位于内湾盆地,所以机动车排放悬浮在空中难以被风驱散,使雾霾下沉笼罩城市上空。空气中大量有害物形成烟雾影响城市居民健康,且能见度差。

概述

自20世纪60年代第一个点燃式发动机排放法规在美国加州生效以来,各有害物的排放限值一再降低。在这期间,所有的工业国家实施了排放法规规定的点燃式发动机和柴油机的排放限值和测试方法。在一些国家还限制了燃油蒸发排放。

排放法规主要有以下几个:

- CARB(加州空气资源保护局)法规
- EPA(美国环境保护局)法规
- EU(欧盟)法规和ECE(欧洲经济委员会)指令
- 日本法规

汽车排放分级

一些国家,将汽车排放细分为不同的等级。

- 轿车:在汽车转鼓试验台上检测排放
- 轻型商用车:按国家排放法规,汽车总重在3.5~6.35 t,在汽车转鼓试验台上检测排放(同轿车)
- 重型商用车:汽车总重超过3.5~6.35 t,在发动机试验台上检测发动机排放,没有检测汽车排放的规定
- 非高速公路车辆(如建筑车辆、农用车辆、林用车辆):在发动机试验台上检测发动机排放,如重型商用车

检验方法

继美国之后,欧盟各国和日本开发了汽车排放认证的一些检验方法。其他一些国家直接使用了这些方法或作了一些修改。

按汽车排放等级和检验目的,立法者确定三种检验方法:

- 型号认证检验(TA, Type Approval),以获得一般的汽车行驶许可
- 批生产检验,由产品验收部门在生产线上抽样检验(产品一致性)
- “现场”检验,检验批生产的私有汽车在真实的行驶状况(“现场”)下减少排放的一些系统

型号认证检验

型号认证检验是为汽车型号和发动机型号授予一般的行驶许可的前提,为此必须在规定的边界条件下进行检测循环试验和保持排放限值。检测循环和排放限值由各国专门机构确定。

检测循环

各国对轿车和轻型商用车的动态检测循环试验作了专门的规定。按形成检测循环的类型可分为以下几种:

- 按实际道路行驶记录制定出检测循环(如FTP)
- 由等加速和等速段合成的检测循环,如欧洲的MNEFZ(修订的新的欧洲行驶循环)

为确定汽车排出的有害物,汽车需要模仿由检测循环确定的速度行驶。在行驶时收集排气,并在行驶程序结束后根据收集到的有害物对排气进行分析。

对重型商用车(在高速公路和非高速公路行驶),要在发动机试验台上进行发动机稳态(如欧洲的13段分段检测试验)或动态检测试验(如动态循环)。

各种检测循环在本章后面有介绍。

批生产检验

批生产检验是生产中质量控制的一部分,通常由汽车生产厂家进行。检验的方法和排放限值基本上与型号认证检验相同,批准部门

可随时复验。考虑到生产的公差范围，EU 法规和 ECE 指令规定要抽验 3～32 辆汽车。在对汽车排放要求最严格的美国，特别是美国加州，要求几乎是无漏地实施质量监控。

“现场”监控

为监控汽车在真实行驶状况下的排放控制，从批生产的汽车中挑选一些私人汽车作为监控的样本。汽车使用寿命和老化必须在规定的时间内。目前，排放检测的方法要比型号认证检验简单。

CARB 排放法规（轿车和轻型商用车）

轿车和轻型商用车（LDT，Light-Duty Trucks）的 CARB（加州大气资源局，California Air Resources Board）法规限值在下面的排放标准中作了规定：

- LEV Ⅰ
- LEV Ⅱ（LEV：低排放车辆）

自 2004 年以来，所有总重达14 000lb① 的新车要实施 LEV Ⅱ 标准。

分阶段实施

实施 LEV Ⅱ 排放标准的第一年，至少要有 25% 的按此标准认证的重新获准行驶的汽车。按分阶段实施规定，以后每年追加 25% 的新获准行驶汽车符合 LEV Ⅱ 标准。自 2007 年起，所有汽车都要符合 LEV Ⅱ 标准。

排放限值

CARB 排放法规确定的排放限值为：

- 一氧化碳（CO）
- 氮氧化物（NO_x）
- 非甲烷有机气体（NMOG）
- 甲醛（符合 LVE Ⅱ）
- 微粒（柴油机符合 LEV Ⅰ 和 LEV Ⅱ，点燃式发动机符合 LEV Ⅱ）

有害气体排放可在 FTP 75 行驶循环测试中得到。限值与行驶距离有关，并用克/英里（g/mi）表示。在 2001—2004 年实施的 SFTP 标准（FTP 的补充标准）中，有两个检测循环。它比 FTP 标准的排放限值范围广。

排放分类

在排放限值内，为保持车队的平均油耗，汽车生产厂家可以采用各种设计方案。根据汽车的 NMOG、CO、NO_x 和微粒排放限值，这些汽车可分为下面几种排气类型（图 1）。

图 1：用于轿车和轻型商用车的 CARB 法规的排放分类和排放限值

（1）“全使用寿命”的排放限值［LEV Ⅰ 时 10 年/10 万 mi；LEV Ⅱ 时 10 年/12 万 mi］；

（2）“半使用寿命”的排放限值，5 年/5 万 mi；

（3）只是“全使用寿命”的排放限值（见“耐久性”部分）。

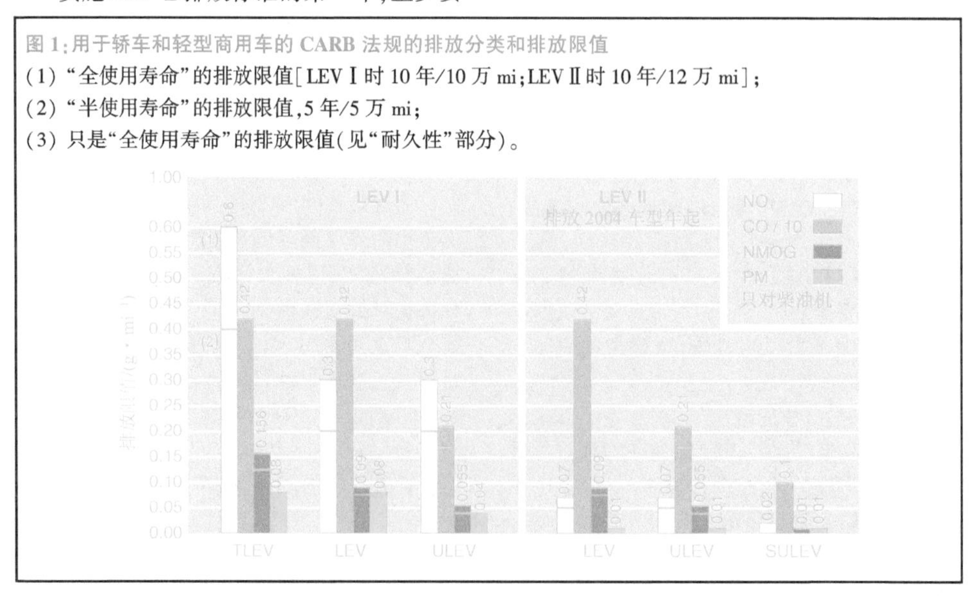

① 1 lb＝0.454 kg。

- TLEV(过渡性低排放汽车,只是 LEV I)
- LEV(低排放汽车,即低的有害气体排放和低的燃油蒸发排放汽车)
- ULEV(超低排放汽车)
- SULEV(极超低排放汽车)

相对于 LEV Ⅰ 和 LEV Ⅱ 排放分类,还定义了三种无有害气体排放和几乎是无有害气体排放的汽车:

- ZEV(零排放汽车),汽车没有有害气体排放和燃油蒸发排放
- PZEV(部分零排放汽车),它基本上符合 SULEV,但对燃油蒸发排放(零排放)和耐久性有更高要求

自 2004 年以来,排放法规 LEV Ⅱ 主要针对新获准行驶的车辆。排放分类中 TLEV 的取消,催生了排放限值明显低的 SULEV,而排放分类中的 LEV 和 ULEV 仍保留。LEV Ⅱ 的 CO 和 NMOG 排放限值与 LEV Ⅰ 一样,但它的 NO_x 要比 LEV Ⅰ 低得多(图 2)。

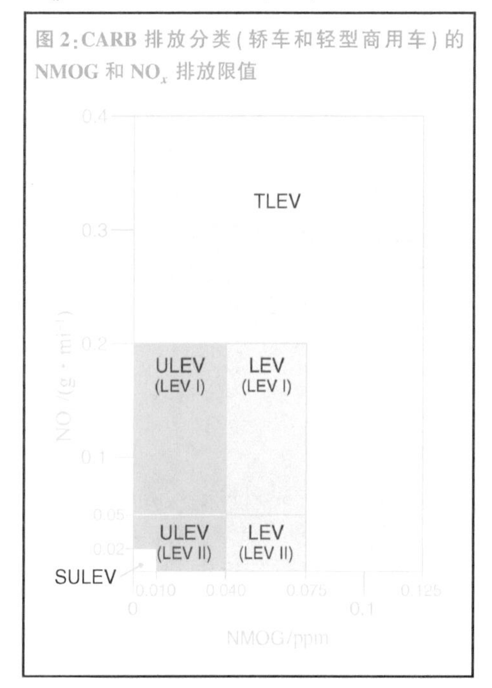

图 2:CARB 排放分类(轿车和轻型商用车)的 NMOG 和 NO_x 排放限值

耐久性

对新获准行驶的汽车(型号认证检验),汽车生产厂家必须证明,汽车在如下的行驶里程或时间内有害气体排放仍在限值内:

- 5 万 mi 或 5 年(半使用寿命)
- 10 万 mi(LEV Ⅰ)或 12 万 mi(LEV Ⅱ),或 10 年(全使用寿命)

汽车生产厂家也可以选择这样一种认证模式:按 15 万 mi 的行驶里程,排放限值与 12 万 mi 的行驶里程一样。这样,汽车生产厂家在规定车队的平均 NMOG 值时可得到额外的补助(见“车队的平均 NMOG 值”部分)。

15 万 mi 的行驶里程或 15 年(全使用寿命)是针对 PZEV 排放分类的汽车。

为进行耐久性检验,汽车生产厂家必须从生产中准备两组车队:

- 一组车队是每辆汽车在耐久性检验前已行驶了 4 000 mi。
- 另一组车队是进行耐久性试验,通过耐久性试验就可得到各部件的劣化因数

为进行汽车耐久性试验,汽车要按规定的行驶程序行驶 5 万 mi 或 10 万 mi/12 万 mi。每 5 000 mi 检测一次排放。汽车的检测和维护只按规定的时间间隔进行。

为简化试验,美国检测循环的使用者可以采用预先给出的一些部件的劣化因数。

车队的 NMOG 平均值

每个汽车生产厂家必须关注它的汽车平均排放不超过规定的限值,为此,将 NMOG 排放作为判断排放的准则。由生产厂家在一年中售出的所有汽车的半使用寿命的 NMOG 排放限值的平均值得到车队的平均排放限值。轿车和轻型商用车的排放限值是不同的。

车队的 NMOG 平均限值逐年下降(图 3)。这意味着汽车生产厂家必须按清洁排放分类生产越来越多的更清洁的汽车。

车队的 NMOG 平均排放限值与 LEV Ⅰ 或 LEV Ⅱ 排放法规无关。

车队燃油消耗

美国排放法规立法者为汽车生产厂家作了规定,即车队的每英里平均燃油消耗(美国联邦法规定,国家高速公路交通安全委员会 NHTSA 是排放法规立法的职能部门)应该是多少,还规定了公司(企业)的平均燃

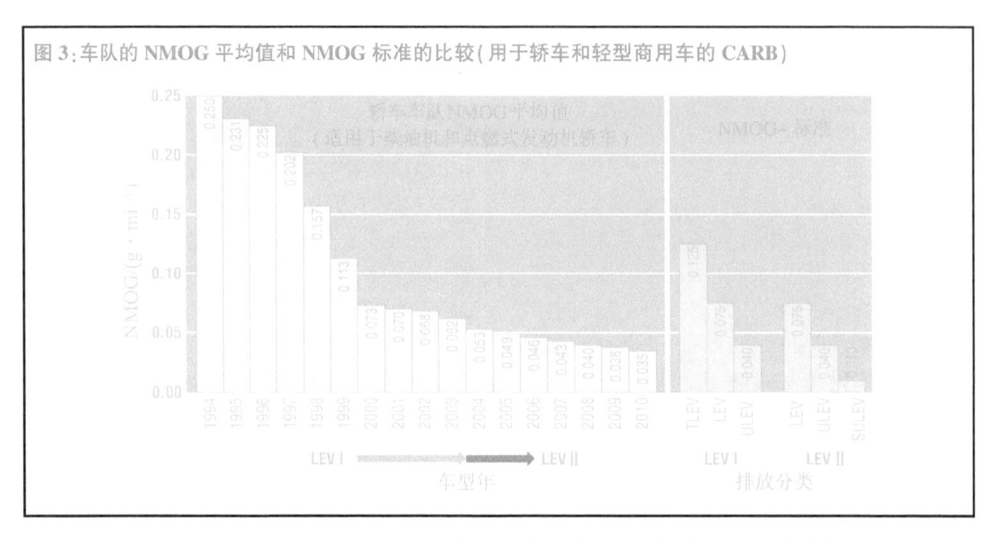

图 3:车队的 NMOG 平均值和 NMOG 标准的比较(用于轿车和轻型商用车的 CARB)

油经济性(CAFE),目前对轿车 CAFE 的规定为 27.5 mi/gal①(每加仑行驶里程),相当于 8.55 L/100 km。目前,没有规定更严格的排放限值。

2004 年,对轻型商用车的规定为 20.7 mi/gal,或 11.40 L/100 km。2005—2007 年,燃油经济性每年增加 0.6 mi/gal。

重型商用车没有规范。

一年内,出售汽车的汽车生产厂家要考虑“平均燃油经济性”,每高于 CAFE 值 0.1 mi/gal,汽车生产厂家要向国家交纳每辆汽车 5.5 美元的罚金。特别是消耗很多燃油的汽车(“油老虎汽车”、嗜汽油汽车),购车人要交纳多消耗燃油的惩罚税,排放限值标准是22.5 mi/gal(10.45 L/100 km)。这些措施可以鼓励开发低油耗的汽车。

按 FTP 75 检测循环和高速公路循环标准来测量燃油消耗(见《美国排放检测循环》一节)。

无有害气体排放汽车

自 2005 年,在美国加州要有 10%的重新获准行驶汽车符合 ZEV 法规。这些汽车在行驶时没有有害气体排放,如用蓄电池和/或燃料电池工作的电动汽车。

另外,还有可部分地覆盖排放分类 PZEV 的 10%份额的汽车。这些汽车不是无有害气体排放,而是特别低。按排放标准,这些汽车的权重因数为 0.2~1。要达到最低的权重因数 0.2,必须满足下列条件:

- SULEV 认证,耐久性为 15 万 mi 或 15 年
- 所有与排放有重大关系的部件保证期为 15 万 mi 或 15 年
- 没有从燃油箱泄漏的燃油蒸发排放(0-EVAP,零蒸发排放),这需要在燃油箱系统中设计一个复杂、昂贵的小盒才能达到

对点燃式发动机/柴油机和电动机的混合动力汽车以及气体汽车(压缩天然气、氢气)做出了特别的规定:作为先进技术的 PZEV 的这些汽车可以贡献出另一个 10%的汽车份额。

“现场”监控

非定期检测

以抽样方式,按 FTP 75 检测循环和点燃式发动机燃油蒸发排放试验对道路行驶的汽车(在用汽车)进行排放检测。根据排放分类,要对汽车行驶里程在 7.5 万 mi、9 万 mi、10.5 万 mi 时进行检测。

由汽车生产厂家对汽车监控

对 1990 年起的汽车车型,要求汽车生产

① 1 gal=4.546 09 L。

厂家作出有关用户的投诉(赔偿、退货)或规定的有关排放的部件或系统损坏的强制报告。强制报告中列有按部件或组件的保证期,最大保证期为15年或15万mi。

报告分3个方面,且要详细:

- 排放保证信息报告(EWIR)
- 现场信息报告(FIR)
- 排放信息报告

还要向环保局递交有关:

- 投诉(赔偿、退货)
- 故障份额
- 故障分析
- 对排放产生影响的信息

场信息报告是供环保部门向汽车生产厂家提出召回汽车的决策基础。

EPA 排放法规(轿车、轻型商用车)

EPA法规是针对美国没有采用美国加州CARB法规的其余的所有州。在一些东北的州,如缅因州、马萨诸塞州、纽约州,已接受了CARB法规。自2004年实施EPA第二阶段(Tier 2)法规。

排放限值

EPA法规确定下列有害排放物的排放限值:

- 一氧化碳(CO)
- 氮氧化物(NO_x)
- 非甲烷有机气体(NMOG)
- 甲醛(HCHO)
- 固体物质(微粒)

有害排放物可从FTP 75检测循环中得到,与行驶距离有关的排放限值用克每英里(g/mi)的数据给出。

自2001年以来,轿车还要采用有两个其他检测循环的SFTP标准(附加的FTP法规)。轿车要满足SFTP的排放限值,也要满足FTP的排放限值。自实施EPA第二阶段法规后,柴油机汽车和点燃式发动机汽车的排放限值是一样的。

排放分类

用于轿车/较轻轻型商用车(Pkw/LLDT)的EPA第二阶段(图1)可分成10个Bin排放标准;用于较重轻型商用车/中等负载的客车(HLDT/MDPV)的EPA第二阶段可分成11个Bin排放标准。2007年取消Pkw/LLDT的EPA标准Bin 9和标准Bin 10;2009年取消HLDT/MDPV的EPA标准Bin 9、标准Bin 10和标准Bin 11。

图1:EPA 第二阶段和 CARB 排放限值比较

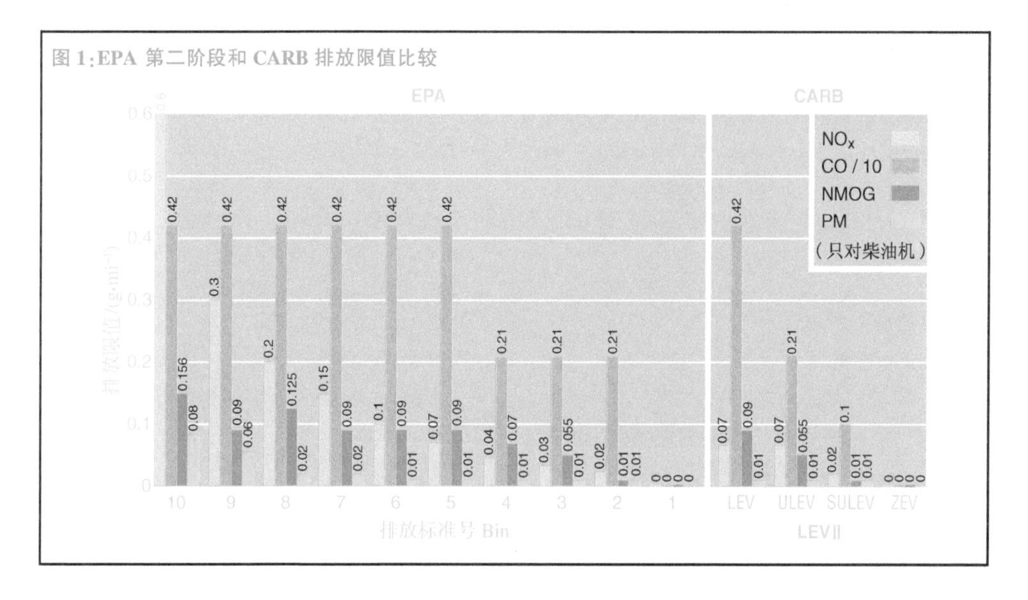

要实施 EPA 第二阶段法规，需满足下列要求：

- 实施车队的平均 NO_x 排放限值
- 限制有害气体单独分类的甲醛（HCHO）
- Pkw 和 LLDT[重达 6 000 lb(2.72 t)]的 FTP 排放限值将趋同
- MDPV 成为单独的汽车等级，以前放在 HDV（重型载重车）汽车等级中
- 根据排放标准（EPA Bin）将全使用寿命提高到 12 万 mi 或 15 万 mi

分阶段实施

2004 年实施 EPA 第二阶段，必须有按此标准认证的 25% 重新获准行驶的 Pkw 和 LLDT。分阶段实施规定，以后每年追加 25% 的新获准行驶汽车符合 EPA 第二阶段标准。自 2007 年起，所有汽车都要符合 EPA 第二阶段标准。从 2009 年分阶段实施 HLD/MDPV，EPA 第二阶段结束。

车队的排放平均值

EPA 排放法规中考虑了汽车生产厂家车队的平均 NO_x 排放，而 CARB 规定的是 NMOG 排放。

车队燃油消耗

为确定车队燃油消耗的美国加州规范适用于在美国重新获准行驶的汽车。轿车的燃油消耗限值为 27.5 mi/gal(8.55 L/100 km)。超过此排放限值，汽车生产厂家要缴纳惩罚税。超过排放限值 22.5 mi/gal，购车者要缴纳惩罚税。

"现场"监控

非定期检测

与 CARB 法规一样，EPA 法规以抽样方式，按 FTP 75 检测循环对道路行驶的汽车（在用汽车）进行排放检测。要对使用时间不长的汽车（1 万 mi，约 1 年）和使用时间较长的汽车（5 万 mi，但按排放标准，每个试验组中至少有一辆行驶 9 万 mi 或 10.5 万 mi 的汽车；较旧的汽车，约 4 年）进行排放检测，检测的汽车数量与销售量有关。每个检测组中至少有一辆点燃式发动机汽车，旨在检测它的燃油蒸发排放。

由汽车生产厂家对汽车监控

当在车型年中有与排放有重大关系的 25 个同类部件中的一个部件发生故障时，汽车生产厂家要对自 1972 年起的汽车有关规定的部件或系统的损坏情况做出强制性的报告，在车型年结束后的 5 年报告才终止。报告范围包括故障部件的损坏描述、对排放的影响情况以及汽车生产厂家采取的附加有效措施。报告是供环保部门向汽车生产厂家提出召回汽车的决策基础。

欧盟排放法规（轿车/商用车）

欧洲排放法规由欧盟委员会提出，并经环境部长议会和欧盟议会批准。轿车/商用车排放法规的基础是 1970 年的欧洲共同体的 70/220/EG 指令。它第一次规定了排放限值，并不断修改。

Pkw 和 LLDT（轻型商用车、轻型载重车）的排放限值包含在各个排放标准中：

- Euro 1（1992 年 7 月 1 日起）
- Euro 2（1996 年 1 月 1 日起）
- Euro 3（2000 年 1 月 1 日起）
- Euro 4（2005 年 1 月 1 日起）

新的排放标准分两个阶段实施：在第一阶段中，新认证的车型必须保持规定的新的排放限值；在第二阶段中，一般是 1 年后，任何新获准行驶的汽车必须保持新的排放限值。立法者要检测批量生产的汽车是否保持了排放限值（产品的一致性，COP，Conformity of Production），以及进行了"现场"监控（使用的一致性，In-Service Conformity Check）。

如果提前实现排放限值，则 70/220/EG 指令规定，可给予税收优惠。

在德国，根据汽车排放标准，有不同的汽车税额。

排放限值

EU 标准规定了下列有害物的排放限值：

- 一氧化碳（CO）
- 碳氢化合物（HC）

- 氮氧化物(NO_x)
- 微粒,目前只对柴油机

在 Euro 1 和 Euro 2 阶段,对 HC 和 NO_x 的排放限值只是一个总值。自 Euro 3 阶段开始,对柴油机汽车除 HC 和 NO_x 总值外,还特别要求了 NO_x 的排放限值;对点燃式发动机汽车,则分别规定了 HC 和 NO_x 的排放限值。排放限值与汽车行驶里程有关,并用 g/km 给出(图 1)。在汽车转鼓试验台上测量汽车排放值。自实施 Euro 3 以来,使用的是修改的、新的欧洲行驶循环(MNEFZ, Modifizierter Neuer Europäische Fahrzyklus)。

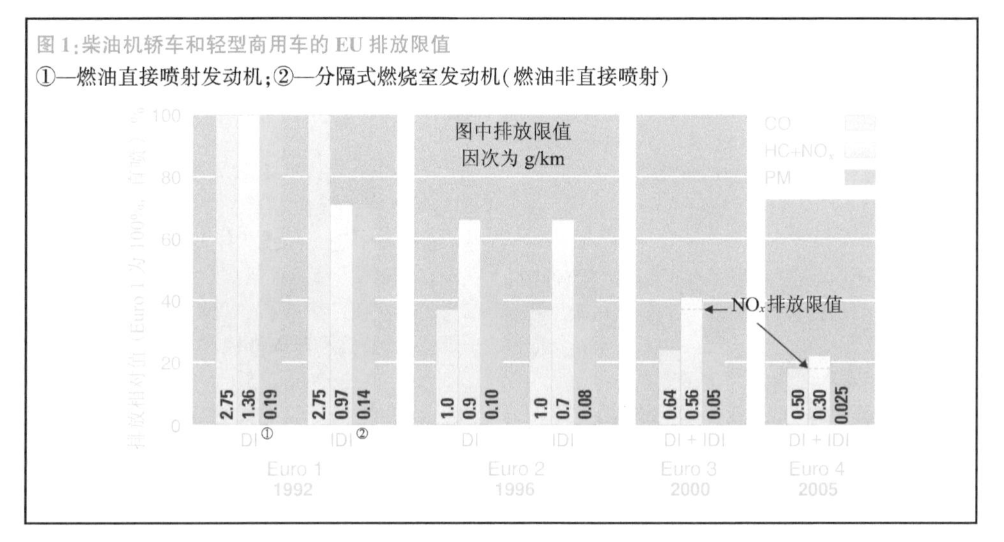

图 1:柴油机轿车和轻型商用车的 EU 排放限值

①—燃油直接喷射发动机;②—分隔式燃烧室发动机(燃油非直接喷射)

柴油机汽车和点燃式发动机汽车的排放限值是不同的,在未来(预计在实施 Euro 5 时)会趋同。

等级 1 的 LDT 的排放限值相当于轿车的排放限值。允许总重超过 2.5 t 的轿车与 LDT 一样对待,并同样列入 LDT 三个等级中的一个等级。在特殊情况下,这个等级不实施 Euro 5 排放标准。这样,重型轿车不再按不是太严格的 LDT 的第二、三等级的排放限值认证。

型号认证检验

型号认证检验与美国相似,但有一些区别:检测有害物质 HC、CO、NO_x 和对柴油机汽车附加检测微粒和排气浑浊度;在检测开始前检验汽车已行驶 3 000 km;在检验开始对每一个控制有害物质所用部件的劣化因数在法律上作了规定;较小劣化因数部件可由汽车制造厂在专门的连续行驶里程超过 8 万 km 的过程中证实。Euro 4 标准规定将连续行驶里程提高到 10 万 km 或 5 年后。

型号检测

规定对 6 个不同的型号进行检测(Type-Test)。点燃式发动机汽车采用型号检测Ⅰ、型号检测Ⅳ、型号检测Ⅴ和型号检测Ⅵ;对柴油机汽车采用型号检测Ⅰ和型号检测Ⅴ。采用型号检测Ⅰ可以在发动机起动后,检测汽车在修改的 MNEFZ 下的有害气体排放值;在柴油机汽车上还可附加检测排气的浑浊度。

采用型号检测Ⅳ检测停放汽车的燃油蒸发排放,它是检测从燃油箱蒸发出的燃油蒸气。

型号检测Ⅵ检测在-7 ℃发动机冷起动后的 HC 和 NO_x。汽车按 MNEFZ 的第一部分(城市部分)检测,2002 年起必须按此检测。

采用型号检测Ⅴ可检验减小有害气体排放装置的耐久性。为此可采用规定的检测顺序或者由立法者考虑减小有害气体排放装置在使用过程中的劣化因数。

CO_2 排放

CO_2 排放没有法律规定的限值。但欧洲(欧洲汽车生产厂家协会 ACEA)、日本(日本汽车生产厂家协会 JAMA)、韩国(韩国汽车生产厂家协会 KAMA)的汽车生产厂商自觉地减少 CO_2 的排放。其目标是在 2008 年(KAMA,2009 年),轿车 CO_2 排放最大值为 140 g/km——相当于燃油(汽油)消耗 5.8 L/100 km 或柴油消耗 5.3 L/100 km。

到 2005 年年底,德国已对低 CO_2 排放汽车(5 L/100 km 和 3 L/100 km)减税。

"现场"监控

EU 法规规定按型号检测 I 检测行驶的汽车,同车型的被检验汽车至少要有 3 辆,最高数由检验方法确定。

被检验汽车需满足下面的条件:

- 行驶里程为 15 000~80 000 km,使用时间为 6 个月至 5 年(从 Euro 3 标准起)
- 按汽车生产厂家推荐时间定期检查
- 汽车没有滥用的症状(如没有改装、较严重的修复等)

如果汽车排放异常,要确定有害物质排放过高的原因。若抽样中有多辆汽车是由于同样的原因使有害物质排放过高,就可对这批样车作出不合格的结论。如原因不同,只要还没有达到最大的抽样数,则要增加抽样数。

如果型号批准部门确定该车型不能达到排放要求,则汽车生产厂家必须制定出措施,以排除这些缺陷。这些措施必须是针对可能有类似缺陷的所有汽车,必要时要召回。

定期排放检测(AU)

在德国,轿车和轻型商用车必须在第一次获准行驶后 3 年和之后每 2 年进行排气检测。汽油机汽车在车间进行定期的排放检测包含下述步骤:

- 目视检验排气系统
- 为接着测量 CO 和过量空气系数 λ 值而检验汽油机转速和温度
- 在汽油机最低温度时,在规定的汽油机转速窗口内(提高怠速)检验 CO 和 λ 值
- 对车载诊断系统(OBD)汽车:读出故障存储信息;读出备用状态代码以识别是否完成了所有的诊断功能,否则在怠速时测量 CO 排放后要附加检验 λ 传感器的电压值
- 对没有 OBD 的三元催化转换器闭环控制的汽车,用前馈的干扰值校验三元催化转换器控制回路

日本排放法规(轿车/轻型商用车)

在日本,允许的排放限值正在逐步减小。2005 年,在"新长期标准"(New Long Term Standards)中进一步强化排放限值。

从 2009 年起,对柴油机汽车再次强化排放限值,要在两个阶段(2008 年和 2011 年)完全改变汽油机汽车检测循环。

将允许总重达 3.5 t 的汽车分成三个等级:至 10 座的轿车;总重至 1.7 t 的轻载商用车(LDV)和总重至 3.5 t 的中等载荷商用车(MDV)。MDV 的 CO 和 NO_x 排放限值高于前两个等级的汽车(均为点燃式发动机汽车)。柴油机汽车等级按 NO_x 和微粒排放限值区分。

排放限值

日本法规规定了下列有害物质的排放限值:

- 一氧化碳(CO)
- 氮氧化物(NO_x)
- 碳氢化合物(HC)
- 微粒(只对柴油机汽车)
- 排气浑浊度(只对柴油机汽车)

表 1 是日本轿车排放法规排放限值。

表 1 日本轿车排放法规排放限值

$g \cdot km^{-1}$

发动机	CO	NO_x	HC
点燃式发动机	1.15	0.05	0.05

将 11 工况法和 10×25 工况法结合可得到有害物的排放(见《日本排放检测循环》部

分)，这样就考虑到了发动机冷起动时的排放。2008年实施了新的检测循环(JC08)，它首先替代11工况法，并自2011年起替代10×15工况法。这样，JC08既能进行发动机冷起动检测排放，也能进行热起动检测排放。

车队燃油消耗

在日本，正计划降低轿车的 CO_2 排放。建议充分考虑整个车队的平均燃油经济性(CAFE值)，为优惠税收(绿色税收计划)，推行燃油消耗排放限值按汽车质量分等。

轿车和轻型商用车的美国排放检测循环

FTP 75 检测循环

FTP 75检测循环由各种速度变化过程组成。这些过程模仿了洛杉矶上班族的交通情况[图1(a)]。

该检测循环除在美国(包括美国加州)使用外，也在其他一些国家，如南美一些国家使用。

检测前准备

检测前，汽车要在室温20 ℃~30 ℃停放6~36 h。

收集有害物质

发动汽车，并按规定的速度变化过程模仿行驶。在各个阶段将得到的有害物质收集在各个样袋中。

ct阶段(冷机过渡阶段)

在ct阶段收集尾气。

s阶段(稳定阶段)

起动开始后505 s稳定阶段。在稳定阶段连续收集尾气。s阶段结束，即检测循环运行1 372 s后发动机停机600 s。

ht阶段(热机过渡阶段)

再起动发动机，进行热机检测。速度变化过程与冷机过渡阶段(ct阶段)一致。

分析

在ht阶段前的停机时间应对前面两个阶段收集的样袋中的尾气进行分析。因为样气不应在样袋中停留超过20 min。

行驶循环结束后，同样要对第三袋样气进行分析。对三袋样气的总的排放分析时，需考虑它们间的不同权重。

将ct阶段和s阶段的排放物质量相加。因为排放物质量和这两个阶段的总的行驶里程有关，所以排放物质量应乘以0.43的权重因数。

同样，ht阶段和s阶段相加的排放物质量与这两个阶段的总的行程里程有关，所以要用0.57的权重因数。由上述两种分结果之和可得到各有害排放物(HC、CO和 NO_x)的检测结果。

排放是按每英里的有害物排放量给出的。

SFTP 循环

2001—2004年，按SFTP(附加的FTP)标准逐步实施排放检测。它由三个行驶循环组成：

- FTP 75循环[图1(a)]
- SC03循环[图1(b)]
- US06循环[图1(c)]

还将扩大下列附加的行驶状况的检验：

- 粗暴驾驶
- 汽车速度急剧变化
- 发动机起动和汽车起步
- 车速频繁、微小变化
- 停车时间
- 带空调行驶

在SC03循环和US06循环时，在预准备后进行FTP 75阶段的检测循环，不收集尾气，但可进行其他的检测前准备。

SC03循环在气温35 ℃、相对湿度40%下进行(带空调的汽车)。各个行驶循环按如下的权重分配：

- 带空调汽车：35%FTP 75+37%SC03+28%US06
- 不带空调汽车：72%FTP 75+28%US06

SFTP检测循环和FTP 75检测循环必须独立地、不干涉地进行。

图 1:轿车和轻型商用车的美国检测循环

USA(美国)检测循环	a	b	c	d
检测循环	FTP 75	SC03	US06	公路
循环距离/km	17.87	5.76	12.87	16.44
循环持续时间/s	1 877 +600 暂停	594	600	765
循环平均车速/($km \cdot h^{-1}$)	34.1	34.9	77.3	77.4
循环最大车速/($km \cdot h^{-1}$)	91.2	88.2	129.2	96.4

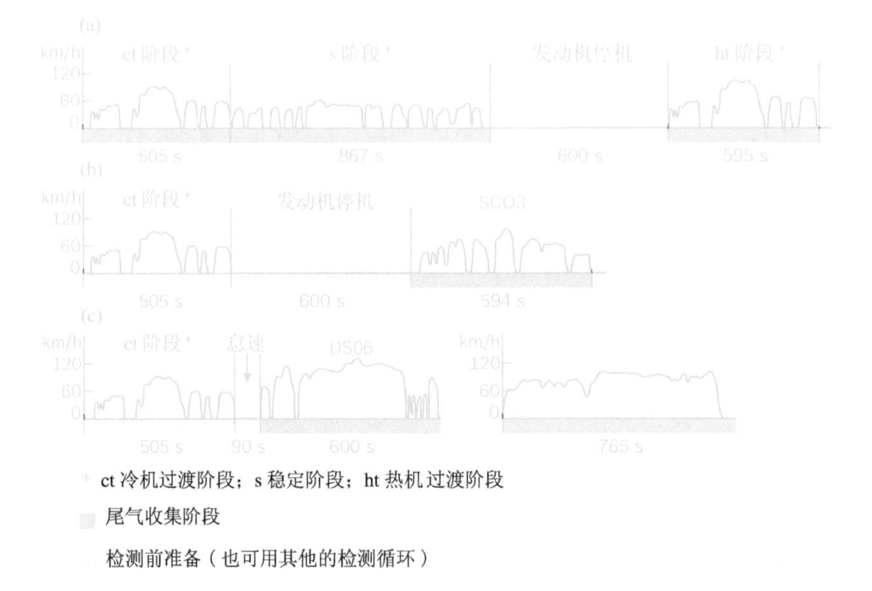

* ct 冷机过渡阶段; s 稳定阶段; ht 热机过渡阶段

尾气收集阶段

检测前准备(也可用其他的检测循环)

汽车在低温起步时,由于点燃式发动机必要的燃油加浓而形成高的有害排放物质量,这在当前适用的排放检验中还不能检测出来。为限制这种情况下的有害排放物,点燃式发动机汽车需在 -7 ℃ 时附加检测排气。

确定车队燃油消耗的检测循环

每个汽车生产厂家需要得知它的车队的燃油消耗,如果超过排放限值就要受罚。

从两个检测循环——FTP 75 检测循环(权重 55%)和公路检测循环(权重 45%)——的排气中可得到车队燃油消耗。公路检测循环在检测前的预准备(汽车在20 ℃~30 ℃时停放 12 h)后进行,这时不检测排气。接着在后续的循环中收集尾气,由 CO_2 排放可算出燃油消耗。

轿车和轻型商用车的欧洲排放检测循环

MNEDC

自 Euro 3 标准以来,检测采用修改的新的欧洲行驶循环(MNEDC)(图 1)。与新的 Euro 2 标准的欧洲行驶循环(在发动机起动后 40 s 才开始)相比,MNEDC 包括一个冷起动阶段。

检测前准备

检测前,汽车要在室温 20 ℃ ~ 30 ℃ 至少停放 6 h。

对型号检测 Ⅵ(只对点燃式发动机汽车),自 2002 年以来,起动温度下降到-7 ℃。

图 1：轿车和轻型商用车的 MNEDC

循环距离：11 km

汽车平均速度：33.6 km/h

汽车最大速度：120 km/h

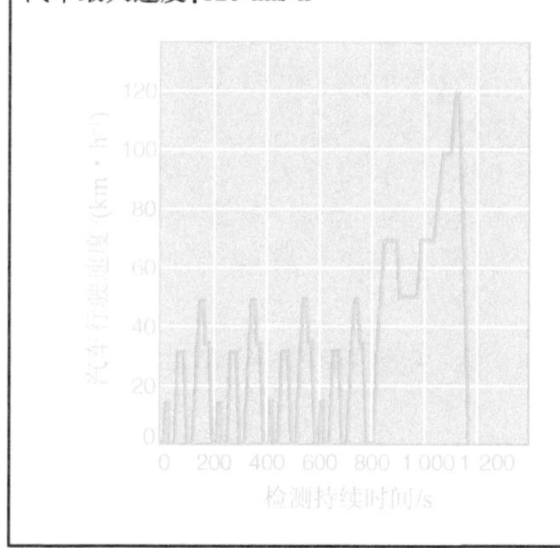

收集有害物质

在两个阶段将尾气收集在样袋中：

- 城内行驶循环（Urban Driving Cycle，UDC），最大车速达 50 km/h
- 城外行驶循环，最大车速达 120 km/h

分析

对样袋中的尾气分析可得到与行驶里程有关的有害排放物质量。

轿车和轻型商用车的日本排放检测循环

整个检测循环由不同的、合成的行驶曲线组成（图 1）。冷起动后进行 4 个 11 工况检测循环，并检测所有 4 个循环的排放。还要进行一次 10×15 工况检测循环，以检测热起动的排放。

热机检测的预准备包括规定的怠速排放检测和如下速度变化过程：汽车在以 60 km/h 速度行驶约 15 min 后，检测发动机怠速时排气管中的 HC、CO 和 CO_2 浓度。在另一个 60 km/h、5 min 暖机行驶后进行 10×15 工况的热态测试。

冷态测试时有害物用每测试循环多少克表示，而热态测试时有害物与行驶里程有关，所以要换算成 g/km。

在日本，排放法规包括限制点燃式发动机汽车的燃油蒸发损失，它由密闭室试验法（SHED）确定（见《排气测量技术》部分）。

图 1：轿车和轻型商用车日本检测循环

(a) 11 工况循环（冷机检测）

循环里程：1.021 km

每检测循环次数：4

平均车速：30.6 km/h

最高车速：60 km/h

(b) 10×15 工况循环（热机检测）

循环里程：4.16 km

每检测循环次数：1

平均车速：22.7 km/h

最高车速：70 km/h

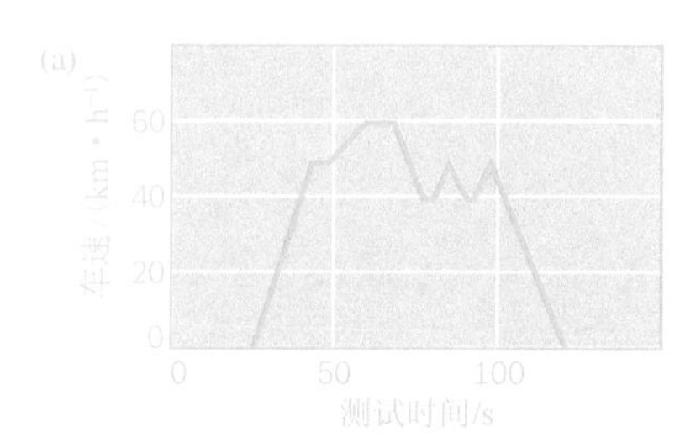

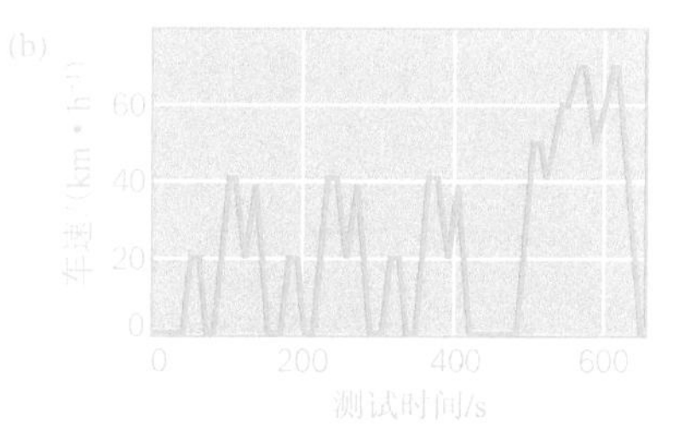

排气测量技术

在转鼓试验台上检测排气

要求

在转鼓试验台上检测排气，一方面是为了获得汽车的一般行驶许可而进行的型号检测；另一方面是研发新的发动机部件。在转鼓试验台上检测排气不同于利用车间的检测仪进行汽车排放的“现场”检测。另外，还可在发动机试验台上进行排气检测，如重型商用车的型号检测。

在转鼓试验台上对汽车进行排气检测的方法是尽可能模拟汽车在道路上的实际行驶情况。在转鼓试验台上检测排气的优点如下：

- 检测结果的再现性（重复性），因为检测的环境条件保持不变
- 检测结果的可比性，因为它可以按规定的行驶循环（速度-时间变化历程）模拟实际的行驶状况，与道路上的交通流无关
- 可以安装所需的固定测量设备

试验装置

将被检测的汽车驱动轮放在可转动的转鼓上 1（图 1）。为使汽车在转鼓试验台上模拟道路行驶得到的排放具有可比性，还必须模拟作用在汽车上的力，如惯性力、滚动阻力和空气阻力。

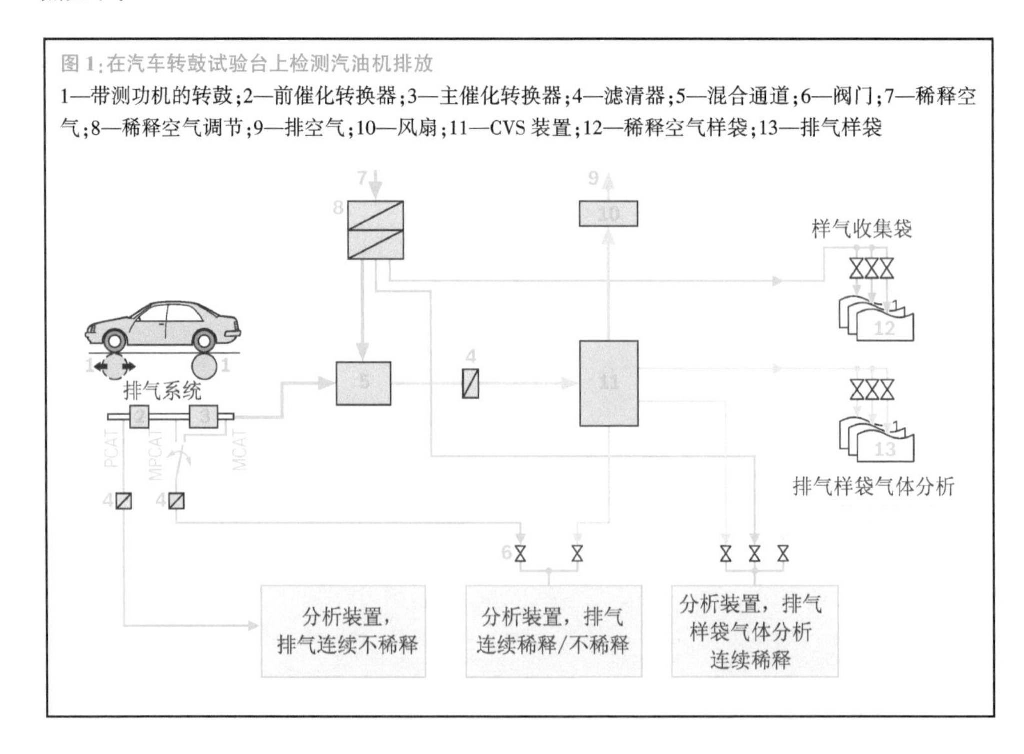

图 1：在汽车转鼓试验台上检测汽油机排放

1—带测功机的转鼓；2—前催化转换器；3—主催化转换器；4—滤清器；5—混合通道；6—阀门；7—稀释空气；8—稀释空气调节；9—排空气；10—风扇；11—CVS 装置；12—稀释空气样袋；13—排气样袋

汽车在转鼓上的负荷是异步电动机、直流电动机和较早在转鼓试验台上使用的涡流测功机。这些负荷与速度有关。在新的设备上使用电动回转质量，以模拟惯性。较早的转鼓试验台则是使用大小不同的回转质量，它们通过快速离合器与转鼓结合以模拟汽车质量。在汽车附近有一个风扇，用以冷却发动机。

被检测汽车的排气管与排气收集系统是密封的，下面所说的燃油蒸发系统也是密闭的。在排气管中收集一部分排气，并在行驶检测循环结束后对受限制的有害物组分 HC、NO_x、CO 以及 CO_2（以确定燃油消耗）进行分析。

为达到研究目的，还可在汽车的排气系统或在稀释系统的取样处连续取出部分排气并检测有害物浓度。

在汽车上由驾驶员模拟检测循环，所要求的汽车速度和当前的汽车速度可连续地显示在行驶仪上。在某些情况下，驾驶员可由自动驾驶仪代替，以提高检测结果的再现性。

CVS 稀释法

等容取样法（CVS, Constant Volume Sampling）是在发动机上收集排气的最普遍的方法，1972 年首先在美国的轿车和轻型商用车上使用，并经历几个阶段改进；此后在日本使用，1982 年在欧洲使用。CVS 法是世界公认的排气取样法。

目标

CVS 法在排气检测循环结束后才对排气样气进行分析。为此，需要注意：

- 避免水蒸气冷凝和由此引起的 NO_x 损失
- 避免取样气体再次反应

CVS 法原理

CVS 法按下列原理取样：用外界空气，以 1∶10~1∶5 的平均比例稀释从被检测的汽车上取得的排气样气，并用专门的泵抽出。排气和稀释空气的总体积流量不变，掺入的稀释空气与当前的排气体积流量有关。从稀释的排气体积流量中连续取出有代表性的样气并收集在一个或多个排气样袋中。取样的体积流量在充灌样袋阶段是不变的。因此，在充灌结束后，在样袋中的有害物浓度是在整个充灌时间内稀释的排气有害物的浓度平均值。

考虑到包含在稀释空气中的有害物浓度，在充灌排气样袋时同时（平行）也取出稀释空气的样气，并收集在一个或多个空气样袋中。

充灌样袋一般与检测循环中的几个阶段或分循环一致（如 FTP 75 检测循环的 ht 阶段）。

由稀释的排气总体积流量和在排气样袋与空气样袋中的有害物浓度可算出在检测期间的有害物质量。

稀释装置

为实现稀释排气的等体积流量，有两种可供选择的方法：

- PDP 法（正容积式泵，Positive Displacement Pump）：采用鲁茨泵（Roots-Gebläse）
- CFV 法（临界流量文丘利管，Critical Flow Venturi）：采用临界文丘利喷管和一个标准风扇

CVS 法的进一步开发

稀释排气使有害物浓度随稀释比降低。在最近几年，由于有害物排放限值急剧降低，在规定的检测循环阶段，在稀释排气中的有害物（特别是碳氢化合物）浓度与稀释空气中的有害物浓度达到不相上下的程度（甚至更低）。这就出现测量上的困难，因为有害物是根据排气中的有害物与空气中的有害物的差值检测的。另一个挑战是分析有害物的测量仪器精度。

针对上述问题，采取下列措施：

- 降低稀释度；防止水蒸气冷凝，如加热稀释装置部件、干燥点燃式发动机汽车或加热稀释空气
- 减小和稳定稀释空气中有害物浓度，如采用活性炭过滤器

• 优化所用的测量仪器(包括稀释装置),如选择或预处理所有的材料和仪器结构,使用适配的电子部件

• 优化排气稀释过程,如用专门的换气规范

样袋微型稀释器

在美国已开发出改进 CVS 技术的一种新型稀释装置:样袋微型稀释器(BMD,Bag Mini Diluter)。一定比例的一部分排气气流被干燥的、加热的清洁空气稀释。在检测循环时将与排气体积流量成比例的这部分稀释的排气体积流量重新灌入排气样袋中,并在检测循环结束后进行分析。

通过这种方法,稀释的不再是含有有害气的空气,而是无害气的清洁空气(Nullgas),这样就不需要进行空气样袋样气的分析,也避免了出现排气样袋与空气样袋有害气浓度差值相近的情况。但是,这需要比 CVS 法更多的仪器设备费用,如需要确定未稀释的排气体积流量和按比例的样袋充灌等设备的费用。

排气测量仪

为限制有害物排放,排放法规规定了一种全世界通用的测量方法,以得到排气样袋和空气样袋中的有害物浓度(表 1)。

表 1 测量方法

组 成	方 法
CO,CO_2	不分光红外分析仪(NDIR)
氮氧化物(NO_x)	化学发光检测器(CLD)(NO_x 为 NO 和 NO_2 之和)
总的碳氢化合物(THC)	氢火焰离子化检测器(FID)
甲烷(CH_4)	气相色谱法(GC)和氢火焰离子化检测器(FID)法的组合方法(GC-FID)
CH_3OH,CH_2O	磁撞取样法和气相色谱分析技术的组合;在美国需使用特定的燃料
微粒	重力法(称量测试循环前后滤芯的重量),在欧洲和日本,目前只是柴油汽车需要

为达到研发目的,在转鼓试验台上还要连续确定汽车排气系统或排气稀释系统中的有害物浓度,而且还要确定受限制的和不受限制的排气中的各种组分。为此,除表 1 中列出的测量方法外,还采用以下方法:

• 顺磁法(确定 O_2 浓度)

• 切割式氢火焰离子化检测器(Cutter-FID):它是氢火焰离子化检测器与非甲烷碳氢化合物吸收器的组合(确定 CH_4 浓度)

• 质谱测定法(多组分分析仪)

• 傅里叶变换红外(FTIR)光谱学法(多组分分析仪)

• 红外-激光光谱计法(多组分分析仪)

下面就这些最重要的测量仪的工作原理作进一步说明。

NDIR 分析仪

NDIR(不分光红外)分析仪(图 1)利用某些气体在窄波长范围吸收红外射线的特性,将吸收的红外射线转换为吸收分子的振动能或转动能而重新作为热能测定出来。这种现象出现在分子中,这些分子至少由两个不同的元素组成,如 CO、CO_2、C_6H_{14}或 SO_2。

图 1:NDIR 分析仪

1—气体出口;2—吸收室;3—检测气体入口;4—滤光片;5—红外光源;6—红外射线;7—参考室;8—遮光盘;9—检测器

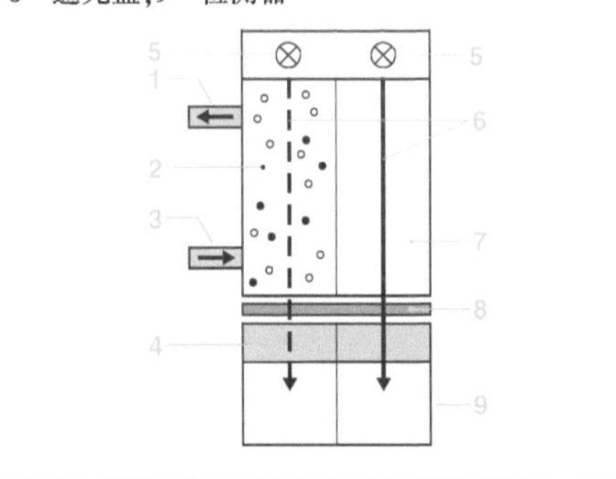

NDIR 分析仪有多种型式,其主要由红外光源、吸收元件(比色计)、通过吸收元件的检测气体、平行放置的参考室(充有惰性气体,如 N_2)、遮光盘和一个检测器组成。检测器由靠膜片相连的两个室组成。两个室中有

被检测气体组分的样气：在一个室中吸收从参考室射出的红外射线；在另一个室中，从吸收元件射出的红外射线由于被检测气体吸收而减弱。两个室中吸收红外射线的能量不同导致气体流动，并被流动传感器或压力传感器检测。旋转的遮光盘周期性地遮挡红外射线，因而不断变换气体的定向运动，并对传感器信号进行调制。

需注意的是，NDIR 分析仪对检测气体中的水蒸气的横向灵敏度非常敏感。因为在很大波长范围内，H_2O 分子吸收红外射线。基于这一原因，在检测未稀释的排气时将 NDIR 分析仪放在待检测的气体装置后面（如气体冷却器），因为气体冷却器可以干燥排气。

化学发光检测器（CLD）

在反应室中的检测气体与在高压放电时产生的臭氧（O_3）混合（图 2）。在检测气体中含有的 NO 氧化成 NO_2，其中部分 NO_2 分子处于激发状态，在它们回到基本状态前，其自由能量以光的形式释放出来（化学发光）。检测器（如光电倍增器）检测发射的光能，在一定的条件下，光能与检测气体中的 NO 浓度成正比。

图 2：化学发光检测器

1—反应室；2—O_3 入口；3—检测气体入口；4—气体出口；5—滤光片；6—检测器

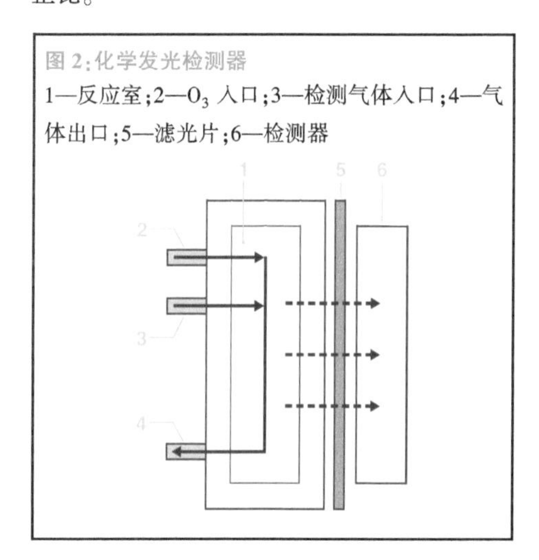

因为法规限制的是总的 NO_x 排放，所以需要分别检测 NO 和 NO_2 分子。按 CLD 检测原理，只检测 NO 浓度，所以要对检测气体进行转换，使 NO_2 更多地转换为 NO。

氢火焰离子化检测器（FID）

检测气体中的 HC 在 H_2 中燃烧（图 3），在缺氧的火焰中 HC 分解产生电子和正离子，电子奔向正极，正离子奔向集电极形成离子电流而产生电信号。电流大小与检测气体中的碳原子数成正比。

图 3：氢火焰离子化检测器

1—气体入口；2—集电极；3—放大器；4—燃烧空气；5—检测气体入口；6—燃烧气体（H_2/He）；7—燃烧室

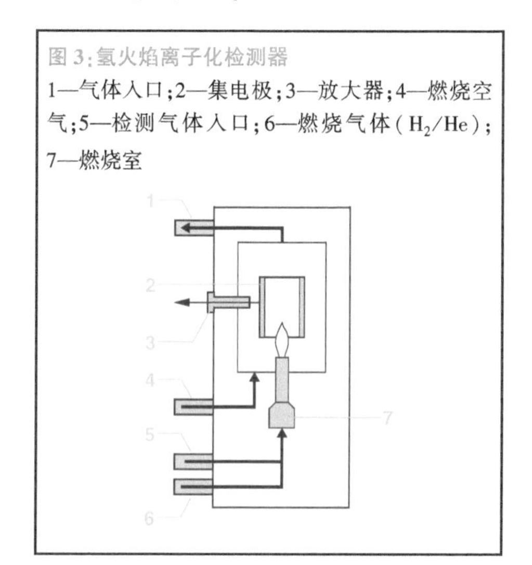

GC—FID 和 Cutter—FID

为确定检测气体中的甲烷浓度，有两种广泛使用的方法，即气相色谱法和氢火焰离子化检测器的组合（GC—FID）方法，或加热催化转换器，将非甲烷的碳氢化合物氧化（Cutter—FID）。

与 Cutter—FID 不同，GC-FID 可在 30～45 s 内确定甲烷的浓度。

顺磁式检测器（PMD）

顺磁式检测器（PMD，Para-magnetischer Detektor）有各种结构型式。它是基于这样的现象：在非均匀的磁场中，作用在具有顺磁特性的分子（如氧分子）上的力，使分子运动。利用有效的检测器就能检测到分子运动。分子运动强弱与检测气体中的分子浓度成正比。

燃油蒸发检测

与点燃式发动机在燃烧时产生的有害物不同，点燃式发动机汽车由于燃油从燃油箱蒸发而排出一定量的碳氢化合物（HC）。这部分燃油蒸发量与汽车的结构设计、燃油温度有关。在一些国家（如美国、欧洲）有限制燃油蒸发损失的法规。

测量方法

确定燃油蒸发排放通常采用密闭室法（SHED, Sealed Housing of Evaporative Determination）。从试验开始到结束，测量 HC 浓度，并从浓度的差值得到燃油蒸发损失。

根据各国情况，燃油蒸发损失应在下面的几个或全部的工作状态下检测燃油蒸发量是否满足限值：

- 在白天行驶时，温度的变化引起燃油系统中燃油蒸发：进行燃油箱呼吸试验或昼夜试验（Diurnal-Test），欧盟和美国采用
- 发动机在热机状态汽车停车后引起燃油系统中燃油蒸发：热机停车试验或热保温试验（Hot Soak）
- 行驶时燃油蒸发损失试验[Running-Loss Test（USA）]

在详细规定的试验过程中，燃油蒸发测量分几个阶段。在对试验汽车做好准备后[包括准备好活性炭过滤器和规定的燃油充灌量（为燃油箱容积的 40%）]，就可进行试验。

第一次试验：热停车燃油蒸发损失

为得到在这试验过程中的燃油蒸发排放，就要在测量前进行适用于一些国家的“热行驶”检测循环；在密封室（SHED）停车 1 h 后，检测在汽车冷却时密闭室中 HC 浓度的增加情况。

在整个检测过程中，汽车门窗和后备厢盖必须敞开，这样可检测出汽车内部的燃油蒸发损失。

第二次试验：燃油箱呼吸损失

该法是在密闭室（SHED）中，模拟炎热夏天（EU 排放法规规定最高温度为35 ℃，EPA 法规规定为 35.5 ℃，CARB 法规规定为 40.6 ℃）的温度变化、收集汽车散发出来的 HC。

在美国必须进行“2-Day Diurnal-Test”（两昼夜试验），即 48 h 使用试验，或“3-Day Diurnal-Test”（3 昼夜试验），即 72 h 认证试验（可用白天的最高温度）。EU 法规规定 24 h 试验。

行驶时燃油蒸发损失试验

在规定的热停车燃油蒸发损失前进行行驶时燃油蒸发损失试验。按规定的行驶循环（一次 FTP 27，两次 NYCC，一次 FTP 72，见《美国排放检测循环》部分）检测 HC 排放。

其他的试验

再加燃油试验

为监控再加燃油时挤压出的燃油蒸气，在再加燃油试验时要检测 HC 排放。

在美国的 CARB 和 EPA 法规中有对此试验的规定。

溅油试验

溅油试验是测出每次加燃油的过程中溅出的燃油量。燃油箱至少需充灌 85% 的燃油。

如果没有通过再加燃油试验，则要做这个试验。

诊　断

电子系统在汽车上的绝对数量的增长，使用软件控制汽车和现代燃油喷射系统的综合性、复杂性不断提升对诊断方案、汽车行驶时的车载诊断（OBD，On-Board Diagnostic）和车间诊断提出高的要求（图 1）。车间诊断是基于引导排除故障的程序（流程），包括 OBD 测试程序、车外诊断测试程序和设备测试。

日益严格的排放法规和对电子系统的实时监控要求，使法规制定者认识到 OBD 系统是监控排放的辅助手段，并设法将它标准化，使 OBD 不会因汽车生产厂家不同而不同（附加安装的系统称为 OBD 系统）。

图 1：OBD 系统

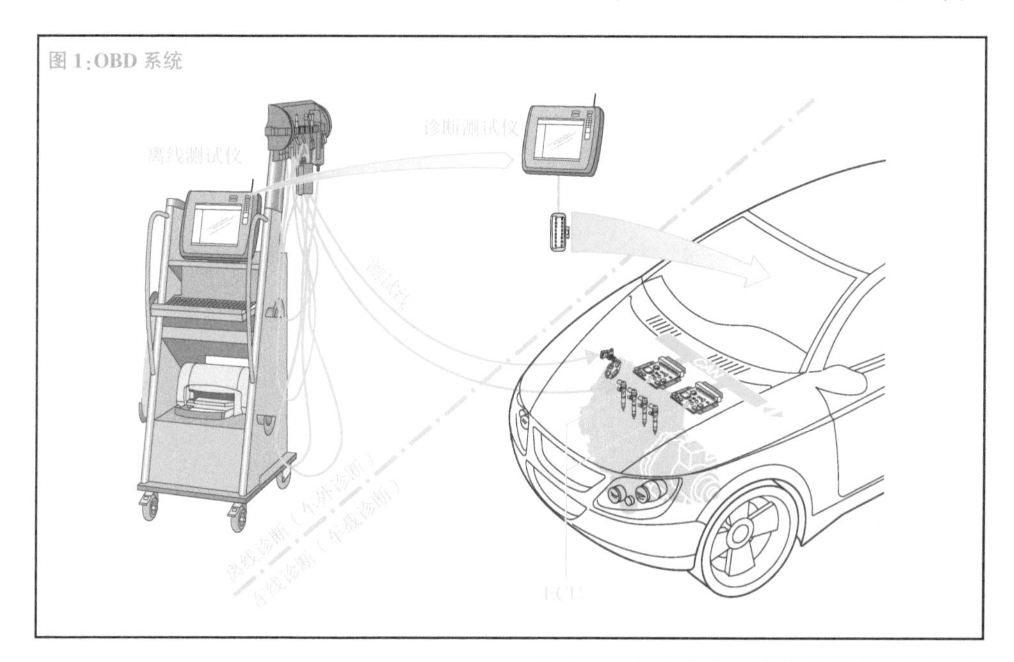

汽车行驶时的监控（OBD）

概述

集成在 ECU 中的诊断功能是发动机电子管理系统中的一个标准组件。除 ECU 自检外，还监控输入/输出信号和 ECU 间的通信。

电子系统 OBD 是 ECU 的一种功能，利用智能软件进行自监控，如识别、检测、存储和诊断误差和故障。OBD 运行不需要附加配置。

监控算法检测汽车行驶时的输入/输出信号，检测整个电子系统和所有与它有重大关系的一些功能的故障状况和受干扰状况。识别和检测出的误差和故障存在 ECU 的故障存储器中，存储的误差和故障信息可从串行接口读出。

输入信号的监控

根据对输入信号的处理、分析，可对传感器、接插件和到 ECU 的连接线（信号传输路径）进行监控。通过监控可确定除传感器故障外的其他故障，如到蓄电池电压 U_{Batt} 短路、与地短路以及导线断路等。为此要应用下列方法：

- 监控传感器供电电压（如果有）

• 检验检测的值是否在允许的范围(如 0.5~4.5 V)

• 在有附加信息时,对检测值做可信度检查(如比较曲轴转速与凸轮轴转速)

• 特别重要的传感器(如油门踏板传感器)要有冗余,这样可对它们检测的信号直接比较

输出信号的监控

通过末级(功率级)(图 1)对 ECU 控制的执行器进行监控。利用监控功能可以识别除执行器故障外的导线断路和短路故障。为此要用下列方法:

• 通过末级监控输出信号回路,它可以监控回路到蓄电池的短路电压 U_{Batt},实现与地短路和回路断开

• 通过功能监控或可信度监控,直接或间接地检验执行器系统的作用。系统中的各执行器,如排气再循环阀、节气门或涡流挡板,可通过闭环控制回路(如连续的控制偏差)和部分附加的位置传感器(如涡流挡板位置传感器)间接监控

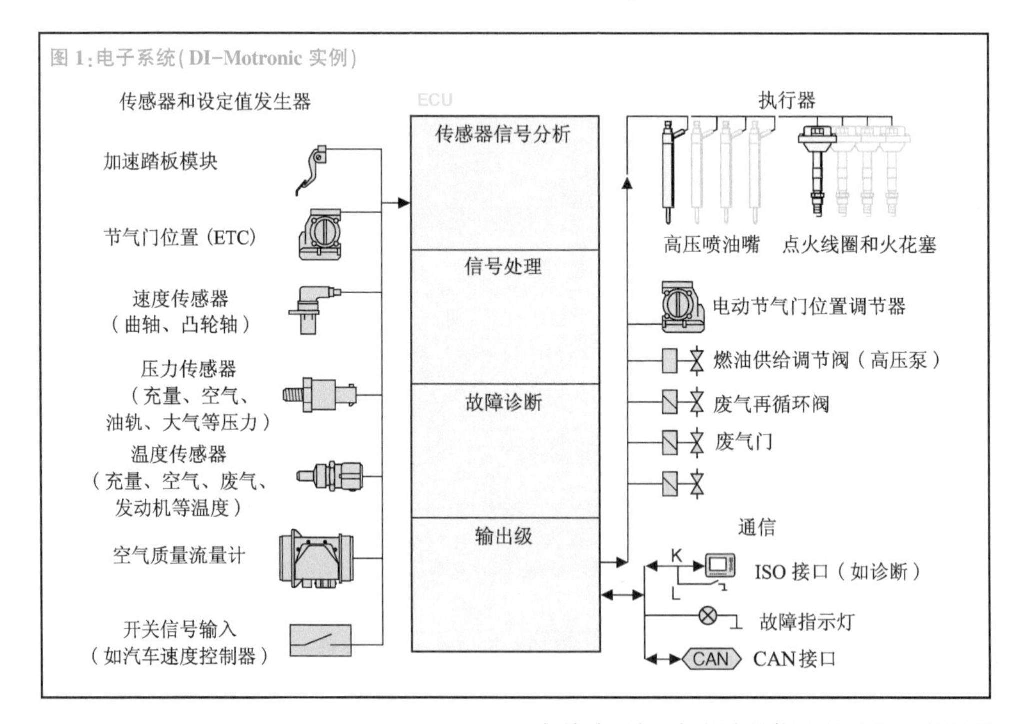

图 1:电子系统(DI-Motronic 实例)

ECU 内部功能监控

可在 ECU 的硬件(如智能化的末级模块)和软件实现对 ECU 的监控,以在任何时候保证 ECU 的各种功能。监控就是检验 ECU 中的各个组件(如微控制器、FLASH、EPROM、RAM)。在通电后就可进行一系列检验。在正常工作时,进行其他一些功能监控和每隔一定时间反复监控,这样就可识别出工作中各组件的故障。检验需要很大的计算机容量,如果由于其他原因不能在汽车行驶时进行检验,则可在发动机停机后进行。在发动机停机后检验不会影响或干扰其他功能。柴油机共轨系统,如切断喷油器通路的功能变化,要在高速或停机时检验。汽油机如 FLASH、EPROM 功能要在停机后检验。

ECU 间的通信监控

与其他 ECU 间的通信通常通过 CAN 总线进行。为识别干扰,将控制机构组合在 CAN 控制器中,这样可识别在 CAN 组件中的传输故障,并可在 ECU 中继续检验。因为大

多数的 CAN 信息是由有关的 ECU 在一定时间发送的,所以在这个时间检验时就可识别出 ECU 中 CAN 控制器的故障。在 ECU 中还有其他的冗余信息时,根据如输入信号的这些信息可检验各接收的信号。

故障处理

故障识别

如果在整个定义的时间中出现故障,就可把信号路径归为无法挽回的损坏,把最后出现故障的上一次检测值作为有效值。采用这样的识别分级通常可引入一个代用函数(如发动机温度的代用值 T=90 ℃)。

大多数的故障可排除,并可恢复功能。其前提是要在定义的时间内识别出整个信号传输路径。

故障存储

每个故障在数据存储器的非易失范围以故障编码形式存储。故障编码表示了故障类型(如短路、断路、可信度、数值超出规定范围)。

存储每一个故障时,还存储了出现故障时的有关信息,如发动机转速和温度的工作条件和环境条件(冻结边界)。

紧急行驶功能("跛车回家")

在识别故障时还可引入代用值,并采取应急措施(如限制发动机功率或转速)。这些措施的作用如下:

- 保持行驶安全性
- 避免继发损坏(如催化转换器过热)
- 减少有害气体排放

轿车和轻型商用车 OBD

为经常保持法规要求的排放限值,必须不断监控发动机系统和部件。为此,美国加州率先颁布了监控与排放有重大关系的系统和部件的闭环控制法规。这样就需要将各汽车生产厂家与排放有重大关系的系统和部件的 OBD 系统标准化并进一步扩展。

法规

OBD Ⅰ(CARB)

1988 年,在加州实施第一阶段的 CARB(加州空气资源委员会)法规,其要求如下:

- 监控与排放有重大关系的电子部件(短路、电线断路、ECU 存储器中存储的故障)
- 故障指示灯(MIL 指示灯),用来向驾驶员显示已识别到的故障
- 利用车上的手段(如通过诊断灯辨认闪光编码)读出可能失效的部件

OBD Ⅱ(CARB)

1994 年,加州实施第二阶段的 CARB 法规,即 OBD Ⅱ。柴油机车辆从 1996 年开始强制实施 OBD Ⅱ。另外,目前 OBD Ⅰ 也用于监控系统功能(如检测传感器信号可信度)。

OBD Ⅱ 要求监控所有与排放有重大关系的系统和部件,如在功能失效时会增加有害气体排放(超过 OBD 排放限值)的系统和部件。另外,还要监控会影响诊断结果的那些用于监控与排放有重大关系的所有部件。

所有被检测的部件和系统通常至少要进行一个排气试验循环(如 FTP 72),而且还要求在每天汽车行驶时对所有诊断功能进行检测。自 2005 年起,在每天行驶时要按法规规定的监控频率对很多监控功能监控(在用的显示器性能比)。

OBD Ⅱ 规定要按故障存储信息标准 ISO 15031 标准和相应的 SAE 标准存取故障信息(插头、通信)。这样可利用标准化的、可自行购买的检测仪(搜索工具,Scan-Tool)读出故障存储器中的故障数据。

自实施 OBD Ⅱ 以来,在多个阶段对法规进行修订。最近一次修订的法规自 2004 年生效。

OBD(EPA)

美国联邦环境保护局(EPA)的法规 EPA 自 1994 年起适用于美国的其他州。EPA 的诊断范围基本上与 CARB 和 OBD Ⅱ 一致。CARB 和 EPA 的 OBD 法规适用于达 12 座的

轿车和质量达6.35 t的小型商用车。

EOBD(EU)

适用于欧洲的OBD称为EOBD。EOBD(EU)的蓝本是EPA-OBD。从2000年起对点燃式发动机轿车和轻型商用车(质量至3.5 t和至9座)生效。柴油机轿车和轻型商用车自2003年起生效。

其他国家

其他一些国家已经接受或计划实施欧洲或美国的OBD标准。

OBD系统要求

汽车上的所有系统和部件发生故障会使汽车排放超过法规规定的排放限值,为此,必须通过有效措施由发动机ECU对这些系统和部件监控。如果出现超过OBD规定的排放限值的故障,则由ECU通过故障指示灯(MIL)向驾驶员显示系统和部件的故障状况。

排放限值

美国OBD Ⅱ(CARB或EPA)规定了阈值,它定义为相对排放限值。汽车认证的不同排放类别(如TIER、LEV、ULEV)所允许的OBD排放限值是不同的。对适用于EU法规的EOBD法规中有约束力的排放限值是绝对排放限值(表1)。

表1 点燃式发动机轿车和轻型商用车OBD排放限值

法规	点燃式发动机轿车	柴油机轿车	柴油机商用车
CARB	• 相对排放限值 • 大多是各自排放分类排放限值的1.5倍	• 相对排放限值 • 大多是各自排放分类排放限值的1.5倍	—
EPA (US-Federal)	• 相对排放限值 • 大多是各自排放分类排放限值的1.5倍	• 相对排放限值 • 大多是各自排放分类排放限值的1.5倍	—
EOBD	2000年 CO:3.2 g/km HC:0.4 g/km NO_x:0.6 g/km	2000年 CO:3.2 g/km HC:0.4 g/km NO_x:1.2 g/km PM:0.18 g/km	2006年 NO_x:7.0 g/(kW·h) PM:0.1 g/(kW·h)

故障指示灯(MIL)

故障指示灯向驾驶员显示有故障的部件状况。在识别出故障时,在CARB和EPA的监控范围,在第二个运行周期这个故障部件的MIL就被接通。在EOBD的监控范围,MIL至少要在识别出的故障部件的第三个运行周期才能被接通。

如果故障再次消失(如接触松动),则故障要在故障存储器中保持40次行驶(暖机循环)或发动机达到100工件小时。在三个无故障运行周期后MIL再次断开(故障指示灯熄灭)。在点燃式发动机系统中,导致催化转换器损坏的故障(燃烧中断)会使MIL闪烁。

与搜索工具通信

OBD立法规定故障存储信息和利用信息(连接器、通信接口)的标准化要按ISO 15031标准和相应的汽车工程学会(SAE)标准。允许使用标准化的商用检测仪读出故障存储信息(搜索工具,图1)。

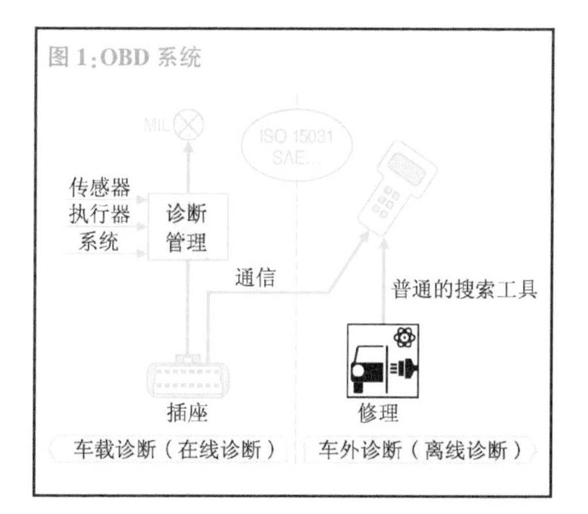

图 1:OBD 系统

与 OBD 搜索工具通信按下列批准的通信协议:

ISO 15765-4	OBD II, EOBD
SAE J1850	OBD 直至 5 月,2007,EOBD
ISO 9141-2	OBD 直至 5 月,2007,EOBD
ISO 14230-4	OBD 直至 5 月,2007,EOBD

搜索工具

串行接口的传输速率为 5~10 KBaud(波特)。它是单线接口,有共同的发送和接收导线或双线接口,分成数据线(K 导线)和触发线(L 导线)。

车间测试仪

在诊断接口中可能汇集多个 ECU(如发动机的 Motronic、汽车的 ESP 或 EDC 以及变速器控制)。

在测试仪和 ECU 间建立通信分 3 个步骤:

- 触发 ECU
- 识别和设计波特(Baud)速率
- 读出关键字节,它是传输协议的标志

之后可对下面这些功能按顺序进行分析处理:

- ECU 识别
- 读出故障存储信息
- 擦除故障存储信息
- 读出当前的值

未来,可通过 CAN 总线(ISO 15765—4)实现测试仪与 ECU 间的通信。自 2008 年起只允许通过美国的诊断接口诊断。

为方便读出 ECU 中的故障存储信息,将诊断插头放在每辆汽车容易接近的地方或从驾驶员座椅上容易达到的地方。搜索工具采用插头连接(图 2)。

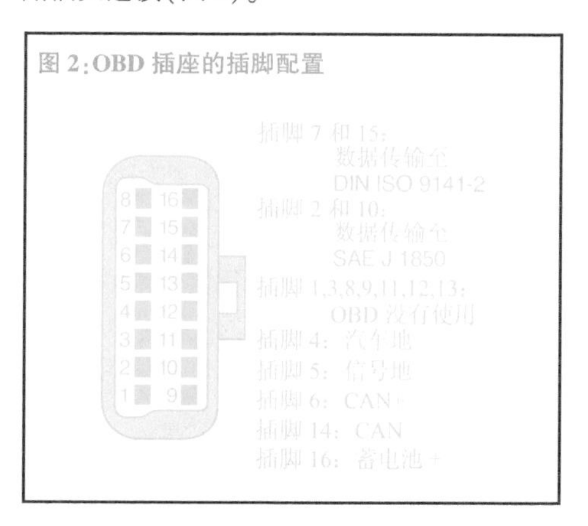

图 2:OBD 插座的插脚配置

读出故障信息

任何车间可使用搜索工具以从 ECU 中读出与排放有重大关系的故障信息(图 3)。没有被汽车生产厂家特许的车间也能进行汽车修理,汽车生产厂家有责任为车间提供所需的搜索工具和有用的信息(在互联网上的修理指南),并给车间支付合理报酬,允许它修理。

召回

如果汽车不能满足 OBD 的排放法规要求,则汽车制造厂家要负责将汽车召回。

对功能的要求

概述

如在 OBD 系统中那样,必须对 OBD 的所有输入/输出信号以及部件进行监控。

排放法规还要求对电气线路(短路、断路)、传感器的可信度和执行器的功能进行监控。

同时,故障诊断可监控由部件故障引起的有害物浓度的变化(可在排气的试验循环中测定),并确定排放法规要求的监控方式。简单的功能试验(黑-白检验)只是检验系统或部件的功能如何(如涡流挡板的开关)。众多的功能检验可以精确地判定系统的功能如何。

图 3：诊断测试仪工作模式

服务 1(模式 1)
读出当前系统实际值(汽油机转速和温度)

服务 2(模式 2)
当故障出现时读出周围状况

服务 3(模式 3)
读出故障存储器中的故障，读出与废气有关和确认的故障编码

服务 4(模式 4)
清除故障存储器中的故障编码和重新设置伴随信息

服务 5(模式 5)
显示 λ 传感器测试值和阈值

服务 6(模式 6)
显示专门的测试值(如废气再循环)

服务 7(模式 7)
读出在服务 7 中的故障存储器中的故障，读出没有确认的故障编码

服务 8(模式 8)
起动测试功能(特别对汽车生产厂家)

服务 9(模式 9)
读出汽车信息

在监控自适应燃料喷射功能时(如柴油机燃料零喷射量校正、汽油机空燃比适应能力)，必须监控适应能力的边界。

随着日益严格的排放法规的不断出台，诊断的复杂性不断增加。

起动条件

只有满足起动条件，才能完成诊断功能。这些起动条件如下：

- 发动机扭矩阈值
- 发动机温度阈值
- 发动机转速阈值

锁止条件

诊断功能和发动机功能不总是同时进行。这里有一个锁止条件，即在诊断时要中断一些功能的执行。如诊断催化转换器工作时就要停止点燃式发动机燃油箱通风功能(燃油蒸气回收系统)。在柴油机系统中，只有在排气再循环阀关闭时才能对空气质量流量计(HFM)进行有效的监控。

暂时切断诊断功能

为避免诊断出错，在某些条件下要暂时切断诊断功能，例如：

- 高海拔地区
- 发动机在低环境温度下起动
- 蓄电池电压过低

准备编码

为检验故障存储器，至少要完成一次故障诊断功能。利用诊断接口读出备用编码就可以检验故障存储器。如果结束对与排放法规有重大关系的诊断，则每个监控部件都要设置准备编码。

诊断系统管理(DSM)

对所有被检验的部件和系统的诊断功能

至少要按运行规范进行一次排气循环试验(如FTP 72、NEFZ)。按行驶状况,诊断系统管理能动态改变诊断功能的诊断顺序。其目标是在每天的行驶中要经常进行所有诊断功能的诊断。

DSM由下列部件组成(图4)。

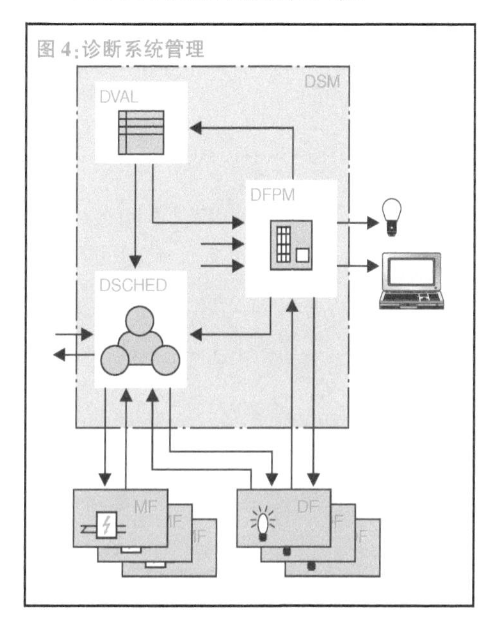

图4:诊断系统管理

诊断故障路径管理(DFPM)

DFPM的首要任务是在存储系统中识别出故障状况。另外,还要存储与这些故障有关联的信息,如环境条件(冻结边界)。

诊断功能一览表(DSCHED)

DSCHED负责协调、分配发动机功能和诊断功能。它可获得DVAL和DFPM的信息,并通知需要通过DSCHED传输的这些功能做好传输的准备,从而可监控当前的系统状态。

诊断有效性(DVAL)

根据当前故障存储器的内容以及附加的信息,DVAL(至今只在点燃式发动机系统上使用)可对每一个识别的故障做出判断:这故障是实际的故障原因造成的,还是继发产生的故障。诊断的结果可以为诊断测试仪提供从故障存储器中读出的有效故障信息。

可按任意的顺序传输诊断功能,所有传输的诊断和它的结果可事后再分析处理。

OBD功能

概述

EOBD和EPA-OBD只规定对各个部件进行详细监控,而CARB-OBD Ⅱ的要求则要详细得多。下面的清单是当前对点燃式发动机轿车和柴油机轿车CARB要求的状况。清单中带“E”标记的内容表示已在EOBD法规中作了详细说明。

- 催化转换器(E),加热催化转换器
- 燃烧中断(E),点火失火(E)
- 降低燃油蒸发系统[燃油箱燃油泄漏诊断,在(E)中至少要通电检验燃油箱通风阀]
- 二次空气喷射
- 燃油系统
- λ传感器或λ探针(E)
- 排气再循环系统
- 曲轴箱通风
- 发动机冷却系统
- 减少发动机冷起动排放(目前只针对汽油机)
- 空调(部件)
- 可变气门机构(目前只用于点燃式发动机)
- 直接减少臭氧生成系统(目前只用在汽油机上)
- 微粒过滤器(碳烟过滤器,目前只用在柴油机上)(E)
- 外围部件(E)
- 与排放有重大关系的其他部件/系统(E)
- 每天检测诊断功能通过频率以评定在用监控器性能比(性能状态)必须符合最低通过频率值
- 防止人为操纵

在清单中没提到的与排放有关的其他部件/系统,如果它们出现故障,则可能超过OBD排放限值,或阻塞其他一些诊断功能。

三元催化转换器诊断

三元催化转换器的功能是将燃烧过程产生的CO、NO_x和HC有害排放物转换为无害物质。由于三元催化转换器老化或损伤(热损伤、中毒)会降低它的转换效率,所以必须监控三元催化转换器工作的有效性。

提高三元催化转换器效率的一个措施是提高它的氧气存储量。研究表明,各种类型的三元催化转换器涂层物质(带作为氧气存储组分的氧化锆洗涂层和作为实际催化剂的贵金属)具有氧气存储量与转换效率之间的正相关性。

根据降低排放的要求,可采用一个或多个单独的主催化转换器(通常在汽车地板下)或与靠近汽油机的一个或多个初级催化转换器组合。在排气系统中第一个三元催化转换器上游气流中采用λ传感器控制初始空燃混合气。目前的方案是在初级催化转换器和/或主催化转换器下游气流中安装第二个λ传感器。其目的是细调第一个λ传感器,其次是作为OBD功能。三元催化转换器诊断的基本原理是在诊断时比较三元催化转换器上、下游气流中的λ传感器信号。

初级三元催化转换器诊断

在第二个λ传感器直接位于初级催化转换器后面的测量系统中可分别监控初级催化转换器。诊断是基于下面的原理:λ闭环控制的设定值由专门的频率和幅值调制(图5)。当废气中含氧量发生变化时,在三元催化转换器涂层物质吸收或释放氧气时引起λ闭环控制设定值的波动变小,也就是第二个λ传感器发送幅值很小的信号(图6上部的信号曲线)。

通过对比,失去氧气存储能力的初级催化转换器由于老化或损坏,在它前、后两处的λ传感器信号波动几乎没有减小(图6下部的信号曲线)。用专门处理程序可从信号滤波后的幅值计算三元催化转换器氧气存储量的损失,并作出三元催化转换器转换效率的结论。

图5:初级催化转换器诊断

1—从汽油机排气系统流出的废气质量流;
2—宽频带λ传感器;3—催化转换器;4—两点式λ传感器;5—故障指示灯(MIL)
U_s—λ传感器信号电压;
U_R—λ传感器调节因素(调节设定值)

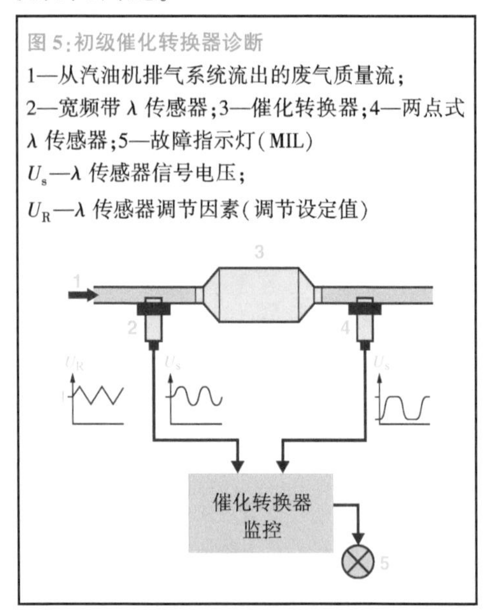

图6:初级催化转换器:信号检测变化历程

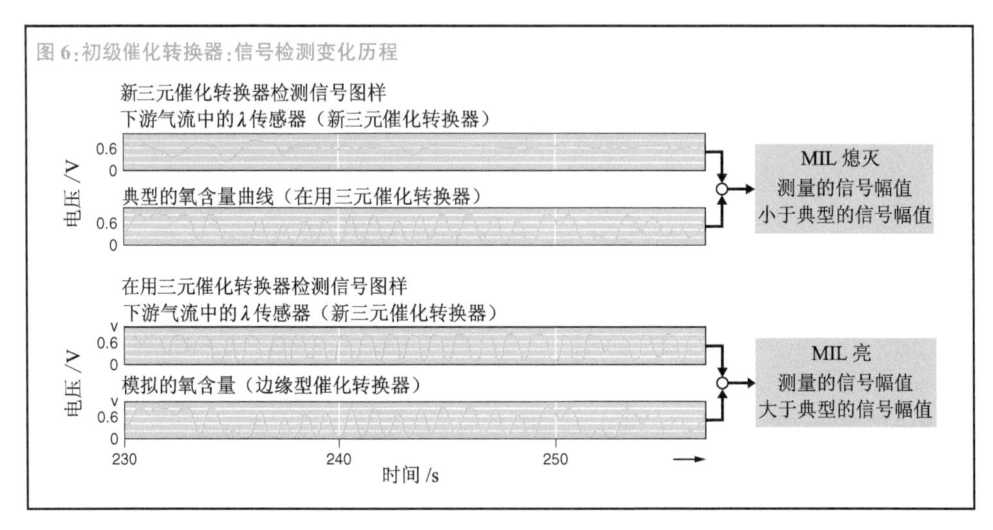

主催化转换器诊断

在第二个 λ 传感器位于主催化转换器下游气流中的测量系统中要监控整个初级催化转换器和主催化转换器(图 7)。主催化转换器的氧气存储量远高于较小的初级催化转换器的氧气存储量。这表明即使三元催化转换器损伤,仍然要大幅降低正常的控制设定值。为此,改变主催化转换器下游气流中的氧浓度(如上面所说的方法),对被动的评估的作用实在是太小。这需要一个包括在 λ 闭环控制系统中主动干预的诊断程序。

图 7:主催化转换器诊断

1—从汽油机排气系统流出的废气质量流;2—宽频带 λ 传感器;3—三元催化转换器(初级催化转换器和主催化转换器);4—两点式 λ 传感器;5—故障指示灯(MIL);U_s—λ 传感器信号电压

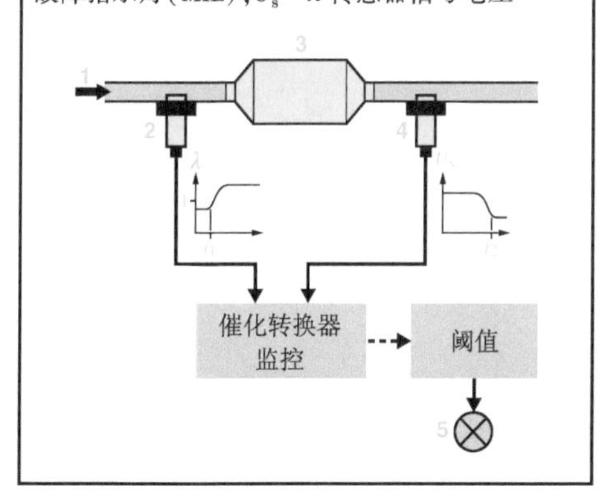

主催化转换器诊断是基于从浓空燃混合气向稀空燃混合气转换时直接测量氧气存储量和原理。不变的宽频带 λ 传感器安装在三元催化转换器上游气流中,并测量废气中的氧气量。三元催化转换器的下游气流中有一个检测氧气存储器状况的两点式 λ 传感器,在汽油机部分负荷稳态工作时读取氧气量。在程序的第一个阶段,当汽油机在浓空燃混合气(λ<1)工作时氧气存储器完全是空的,这时从三元催化转换器后面的 λ 传感器来的信号电压大于 650 V。在程序的第二阶段,当汽油机在稀空燃混合气(λ>1)工作时,吸收到氧气存储器达到溢出点的氧气质量可借助于空气质量流量和三元催化转换器前面的 λ 传感器信号算出。由三元催化转换器下游气流中的 λ 传感器指示的电压信号降至小于 200 mV 的这个点就是溢出点。氧气质量流量对时间的积分就是氧气存储量。该氧气存储量必须超过参考值,否则就是发生故障。

理论上也可用测量从稀空燃混合气到浓空燃混合气转换时释放的氧气量的方法进行诊断。用测量从浓空燃混合气到稀空燃混合气转换时吸收的氧气量的方法进行诊断有如下好处:

- 受温度变化的影响较小
- 受硫化的影响较小

该方法可更精确测量氧气存储量。

NO_x 存储催化转换器诊断

除了像三元催化转换器功能外,汽油直接喷射汽油机要求的 NO_x 存储催化转换器具有暂时存储 NO_x 的任务,因为汽油机在稀空燃混合气(λ>1)工作时三元催化转换器不能转换 NO_x。这只能在后面阶段,在汽油机均质空燃混合气(λ<1)工作时转换 NO_x。NO_x 存储催化转换器的 NO_x 存储量可用它的品质因素表示。由于 NO_x 存储催化转换器的老化或污染(吸收硫),NO_x 存储量降低,为此必须监控它的功能。借助于安装在三元催化转换器上游和下游气流中的 λ 传感器,或在下游气流 λ 传感器处的 NO_x 传感器可实现对 NO_x 存储催化转换器功能的监控。

为确定 NO_x 存储催化转换器的品质因素,需将实际的 NO_x 存储量与新 NO_x 存储催化转换器模型的 NO_x 存储量比较(图 8)。在 NO_x 存储催化转换器再生时实际的 NO_x 存储量等于计量的还原剂(HC 和 CO)的消耗。还原剂的量由再生阶段(λ<1 时)还原剂质量流量对时间的积分确定。再生阶段结束由第二个 λ 传感器信号电压突然变化识别。

实际的 NO_x 存储量可由 NO_x 传感器检测的信号电压确定。

燃烧中断识别

当前的法规要求识别可能由火花塞损坏造成的燃烧中断,如火花塞点火失效出现燃烧中断,导致空燃混合气不能燃烧和未燃烧的燃油进入排气系统,从而,未燃烧的燃油

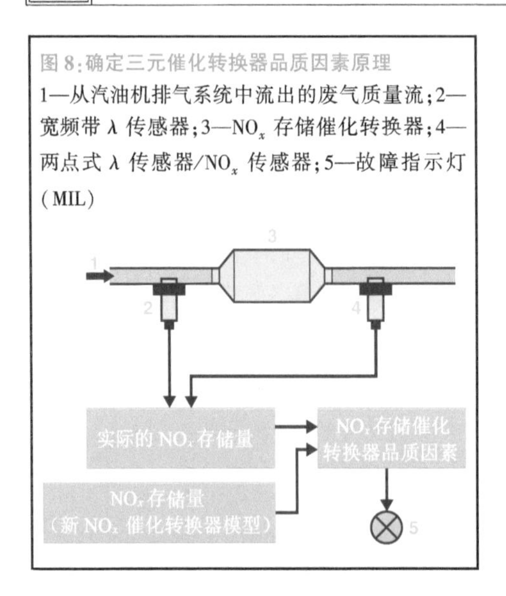

图 8：确定三元催化转换器品质因素原理
1—从汽油机排气系统中流出的废气质量流；2—宽频带 λ 传感器；3—NO_x 存储催化转换器；4—两点式 λ 传感器/NO_x 传感器；5—故障指示灯（MIL）

可能在三元催化转换器中后燃和温度升高，加速三元催化转换器老化，或甚至完全损坏。另外，燃烧中断增加废气，特别是 HC 和 CO 排放。所以燃烧中断识别非常必要。

燃烧中断识别功能测量在一个燃烧行程（膨胀行程）到下一个燃烧行程间，即一个循环，所经历的时间。这个时间是由汽油机转速传感器推算出来的，它由转速传感器扫过曲轴传感器轮上的齿数确定。如果燃烧中断，就不能达到所期望的汽油机扭矩，汽油机较慢转动，所需的一个循环时间加长（图 9）。

在汽油机高速、小负荷运转时，循环时间由于燃烧中断约增加 0.2%，所以要精确监控转速和采用一个综合性计算方法，以从其他一些影响中分辨失火（如由差的行驶路面引起汽油机工作不稳定）。

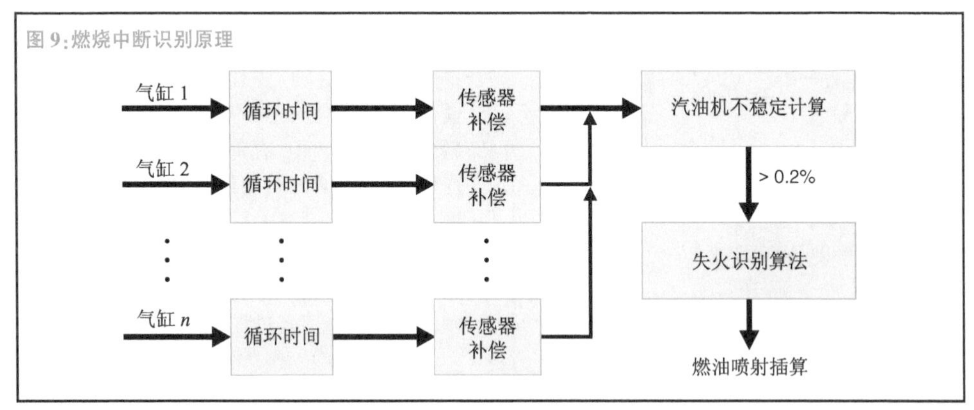

图 9：燃烧中断识别原理

曲转传感器轮因其制造公差产生的不均匀性而需补偿校正。这种补偿校正功能只是当汽油机不产生加速扭矩而出现超速时的那些工作状况时才有效。曲转传感器轮补偿采用循环时间校正值。

如果燃烧中断率超过允许值，则应中止燃油喷入气缸以保护三元催化转换器。

燃油箱泄漏诊断

不只是对环境有害的废气排放，而且从燃油系统，特别是燃油箱逃逸出的燃油蒸发排放也是不允许的，并同样受到排放限值控制。为限制燃油蒸发排放，在燃油蒸发排放控制系统中采用活性炭罐将蒸发的燃油收集起来，并经活性炭罐净化阀释放至进气管，再由进气管进入气缸参与正常的燃烧过程（图 10）。监控燃油箱系统是 OBD 功能的一部分。

欧洲汽车销售法规初期仅限于直截了当地检查燃油箱压力传感器和活性炭罐净化阀的电气回路，而美国则要求识别燃油系统泄漏。识别燃油系统泄漏有两种诊断方法。它们可识别流通直径达 1.0 mm 的较多泄漏和流通直径达 0.5 mm 的较小泄漏。

图 10：采用负压诊断法识别燃油箱泄漏
1—进气管与节气门；2—活性炭罐净化阀（再生阀）；3—活性炭罐；4—闭锁阀；5—空气滤；6—燃油箱压力传感器；7—燃油箱

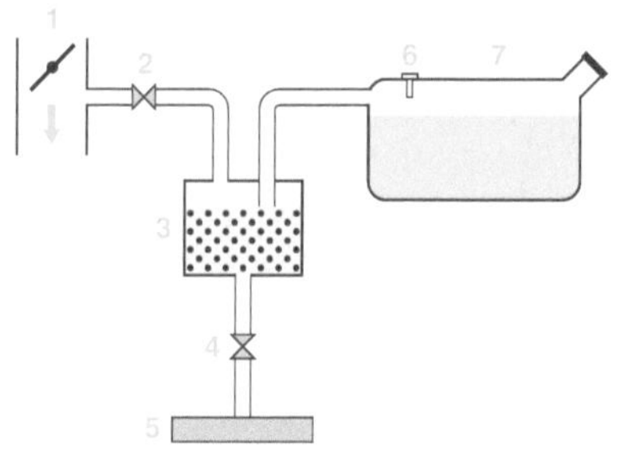

负压诊断法

汽车不行驶，汽油机怠速运转，活性炭罐净化阀 2（图 10）关闭，闭锁阀 4 开启。空气靠燃油箱内的真空经空气滤 5 吸入燃油箱，燃油箱系统压力随之增加。如果在一定时间内燃油箱压力传感器 6 检测的压力没有达到大气压力，就表明闭锁阀 4 无法打开，至少没有完全打开或出现故障。

如果没有识别出闭锁阀 4 故障，则关闭闭锁阀，这时可期望的燃油箱内燃油蒸气使压力增加，但它不会超过规定的上限和低于规定的下限。

如果检测的燃油箱压力低于规定的下限，则活性炭罐净化阀 2 失效。换言之，活性炭罐净化阀失效（泄漏）引起燃油箱压力下降是因为在进气管真空时该净化阀允许燃油蒸气从燃油箱吸出。

如果检测的燃油箱压力高于规定的上限，就说明诊断时由于环境温度太高，蒸发的燃油太多。

如果燃油蒸发产生的燃油箱压力在规定范围内，则累积的燃油箱压力上升可作为较少泄漏识别的燃油蒸发率（补偿变化率）。

只有在检测闭锁阀 4 和活性炭罐净化阀 2 以后才能继续诊断燃油箱泄漏情况。

先进行燃油箱泄漏诊断，汽油机怠速运转，活性炭罐净化阀 2 开启，使进气管 1 中的真空“扩展”到燃油箱系统。如果燃油箱压力传感器 6 检测的燃油箱压力变化由于燃油箱泄漏进入燃油箱的空气抵消真空“扩展”使压力下降而太小，则顺序停止燃油较多泄漏识别和故障诊断。

一旦诊断系统识别出燃油箱较多泄漏的故障，则开始燃油箱较少泄漏的诊断。从再次关闭活性炭罐净化阀 2 开始诊断。随后，由于闭锁阀 4 仍处于关闭状态，燃油箱压力应随预先累积的燃油蒸发率（补偿变化率）提升而增大。如果燃油箱压力以较高速率上升，则燃油箱一定有空气能进入的较小泄漏处。

过压诊断法

如果满足激活诊断的条件，则切断点火，在部分 ECU 连续运行时开始过压检测。

为检测燃油箱最小泄漏，组合在诊断模块 4［图 11（a）］中的电动叶片泵 6 通过直径为 0.5 mm 的参考泄漏孔 5 泵送空气。由于该处收缩（节流）产生背压，所以叶片泵负荷增加，泵速下降，泵电流增大。这时要测量泵电流值（图 12），并存储起来。

下一步（图 11（b））是电磁阀 7 切换，叶片泵将空气泵送到燃油箱。如果燃油箱没有泄漏，燃油箱压力就上升，泵电流值增大到比参考泵电流值 4（图 12）要高的值 3。如果燃油箱有较少的泄漏，那么泵电流值 2 就可达到参考泵电流值 4，但不会超过它。如果在延续期以后泵电流值 1 不能达到参考泵电流值，则燃油箱有较多的泄漏。

二次空气喷射诊断

当汽油机在浓空燃混合气（$\lambda<1$）工作时（这是在寒冷天气时必要的），废气中的 HC 和 CO 浓度增高。因此，要在排气系统中将它们再氧化，也就是通过后燃降低 HC 和 CO 浓度。

大多数汽车装有二次空气喷射装置。它是将催化后燃需要的氧气直接吹入排气下游气流的废气中（图 13）。

如果二次空气喷射系统失效，在冷起动时汽油机或催化转换器还没有达到它们的正常工作温度，那么将增加废气中有害排放物。为此需要二次空气喷射诊断功能。

图 11:采用过压诊断法识别燃油箱泄漏

(a) 燃油箱泄漏参考电流检测;(b) 燃油箱较多和较少泄漏检测

1—进气管与节气门;2—活性炭罐净化阀(再生阀);3—活性炭罐;4—诊断模块;5—直径为 0.5 mm 的参考泄漏孔;6—叶片泵;7—电磁阀;8—空气滤;9—空气进入;10—燃油箱

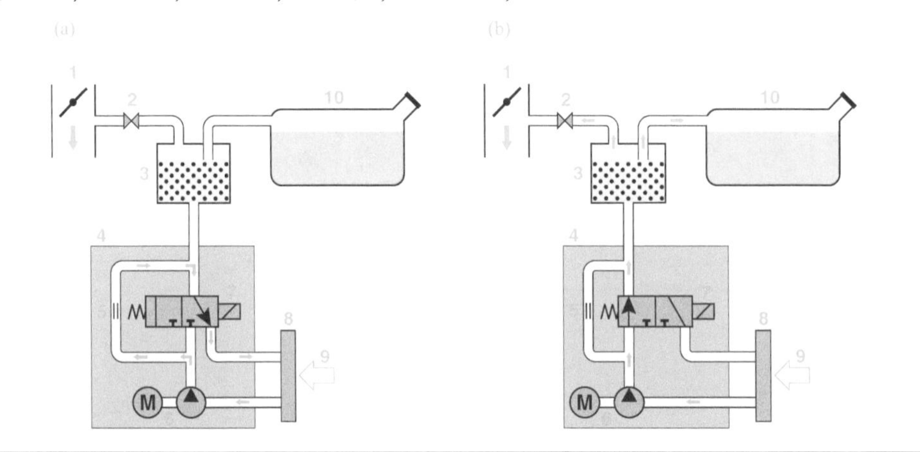

图 12:过压诊断法信号曲线

1—直径 $d>0.5$ mm 参考泄漏孔的燃油箱泄漏的泵电流曲线;2—直径 $d\leqslant0.5$ mm 参考泄漏孔的燃油箱泄漏的泵电流曲线;3—燃油箱不泄漏的泵电流曲线;4—参考泵电流值

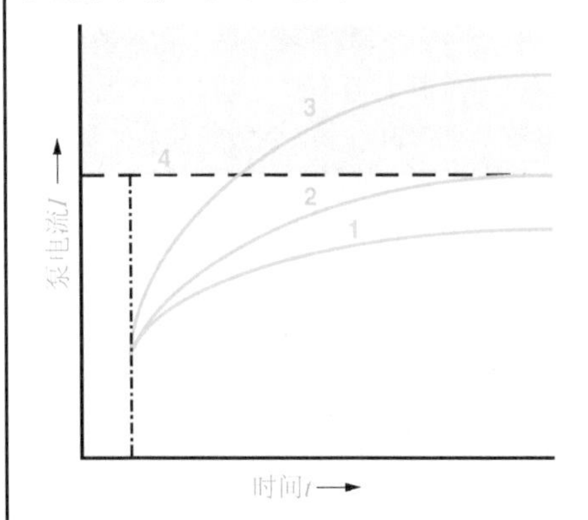

二次空气喷射诊断是功能检验。检验空气喷射泵是否正常工作和到排气系统的空气连接管是否有故障。检验可分两种方法。

在汽油机起动后和三元催化转换器正在加热时马上进行被动检验。被动检验内容包括检测二次空气系统中喷射的空气质量。它

图 13:二次空气喷射原理

1—空气进入;2—二次空气喷射泵;3—二次空气阀;4—汽油机;5—空气喷入排气管的点;6—上游气流中的 λ 传感器;7—三元催化转换器;8—下游气流中的 λ 传感器;9—汽油机 ECU;10—诊断指示灯

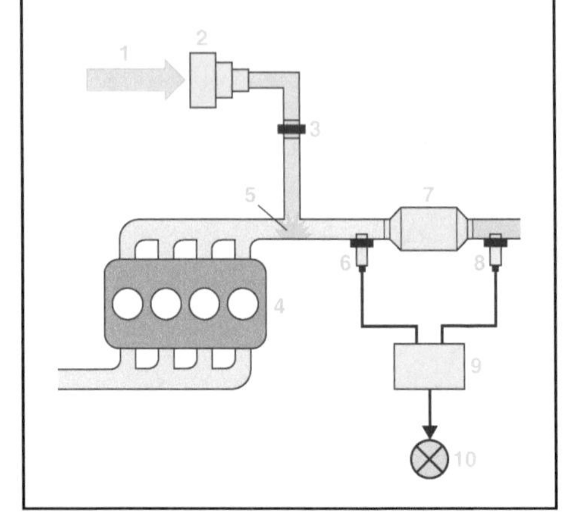

采用有源 λ(内有热体)闭环控制系统,并将算出的二次空气质量与参考的空气质量(模型)比较,如果两者不同,则可识别出二次空气喷射系统的故障。

主动检验内容包括汽油机在怠速运转,

为诊断目的激活二次空气喷射。为计算二次空气质量直接采用来自λ传感器的信号。如同被动检验,将算出的二次空气质量与参考的空气质量(模型)比较。

虽然被动检验精度差,但还是必需的。因为在汽油机短时间运转这段时间,二次空气喷射对降低冷起动时的HC、CO浓度是有效的,并可保证它的校正功能。

燃油系统诊断

燃油系统的故障(如有缺陷的喷油嘴、进气管泄漏)不能保证形成最佳的空燃混合气,为此OBD需要监控燃油系统。汽油机ECU处理如空气质量(空气质量传感器信号)、节气门位置、空燃比(初级λ传感器信号)等检测数据和汽油机工况信息,并将这些数据与模型计算数据比较以诊断燃油系统状况。

λ传感器诊断

λ传感器系统一般由两个传感器(分别在三元催化转换器上游气流和下游气流中)和λ闭环控制回路组成。三元催化转换器上游气流中一般安装一个宽(频)带λ传感器,它利用其信号电压的变化连续检测空燃混合气的过量空气系数λ值(也就是检测空燃混合气从"浓"到"稀"的整个范围[图14(a)]。这也是一个受控电压。在较早的系统中,在催化转换器上游气流曾用两点式λ传感器。两点式λ传感器只能利用其信号电压的突然变化表示空燃混合气是"稀(λ>1)"还是"浓(λ<1)"的两种情况[图14(b)]。

当前的方案是在初级催化转换器和/或主催化转换器下游气流中安装一个次级λ传感器,一般为两点式λ传感器。它首先用于细调初级λ传感器,其次用作OBD功能。这两个传感器不仅为汽油机管理系统检测废气中的空燃混合气,而且监控三元催化转换器功能。

λ传感器的可能故障如下:

- 电气回路断路或短路
- 老化(过热、中毒)使λ传感器动态响应差
- 由于没有达到正常工作温度信号出现混乱

图14:λ传感器信号电压曲线
(a) 宽(频)带λ传感器;(b) 两点式λ传感器

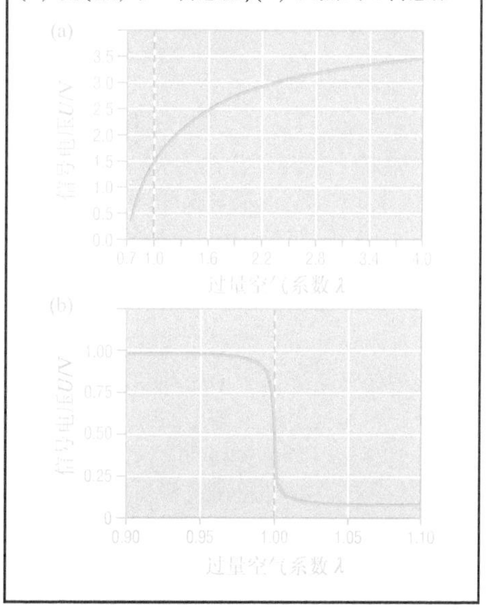

初级λ传感器

三元催化转换器上游气流中的λ传感器称为初级λ传感器或上游气流λ传感器。检验它的目的如下:

- 可信度(内阻、输出电压,即实际信号电压、其他参数)
- 动态响应(在从"浓"到"稀"空燃混合气和从"稀"到"浓"空燃混合气转换速率和周期持续时间)

如果λ传感器带加热体,则需要检验加热体的加热功能。检验是在汽车行驶工况相对不变时进行。

宽带λ传感器诊断程序与两点式λ传感器诊断程序不同,因为它能检测除λ=1外的其他λ值。

次级λ传感器

为监控催化转换器以及为其他功能采用次级λ传感器或下游气流λ传感器,它们检验三元催化转换器转换效应和为三元催化转换器提供重要数据。次级λ传感器信号也可用于检验初级λ传感器提供的数据。另外,通过校正初级λ传感器信号、次级λ传感器有助于保证排放水平的长期稳定。

除周期持续时间外，次级 λ 传感器还要检验列出的初级 λ 传感器的所有性能和参数。

EGR 系统诊断

EGR 系统是降低 NO_x 排放的有效手段。将再循环的废气加到进入汽油的空燃混合气中可降低燃烧时的缸内工质峰值温度，从而降低 NO_x 形成。所以必须监控 EGR 系统的有效性。诊断可选用以下两种不同的方法。

一是基于进气管充量压力的方法。它是在汽油机中等功率运转时短时关闭 EGR 阀，并检测进气管充量压力的变化。比较进气管中充量压力和利用模型算出的进气管充量压力就可诊断 EGR 阀的关闭功能。

二是基于汽油机怠速运转不平稳性的方法。此方法用于没有空气质量传感器或没有附加的进气管充量压力传感器的进气系统。在汽油机怠速运转时稍许开启 EGR 阀。如果 EGR 系统工作正常，再稍许增加再循环的废气，汽油机运转就会出现较大的不平稳性。这就是用监控汽油机怠速运转不平稳性的方法诊断 EGR 故障。

曲轴箱通风诊断

所谓的"曲轴箱窜气"就是燃烧室气体通过活塞、活塞环和气缸漏出，并进入曲轴箱。为此需要一个曲轴箱正通风（PCV，Positive Crankcase Ventilation）系统。PCV 系统利用旋风分离器从富含空气的废气中除去碳烟，然后通过 PCV 阀进入进气管，使 HC 化合物回到燃烧循环燃烧。

可能的诊断法是基于测量汽油机怠速变化原理。在 PCV 阀开启时测量的怠速特性与用模型预测的怠速特性是一致的。如两者间有太大的变化，则表明曲轴箱通风有故障。

汽油机冷却系统诊断

汽油机冷却系统由大循环冷却系统和小循环冷却系统组成，并用节温器将它们连接起来。在汽油机起动阶段，为使汽油机快速达到工作温度和投入工作，节温器关闭，小循环冷却系统接通。如果节温器有缺陷，或处于开启状态，则起动后冷却液温度上升缓慢。特别是在寒冷天气，会导致高的有害物排放。为此，可从冷却液温度上升缓慢识别节温器故障。先检验冷却系统温度传感器，再检验节温器。

三元催化转换器加热状况诊断

为达到三元催化转换器的高转换效率，需在400 ℃～800 ℃温度工作，但温度过高会伤及三元催化转换器涂层。三元催化转换器在最佳温度工作时汽油机排放减少超过99%。在低温时转换效率急剧下降，冷的三元催化转换器几乎不能转换废气中的有害物质。为满足排放控制要求，需要一个专门策略，使三元催化转换器尽可能快地达到它的工作温度。在三元催化转换器达到 200 ℃～250 ℃时（三元催化转换器点火温度，转换效率约 50%）中止三元催化转换器的专门加热阶段。从这个温度以后三元催化转换器靠它自身的转换放热反应而加热。

汽油机起动时为更快加热三元催化转换器可采用两种方法：

- 延迟点火，提高废气温度
- 在排气管中靠不完全燃烧的燃油在三元催化转换器中产生催化反应，使三元催化转换器自身产生热量

这些加热效果使三元催化转换器更快地达到它的工作温度，并更快地降低废气中的有害物排放。

为保证三元催化转换器的本征功能，法规要求在汽油机起动后立即监控三元催化转换器上游气流温度和监控三元催化转换器加热阶段，即通过检验和分析如点火提前角、转速、进入进气管空气质量等参数监控加热阶段状况。在这阶段还要专门监控与三元催化转换器加热有关的其他因素（如凸轮轴位置/锁定装置）。

空调诊断

为满足空调功率需要，在设定的空调要求下汽油机以不同的模式工作。在打开空调时如果不能激活汽油机最佳工作模式

（或关闭空调时汽油机工作模式被激活），则废气中有害排放物增加，为此需对空调功能监控。

可变气门定时（VVT）诊断

在某些情况下，为降低燃油消耗和废气中有害物排放，采用可变气门定时。而早先的 VVT 就作为“外围部件”间接地受法规要求。目前的 OBD Ⅱ 明确了对 VVT 的诊断要求。目前的 VVT 诊断包括检测凸轮轴位置、进行凸轮轴位置设定值与实际值比较，以判断 VVT 的功能状况。

直接减少臭氧的系统诊断

加利福尼亚排放控制法规的特点不仅规定废气和燃油蒸发排放，而且规定空气中有害物质、臭氧（O_3）的环境（大气）浓度。用在汽车散热器上的催化剂涂层可直接减少 O_3 量（DOR，Direct Ozone Reduction）。减少的 O_3 量是根据涂层表面积和通过的空气量算出的。然后核实借用的 O_3 量，即预先设定的 O_3 量。在核实废气和燃油蒸发（仅 HC）排放总量减少时就涉及预先设定的 O_3 量。催化剂涂层散热器是降低 O_3 排放的一个部件，并由 OBD 系统监控。从 2006 年车型生效（按 OBD Ⅱ 法规要求）。

到目前为止，无成本的有效检测法已普遍使用。下面列出的直接减少 O_3 的可能诊断法正在讨论中。

- 压力传感器：散热器脏污减少通过它的 O_3 量。压力传感器可检测通过散热器的空气压力降
- 测量阻力：催化剂涂层有特定的电阻，催化剂涂层腐蚀使电阻发生变化
- 光探测器：催化剂涂层不透光，如果涂层有空隙，则光探测器可识别出来
- O_3 传感器：在散热器前、后检测 O_3 浓度

外围部件：传感器诊断

除上面提到的加利福尼亚法规明确要求的和各章、节中分别说明的专门诊断外，还要监控所有的传感器和执行器（如节气门、高压喷油泵），如果它们中出现故障，就会影响汽油机有害物排放水平，或妨碍其他诊断功能。

需要监控传感器的下列故障：

- 电气故障
- 量程误差
- 可信度误差

电气故障

法规定义的电气故障为对地短路、供电短路或开路。

检验量程误差（量程检验）

正常情况下的传感器有一个专门的输出特性，常出现低于或高于输出特性范围的情况。用物理方法识别传感器量程时要看其是否与如在 0.5～4.5 V 范围的输出电压匹配。如传感器输出电压在这范围外，则表明量程有错误。量程范围检验对每个传感器是一个固定范围，与汽油机瞬时工作状态无关。

法规允许某些类型的传感器不区分电气故障和量程错误。

检验可信度误差（合理性检验）

除量程检验外，为达到较高的诊断灵敏度，法规要求对传感器进行可信度误差检验（也称合理性检验）。合理性检验的特点如同量程检验那样，是传感器的瞬时输出电压不与固定范围比较，而与由汽油机瞬时工作状态确定的窄的范围比较。这表示为合理性检验，必须参考汽油机管理系统中当时的数据。在传感器输出电压和与另一个传感器相互对照的模型输出电压比较时就可进行合理性检验。在汽油机各工况下，传感器模型规定模型变量的可预期的范围。

为尽可能简单和有效修理，必须尽可能准确地识别有缺陷的部件。另外，应能区分故障类型（在量程和可信度方面）和信号是否在上、下部范围外。在电气故障方面一般可假定为电路故障，而可信度误差更趋向于部件本身的故障。

检验电气故障和量程误差必须连续进行，检验可信度误差必须在正常工作时在指定的最小频率上进行。

要监控的传感器如下：

- 空气质量传感器
- 各种压力传感器(进气管、大气压力、燃油箱)
- 汽油机转速传感器
- 相位传感器
- 进气温度传感器
- 废气温度传感器

实例

下面以空气质量传感器为例说明诊断过程。

用于检测汽油机吸入的空气量以计量喷射的燃油量的空气质量传感器测量空气质量率,并给 Motronic 系统以输出电压信号的形式发送信息。空气质量随节气门位置和/或汽油机转速而变。

诊断功能监控传感器输出的信号电压是否在某一个(可变的或不变的)上部和下部范围以外,如果是,则有量程误差。

将空气质量传感器指示的空气质量与当前节气门位置反映的空气质量比较,并考虑汽油机工况:如它们间的偏差大于某一个容差,则传感器存在不可信度;如节气门完全开启,则空气质量传感器指示的空气质量相当于怠速时的空气质量。

外围部件:执行器诊断

必须诊断执行器的电气故障和它的功能(如技术上可行)。在这时,功能监控意味着给执行器一个触发命令,观察系统是否以合乎逻辑的方式响应,这表示(与传感器信号可信度检验相比)必须从系统中获得附加信息,以评估执行器功能。

要监控的执行器如下:

- 所有的输出级
- 节气门
- 电子节气门控制系统
- 活性炭罐净化阀
- 活性炭罐闭锁阀

可是,这些执行器(部件)中的大多数部件已在系统诊断中考虑它们的诊断。

实例

节气门可反映与每次燃油喷射量相混合的空气量。在电子节气门控制系统中,节气门由电子控制。为调节进气量,节气门开启角度由数字位置控制器控制。为诊断节气门故障,要监控数字位置控制器设定的节气门开启角度和实际的节气门开启角度的一致性。如果偏差太大,则节气门定位器存在故障。如果节气门定位器响应太慢,那么将会发生同样的故障。电子节气门控制系统的节气门和加速踏板之间没有机械连接机构。所以按驾驶员意愿调节,并由加速踏板位置指示的节气门开度由两个相同的电位器(为校对)检测,由汽油机 ECU 处理。

车间诊断

车间诊断功能可快速可靠识别最微小的、有缺陷的、可更换的零部件。快速排除故障程序包括在线(车载)信息和离线检测程序与测试仪。为此,如 BOSCH 公司的电子服务信息(ESI, Electronic Service - information)可提供这方面的帮助。它包含为许多可能的问题(如汽油机突然颤动)和故障(如汽油机温度传感器短路)进一步排除故障的指令。

快速排除故障

主要是快速排除故障程序。车间雇员借助于与故障征兆有关的、从征兆中起动事件的控制程序(汽车故障征兆或进入故障存储器)就可快速排除故障。常使用在线诊断(进入故障存储器)和离线诊断设备(执行器诊断和在线测试仪)。

使用基于 PC 机的诊断测试仪进行快速排除故障、读出故障存储器中故障码、判断诊断功能、与离线测试仪电气通信。这可能是一个汽车生产厂家的车间专用测试仪,或者是一个通用测试仪(如 BOSCH KTS 650)。

进入故障存储器读出故障

在汽车服务车间服务或修理时通过串行接口读出汽车行驶时存储的故障(进入故障存储器)。

附页:全球服务

“当你开车时你会发现骑马会让你难以置信地感到无聊(……),但汽车需要一位勤奋的机修工(……)”

这是 Robert BOSCH 在 1906 年给他朋友的信中说的话。在那时,为汽车修理问题确实需要雇用司机或机修工。在第二次世界大战期间,自驾车的数量增多,所需的服务设施相应增加。在 20 世纪 20 年代,Robert BOSCH 开办了与此有关的综合性服务机构。1926 年在德国境内使用统一的“BOSCH(BOSCH - Dienst)”服务名称。

目前,BOSCH 公司使用“汽车维修业务(BOSCH Car Service)”标识。这些维修业务具有现代电子服务设施,以满足当今汽车科学技术和用户期望的需求(图 1 和图 2)。

图 1:1925 年的维修工作(照片引自 BOSCH 公司)

图 2:2001 年 BOSCH 公司汽车维修业务,采用现代电子服务设施

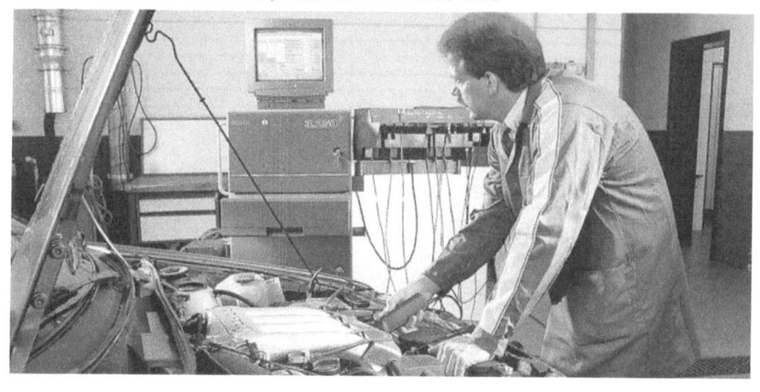

用诊断测试仪进入故障存储器读出故障。车间雇员接收有关信息：

- 故障(如汽油机温度传感器)
- 故障代码(如对地短路、不可信信号、静态故障)
- 周围状态[故障存储时周围状态测定值(如汽油机转速、温度)]

在车间中一旦接收到故障信息和故障修正,则再次使用测试仪清除故障存储器中的故障。

必须定义 ECU 和测试仪之间通信的合适接口。

执行器诊断

ECU 包含执行器诊断路径,以便服务车间分别激活执行器和检验它们的功能。用诊断测试仪起动检测模式和在汽车停止状态汽油机转速低于某一确定值,或汽油机停机时的执行器功能。可采用声学的(如电磁阀静电干扰声)、视觉的(如阀板运动)或其他形式的检查(如测量电信号)方式来检测执行器功能。

车间诊断功能

利用激励功能可确定在线诊断故障不能识别的故障位置。在汽油机 ECU 中实施车间诊断的这些功能,并由诊断测试仪控制。

车间诊断功能在下列情况下自动运行:或是由诊断测试仪起动诊断功能以后,或是在检测结束诊断报告回到诊断测试仪,或诊断测试仪设定的控制运行时间,获得检测数据和评估数据等情况。

信号检测

用诊断测试仪的万用表功能测量电流、电压和电阻。另外,组合的示波器可测量被检验执行器驱动信号。这一项在执行器诊断时并不检验。

离线检测仪

利用附加的传感器、测试设备、外围装置可提升诊断能力。在车间检测故障时离线检测仪要与汽车适配。

图 1 为用 CAS[plus]快速排除故障流程图。

图 2 为 KTS 650 测试仪的测试功能显示。

图 1:用 CAS[plus]快速排除故障流程

为更有效排除故障,由 BOSCH 公司开发的 CAS[plus](计算机辅助服务,Computer Aided Service)将 ECU 诊断与排除故障指令连在一起

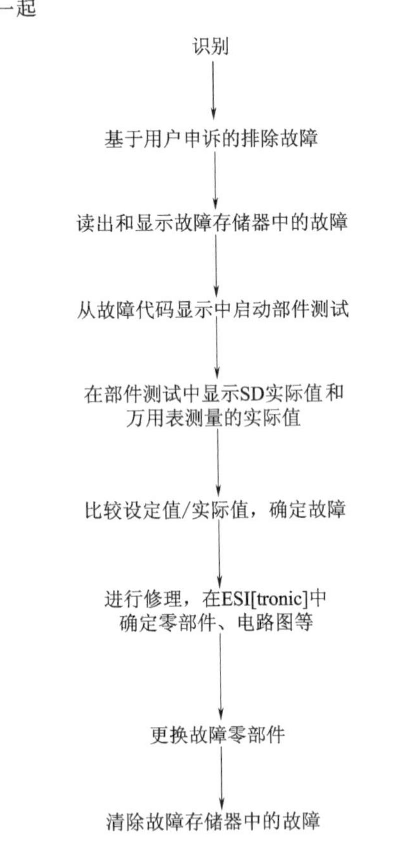

图 2:KTS 650 测试仪的测试功能显示

(a) 万用表功能;(b) 选择执行器,用 F2 起动执行器测试;(c) 读出有关汽油机机油的数据;(d) 评估汽油机平稳运转性能

(a)

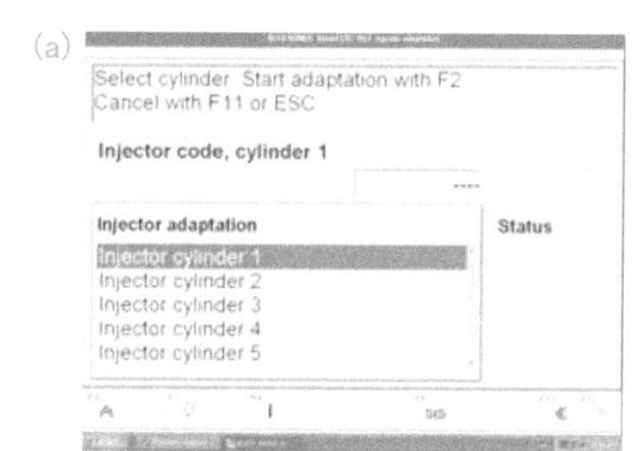

(c)

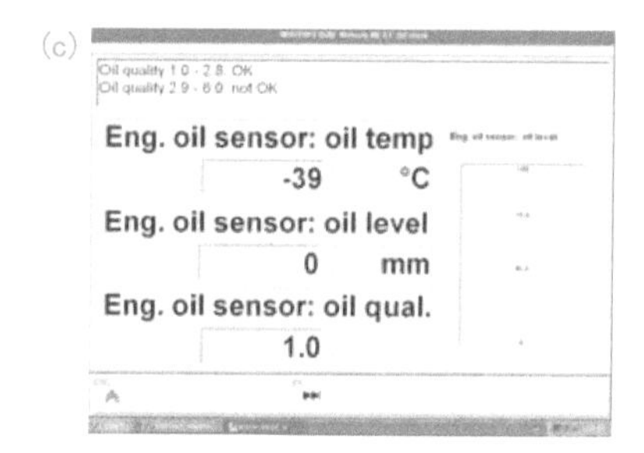

(b)

(d)

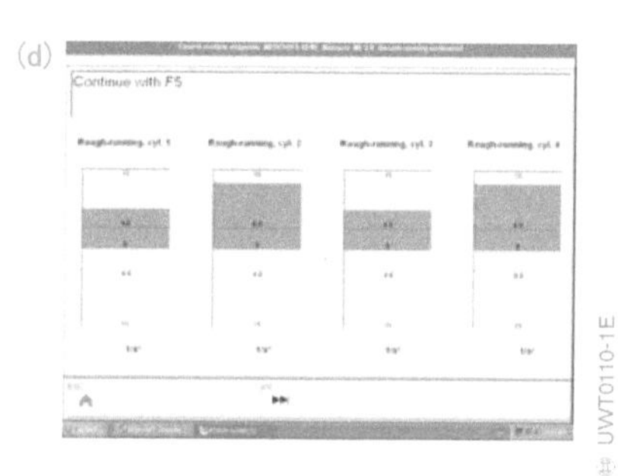

电控单元开发

ECU 是汽车电子控制系统的核心，负责完成整车电子系统的控制。电控单元的开发要满足严格的质量和可靠性要求。

招标规范包括汽车厂商的规范和要求，这属于最基本的要求。ECU 性能要求需从基本要求出发。开发过程中，要有标准的 ECU 开发文档，记录包括硬件开发、功能开发、软件开发和工程应用的各方面内容。

硬件开发

过去数年来，电子系统复杂度在逐步增加，而且未来将延续这一趋势。高度集成电路的应用使 ECU 开发十分高效，所有系统零件的结构紧凑性要求在硬件开发中会变成精确的尺寸要求。

只有通过采用大批量生产的标准模块，才能实现 ECU 硬件的高效和低成本。

项目启动

ECU 开发要实现的所有功能需填写一个表格，表格要描述如下功能：

- 确定硬件的应用范围
- 硬件成本估计
- 开发费用
- 开发工具成本

硬件样件

项目启动后，要制作硬件样件用于质量检查。硬件样件是 ECU 开发四个系列的初级阶段。每个递进阶段的样件适合不同的需求。

A 样件

A 样件可由原有 ECU 改进获得，也可全新开发。其功能范围很有限，主要技术功能是要确保的，然而，A 样件不适合耐久测试，它只是一个功能性版本，用于基础测试和设计验证。

B 样件

B 样件包含所有硬件电路，是一个测试版本，在初始测试中，所有的功能范围和技术要求都需进行测试。B 样件可在原型汽车上进行耐久性测试。B 样件的连接和安装达到批生产状态。然而，可能不是所有厂商的要求都能满足，例如，要采用其他一些器件。

C 样件

C 样件为发放版本，通过厂商的测试完成技术验证。所有的规范和要求都能够可靠满足。该版本的发放意味着开发阶段的结束。C 样件的生产采用标准工具，生产过程接近大批量生产。

D 样件

D 样件为先导系列样件，该样件中带有发放号的系列板。装备 D 样件的先导系列样车用于大批量生产测试，D 样件 ECU 在标准生产和系列条件下进行装配和测试。通过 D 样件确认 ECU 制造过程的可靠性和安全性。

准备过程

B 样件的准备从项目一开始就启动，准备的内容包括：

- 确定连接器引脚分配
- 确定壳体
- 订购和开发新的电路模块（功能组件）
- 设计电路图
- 确定元器件（只能选用可供货的元器件，元器件是正在批量生产的）

选择电路模块时（如在集成电路中的爆燃传感器的检测电路），需要检查是否已有的成熟电路可用，可根据需要修改。否则，必须开发新的模块。

电路图和料单

采用计算机辅助设计(CAD)软件生成带有元器件清单的电路图[图1(a)]。在元器件清单中,要说明每个元器件的如下特点:

图1:硬件开发流程
(a) 电路图;(b) 元器件布置图;(c) 印制电路板生产;(d) 样件装配;(e) 电路板测试

(a)

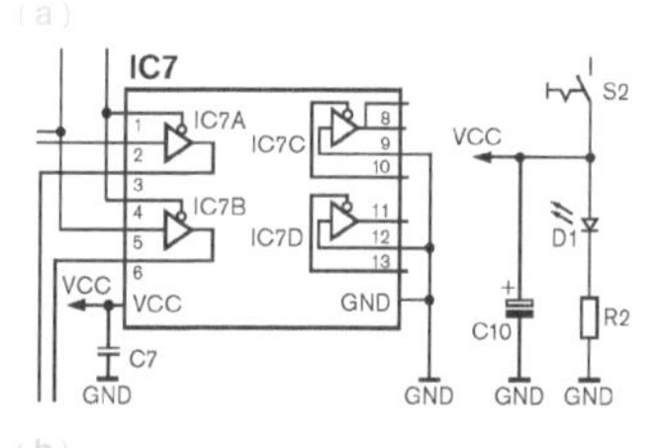

(b)

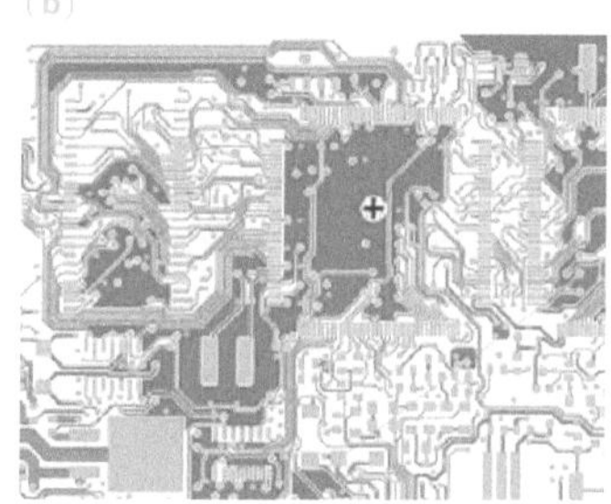

(c)

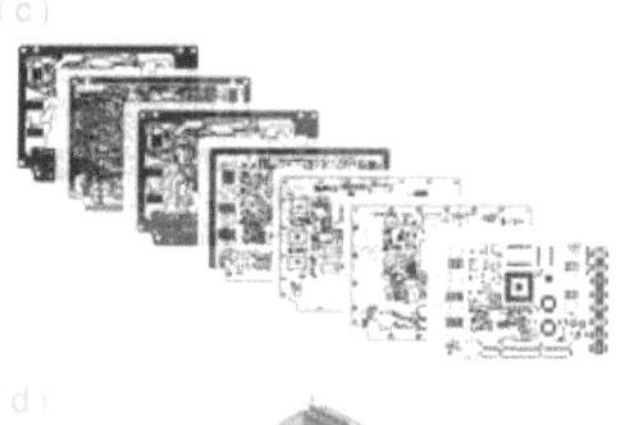

(d)

(e)

- 元器件尺寸
- 引脚排列形式
- 几何布置
- 封装
- 供货商和规格

布置

印制电路板(PCB)生产首先需要布局图[图1(b)],主要表示出元器件的走线和引脚。

布置图在CAD中绘制,电路原理图表示的数据要准确表达和转换,并且生成网络明细表(元器件的连线列表),提供元器件之间的连接关系。布置图可结合网络明细表和元器件的CAD参数(元器件的尺寸和引脚分配)设计。

符合实际要求是布置图设计的重点,在元器件位置的布置方面,有如下要求:

- 元器件的功率损耗(散热的可能性)
- 电磁兼容性
- 元器件和接插件的最优布置
- 元件遮挡区的观测(考虑元器件尺寸)
- 自动化生产的元件插入机的插入性
- 测试点
- 测试适配器和视觉检测系统所需空间

印制电路板

根据布置参数来制作PCB产品的胶片[图1(c)],这些胶片用来曝光、显影、蚀刻带有感光层的原始PCB。多层板会逐层叠加并硬化,然后将一层阻焊剂和丝印层覆在PCB上。

样件组装

PCB加工完成后,要将元器件嵌到板上[图1(d)],这是ECU样件制作的最后一步。由于PCB上元器件的微小化和高集成度,需要使用自动化机器来嵌入元器件,该自动化机器根据布置图的参数来控制。

嵌入需要焊接元器件。常用两种方法焊接:

- 波峰焊接
- 回流软熔焊接

印制电路板测试

电气测试

装配焊接完成的PCB必须进行测试。为此开发了在计算机上运行的电子测试程序，可用来测试元器件的完整性和线路的功能性。

热成像

PCB的红外图像显示了测试过程中元器件的发热情况（图2）。图片上的不同颜色代表不同的温度范围，以此可找出温度过高的元器件。如果发现发热元器件，则在从B到C样件的设计过程中将其更换。通过改变布置（如镀孔散热）降低元件的发热。

图2:PCB的热成像

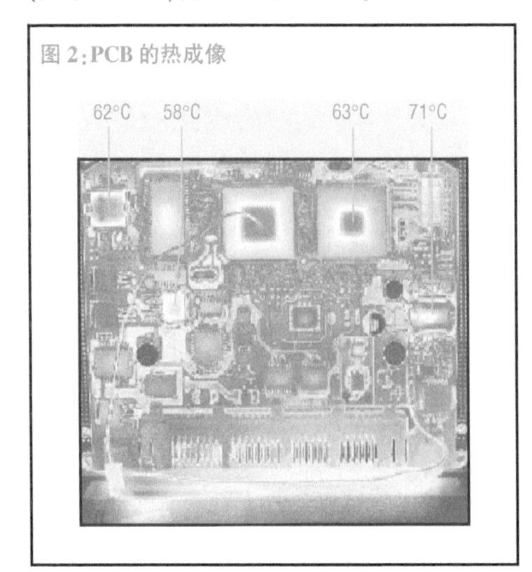

电磁检测

PCB上产生的电磁场可以通过磁场探头测得[图1(e)]，将测试结果导入计算机进行分析，不同的颜色用来表示不同的磁场强度。如有必要，可通过改变元器件或线路布置或者附加元器件降低电磁场的辐射。

在B样件开发阶段就要尽早进行这些测试，以在C样件阶段进行必要的改进。

电磁兼容测试

该测试在电磁兼容性（EMC）测试仓或EMC测试实验室中（图3）进行，用来检测ECU在电磁放射和辐射环境中的特性。该测试即可针对装车ECU（整车测试）又可在实验室中进行独立ECU测试（外接信号线）。

图3:汽车EMC测试室

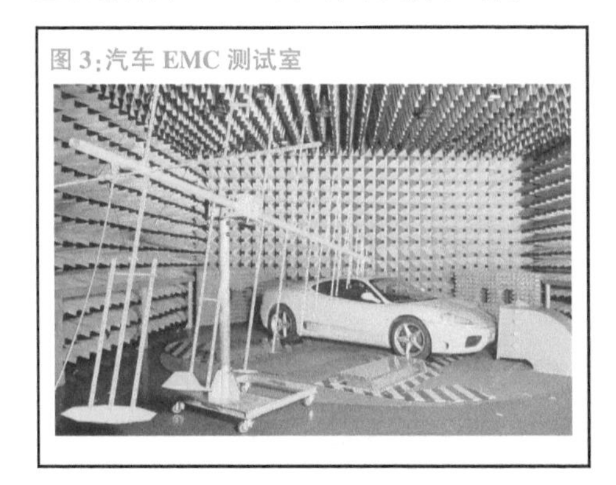

装车测试只能在汽车和电子设备都已处于研发的成熟阶段才可进行，但要在这阶段对不满足要求的EMC进行改进设计的可能性较小。因此，早期实验室的EMC测试是非常重要的，因为在硬件设计的初期，这些测试都可以进行。

EMC测试要在不同频率和不同电场强度条件下进行。通过分析输出信号（如点火、喷油信号）来确定它们的抗电磁辐射能力和抗干扰能力。

功能开发

现代汽车发动机设计开发时，要满足驾驶员对汽车操纵性和燃油消耗的严格要求。在满足这些要求的同时，还必须满足日益严格的排放法规。基本要求是优化发动机管理系统、动力传动系统、各种传感器、执行器和故障诊断功能。

早期那种根据环境条件变化进行结构调整的方法已经不可能了，装有软件的发动机电控单元是传感器和执行器之间的唯一联系（接口）。因此，汽车的燃油消耗特性在很大程度上取决于在发动机控制系统中运行的控制算法以及算法的质量。

功能开发的目的就是获得这些算法。

功能要求

模块化

从现代控制系统功能和硬件的结构角度来看，必须进行模块化设计，以便管理庞大的发动机配置参数，如气缸数、喷油规律、传感器以及排气系统。在高速创新的当今汽车工业中，ECU 采用分层结构已经变得非常重要。层状结构中具有稳定并行接口和能够快速开发的多个子系统（如配气系统、燃油系统、排气系统等）。

部件封装

对每一类传感器和执行器，都需要开发一种通用的带有物理表征的接口。高层控制功能在连到这个接口时不需要知道元器件的具体结构，把元器件结构特性的详细处理留给底层函数，这就是所谓的元器件封装。

后者提供了机械部件（传感器和执行器）与处理算法或控制软件以及与硬件相关的软件的交互优化。

除了温度过高和过压保护等最基本的功能外，还具有非线性特性修正和基于元件封装接口转换功能。

这就是说，从一个气动执行器改变到电子执行器的更换可以不改变高级控制功能就可完成。

对于不同阶段、不同厂家类似元器件的直接应用是该设计方法的基本要求，可将元器件对整个系统的影响降至最小。

开发进程

要求

当用户或者平台项目提出新需求时，如采用新元器件，就需要找到一个解决方案并且确定需要改变的相关函数。此时，现有功能结构应该尽可能地保留，以保证已有其他功能免受影响。一旦完成算法功能清晰分析，就要在 ECU 中实际运行，这样才能对研发过程中的工作量、成本、期限等进行一个预估。接下来与内部人员和外部客户协商，最终将项目确定下来并且明确截止时间。

方法

如果现有算法不能达到任务目标或任务非常重要，就需要在汽车或发动机台架上进行一个包含基本标定和测试的全新开发流程。测试新的方法是否符合物理规律、是否存在冲突，集成在现有发动机管理系统中的运行能力，以及应用性预期。在概念评审中要能够达到预期的应用性，评审涉及功能开发、系统开发和应用。

功能定义

根据要求和规范实现新方法。结合实测的汽车参数对关键部件进行离线仿真之后，这些功能和相关的文档（如文字描述和应用说明）就可作为功能定义放入中央数据库中。

多位开发人员联合对功能进行复审可避免重复出现相同的错误。

编程

软件开发人员接下来需要把功能转变为程序代码，这可通过代码自动生成或者对关键的功能模块进行手动编程（图 1）。与功能复审一样，代码复审也可将错误率降至最低。

功能测试

最后，将所有新开发的软件模块集成为一个程序版本。此时才能在实车条件下对整个系统进行测试。测试内容包括：

- 功能开发人员要检查技术参数和软件功能是否一致
- 比较实际运行结果与用户/项目设计目标要求的差异
- 初步调试时，要进行功能开发和应用的联合评估，确定选择的解决方案是否满足实际应用以及是否可用于其他项目

经过测试，现有的方案或多或少要进行修改。但是，测试的主要目的就是在开发过程中尽早发现错误，使它对工程周期、成本和质量的影响控制在允许范围内。

图 1：从功能定义（FDEF）到 ECU 编程

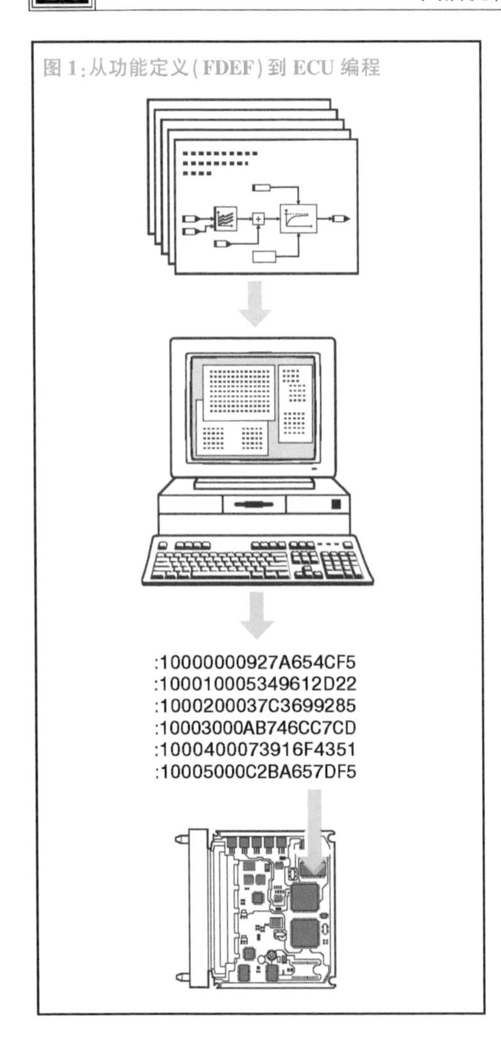

程序版本管理

测试阶段完成之后，功能就被以程序版本的形式交付给客户。若程序是全新开发或者经过大量修改，开发者和应用部门需要给客户展示采用的方法，与客户讨论确定发动机台架标定流程或夏季、冬季测试程序。

软件开发

汇编语言

第一代用于汽车控制单元的微控制器的程序只有 4 KB 存储空间甚至更小，这是当时最大的存储器容量。因此，控制程序需要使用一种很精简的语言。程序语言中应用最普遍的是汇编语言，其命令是助记符。在微控制器的机器语言中它们通常直接与指令通信。但在通常情况下，汇编语言程序读取和维护比较麻烦。

随着时间的推移，存储芯片的容量变得越来越大，发动机管理系统运行的功能也越来越复杂。功能的多样性促使了软件模块化。ECU 程序被分成多个模块，每个模块都包含一组特定的功能（如 λ 闭环控制、怠速控制）。当然，这些模块不仅适用于一个特定的项目，也适用于大量相似的项目。因此，各种功能的输入、输出的自定义接口也很重要，汇编语言在该功能上就有局限性。

高级程序语言

目前，程序开发人员面临高效开发的要求，高级程序语言的应用必不可少。目前，全部发动机控制系统程序都采用高级程序语言（比较倾向于 C 语言）开发。使用高级语言编程的优势在于：

- 软件更新性好
- 模块化
- 软件封装互换性好
- 软件与 ECU 用的微控制器无关，程序具有独立可移植性

软件质量

当今汽车技术中的最大创新就是电子技术的应用。软件以前一直被认为是硬件的附属品，但是随着时间的推移，软件的重要性凸显。随着基于微控制器的电控系统越来越复杂，软件的可靠性成了软件开发中的重点，因为由软件引起的问题会破坏厂商声誉并且增加维修费用。

软件流程改进

在软件开发中改善质量的模型是软件成熟度模型（CMM），它提供了一个强调有效软件开发过程的框架。同时也展示了开发过程由无序到有序甚至到完美的过程，包括：

- 软件成熟度的特征
- 定义软件改进目标

- 设定软件开发优先级

分布式开发

BOSCH 公司在德国和世界许多地方进行软件开发。通过互联网采用相同的开发流程进行分布式开发，确保开发出 BOSCH 公司高水平的控制软件。

软件共享

由于软件模块化和标准接口定义的使用，ECU 程序也可以集成所谓的“外部”软件模型。这也就意味着汽车厂商可以将他自己的软件用于不同种类的汽车，软件成为市场竞争中最重要的因素。

代码生成

软件开发的基础是开发人员的功能定义。这些功能定义文件描述了程序中的 ECU 功能(如 λ 闭环控制)，通过软件开发人员被转换为程序，并被集成到 ECU 中而成为可执行的程序。

生成源代码

对于每一项功能都会有一个单独的模块。模型的源代码可通过计算机上的文本编辑器编写。源代码主要包含所有程序实际指令和为增强程序可读性的文件注释(便于升级)。

程序编译

源程序生成之后要转换为机器代码才能被微控制器识别，这就需要进行程序编译。它会生成包含相对地址而不是绝对地址的目标代码。

目标代码下载

当程序中的全部模块编译完成后，所有的目标代码模型都将被集成为一个可执行的程序。这就是下载器的功能。下载器通过文件将所有相关联的模型都汇集其中，这个文件也详细列举数据的存储地址和程序存储器。因此结果代码中引用的所有相对地址都将被替换为绝对地址。

下载的结果就是生成机器代码程序，可在目标系统(ECU)中运行。

程序存档

软件总是处在一个快速变化的过程中，为使用户软件版本能够重复编写，需要进行程序存档。存档程序能跟踪每个程序的每一次修改。对于每个存档的程序版本，所有使用过的程序都可检索和追溯。

软件检测

下载到 ECU 的程序代码在使用到汽车上之前需要实验室测试。首先，需要对每个新模型的细节进行全面检测。然后，模型的功能以及模块彼此结合的功能也需完整检测。

全部测试都需在包含各种设备测试的实验台上进行(图 1)。

仿真 ECU 模块

用于测试的 ECU 是专门设计的，它与量产版的不同之处在于用一个可接插的存储器模块插入代替焊接的 FLASH-EPROM。将仿真模块插入其中通过 RAM 模拟 ECU 的 EPROM。

由此就可以对数据进行随意修改，对程序代码进行在线调试，控制操作在个人计算机(PC)上进行。

LabCar 软件测试平台

在真实的操作环境中，ECU 会从传感器中接收到输入值并生成期望值，然后产生输出值来控制汽车中的机械执行器。传感器信号会在 LabCar 平台上进行模拟，必要的传感器(感应式速度传感器)和硬件电路(如模拟温度传感器的电阻顺序)会被安装在试验车上的“黑匣子”中。

测试平台也要模拟所有控制单元控制的执行器的连接件。其中最重要的是电子节气门，因为它的反馈信号会一直受到 ECU 的检测。如果没有节气门环节，就无法进行实车操作。ECU 还需接入防盗锁止器，以便进行实车操作，其电子信号可通过模拟获得。

这样，软件测试平台提供了模拟汽车的手段，达到测试 ECU 程序的目的。

图 1:软件测试平台

1—LabCar;2—TRS4.22 软件界面;3—INCA VME(标定工具);4—节气门装置(电子节气门控制);5—传感器;6—连接适配器;7—K 线(串行单线接口);8—带仿真模式的发动机 ECU;9—串行口(RS-232);10—并行口(带辅助光纤核中央电子连接电缆);11—PC(发动机模型、LabCar 控制模型);12—串行口(RS-232);13—PC(测试计算机,自动化测试控制辅助计算机)

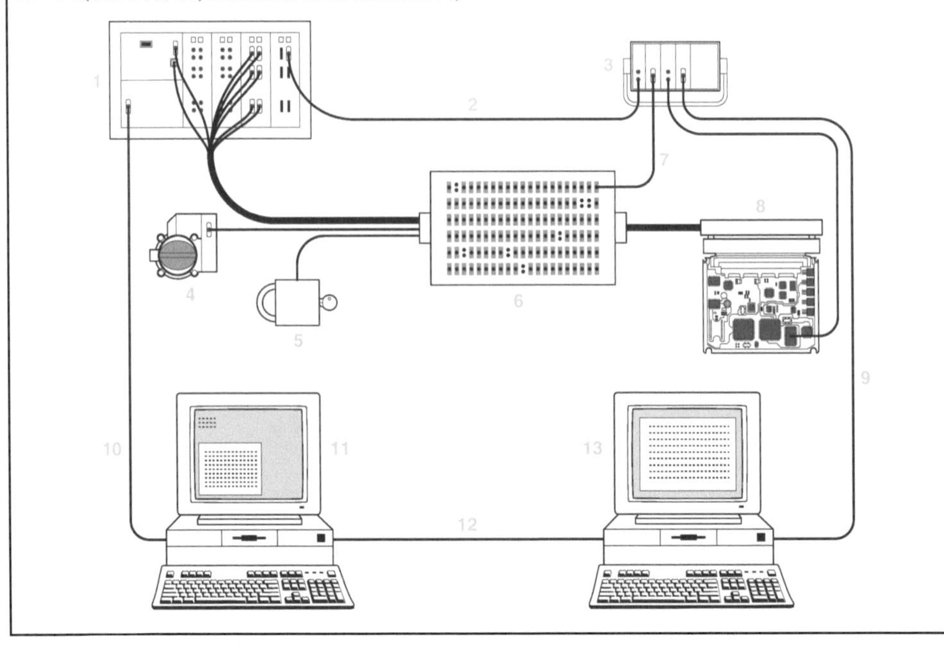

连接适配器

在 LabCar 测试平台与 ECU 连接的线束中有一个连接适配器。线束中的每一根导线都要接入连接适配器的插孔中。这也就意味着每个由控制单元发出或经过其中的信号都可以进行检测(如使用示波器跟踪控制信号的电压曲线)。

仿真模式

将仿真器插入带微控制器插座的电控单元上可代替 ECU 中的微控制器,原 ECU 中的程序可在仿真器上运行。

程序代码从计算机上下载到仿真器中,仿真器也可由计算机控制。这意味着:

- 程序可以从指定的存储地址开始运行
- 可设置“断点”(程序可在确定的点停止)
- 程序可从断点重新运行并且在每一次运行中都可对存储内容进行读取和修改
- 可自定义断点触发条件并且可在触发点前后分析程序序列
- 其他模式不可读取的内部信号和寄存器(处理器寄存器)可在此模式下读取
- 在单步模式中,程序顺序可以单步运行且可逻辑跟踪
- 为测试控制程序逻辑可对数据和程序代码进行修改

设置触发条件和记录结果的功能使得程序可检测特定输入信号下程序的运行情况。可根据功能定义测试程序的每一个分支。

逻辑分析仪

另一种跟踪程序逻辑的方法是采用分

析仪。它通过一个适配器连接到地址和数据总线上,可以对“监听”数据通信进行逻辑分析。通过这种方法可以记录程序逻辑,也可跟踪外部数据存储器的读/写。但是,无法跟踪集成到微控制器内部的数据存储通道。

逻辑分析仪中也可设置触发条件,当满足触发条件时,程序就会重新运行。

仿真器和逻辑分析仪功能相似。逻辑分析仪的优势在于,它不会干涉程序,因此可用在实际的操作环境中。

自动测试

LabCar 测试平台不仅提供了 ECU 程序的人工测试方法,也提供了自动检测基础,可大幅度缩短测试时间,尤其对于重复测试。这样 ECU 需要在一个闭环电路中运行,目前有四种不同的测试:

- 最常用的合理性测试“粗略检查”是 ECU 功能的重点,它需要对所有输入变量进行电气和物理检测以及测试喷油和点火、节气门响应和 ECU 运行时的最大负载
- OBD(在线诊断)测试,利用故障模拟的方法检验 ECU 诊断功能和故障管理
- 采用相关的数值范围和相关信号进行 CAN 通信信号测试
- 测试分析 ECU 在起动、停止中的喷油和点火响应,其中还包括测试蓄电池电压变化

面向应用的标定

为了使汽车能够达到驾驶员的期望值,需要进行大量的开发工作,尤其是发动机方面。

通常,汽车厂商会围绕一台基础发动机来进行新型汽车的研发。为此必须知道发动机的关键性参数,包括:

- 压缩比
- 气门定时(若发动机是可变气门定时,可以在发动机运行时改变)

可修改发动机附件,以满足安装空间要求,主要是:

- 进气系统
- 排气系统

其他方面(如爆燃传感器的安装)需要和 BOSCH 公司配机部协商确定。

参数定义

下一步是标定发动机 Motronic 电控系统,这是面向应用的标定,用来标定发动机以使其与汽车匹配。

ECU 软件由程序本身和大量的数据构成。程序满足设计规范的要求(功能框架),但数据仍要标定,使其与发动机和汽车匹配。

在标定阶段,所有的数据(也称为参数)都必须经过调整,以达到最优的运行效率。主要评价准则包括:

- 低排放(符合当前排放标准)
- 大扭矩、高功率输出
- 低燃油消耗率
- 较高的用户友好性

标定的目标是确保全面满足开发目标,对于有冲突的目标进行折中优化。

最后有一份大约包括 5 500 个标定值(能够标定)的数据表。这些标定值又被细分为:

- 单个参数值(特定功能时,使用进气温度阈值)
- 数据曲线(特定阈值下发动机转速和温度曲线,温度和点火定时曲线等)
- 数据脉谱图(不同发动机转速和负荷下的点火定时)

初始标定阶段,试验工作必须在发动机试验台上进行。在这一阶段,定义如点火定时的相关参数。初始标定为整车实验奠定了基础之后,才能进行所有影响发动机响应和动态特性的相关参数标定,主要工作量是发动机与汽车匹配。

Motronic 系统的优化范围大而且复杂,以至于很多功能必须借助于自动优化方法和强大的标定工具。

标定工具

大部分标定工作都是用基于计算机的标定工具来完成的(图 1)。这类程序允许开发

图 1:标定工具

1—发动机标定 ECU;2—MAC(紧凑型测试、标定工具);3—笔记本电脑;4—λ 测试(宽带氧传感器测试接口);5—温度测试(温度传感器测试接口)

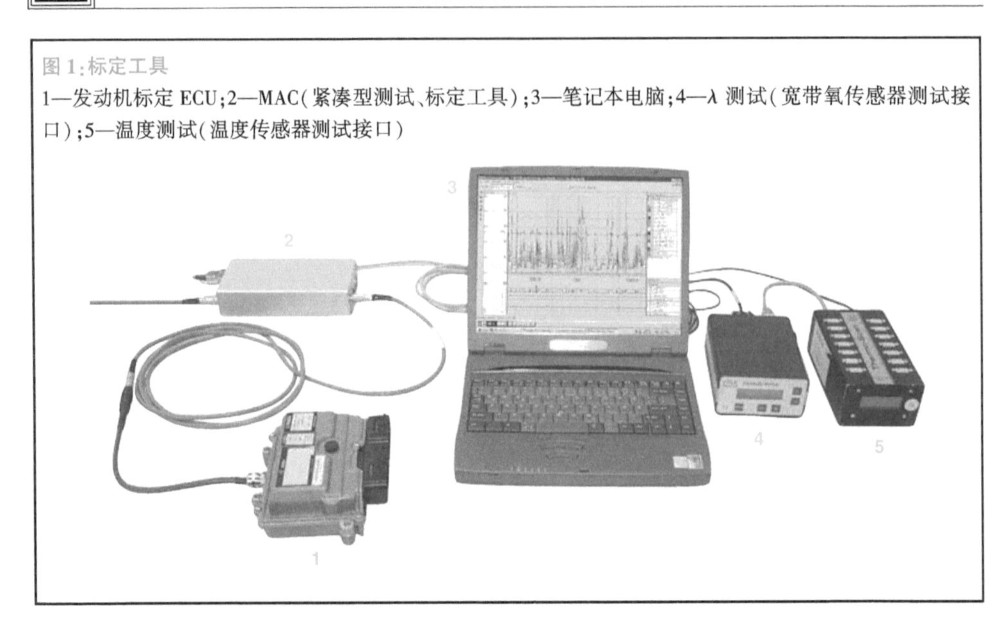

人员修改发动机控制软件。INCA(集成标定采集系统)就是其中一种标定工具。INCA 是几种工具的集成套件,它由以下几部分组成:

- 核心系统包含所有的测量和调节功能
- 离线工具(标准规范)包含实测数据的分析软件和调整数据的管理软件,以及 FLASH-EPROM 编程工具

用于标定的 ECU 用仿真模块代替 EPROM 和 RAM。INCA 系统中的存储器有数据通道。

这种内存仿真器将强大的 ECU 接口开放给标定工具。

MAC 提供了一种 ECU 和标定工具更简单的连接和通信方法,它通过诊断程序的 K 线连接到仿真 ECU 进行通信。

软件标定流程

确定标定目标

根据发动机厂商和法规(排放)定义标定目标(动态响应、排气噪声和排放)。标定的目标就是调整发动机特性来满足要求,这一工作需要在发动机台架上或汽车上进行测试(图 2)。

图 2:软件标定流程

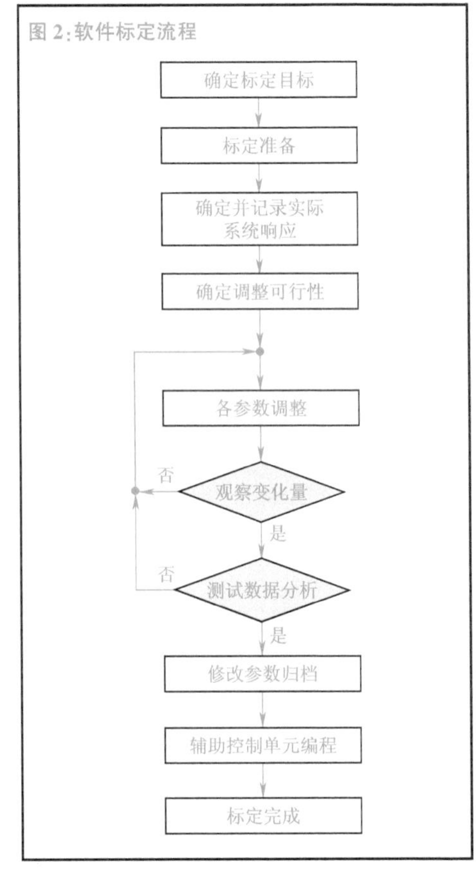

标定准备

标定过程中将带有仿真模块的专用标定ECU与量产样件的ECU相比,可对常规操作中的参数进行修改。选择和建立合适硬件和/或软件接口是准备工作的重点。

在使用INCA进行专门标定测试时,还需要附加的测试装置(温度传感器、流量计)用以检测其他物理变量,例如:

- Termo Scan(温度测试)
- Lambda Scan(λ 测试)
- Baro Scan(压力测试)
- A/D Scan(模拟量测试)

确定并记录实际系统响应

使用INCA核心系统可以测量特定的数据,相关的信息可以在计算机屏幕上以数值或图表的形式(图3)显示并进行分析。

图3:标定软件界面

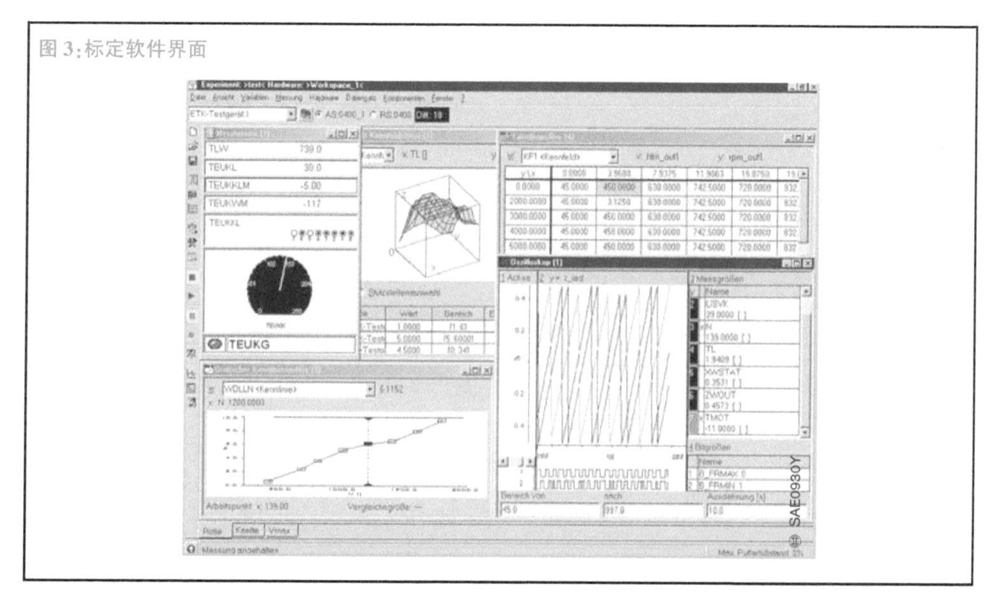

测试结束和测试过程中都可以查看测试数据,通过该方法就可研究发动机对变量输入(如废气再循环率)的响应。可以记录数据以便进行瞬态过程的后续分析。

确定调整可行性

借助于ECU文档(功能框架),可识别获得系统最优动态响应时的参数。

修改现有的参数

发动机中储存的所有ECU软件参数都可以以数值(数表)和图形(曲线)的方式在计算机屏幕上显示和修改。

发动机运行时所有参数都可进行修改以便及时观察和测量修改的效果。

在瞬态运行时(如发动机起动),在运行过程中很难修改参数。在这种情况下,就要记录测试过程。测量数据可以在文件中保存,通过分析数据来修改参数。

为了评估调试是否成功,或者了解更多的工况,还需要进一步测试。

测试数据分析

测试数据的分析和记录工作是在离线工具测量数据分析仪(MDA)中进行的。标定过程在这个阶段主要是比较和记录参数变化前后的系统响应情况。记录文件包括改进、问题和故障等。记录非常重要,因为在发动机优化过程的不同时间需要多人同时工作。

修改参数归档

参数的变化也需要比较和归档,这可以

通过离线工具应用数据管理(ADM),或称为标定数据管理(CDM)来完成。

不同技术人员获得的标定数据经过比较后合成为一个数据记录文档。

辅助控制单元编程

新的参数设置也可用在其他发动机的 ECU 上,以进一步标定,这就要求 ECU 中的 FLASH-EPROM 具有再编程功能,该功能可利用 INCA 内核系统工具 PROF(FLASH-EPROM 编程)来实现。

根据标定的范围和设计上的创新程度,上述标定过程可多轮次进行。

标定实例

排气温度控制

以下几个方面在当今发动机设计中至关重要:

- 尾气排放
- 燃油消耗量
- 发动机部件的热应力

为了将发动机所受热应力降至最低,需要降低排气温度(最高温度低于 1 050 ℃且连续温度低于 950 ℃)。这对于增压发动机尤其重要,排温过高会带来增压器热损伤。

在需要浓空燃混合气时,可通过优化控制参数加浓空燃混合气,降低排气温度。但另一方面,加浓空燃混合气又会增加燃油消耗和废气排放(CO 和 HC)。因此,加浓混合气只能按所需的最小量增加。

发动机运行是一个动态过程,因此排气温度是波动变化的。需要建立一个包括热容、热传导、响应时间的物理模型来确定排气温度。这种复杂的模型通常情况下只能通过优化工具来建立。

这需要在各种工况下测试,并记录所有重要的输入/输出参数。排气温度控制、优化直至建模的温度和测试温度尽可能匹配。如果参数选择合适,建模的温度就接近温度传感器测定的温度。

建模的优势很明显,温度传感器、传感器线束以及安装位置等都可以在产品模具上进行设置。此外,还降低了汽车使用期内零部件失效而带来的风险,且不需要零部件的故障诊断功能。

其他标定

安全标定

如同程序有满足排放标准、动力性、操纵性的功能一样,它还同时有大量与安全性相关的需要调试的功能(如如何应对传感器和执行器失效)。

这类安全功能主要是在力图恢复驾驶员安全操纵汽车和/或保证发动机正常运转,出现故障时能够保证汽车或发动机恢复到正常状态。

通信

通常发动机 ECU 是多个 ECU 网络的一部分。汽车各系统之间的数据交换、传输都是通过总线完成的。只有将多个系统都安装在汽车上,才能对多个 ECU 之间的通信进行测试和优化,而在发动机台架上的基本标定只包含其自身的管理模块。

汽车上两个 ECU 之间通信的典型案例是自动变速器的换挡过程。变速器的 ECU 在最佳换挡位置通过数据总线发送一个指令来降低发动机扭矩,然后发动机 ECU 可自动降低输出扭矩,由此可以顺利而无抖动地完成换挡。扭矩降低值需要加以标定。

电磁兼容

汽车电控系统和电子通信设备(车载无线电话、对讲机、全球定位系统)的广泛应用,需优化发动机 ECU 电磁兼容性,其所有导线尽量避免受到外部干扰。它也不能发出对外部的干扰信号。这些优化工作大都在 ECU 和传感器设计阶段完成。但是真实汽车上的线束尺寸(如电缆长度、屏蔽类型等)和线束布置等对抗干扰和产生干扰都具有很大影响。因此,需要在 EMC 室内进行整车 EMC 测试。

故障诊断

出于规范化要求,故障诊断系统的功能要求广泛。发动机 ECU 不断地检查各传感器和执行器的信号是否正常，也会检测接触不良、对地短路或正负极短路，以及与其他信号是否冲突。应用程序开发人员必须对信号的限值范围与合理性判据作出明确规定。其规定的界限首先要足够宽，保证在恶劣条件（如高温、高寒、高原）下不会引发故障误诊断，但边界又要足够窄以便对真正的故障保持高度敏感。此外，当检测到故障时，要有恢复程序来保证发动机能够继续运行。最后，必须将检测到的故障保存在故障存储器中，以便维修人员能够迅速识别并排除。

图 4：低温实验室内冷起动测试

极端气候条件下的测试

标定测试过程包括在极端气候条件下的测试，汽车在使用中只会在特殊情况下才会遇到。试验中的各种条件只能在发动机台架上有限模拟，因为在这一类测试中驾驶员的主观判断和长期经验起更大作用。温度本身在测试台架上很容易模拟，但与在实际道路试验检测相比，在转鼓试验台上获取汽车的动态响应是非常困难的。

此外，道路测试通常通过多辆汽车长距离测试。它会通过多个车辆对标定参数进行测试，因此与单独标定一个车辆的参数相比，这种方法得出的标定结论会更有普遍性和合理性。

不同地方的燃油等级不同也会造成性能的不同，这种由燃油等级不同所引起的影响主要集中于发动机起动和暖机阶段。汽车厂商要竭力保证无论燃油品质如何，他们的产品都能正常运行。

低温试验

高寒试验的温度范围在－30 ℃～0 ℃，比较适合在瑞典北部和加拿大等地进行。主要功能是评估车辆起动和起步阶段（图 4）。

在标定起动过程时，要分析各缸燃烧过程，必要时还要优化参数。发动机各缸喷油参数配置是发动机起动时间以及提高起动速度至怠速的平顺性的决定因素。起动阶段由于某一缸的不正常燃烧引起扭矩降低也可能被当作缺陷（对于非专业人员来说）。

高温试验

高温试验的温度范围为 15 ℃～40 ℃，比较适合在法国南部、西班牙、意大利、美国、南非、澳大利亚等地进行。尽管距离比较远以及设备运输费用昂贵，但比较倾向于去南非、澳大利亚，因为当欧洲进入冬季时，它们处于高温环境中。为了缩短开发时间，可以考虑去这些地方。

高温试验主要检测试热起动、燃油箱通风、燃油泄漏、爆燃控制、排气温度控制和各种诊断功能。

高原试验

高原试验主要是在海拔为 0～4 000 m 的地方进行。测试不仅受绝对海拔高度影响，在许多情况下，短时间内海拔的急剧变化也有很大影响。高原试验通常与高温或高寒试验结合进行。

再次强调，试验的重点是测试发动机的起动特性。其他方面的测试包括空燃混合气匹配、油箱通风、爆燃控制和一系列的诊断功能。

质量管理

质量保障措施伴随着整个开发过程及之后的生产过程，只有这样才能使最终的产品质量得到保证；对与安全性相关的系统（如防抱死系统）质量要求特别严格。

质量保障体系

对质量管理体系的所有部分和所有的质量保障措施都必须统筹规划。各项任务、权限和责任都要写在质量管理手册中,可采纳 ISO 9001~ISO 9004 这样的国际标准。

为了对质量管理系统中所有部分进行定期检测,需要进行质量审核。这样做的目的是评估对质量管理体系的遵守程度,以达到满足质量要求的结果。

质量评估

开发阶段完成后,需要汇总这阶段所有的信息,并进行质量和可靠性评估,必要时启动补救措施。

FMEA

FMEA(失效模式和影响分析)是识别潜在问题并评估其造成危害的分析方法。系统性优化可降低风险和故障成本并提高可靠性。FMEA 适合分析系统组件中发生的故障类型以及故障对系统的影响。故障的影响可通过一个因果链从一个起点(如传感器)到整个系统(如整车)来描述。

FMEA 分为以下类型:

- 设计 FMEA:评估系统的设计是否符合规范,在测试时发现设计缺陷情况下系统如何应对
- 过程 FMEA:评估生产过程
- 系统 FMEA:评估系统中各组件的交互性

FMEA 的评估是基于理论原理和实践经验的。

例如,转向灯故障:从道路安全角度来看,这种故障的影响是很严重的。由于指示灯从车辆内部是看不见的,因此被驾驶员发现的可能性很小。作为发现故障的一种途径,当指示失效时,必须改变指示灯的闪烁频率。在密集的仪表盘上的较高的指示灯闪烁频率对视觉和听觉来说都是易于辨认的。经这样改进之后,就可以减小故障造成的影响。

审核

在特定软件开发过程中,审核是有效的质量保障工具。审核人员核对开发结果与开发目标一致性的程度。

审核可以作为一种过程检查的有效手段,用于开发的早期阶段。其目的是尽早识别并消除故障。